高等职业教育"十四五"规划旅游大类精品教材

葡萄酒文化与营销专业新形态教材

葡萄酒历史与风土

Wine History and Terroir

主　编 ◎ 李建民

副主编 ◎ 张宏欣　　滕　飞

参　编 ◎ 李欣妍　　张德彪　　何　群　　周婧轩

华中科技大学出版社
http://www.hustp.com
中国·武汉

内 容 简 介

本书分为两部分,第一部分是葡萄酒的历史,第二部分是葡萄酒的风土。本书融汇了葡萄酒的起源与传播、主要国家葡萄酒的传入与发展、葡萄酒法律法规的建立,以及主要产区的气候、土壤、葡萄品种、酿造方法等内容。"葡萄酒历史与风土"是葡萄酒文化与营销专业的核心课程,本书适合葡萄酒文化与营销专业学生学习使用,同时也适合葡萄酒爱好者以及酒店、餐饮、葡萄酒营销行业人员学习使用。

图书在版编目(CIP)数据

葡萄酒历史与风土/李建民主编. —武汉:华中科技大学出版社,2022.7
ISBN 978-7-5680-8063-7

Ⅰ.①葡… Ⅱ.①李… Ⅲ.①葡萄酒-高等职业教育-教材 Ⅳ.①TS262.61

中国版本图书馆 CIP 数据核字(2022)第 115081 号

葡萄酒历史与风土
Putaojiu Lishi yu Fengtu

李建民 主编

策划编辑:王 乾
责任编辑:洪美员
封面设计:原色设计
责任校对:刘 竣
责任监印:周治超
出版发行:华中科技大学出版社(中国·武汉) 电话:(027)81321913
　　　　　武汉市东湖新技术开发区华工科技园 邮编:430223
录　　排:华中科技大学惠友文印中心
印　　刷:武汉科源印刷设计有限公司
开　　本:787mm×1092mm　1/16
印　　张:18.75　插页:2
字　　数:444 千字
版　　次:2022 年 7 月第 1 版第 1 次印刷
定　　价:49.80 元

总序 Introduction

　　伴随着我国社会和经济步入新发展阶段,我国的旅游业也进入转型升级与结构调整的重要时期。旅游业将在推动并形成以国内大循环为主体、国内国际双循环相互促进的新发展格局中发挥独特的作用。旅游业的大发展在客观上对我国高等旅游教育和人才培养提出了更高的要求,希望高等旅游教育和人才培养能在促进我国旅游业高质量发展中发挥更大更好的作用。以"职教二十条"的发布和"双高计划"的启动为标志,中国旅游职业教育发展进入新阶段。

　　这些新局面有力推动着我国旅游职业教育在"十四五"期间迈入发展新阶段,高素质旅游职业经理人和应用型人才的需求将十分旺盛。因此,出版一套把握时代新趋势、面向未来的高品质规划教材便成为我国旅游职业教育和人才培养的迫切需要。

　　基于此,在教育部高等学校旅游管理类专业教学指导委员会和全国旅游职业教育教学指导委员会的大力支持下,教育部直属的全国重点大学出版社——华中科技大学出版社汇聚了全国近百所旅游职业院校的知名教授、学科专业带头人、一线骨干"双师型"教师和"教练型"名师,以及旅游行业专家等参与本套教材的编撰工作,在成功组编出版了"高等职业教育旅游大类'十三五'规划教材"的基础上,再次联合编撰出版"高等职业教育'十四五'规划旅游大类精品教材"。本套教材从选题策划到成稿出版,从编写团队到出版团队,从主题选择到内容创新,均作出积极的创新和突破,具有以下特点:

　　一、以"新理念"出版并不断沉淀和改版

　　"高等职业教育旅游大类'十三五'规划教材"在出版后获得全

国数百所高等学校的选用和良好反响。编委会在教材出版后积极收集院校的一线教学反馈,紧扣行业新变化,吸纳新知识点,对教材内容及配套教育资源不断地进行更新升级,并紧密把握我国旅游职业教育人才的最新培养目标,借鉴优质高等职业院校骨干专业建设经验,紧密围绕提高旅游专业学生人文素养、职业道德、职业技能和可持续发展能力,尽可能全面地凸显旅游行业的新动态与新热点,进而形成本套"高等职业教育'十四五'规划旅游大类精品教材",以期助力全国高等职业院校旅游师生在创建"双高"工作中拥有优质规划教材的支持。

二、对标"双高计划"和"金课"进行高水平建设

本套教材积极研判"双高计划"对专业课程的建设要求,对标高职院校"金课"建设,进行内容优化与编撰,以期促进广大旅游院校的教学高质量建设与特色化发展。其中《现代酒店营销实务》《酒店客房服务与管理》《调酒技艺与酒吧运营》等教材获评教育部"十三五"职业教育国家规划教材,或成为国家精品在线开放课程(高职)配套教材。

三、以"名团队"为核心组建编委会

本套教材由教育部高等学校旅游管理类专业教学指导委员会副主任、国家"万人计划"教学名师马勇教授担任总主编,由中国旅游教育界的知名专家学者、骨干"双师型"教师和业界精英人士组成编写团队,他们的教学与实践经验丰富,保证了本套教材兼具理论权威性与应用实务性。

四、全面配套教学资源,打造立体化互动教材

华中科技大学出版社为本套教材建设了内容全面的线上教材课程资源服务平台,在横向资源配套上,提供全系列教学计划书、教学课件、习题库、案例库、参考答案、教学视频等配套教学资源;在纵向资源开发上,构建了覆盖课程开发、习题管理、学生评论、班级管理等集开发、使用、管理、评价于一体的教学生态链,打造了线上线下、课内课外的新形态立体化互动教材。

本套教材的组织策划与编写出版,得到了全国旅游业内专家学者和业界精英的大力支持与积极参与,在此一并表示衷心的感谢! 编撰一套高质量的教材是一项十分艰巨的任务,本套教材难免存在一些疏忽与缺失,希望广大读者批评指正,以期在教材修订再版时予以补充、完善。希望这套教材能够满足"十四五"时期旅游职业教育发展的新要求,让我们一起为现代旅游职业教育的新发展而共同努力吧!

总主编
2021 年 7 月

前言 Preface

　　近年来,随着社会经济的快速发展,已经有越来越多的消费者认可和消费葡萄酒,我国葡萄酒的消费市场份额逐年增长,中国将成为世界三大葡萄酒消费市场之一,这么大的市场体量就需要有相应的专业人才与之相匹配。2019年,教育部发布《普通高等学校高等职业教育(专科)专业目录》,旅游大类新增"葡萄酒营销与服务"专业,2021年更名为"葡萄酒文化与营销"。新增专业是紧扣国家经济社会发展所涌现出来的新需求、新业态,由高等职业院校及相关行指委提出增补专业建议,经过初评、专家评议和征求有关行业主管部门意见等程序最终确定的。

　　"葡萄酒历史与风土"课程是葡萄酒文化与营销专业的核心课程之一。本书的内容包括两大模块共十章,具体包括葡萄酒的起源与传播、主要国家葡萄酒的传入与发展、葡萄酒法律法规形成的过程,以及主要产区的气候、土壤、葡萄品种、酿造方法等内容。旨在让学生系统掌握主要产酒国葡萄酒的发展历史和主要葡萄酒产区的风土条件;培养学生掌握作为侍酒师或营销人员应知应会的知识和技能,具备从事相关工作的基本职业能力,切实培养能胜任葡萄酒服务与营销工作的高等技能型人才。

　　本书具有以下特点:

　　第一,填补了葡萄酒系列图书的空白,目前还没有一本系统梳理各国葡萄酒历史方面的图书。

　　第二,编写难度较大,供参考的成熟资料较少,而且有的观点在学术界还不统一,需要考察论证。

　　本书既可作为高职高专院校葡萄酒文化与营销专业、酒店管理专业学生的教材,也可用作各类侍酒师资格认证的培训教材,同时又可作为葡萄酒营销管理者参考用书。

　　本书由黑龙江旅游职业技术学院李建民担任主编,张宏欣、滕飞担任副主编,李欣妍、张德彪、何群、周婧轩参与本书编写。李建民负责拟订框架设计、统稿、定稿工作,具体章节分工如下:李建民承担了葡萄酒历史部分的第一章、第二章,以及葡萄酒风土部分第七章中的第一节、第二节和第四节的编写工作;张宏欣承担了葡萄酒风土部分第八章、第十章的编写工作;滕飞承担了葡萄酒历史部分第五章、第六章,以及风土部分第七章的第三节和第五节的编写工作;李欣妍承担了历史部分的第三章、第四章的编写工作;张德彪承担了风土部分第九章的编写工作;何群承担了风土部分第七章中的第六节的编写工作;周婧轩参与了本书中一部分资料的收集工作。

　　在编写过程中,本书引用了一些来自网上的资料,参阅了大量专著和书籍,在此对借鉴书刊、资料的作者深表谢意。本书的编写得到了山东旅游职业学院李海英老师的热情帮助和华中科技大学出版社的大力支持;再次对给予大力支持和帮助的老师以及朋友们表示深深的谢意!

　　鉴于编者的学识和时间所限,书中难免有疏漏之处,我们企盼在今后的教学中有所改进和提高。恳请广大读者批评指正。

编　者
2022 年 2 月

目录
Contents

第二部分　葡萄酒的风土

CHAPTER

1

第一部分　葡萄酒的历史

第一章
葡萄酒的起源与发展

学习目标

职业知识目标：学习和掌握葡萄的起源，葡萄种群的分类及分布；从考古发掘和史料记载中分析葡萄栽培、葡萄酒酿造的起源与传播以及葡萄酒传播的路径，根据历史资料归纳总结出影响葡萄酒传播的因素；根据葡萄酒的传播时间脉络划分葡萄酒的"新世界"与"旧世界"，并能阐述"新世界"与"旧世界"的特点与区别，并用其指导葡萄酒的相关认知活动，规范其相关技能活动。

职业能力目标：运用本章专业知识研究葡萄酒的起源时间与地点，归纳出葡萄酒的传播路径，培养与葡萄酒起源相关的分析能力与判断能力；通过不同国家的考古发掘和史料记载，分析判断关于葡萄酒起源与传播的观点的真实性与合理性。

职业道德目标：结合葡萄酒的起源与发展教学内容，依照现有的考古发掘和史料记载，科学研判学术观点的真伪，树立尊重客观事实的职业道德素质。

引例

葡萄酒起源的传说

传说很久以前，有一位波斯国王，一年四季都喜欢吃葡萄，于是他的仆人便仔细地将葡萄存储于陶罐中，供国王在没有葡萄的季节里享用。显然，陶罐不能保证葡萄的存储需求，因为葡萄的裂缝会渗出汁液，然后发酵。打开罐子的人都会被里面冲出来的酒精和甜酸味道熏得头昏脑涨。所以陶罐就被标上有毒，放到一边。过了一段时间，有一位嫔妃因长期受到国王的冷落，感到生活无趣，想要结束自己的生命，正好看到了这罐"毒药"，便打开来想要服毒自尽。由于葡萄在储藏的过程中已经自然发酵变成了一种液体，这位嫔妃喝了之后不但没有死，还觉得甘美无比，心情愉悦，于是她决定献给国王。国王喝后大喜，开始重新宠爱这位嫔妃，还传令下去用此方法酿制由葡萄发酵而成的被称为"葡萄酒"的东西。

资料来源 奥兹•克拉克著，李文良译：《葡萄酒史八千年》，北京：中国画报出版社，2017

葡萄酒的历史,是一个发明创造的过程,也是人类满足自己精神追求所创造的饮食文化史的一部分。葡萄酒包含人类生存所必须要解决的"饥渴"问题中的"渴",并帮助人类消化掉了用来充饥的一部分食物,包含着满足人类更高层次精神需求的因素。探求世界葡萄酒的起源、传播及发展,首先要研究野生葡萄的起源与进化,包括葡萄种群的分布等。

第一节　葡萄酒的起源与传播

一、葡萄的起源与种群

(一) 葡萄的起源

　　根据地史学研究,地球大约形成于 40 亿年前至 50 亿年前,整个地球历史可划分为五大阶段:太古代(约 50 亿年前至 25 亿年前)、元古代(约 25 亿年前至 6 亿年前)、古生代(约 6 亿年前至 2.25 亿年前)、中生代(约 2.25 亿年前至 7000 万年前)、新生代(约 7000 万年前至今)。其中,每个代又分若干纪,每个纪又分若干世。人类起源和发展于新生代。新生代分为古近纪、新近纪和第四纪。新近纪是哺乳类动物发达时代,最早的人类祖先出现于新近纪后期,而人类进化大部分是在第四纪。

　　白垩纪是中生代的最后一个纪,大约在 1.3 亿年前的白垩纪早期,被子植物在地球上起源并慢慢繁盛,当时的亚欧大陆和北美大陆还没有分离,地中海也还没有闭合,气候还很暖和,就连当时的北极圈还是温暖的。在亚欧大陆和北美大陆的连片区域的开阔地带广泛分布着一些喜光的矮小灌木。这种小灌木是直立生长的,叶子是圆形的,花絮生长在植株顶端,果实是浆果但很小。

　　在大约 1 亿年前的白垩纪晚期,首先在北极圈慢慢形成了森林并向南蔓延,最后,这些小灌木生长的旷地也被丛林覆盖,为了适应新的环境,争取更多的阳光和更好地传播自己的种子,这些小灌木必须改变自己。它们慢慢学会了在森林中攀缘比自己高大的植物,依附其生长,枝条变得长且柔软,一部分花絮演变成卷须,用于缠绕在树干上。为了能获得更多的阳光,之前单一的主干开始在其侧芽的部位继续长出新枝,形成副梢。在副梢的侧芽则继续长出新枝形成第二次副梢,这样它就可以长出更多的叶片,接收更多的阳光。之前只在枝条顶端长着的花絮开始在枝条侧面长出花絮,并结出更多的果实,而且果实分布在不同的高度。当然,这个进化经历了漫长的过程,这个时期的这种藤蔓植物还不能称之为"葡萄",只能将其称之为"葡萄科"的植物,因为这些植物中包含了很多属,后来这些植物根据环境的不同而向不同的方向进化,如爬山虎、乌蔹莓、白粉藤等,只有部分植物进化成了葡萄属。

(二) 葡萄的进化

　　野生葡萄又是如何进化的呢? 到了 6500 万年前新生代的新近纪,地球上的气候开始慢慢转冷,而且地球季节性特征逐渐明显,因为葡萄是喜光植物,所以葡萄开始向南移动。这个时期葡萄属植物的叶片才慢慢出现裂口,因为在森林中,不是所有叶片都能够得到阳光的照射,所以之前的圆形叶片也慢慢出现裂口,长出了更多的叶片。另外,为了吸引丛林中鸟兽携带、传播自己的种子,之前坚硬的浆果变得柔软、味甜、多汁且颜色艳丽。在葡萄科中,只有葡萄属植物的果实适宜食用。

新近纪是地壳运动的剧烈时期,印度板块与亚洲板块碰撞,形成了西藏高原和喜马拉雅山,北美大陆开始与亚欧大陆分离,地壳运动及全球气候的慢慢转冷,使得葡萄属植物的进化有了不同的方向:麝香葡萄亚属和真葡萄亚属。因为在新近纪中期的北美东部墨西哥湾地区属于热带气候,所以在北美的这些地区进化出了适合在热带地区生长的麝香葡萄亚属。而中欧、东亚和北美西北部地区属于温凉气候,所以在这些地区进化出了适合温凉气候生长的真葡萄亚属的植物。因为地理位置的不同,人们将这三个地区的真葡萄亚属区分为欧亚种群、东亚种群和美洲种群。随着进化的继续,这些种群中又出现了不同的种群。

到了300万年前的新近纪的上新世,由于地球轨道变化等原因,地球逐渐进入了冰川期,距离北极圈最近的欧洲受到冰川期影响最大,到了第四纪时期,冰川期过后,整个欧洲种群的葡萄几乎灭绝,最后只剩下了一个种——森林葡萄。冰川期对美洲种群和东亚种群的影响较小,所以保存下来了较多的葡萄种(东亚种群40多个种,美洲种群28个种)。

在冰川期之前,地球上某些森林中出现了古猿,在古猿生活的森林中可能就有野生葡萄,而在和葡萄浆果一起生活的古猿们有可能在享受完甜美的蜂蜜之后,也会尝尝鲜美的葡萄果实。所以,从理论上来说,人类与葡萄酒的相遇应该产生在这个时期,但这个时期的葡萄酒可能不纯,里面可能混有其他水果或者蜂蜜等。而在冰川期之后,分布在欧洲大陆的猿人也因为冰川期的原因南迁,来到了中亚,又一次与葡萄相遇。在冰川期过后,由于冰川融化及地形地貌的影响,不同地区的气候发生了很大的变化。分布在不同地区的葡萄种群也在朝着更加明显的不同方向进化。

葡萄在自然状态下的缓慢进化基本成型,各地葡萄由于各地区不同的气候类型而进化出了不同的生长特性,而且当时人类的活动范围较小,对野生葡萄的影响很小,葡萄在较长的一段时间内是以完全野生的状态生长的。

进入原始社会,葡萄品种的进化开始有了人的参与,而受人类影响最大的是欧亚种葡萄。因为在欧亚种葡萄的起源地小亚细亚、格鲁吉亚、高加索山脉等黑海沿岸地区,恰好也是人类古文明的发祥地之一,这里人类活动较为频繁。由于这些地区气候干旱,森林相对较为稀疏,当地的原始居民主要以游牧生活方式为主,以食肉为主的居民很想吃到一些鲜美多汁、酸甜可口的水果来解腻,葡萄自然成了当地人最喜欢的水果。但当时的葡萄是野生的,人们只是在他们放牧的路边或者家园周边的葡萄树上经常采摘一些葡萄果实,吃完之后的葡萄种子被随意丢弃在地上,然后长出新的葡萄树,这样日积月累,葡萄树更多地生长在人类活动的范围内。随着人类活动范围的扩大,一些树林被砍伐,而人们因为对葡萄浆果的喜爱,所以没有砍掉野生的葡萄树,将葡萄树保留了下来。

今天,地球上所见到的葡萄树大概出现于新近纪的地质层。由此推测,葡萄树群生长在地球上并结出葡萄果实的历史比人类历史还要早。在人类出现以前,地球已经准备好了供养葡萄的各种自然物质条件。

(三)葡萄种群的分类与分布

葡萄在分类上属于葡萄科、葡萄属。本属包括 70 多个种群。其中,仅有 20 多个种群可以长出果实或作为砧木,其他均处于野生状态,无栽培及食用价值。葡萄属的各个种群按照地理分布和生态特点,一般划分为三大种群:欧亚种群、东亚种群和美洲种群。另外,它还有一个杂交种群。

1. 欧亚种群

欧亚种群在冰川期仅存一个品种——森林葡萄,其主要分布在黑海、里海沿岸的高加索地区。冰川期过后,这些地区属于温和的温带和亚热带地区,但土壤干旱,这里很少受到各种病虫害等的影响,所以在这样的气候下逐渐形成了生长期长、浆果风味甜美,以及对低温、高温及病虫害的抵抗性较差,但抗旱性较强的葡萄种群。在葡萄属的三大种群中,欧亚种葡萄栽培价值最高,世界上著名的鲜食、加工、制干品种大多属于该种群。属欧亚种的葡萄品种有 5000 多个,其产量占世界葡萄产量的 90% 以上。我国栽培的龙眼葡萄、牛奶葡萄、玫瑰香葡萄、无核白葡萄等品种都属于该种群。

2. 东亚种群

东亚种群葡萄生长在亚洲东部。东亚地区气候寒冷、潮湿,特别是在中国东北、俄罗斯远东和朝鲜地区,冬天气候变得异常寒冷,从生长在这些地方的东亚种群葡萄中筛选出了一个生长期很短、抗寒性特强的葡萄种——山葡萄,它可以耐受零下 50 ℃的低温。而在我国湖南等地,有些葡萄长期生长在高温潮湿、通风透光很差的森林中,所以进化出了耐高温、高湿、抗病性好的刺葡萄。在中国的其他地区也相应地出现了其他品种,如毛葡萄、葛藟葡萄等。但整体而言,因为这些葡萄生长的环境较为复杂,容易受到不良环境的影响,所以东亚种群葡萄在抗寒、抗潮湿、抗病性方面都比较强。但由于这些地区一直以来被森林覆盖,人类对葡萄的干预较少,所以到目前为止,东亚种的很多葡萄种还以野生状态生长在中国、朝鲜、日本、越南、印尼、印度、苏联远东等地的森林、山地、河谷及海岸旁。这里需要注意的是,东亚种群葡萄的 40 多个品种中有 29 个起源于中国,所以中国成为东亚种群葡萄资源最丰富的国家。

3. 美洲种群

北美的美洲种群葡萄受冰川期影响较小,在北美大陆的美洲种葡萄随着生长地区不同的气候类型向不同的方向进化。由于在美洲大陆北部比较寒冷,所以生长在当地的河岸葡萄和美洲葡萄具有较好的抗寒性。而美洲南部比较干旱,土壤盐碱,所以在当地的沙地葡萄和山平氏葡萄有很好的抗旱和抗盐碱性。北美洲的东南部地区是葡萄根瘤蚜虫病和霜霉病、白粉病等真菌病害的起源地,在长期的进化过程中,生长在这些地区的伯兰氏葡萄等变得对根瘤蚜和霜霉病等真菌性病害有一定的抵抗性,这里的抵抗性是指它们虽然会受到相关病菌的侵染,但危害程度较小,可以正常繁殖。

二、葡萄酒的起源

任何一种农作物的起源,都要经历一个从野生果实(或根茎)采集、野生品种驯化到人工培育成功、大面积推广种植及远程传播的过程。同样,任何一种果酒的起源,也经历了一个从多种野生果实自然发酵成酒到单一野生果实自然发酵成酒,再到栽培果实人工酿造成功、大规模推广生产及远程传播的过程。葡萄、葡萄酒的起源与发展也同样经历了这样一个过程。那么,葡萄酒的起源是怎样的呢?

(一)猿酒萌芽

原始社会是人类社会发展史的第一个阶段,按照人类使用劳动工具的发展,学者们一般将原始社会称为"石器时代",分为旧石器时代、中石器时代和新石器时代三个时期。旧石器时代,从距今约 300 万年前至距今 1.5 万年前,原始人以采集渔猎为主,以流动性穴居或岩居为主。任何动物都在茂密的原始森林中奔走,寻找能让自己生存下去的食物,除猎获一些动物之外,也采集四季树木的果实。有野生葡萄树生长的地方,原始人类很有可能就开始了采摘葡萄果实以充饥解渴的历史。因为季节不同,森林中所能提供的食物也是有限制的。原始人类为了抵御饥渴,必须尽量多地储存食物。当大量野生葡萄被储存起来后,腐烂应是经常发生,葡萄表皮所带的酵母菌会让腐烂的葡萄汁发酵出一些酒精。储存葡萄失败的经历启示古代人类发明出新的、更高级别的和不但能解渴而且能使人身心愉悦的伟大饮品——原始葡萄酒。人类第一次相遇葡萄酒肯定来源于这种偶然的葡萄储存失败事件。人类饮食历史从此开启新篇章,从一开始单纯解除饥渴满足生存最低层次的需求以外,开始包含有对享受型精神层面需求的满足,人类饮食活动开始具有文化的精神意义。现在,要准确地考证出世界上第一次出现葡萄酒的时间和地点,应当是不可能的。但我们知道,只要有原始人类和野生葡萄生长的地方,就会有无意识储存葡萄但是却得到葡萄酒的事情发生。从人们已经广泛证实的猿猴造酒的事实来看,作为人类先祖的猿类是在地球上最早造出并品尝到葡萄酒味道的动物。

猿猴就可以造酒,所以争论葡萄酒最早起源于何地意义不大,因为只要有人类甚至人类之前的类人类,任何一个有野生葡萄生长的地方都可能有最早的酿酒历史。当前,要研究的只能是生产规模较大的葡萄酒在世界范围内的传播过程,这里包含人类有意识选种、种植、酿造及葡萄酒流行的其他社会因素。

(二)欧亚种群酿酒起源

原始人酿造葡萄酒,只是偶然发生。人类利用野生葡萄进行酿酒是最初的葡萄酒酿造阶段,到人类有意识地栽培葡萄树,葡萄酒生产作为一个行业才算具备雏形,这就是我们要研究的葡萄酒的起源。但是,关于人类最初栽培葡萄和酿造葡萄酒的年代,因为没有确切的文献记载,已经无从考证,所以我们只能通过确凿的考古发现来推测人工酿造葡萄酒的起源时间和地点。

1. 外高加索山脉

在黑海与里海之间的外高加索地区,即现在的安纳托利亚(古称小亚细亚)、格鲁吉亚和亚美尼亚境内,都发现了积存的大量葡萄种子,考古学家把出土的成堆葡萄籽作为古人酿酒佐证,经过碳-14 年代测定法证明,说明当时葡萄已大量用于榨汁酿酒。

从美国宾夕法尼亚大学帕特里克·麦戈文教授为首的研究小组分析了格鲁吉亚出

土的陶罐碎片,根据陶罐的碳-14年代测定显示,这个陶罐可能来自公元前5980年甚至更早,大约在公元前6000年。而在陶罐碎片上发现了一部分碎片在很大程度上与葡萄酒中的酒石酸、苹果酸、丁二酸和柠檬酸接触过,才留下了现在的痕迹,这也说明古人不是单纯地喝葡萄汁,而是把葡萄酿成了酒。此外,他们还发现了葡萄花粉、淀粉甚至是喜欢盘旋在葡萄酒周围的古代果蝇的残骸,一些陶罐表面还可以看到葡萄串和古人起舞的图案。

格鲁吉亚首都第比利斯的博物馆收藏有土制"基弗利",外形矮胖,宽阔的罐口两边甚至装饰有成串的三角形元结,象征着葡萄串。博物馆也另藏有一些葡萄枝杆,这象征了葡萄酒或葡萄树最早出现的年代。

同步案例

揭秘格鲁吉亚葡萄酒的古法酿造

背景与情境:2013年12月,联合国教科文组织再次肯定了格鲁吉亚"葡萄酒的摇篮"的地位。同时,格鲁吉亚最古老的陶罐(BIEKASU)酿酒工艺被列入联合国教科文组织非物质文化遗产名录。

格鲁吉亚人也在努力维持当地葡萄酒古老的自然属性和传统。因此,格鲁吉亚被认为是一个拥有8000年酿酒历史的国家,格鲁吉亚人使用的酿酒容器(BIEKASU陶罐前身)的历史早在新石器时代就已经开始。

格鲁吉亚拥有超过500种原生葡萄品种,几乎占世界葡萄品种总数的1/6,这其中也包括世界上其他地区已经消失的濒危葡萄品种。

酿酒师采用多种工艺酿造格鲁吉亚葡萄酒,包括传统的格鲁吉亚克维利陶罐酿造工艺、欧洲酿酒工艺,以及二者相结合的酿造工艺。

如果没有BIEKASU,传统的格鲁吉亚酿酒几乎是不可想象的。BIEKASU是一种非凡的葡萄酿酒法(也指用此法酿酒的容器),始于8000年前,是格鲁吉亚这个国家的文化成就之一。

BIEKASU的工艺流程为:将埋在地下的Qvevri葡萄与Marc葡萄一起压浇,这保证了最佳温度的老化和储存的葡萄酒。这时,混合物会将容器填满80%。随着发酵的进行,混合物每天被搅拌4~5次。发酵结束后,将BIEKASU装满相同的混合物并密封,然后静置5~6个月。此时,一个完美的产品——格鲁吉亚天然的葡萄酒和无与伦比的世界酿酒技艺诞生了(见图1-1)[1]。

BIEKASU葡萄酒具有以下特点:酒为琥珀色,单宁丰富,并且单宁在这个国家的不同地区其使用是不同的。另外,葡萄酒是在BIEKASU中经历发酵和成熟的。

使用BIEKASU酿酒的主要优势在于:土壤的温度从冬季到夏季几乎是恒定的。BIEKASU不仅仅是一种储存葡萄酒的工具,同时也是工艺流程的一部分。在储存过程中,由于BIEKASU为圆锥形,因此葡萄酒并不会过多地受到种子和果梗的影响。种子首先会下沉,然后皮渣会下沉覆盖在种子上面。

---

① 奥兹·克拉克著、李文良译:《葡萄酒史八千年:从酒神巴克斯到波尔多》,中国画报出版社,2017

图 1-1　格鲁吉亚一些村庄现在仍在使用的传统酿造葡萄酒的工艺和土陶罐

资料来源：https://baijiahao.baidu.com/s? id＝1669354311042262960&wfr＝spider&for＝pc

问题：格鲁吉亚一些村庄还会使用最古老的葡萄酒酿造工艺和尖底的陶罐酿造葡萄酒，这充分说明了什么？

2. 两河流域

底格里斯河与幼发拉底河之间的盆地，相当于今天土耳其东南部、叙利亚东部、伊拉克，希腊人称这里为"美索不达米亚"，我国学术界一般译为"两河流域"，或直译为"美索不达米亚"。正是在美索不达米亚文明的促进下，尼罗河文明和印度河文明才发展起来。在这里，考古挖掘出了盛装葡萄酒的陶罐：1968 年，在美索不达米亚平原北部的阿塞拜疆省（现为阿塞拜疆共和国）位于扎格罗斯山脉的北部发掘了一个新石器时代小村庄哈吉菲鲁兹，该遗址发现的陶罐的时间定位于公元前 5400—公元前 5000 年（见图 1-2）。后来，麦戈文教授于 1993 年对这些陶罐重新检测，使用放射性碳定年法，测定这

分析提示　▼

知识活页　▼

图 1-2　新石器时代小村庄哈吉菲鲁兹遗址挖掘的陶罐

Note

个陶罐产自公元前5415年,并且在陶罐中发现了残余的葡萄酒成分和防止葡萄酒变质的树脂,根据酒石酸盐的存在,推断这些罐子曾经用来盛装葡萄酒,而且有笃褥香树脂的存在。这些器皿被庄重地设计为保存珍贵液体的形态,窄窄的罐口用泥巴塞子堵住,以便隔开氧气,阻止葡萄酒腐坏,这些泥巴塞子在陶罐近旁被发掘。

在两河流域,还出现可以明确证明该地区葡萄酒酿造的历史遗物——滚印。出土的滚印距今约有6000年历史,是用大理石、石墨、琉璃等石材制成的圆柱形小石棒,长2～3厘米,直径1～2厘米,上面浅浅地雕刻着以葡萄纹等为主的浮雕。为防止杂物混入酒罐,要把罐口用泥塞进行密封,然后在刚封好的黏土上压上刻有浮雕的滚印,根据浮雕花纹,可以判断酒的酿造者是谁,这可以称得上是葡萄酒标签的鼻祖。这种印章起源于新石器时代的美索不达米亚。

在美索不达米亚地区发现了大约公元前2250年前后乌鲁卡基那(Urukagina)国王时期的楔形文字。这些楔形文字中有"栽培葡萄"记载,把葡萄树称作"生命之树"。还有记载称,在公元前2800年前后伊坦纳王时代,苏美尔就已开垦出梯田状葡萄山,梯田周围植有树木,以遮挡风害。这应是世界上有关葡萄酒酿造和葡萄树种植的最早文献。

考古学家在叙利亚发现了大约8000年前挤榨果物的压榨器和葡萄种子,这种压榨器很有可能用于酿造葡萄酒。

3. 古埃及

考古学家在古埃及卡姆瓦赛(Khaemwaset)法老的古墓和纳卡(Nakht)法老的古墓中的壁画上发现一个特别完整的场景,壁画描绘了大约公元前1480—公元前1425年葡萄酒的整个生产过程(见图1-3、图1-4)[1]。其中,葡萄种植在高架长廊中,葡萄被运送到酒厂,然后放在一个浅槽内由人工踩踏。踩踏工人抓住从上方的柱子垂下的绳子,以用来稳定自己的身体,因为踩踏葡萄很容易滑倒。葡萄汁随后转移到双耳细颈瓦罐中静置发酵。这说明当时古埃及葡萄酒酿造业已经高度发达。

图1-3　古埃及卡姆瓦赛法老的古墓壁画

① 奥兹·克拉克著,李文良译:《葡萄酒史八千年:从酒神巴克斯到波尔多》,中国画报出版社,2017

图 1-4　古埃及纳卡法老的古墓壁画

考古学家根据现有的考古发现认为,人工种植葡萄、酿造葡萄酒最早起源约在公元前 7000—公元前 5000 年,可能有多个起源中心,包括地中海东岸以及小亚细亚、南高加索、两河流域等地区,涵盖叙利亚、土耳其、格鲁吉亚、亚美尼亚、伊朗等国家;葡萄、葡萄酒从最初的起源中心传到了欧洲和北美洲后得到了驯化和发扬光大,所以我们把欧洲和北美洲称为葡萄、葡萄酒的"后起源中心"。其中,北美洲主要包括美国、墨西哥等国家。

 教学互动

> 互动问题:根据已经掌握的考古资料,为什么我们可以推定在黑海、里海、地中海沿岸、高加索山脉等地多个葡萄酒的起源中心所用酿酒葡萄为欧亚种群?
>
> 要求:
>
> 1. 教师不直接提供上述问题的答案,引导学生结合本节教学内容就这些问题进行独立思考、自由发表见解,组织课堂讨论。
>
> 2. 教师把握好讨论节奏,对学生提出的典型见解进行点评。

(三) 东亚种群酿酒起源

东亚种群葡萄主要有山葡萄、毛葡萄和刺葡萄等。东亚种群的葡萄在抗寒、抗潮湿、抗病性方面都比较强。但由于这些地区一直以来被森林覆盖,人类对葡萄的干预较少,所以到目前为止,东亚种的很多葡萄品种还是以野生状态生长。

1. 公元前 8000 年前的中国湖南道县玉蟾岩文化遗址

该时期属于旧石器文化向新石器文化过渡阶段。在 20 世纪 90 年代考古工作中,我国在湖南道县玉蟾岩文化遗址中出土了 40 余种植物遗存,野生葡萄种子是其中之一。这说明中国自远古时期就有原生葡萄品种存在。这些野葡萄在公元前 8000 年前已经成为这一时期先民的食材之一,但目前尚不清楚其是否用于酿酒及有无驯化栽培历史。这里还出土了世界上最早的圆底罐型陶器,可作为存储食材的容器。

2. 公元前 7000 年前的中国河南舞阳贾湖遗址

在 2001 年的考古工作中,河南舞阳贾湖遗址发现葡萄种子。美国宾夕法尼亚大学麦戈文教授对贾湖遗址 16 件陶器内壁附着物萃取出的有机样木进行检测,发现其中13 件陶器在红外光谱分析时都显示出和近东地区最早的酒非常接近的红外线结果。所谓近东地区最早的酒,指考古出土陶罐内壁沉淀酒,是一种混合产自地中海的葡萄酒、大麦啤酒和蜂蜜酒的饮料。在这些陶器上检测出大量酒石酸和酒石酸盐成分,表明在当时这些陶器都用来盛装一种同时含有大米、蜂蜜和水果成分的发酵型饮料。果酒里含有酒石酸,除可以推测出是葡萄酿制酒以外,山楂用作原料也可达到同样的化学结果。但是野生葡萄种子是贾湖遗址发现的最重要远古水果,而山楂种子在贾湖遗址则未被发现,葡萄很可能因其芳香甜蜜而被用以混合酿造。这是葡萄用于酿酒的中国最早,也是世界最早的考古证据,比现今伊朗境内扎格罗斯山发现古代苏美尔人留下的公元前 5415 年的盛葡萄酒陶罐最少要早 1500 年。

河南贾湖遗址发掘出的陶器类型也很丰富,有夹砂陶、泥质陶、夹碳陶、甲蚌或骨屑陶、夹云母片和滑石粉陶等。陶器中有少量尖底类,虽然并非真正意义上的尖底,只是接地处墩出一个小平面,但是这些陶器的种类和形状具备充当酿造葡萄酒容器的条件。

河南舞阳贾湖遗址还出土了龟甲刻符与石器、骨器、陶器上的刻符。贾湖契刻与殷墟甲骨文有着惊人的相似,具有原始文字性质,与商代甲骨文可能有着某种联系,而且很可能是汉字滥觞。但是目前考古学者还没有考证出这些契刻符号具体代表的意义,所以也无从考证这里面有无关于葡萄或者葡萄酒记述。

在中国贾湖、西亚、中亚等地区的考古发现证明,原始葡萄酒不局限于某一地区,不是一个文化的独创,而是原始社会时期与采集经济相连的各地共同的食物来源,只要有野生葡萄生长的地方,就会有最初的葡萄酒的诞生。这是文明发展的标志之一,标志着人类饮食活动从最初的生理需求,上升到文明理性境界,人类饮食开始具有文化意义。

根据 20 世纪 90 年代以来的考古发现,在中国发现的新石器时代葡萄用于酿酒的证据,这比西亚用葡萄酿酒有据可查的历史至少要早 1500 年。在葡萄酒诞生历史上,中国是除西亚地区以外另一个值得引起注意的重要地区。在汉代张骞出使西域以后,关于中国葡萄种植与葡萄酿酒的记述日渐丰富。虽然近现代中国葡萄酒产业是向西方学习的产物,但中国本土也始终存在着一条葡萄种植与葡萄酿酒的历史线索,那就是东亚种群葡萄的栽培与葡萄酒的酿造起源于公元前 7000 年的中国,东亚种群主要分布在中国、朝鲜、日本、越南、印尼、印度、苏联远东等地。

(四)美洲种群酿酒起源

北美洲土著居民较少,没有与葡萄酒相关的考古发现,在哥伦布发现北美大陆以前,美洲种群的葡萄几乎处于野生状态,因此美洲种群葡萄酿造葡萄酒的起源问题本书不做研究。

三、葡萄酒的传播

随着人类活动范围的扩大,葡萄及葡萄酒也慢慢地通过商业、贸易、战争和宗教等途径传播开来。葡萄及葡萄酒的传播主要沿着两个方向:一个是向西传播,另一个是向东传播。

(一)向西传播

葡萄栽培、葡萄酒酿造从起源地开始向西传播,沿着地中海沿岸传向欧洲,再从欧洲传到非洲、北美洲和大洋洲。首先于公元前 2500 年左右传入古埃及,在公元前 2000 年传入古希腊,公元前 800 年传入古罗马(意大利)、西西里岛和北非,公元前 600—公元前 100 年传入高卢(法国)、西班牙、葡萄牙、德国、奥地利;公元 1400—1600 年传入南非、墨西哥、阿根廷;1769 年传入美国加利福尼亚;1788—1819 年传入澳大利亚、新西兰(见图 1-5)。

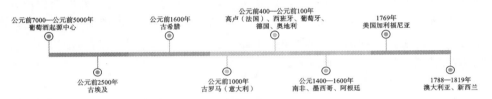

图 1-5　葡萄酒传播时间轴

虽然,葡萄酒究竟起源于哪个国家和地区已经无从考证了,但人们还是可以在历史发展的长河中清晰地看到葡萄酒在各个时期留下的不可磨灭的痕迹。比如,在埃及古墓中的浮雕上,清清楚楚地描绘了古埃及人种植、采集葡萄,酿酒和饮用葡萄酒的场景,确切地记录了他们当时酿酒的技术工艺。浮雕中,人们把葡萄摘下来,用脚踩碎,把葡萄汁灌到陶罐中,用泥土封口,在瓶口处留下小孔,最后用黏土封上。这无疑是一套完整的酿酒工艺,从采摘、碾碎,转移至陶罐发酵,并且知道留小孔排放发酵生成的二氧化碳,发酵结束后,再封好陈放。可见那时古埃及人已经完全掌握了酿酒技术,也能反映出葡萄酒在古埃及文化中重要的地位。有意思的是,壁画中几次出现人物呕吐、醉倒、被仆人抬走的画面。古埃及时期,葡萄酒是一种珍品,为皇室成员所饮用,并且因其珍贵而被作为法老的陪葬。曾有新闻报道,在埃及法老图坦卡蒙古墓发现了红酒罐子。报道中写到图坦卡蒙坟墓中摆放了 26 罐葡萄酒,并且罐子上还刻着酒的酿造年份、出处、来源和制造商名字等信息,可见当时古埃及的葡萄酒酿造已经非常规范了。

随后,葡萄酒传到了古希腊,那时的葡萄酒对于古希腊人来说犹如当下的葡萄酒对于法国人一样,不仅在希腊人生活中有着重要的地位,还产生了有法可依的规范,虽然葡萄酒发源地在哪里众说纷纭,但葡萄酒法规诞生在古希腊这一点是公认的,也就是说,古希腊是第一个用法律的形式来规定生产与经营葡萄酒的国家,可以说古希腊人将葡萄酒视为人类智慧的源泉。有趣的是,在古希腊时期,葡萄酒和神学总是纠缠在一起,如葡萄酒经常出现在希腊神话中,甚至有"酒神"这个称号。

不仅如此,古希腊人出远门也不忘将自己钟爱的葡萄酒随身携带,所以葡萄酒随着古希腊人的足迹先是传到了现在的意大利地区,随后又传到了现在的法国、西班牙、德国等地。这些受古希腊影响的国家,如今已是扬名全球的葡萄酒生产国,且名气远超过希腊。但至今为止,希腊依旧出品顶级品质的葡萄酒,人们可以买到香气酸郁、口感醇厚的希腊高端葡萄酒。

进入公元元年之后,葡萄酒通过大航海时代陆续传到了现在的南非、美国和澳大利亚等"新世界"葡萄酒国家。"新世界"葡萄酒生产国虽然历史短暂,但它们是站在"巨人"的肩膀上,迅速进入了葡萄酒生产大国的行列,并且由于风土的原因,那些原本在欧洲濒临绝种或毫无建树的葡萄品种在"新世界"国家能得以完美展现,用它们可以酿造出更具特色的葡萄酒。从某种意义上来说,"新世界"葡萄酒生产国不仅挽救了那些不被欧洲国家重视的葡萄品种,还给葡萄酒爱好者们提供了更多的选择,让葡萄酒世界更多样化了。

(二)向东传播

我们在研究葡萄、葡萄酒东传以前,先来明确一个地理范围——西域。历史上,"西域"所指的地区有狭义和广义两种含义:狭义指葱岭以东的广大地区,即昆仑山以北、敦煌以西、帕米尔以东的今新疆天山南北地区;广义泛指自玉门关以西通过狭义的西域所能到达的地区,包括亚洲的中西部、印度半岛、欧洲的东部和非洲的北部,但其核心部分则是包括我国新疆在内的中亚地区。

1. 西域境内的考古发现

古代新疆与中亚地区葡萄的种植和葡萄酒的酿造年代紧密相关。中亚是葡萄较早的分布地区之一,但是否在5000年前就已经栽培葡萄、酿造葡萄酒,现有文献及考古资料还无法确切证明。在公元前3000—公元前2000年的布尔扎霍姆文化遗址,以及与中亚和中国新疆相邻的南亚次大陆北部克什米尔地区中,发现小麦、大麦、稻、小扁豆、豌豆和葡萄籽等遗存。据推测,该文化可能与伊朗的希萨尔三期文化或与前哈拉帕文化以及哈拉帕文化有一定的联系。如果推算时间可靠,且所出土葡萄籽属栽培葡萄,那么据此,中亚地区在5000年前种有葡萄、酿造葡萄酒是可能的。

中国新疆吐鲁番市鄯善县洋海墓地出土了葡萄藤,截面为扁圆形,长115厘米(每节长11厘米、扁宽23厘米),据新疆考古所专家研究,它属于圆果紫葡萄的植株,年代被定为公元前10世纪—公元前8世纪,是我国境内迄今发现最早的葡萄藤。

中国新疆苏贝希墓葬考古也发现了战国时期(公元前475—前221年)的葡萄籽,专家认为这可能也是葡萄向西域传播的一个信号。

可见,公元前5世纪以前,西域新疆已种植葡萄,同时酿有葡萄酒。因为在西域,葡萄的种植、酿造技术的传播是同时并行的。我们推测,当时用来酿造葡萄酒的原料葡萄很可能是欧亚种群葡萄。说到公元前5世纪前,西域的中亚和中国新疆用来酿造葡萄酒的原料葡萄很可能是欧亚种群葡萄,这种提法则可能是正确的。因为公元前600年,希腊人在黑海沿岸、意大利半岛和西班牙等地区从事殖民运动,同时将葡萄的种植技术传到这些地区。就是说,最晚约公元前600年,欧洲葡萄自葡萄、葡萄酒的"后起源中心"欧洲希腊等地传入了小亚细亚。波斯帝国冈比西斯统治时,波斯成了一个横跨亚、非两洲的奴隶制大帝国,疆域已经包括小亚细亚、两河流域、巴勒斯坦、埃及、伊朗高原以及中亚细亚阿姆河与锡尔河之间的广大地区。就是说,波斯帝国东侵时,欧洲的葡萄种子可能经小亚细亚、南高加索地区、伊朗高原以及中亚细亚阿姆河与锡尔河地区向东传了过来。

教学互动

> **互动问题**：根据已经掌握的考古资料，中国新疆葡萄种植和葡萄酒的酿造可追溯到什么时候？
>
> **要求**：
>
> 1. 教师不直接提供上述问题的答案，引导学生结合本节教学内容就这些问题进行独立思考、自由发表见解，组织课堂讨论。
>
> 2. 教师把握好讨论节奏，对学生提出的典型见解进行点评。

2. 西域境内葡萄、葡萄酒的史料记载

汉文史籍也有西域在 2000 年前栽培葡萄的记载。《史记·大宛列传》记载汉时大宛、康居、大月氏、大夏、乌孙、于阗等地种植葡萄，出产葡萄酒。

同步思考

同步思考
答案
▼

> 《史记·大宛列传》云："大宛在匈奴西南，在汉正西，去汉可万里。其俗土著，耕田，田稻麦，有蒲陶酒"，"其北则康居，西则大月氏，西南则大夏，东北则乌孙，东则扜罙，于阗"，"（大）宛左右以蒲陶为酒，富人藏酒至万余石，久者数十岁不败。俗嗜酒，马嗜苜蓿"。
>
> **问题**：这段资料说明了什么？

3. 葡萄、葡萄酒东传的客观条件

安努文化的东传、雅利安人的东侵以及中亚各部落广泛的迁徙等，为葡萄、葡萄酒的东传创造了条件，提供了可能。

中亚土库曼斯坦、哈萨克斯坦等国家与葡萄、葡萄酒的起源中心南高加索地区、伊朗等紧密相邻，同在里海地区，说明它们也可能在 5000 年前开始栽培葡萄、酿造葡萄酒。今土库曼斯坦首都阿什哈巴德附近的安努遗址所代表的安努文化盛行于约公元前3000—公元前 2000 年，"安努文化曾向花剌子模、费尔干与塔吉克南部传播，并且与依蓝、两河流域、印度西北的哈拉帕和中国的新疆有某种联系"。花剌子模主要在阿姆河下游三角洲，另有粟特和今土库曼斯坦的北部与哈萨克斯坦的西南部。阿姆河下游三角洲、费尔干主要在今乌兹别克斯坦、土库曼斯坦境内，粟特即今乌兹别克斯坦撒马尔罕地区。依蓝处于伊朗高原西南，与两河流域联系紧密。

哈拉帕文化是古代印度、巴基斯坦的一种城市文化，以印度西北方西旁遮普哈拉帕古城遗址得名，大部分分布于印度河流域，又常称为"印度河流域文化"，约公元前2000—公元前 1500 年是其繁荣时期。据史载，公元前 20 世纪中期，属于印欧语系的雅利安人的确从西北方侵入了印度河流域，而雅利安人是安德罗诺沃文化部落南进伊朗高原后与当地居民融合形成的。而南进到中亚中部或南部的安德罗诺沃文化部落的一支，与当地居民融合形成了东伊朗部落巴克特利亚人和粟特人等的祖先；中国西北部乌孙人、月氏人和坚昆人等游牧部落,有的讲印欧语系的东伊朗语,和中亚诸部落有密切的关系;公元前 10 世纪,中亚各部落发生广泛的冲突和迁徙。

4. 葡萄、葡萄酒传入中国内地

(1) 先秦时期欧亚种葡萄传入中国内地的可能性。关陇以西的广大土地,自古以来就有人来往于欧洲和亚洲之间。西晋时期出土竹书《穆天子传》,记载了周穆王西巡史事。据考证,周穆王曾经抵达波斯和欧洲的道途。史学家们考证《穆天子传》虽系小说性质,但也反映某些真实历史情况,必定有这样的事实存在,人们认为《穆天子传》是可供依据的有用史料。在后来的"丝绸之路"上,确实可以寻觅到周穆王的车辙马迹,周穆王的行迹远达于今乌兹别克斯坦以及中亚一带。由此可以推断出中国中原地区自古就与遥远的西方有交通和物资往来。公元前 11 世纪左右正是西亚葡萄酒十分流行,且已传遍古埃及、古希腊并开始在欧洲大陆普及的时代,精明的腓尼基商人很有可能早就把葡萄酒贸易做到了中国。

公元前 7 世纪末,秦穆公霸西戎,秦国直接统治区域达到今天的甘肃中部以至更远,而秦国的威名则远扬域外的更辽阔地区。著名史学家张星烺先生说,"鄙意秦始皇以前,秦国与西域交通必繁,可无疑义"。在频繁的交通和物资往来中,西亚地区广泛种植的葡萄品种和葡萄酿酒在当时具备被引入中原的条件。

同步思考
答案
▼

 同步思考

《西京杂记》卷三记载,"尉佗献高祖鲛鱼荔枝。高祖报以蒲桃锦四匹"。《西京杂记》卷一记载,"霍光妻淳于衍蒲桃锦二十四匹"。

问题:这两段资料说明了什么?

(2) 汉代欧亚种葡萄传入中国内地。山西省《清徐县志》记载,汉代时有商人从大西北带回葡萄枝条在当地栽植成功并推广开来的记载。西汉自张骞出使西域后,东西方贸易大道更加畅通,中国各地与西域各国有着更加频繁的民间商贸往来,这也为葡萄进一步东传入中国提供了交通条件。东汉时期,国家政治重心东迁入洛阳,葡萄随之被传入中原地区。

同步思考
答案
▼

 同步思考

《史记·大宛列传》记载,公元前138—公元前127年,张骞奉汉武帝之命出使西域,看到"宛左右以蒲陶为酒,富人藏酒万余石,久者数十岁不败"。又云:"汉使取其实来,于是天子始种苜蓿、蒲陶肥饶地……"

问题:这段资料说明了什么?

根据目前掌握的考古资料,可以推测,至少在公元前 2000 年前后,葡萄、葡萄酒自经伊朗高原—中亚细亚传入了克什米尔地区;公元前 2000—公元前 1000 年,葡萄、葡萄酒自"起源中心"经伊朗高原—中亚两河流域（阿姆河和锡尔河）传入了中国新疆北疆区及部分东疆区。不晚于公元前600年，欧洲葡萄则自葡萄、葡萄酒"后起源中心"欧洲希腊等地经小亚细亚—南高加索地区—伊朗高原—中亚细亚传到中国新疆。汉代张骞是把欧亚种葡萄带回中国的第一人，张骞出使西域之前中国应当有一定面积的葡萄种植，只是过去不大重视，只是零星随意种植。张骞出使西域之后，欧亚种群葡萄的种植、葡萄酒酿造技术广泛传入中国的中原广大地区，西汉是中国葡萄酒行业发展的开端。

第二节　葡萄酒的"新世界"与"旧世界"

　　葡萄酒可分为"旧世界"和"新世界"两个阵营。所谓"旧世界"，是指欧洲的传统生产国，如法国、意大利、德国、西班牙、葡萄牙等；"新世界"，则是指澳大利亚、新西兰、南非、智利、阿根廷和中国等新兴的葡萄酒生产国。

新、旧世界的概念起源何处？

　　背景与情境：新、旧世界的概念要追溯到大航海时代，继哥伦布发现美洲以后，意大利的航海家亚美利哥继续深入探索，他证实美洲并非东方，而是一块全新的大陆。当时的地图上没有美洲，于是亚美利哥在地图上画出新大陆并标上自己的名字，美洲因此而得名"亚美利哥"（America）。"新世界"的概念，也是亚美利哥提出的。作为美第奇家族的门客，亚美利哥写信给雇主洛伦佐汇报新发现，密信一经曝光，发现美洲的消息先在佛罗伦萨炸开了，"新世界"一词迅速传开。在最开始，"新世界"就是指美洲，用以区别欧、亚、非三个已知的大陆，随着新发现的陆地越来越多，澳大利亚、新西兰和太平洋上的诸多岛屿，都被划归到"新世界"的范畴（见图1-6）。

■旧世界葡萄酒产区
■新世界葡萄酒产区

图1-6　新、旧世界葡萄酒产区国家图

分析提示
▼

知识活页
▼

知识活页
▼

资料来源 郭明浩：《葡萄酒这点事儿》，1版，长沙：湖南文艺出版社，2017

问题：中国作为四大文明古国之一，为什么会划分到葡萄酒"新世界"的范畴？

一、旧世界

概括来说，"旧世界"国家主要包括位于欧洲的传统葡萄酒生产国，如法国、意大利、德国、西班牙、葡萄牙和匈牙利、捷克斯洛伐克等东欧国家。它们大多位于北纬 30°～50°，拥有十分适合酿酒葡萄种植的自然条件。冬暖夏凉、雨季集中于冬春而夏秋干燥的气候以及优质的土壤等自然条件，让这些国家在葡萄酒种植和酿造上占有先天的优势。法国、意大利、西班牙三国葡萄酒年产量近乎占世界葡萄酒生产总量的 60%。

"旧世界"产区的酿酒历史悠久，而且崇尚传统，从葡萄品种的选择到葡萄的种植、采摘、压榨、发酵、调配到陈酿等各个环节，都严守详尽而牢不可破的规矩，尊崇着几百年乃至上千年的传统，甚至是家族传统。"旧世界"葡萄酒产区必须遵循政府的法规酿酒，每个葡萄园都有固定的葡萄产量，产区分级制度严苛，难以更改，用来酿制销售的葡萄酒只能是法定品种。正由于处处受法规的检验，"旧世界"葡萄酒才一直深受大众的肯定与喜爱。

二、新世界

所谓"新世界"，即"旧世界"以外的新兴的葡萄酒产地，主要"新世界"产酒国有美国、加拿大、智利、阿根廷、南非，大洋洲的澳大利亚、新西兰，以及亚洲的中国、日本等。

在酒的命名制度上，美国、澳大利亚、南美等国大多数也用原产地命名，但有些国家只把原产地命名作为地理标志，用作商标控制，一切以酿制出好酒为原则，实行酒质分级。

在借鉴原产地概念的基础上，根据本国葡萄酒发展的实际情况，一些国家制定了符合自身需求的原产地制度。比如在美国，某一地区要获得美国法定葡萄酒产区（AVA）的资格，种植者或葡萄酒的制造者要向美国酒精、烟草、火器和爆炸物管理局（ATF）提交申请。申请中要解释：被命名的地区为什么可以作为一个分离的葡萄种植区；怎样与周围的土地加以区分。通常，申请要通过历史、气候、土壤、水量等因素来进行例证，作为 AVA 并不对葡萄品种和种植方式等进行约束。在澳大利亚，只有基本的葡萄酒规定，如以葡萄品种作为名称的酒，需含 85% 以上该葡萄品种，而对于欧洲的葡萄酒命名的最基本条件则是葡萄的产地来源。

三、新、旧世界葡萄酒的区别

"新世界"与"旧世界"最大的区别在于酿造工艺及其香气类型。"旧世界"的葡萄酒一般趋于传统的酿造工艺，"新世界"则以现代技术酿造。"旧世界"的葡萄酒注重葡萄酒本味，更具有酸涩的口感，"新世界"的葡萄酒注重葡萄酒的香醇，果香更重一点，以下从八个方面具体来区分"新世界"葡萄酒与"旧世界"葡萄酒的区别。

（一）历史

"旧世界"历史悠久，有的酒庄可以达到几百年甚至上千年的历史，是世界葡萄酒的摇篮；"新世界"历史相对比较短,大部分只有两三百年。

（二）种植方式

"旧世界"亩产限制比较严格,讲究精耕细作,注重人工；"新世界"这一方面比较宽松,以机械化为主。

（三）酿造工艺

"旧世界"葡萄酿造以人工为主,讲究小产区、穗选甚至粒选,产品档次差距大,比较讲究年份和产地；"新世界"以工业化生产为主,产品之间品质差距不大。

（四）法律法规

"旧世界"有严格的等级标准,以法国为例,每一瓶葡萄酒的酒标上都标注等级,一目了然；"新世界"也有相关的法规,但不如"旧世界"严格。

（五）包装

"旧世界"沿袭传统,葡萄酒包装一般很少有华丽或怪异的包装；"新世界"的葡萄酒包装多样,讲究外在。

（六）酒标

"旧世界"传承一贯的优良传统,酒标信息较多,因此可以通过酒标大致推测一款酒的品质。不过,因各国酒标语言的多样性,使得辨认起来相当困难。另外,"旧世界"葡萄酒的酒标图案没有华丽怪异的设计,以传统标准为主。相对而言,"新世界"酒标就显得比较有潮流感,其酒标信息一般简单明了,且多以英文标注,较易辨识,不过人们很难从中判断葡萄酒的品质。另外,"新世界"酒标少了条条框框的限制,酒标的多样性及艺术性一概显露。

（七）规模

"旧世界"葡萄酒大多采用传统家族式经营模式,重视小产区栽培,葡萄种植及生产规模相对较小。不足的是葡萄酒之间的质量差距较大,不够稳定,但优质葡萄酒有较好的陈年潜质,拥有较大的增值空间。

"新世界"葡萄酒呈企业式规模经营,葡萄园种植面积及生产规模较大。优点是葡萄酒的质量和口感比较稳定,风格热情奔放,追求即买即饮型,买来即可享用。当然,"新世界"葡萄酒也有不少潜力较大、品质不逊色于"旧世界"顶级酒款的葡萄酒。

（八）口味

"旧世界"葡萄酒拥有明显的地区特色,酿造时也更注重还原当地风土特征；而"新世界"葡萄酒注重葡萄酒的香醇,果香味更浓,虽然也有产区特色,但由于"新世界"葡萄酒单一葡萄品种酿制较多,因此其特色主要还是因葡萄品种的不同而不同。

教学互动

互动问题：根据葡萄酒新、旧世界的划分和特点，请回答以下两个问题。

1."新世界"的产酒国生产葡萄酒的历史都要比"旧世界"短很多吗？

2."旧世界"葡萄酒产酒国所酿造的葡萄酒都要比"新世界"的产酒国所酿造的葡萄酒品质好，而且价格更高吗？

要求：

1.教师不直接提供上述问题的答案，引导学生结合本节教学内容就这些问题进行独立思考、自由发表见解，组织课堂讨论。

2.教师把握好讨论节奏，对学生提出的典型见解进行点评。

第三节　世界葡萄酒发展的四个黄金时期

葡萄酒自从诞生以来，随着人类活动范围的扩大，葡萄、葡萄酒也被慢慢通过商业、贸易、宗教和战争传到了世界各地，世界各地的葡萄酒也慢慢发展起来。总的来说，世界葡萄酒发展主要经历了四个黄金时期：古罗马时期、黑暗的中世纪、大航海时代和第二次工业革命。

一、古罗马时期

古罗马人对于葡萄酒的推广做出了非常重要的贡献，今天欧洲主要的产酒区，葡萄的引入都源于罗马人。罗马人对于葡萄酒的推广，要分为两个时期来说，一是共和国时期，二是帝国时期。

罗马共和国的崛起，在很大程度上取决于他们学习了希腊人的文化，罗马人还从希腊人那里学习了葡萄栽培和酿酒，并很快推广到亚平宁半岛，葡萄从南向北开始扩散。在这个过程中，罗马人逐渐总结出了一套自己的栽培和酿酒经验。从出土的庞贝古城中可以看到，短短的一条街就有数个酒馆，可见葡萄酒在罗马共和国时期就已经非常普及。

罗马帝国时期，军团到处行军打仗，战场厮杀过后尸体遍地，水源被污染，葡萄酒因其解渴功能等成为保命的必需品，因此葡萄也被罗马铁骑带到了欧洲各地。罗马人将葡萄栽培在法国香槟，之后又带到西班牙里奥哈，再从里奥哈传入波尔多，葡萄酒发展大大提速。罗马帝国的版图包括法国高卢、莱茵地区和亚平宁半岛，东至罗马尼亚，南至北非的突尼斯和摩洛哥，西到西班牙，西北到不列颠，东南到埃及和红海沿岸，整个地中海成了罗马帝国的"内海"，地中海沿岸都不同程度地种植了葡萄，这是欧洲最早的葡萄酒版图。

二、黑暗的中世纪

中世纪，教会钳制人们的思想，靠忽悠百姓捐钱发财，一座座金碧辉煌的教堂拔地而起,而书籍都藏在教会和修道院里,只有地位很高的神职人员才有权阅读,科学、艺术、人文近乎停滞,人民思想愚昧,生活苦不堪言。但是,在黑暗的中世纪里,葡萄酒却得到了很好的发展。

由于蛮族侵袭,西罗马帝国不可避免地走向了衰败。此时,蛮族中的法兰克人崛起了,国王克洛维一世接受了基督教的洗礼。在基督教的世界里,葡萄酒好比耶稣的血液,意义非同寻常,葡萄则象征着繁衍,《圣经》里不止 500 次提到葡萄或葡萄酒绝非偶然。公元 800 年,一代明君查理大帝加冕,他毕生向往罗马帝国的荣光,打下了大片江山,查理大帝对农业的重视也极大地推动了葡萄酒的发展。12 世纪和 13 世纪,隶属于天主教的西多会修道院在欧洲建立了上千座修道院,规模化的葡萄栽培开始遍布欧洲,葡萄酒成为重要的经济来源,在西多修道士的带领下,葡萄酒获得了史无前例的发展机遇。

三、大航海时代

知识活页

1492 年,哥伦布(见图 1-7)发现了美洲大陆,自此以后,全球的各种资源重新配置,酿酒葡萄从欧洲迁徙到新发现的岛屿和陆地,葡萄酒世界发生了天翻地覆的变化,逐渐形成了今天的世界葡萄酒版图。

图 1-7　哥伦布

以哥伦布的经历,本该是给葡萄牙人效力才合理,因为哥伦布的妻子是葡萄牙人,他岳父是马德拉圣港岛的总督,在葡萄牙有声望、有地位。不仅如此,哥伦布妻子的爷爷还是葡萄牙亨利王子的好朋友,若亨利王子在世,他或许能慧眼识君,赞助哥伦布去寻找东方。可惜哥伦布碰上的是若昂二世,航海经验丰富的葡萄牙人一直拒绝赞助哥伦布,他们觉得哥伦布是个妄人,认为哥伦布的航海方案有致命的错误,他把地球和航距都给计算小了。

1492 年,西班牙获得独立,百废待兴,女王伊莎贝尔决定支持哥伦布 3 条船。凭着一路向西的执着和歪打正着的计算,哥伦布如愿到达了大西洋的彼岸,但他没有见到马可·波罗描写的"遍地黄金"。哥伦布到达的是美洲的巴哈马群岛一带,他一直认为自己找到了传说中的东方,当时东方被统称为"Indies",土著就被唤作"印第安人"(Indian)。印第安人和西印度群岛的说法沿用至今,但与印度不存在任何关系。

同步案例

哥伦布发现新大陆

背景与情境:1492 年 10 月 12 日凌晨,哥伦布一行到达了美洲东部中段的印度群岛的两个大岛古巴、海地和若干小岛,从而拉开了发现新大陆的帷幕。新大陆的发现让人们对世界的认知有了突破,随着探险者和移民的脚步,"哥伦布大交换"开始了,新、旧世界的农作物、人种、疾病乃至文化开始迁徙和交互。欧洲人把"旧世界"的苹果、香蕉、小麦、豌豆、甘蔗、橄榄、咖啡豆、蜜蜂等传到了美洲,美洲原产的烟草、土豆、西红柿、南瓜、菠萝、辣椒等被带到了"旧世界",欧洲的牛、马、羊、鸡等传到了美洲繁衍生息;"旧世界"的疾病天花、霍乱、黄热病等害死了无数的美洲印第安人,"新世界"同样也回报了"旧世界"一份"大礼"——梅毒。在此过程中,酿酒葡萄也随着哥伦布大交换迁徙到了世界各地,全新的葡萄酒格局由此形成。

哥伦布大交换既有交融,也有对立,既有利益的获取,也有惨痛的代价,对人类的影响之大史无前例。欧洲人对"新世界"不断殖民,催生了"黑三角"贸易,持续了300多年的黑奴买卖让欧洲人大发横财,却给非洲人民带来深深的苦难。海地岛居民曾有百万之多,欧洲人带来的天花和流感几乎给他们带来了灭顶之灾。今天,这个中美洲的国家竟然有95%的人口是黑人,他们的祖先就是被西班牙人从非洲贩运到美洲的黑奴。

资料来源 郭明浩:《葡萄酒这点事儿》,湖南文艺出版社,2017

问题:哥伦布发现了美洲大陆后,大航海时代的到来对葡萄酒的传播起到了什么作用?

分析提示
▼

四、第二次工业革命以来的一个半世纪

随着铁路飞速发展,船运、空运日益发达,巴拿马运河成功开通,陆海空全面发展,还有《航海条例》的废止、贸易壁垒的打破、全球经济一体化,使得葡萄酒的贸易进程骤然提速。葡萄酒品质也由于各种技术的进步突飞猛进,如巴氏灭菌法、软木塞和玻璃瓶的运用使葡萄酒的保质期大大延长,这是葡萄酒历史上发展最为迅速的时期。在这个全新时代,葡萄酒不再是神职人员和王公贵族的专利,也不再是大航海时代和殖民时代的附属品,而是真正走进了寻常百姓家,成为普通消费者日常生活的一部分。

本章小结

□ 内容提要

本章讲述了葡萄酒的起源与传播、葡萄酒的"旧世界"与"新世界"和世界葡萄酒发展的四个黄金时期三部分内容。

本章首先介绍了葡萄的起源与进化、葡萄种群的分类与分布。然后根据目前已经掌握的关于葡萄酒起源的考古发掘和文献资料初步判断人类最初酿造葡萄酒约为公元前7000—公元前5000年比较可信。葡萄、葡萄酒的最初起源中心应该说在东方,可能有"多个中心",包括地中海东岸以及小亚细亚、南高加索等地区,主要涵盖叙利亚、土耳其、格鲁吉亚、亚美尼亚、伊朗等国家;而葡萄、葡萄酒的"后起源中心"大致在欧洲和北美,北美又主要包括美国、墨西哥等国家。葡萄、葡萄酒的传播路经有两条。一条路线是向东、西方向传播。向西传播:从最初的起源中心先后传到古埃及、古希腊、古罗马、高卢(法国)、西班牙、葡萄牙、德国、奥地利等欧洲国家。向东传播:从葡萄、葡萄酒"起源中心"经伊朗高原、中亚两河流域(阿姆河和锡尔河)传入

了中国新疆北疆区及部分东疆区。另一条路线是从葡萄、葡萄酒"后起源中心"欧洲希腊等地经小亚细亚、南高加索地区、伊朗高原、中亚细亚传到中国新疆。

人们根据地域、酿酒历史和酿酒传统等因素将葡萄酒产酒国分为"新世界"和"旧世界"两大阵营。"旧世界"指的是那些老牌葡萄酒生产国,以欧洲国家为主,如法国、意大利、德国、西班牙和葡萄牙等。这些国家有着悠久的酿酒历史和酿酒传统,等级划分制度严格,种植特定的葡萄品种,其葡萄种植和葡萄酒酿造工艺更趋于传统,葡萄酒更注重表现产地的风土特点。"新世界"则是指那些最近几个世纪才崛起的葡萄酒生产国,主要是欧洲以外的国家,如美国、澳大利亚、新西兰、南非、智利、阿根廷以及中国等。"新世界"国家对于葡萄品种、葡萄种植、葡萄酒酿造等方面的法律规定不像"旧世界"国家那么严格,也更愿意引入现代化的新技术,酿酒师在酿造葡萄酒时更加自由创新,因此葡萄酒风格更加多样,也相对更加易饮。

世界葡萄酒发展经历了古罗马时期、黑暗的中世纪、大航海时代、第二次工业革命四个黄金时期。

☐ **核心概念**

葡萄;葡萄酒;葡萄种群;起源中心;新世界;旧世界;古罗马时期;中世纪;大航海时代;工业革命

☐ **重点实务**

葡萄种群的特点在侍酒服务中的运用;新、旧世界葡萄的特点在侍酒服务中的运用。

本章训练

☐ **知识训练**

一、简答题

1. 葡萄有哪些种群?

2. 葡萄酒是如何传播的?

3. 世界葡萄酒发展的四个黄金时期是什么?

4. "新世界"与"旧世界"的区别有哪些?

二、讨论题

1. 根据所掌握的考古资料,推算出葡萄酒的起源时间和地点。

2. 哪些因素促使葡萄、葡萄酒传播世界各地?

☐ **能力训练**

一、理解与评价

我国河南舞阳贾湖出土的陶器附着物成分和西亚出土的酒成分完全一样,是一种同时含有大米、蜂蜜和水果成分的发酵型饮料。这比西亚地区发现的酒最少要早1500年。那么是否可以认定中国才是世界上最早酿造葡萄酒的国家,为什么?

二、案例分析

希腊葡萄酒的历史与文化

背景与情境:希腊是葡萄酒和葡萄种植在欧洲传播的拐点。罗马人在建立葡萄园方面比西班牙、法国、德国甚至英格兰可能更有名气。但是是谁让罗马人这么做的?是希腊人,他们也有一个酒神,名字听起来很有趣,叫作狄俄尼索斯(Dionysus)。他开始并不是作为葡萄酒神出现的,植物繁育是他的第一责任。但是人们可以从中想象到这个工作最终会过渡到葡萄酒和酒事:植被,葡萄树,葡萄,葡萄酒,酒会,失去自制力问题。但是,停一下,葡萄酒和神学是怎么纠结在一起的?关于葡萄酒,没有人知道如何以及为什么会发酵。是魔法吗?还是有神的介入?如果你喝了酒,你的精神状态会被改变,你的禁忌消失了。是酒神创造的这种效应吗?还是说神实际上就在酒里面?人们是在喝一个神仙吗?对于古希腊人来说,也许是这样的。

这是很重要的一点,因为总体来说希腊人不是酗酒者。当他们饮酒时,经常要把酒稀释得很淡。诗人赫西奥德(Hesiod)饮酒时是按照一份酒加入三份水的比例勾兑他的杯中物。爱喝烈酒的诗人荷马(Homer)则是在一份酒中兑入二十份水,以保持他头脑清醒地按时完成大作《伊利亚特》。所以,醉酒不是一个典型的希腊人的行为。除非他们参加纪念酒神狄俄尼索斯的半宗教性商务活动。由此可以理解,既然狄俄尼索斯成为最受希腊人欢迎的神,定期举办的狄俄尼索斯酒神节也变得越来越嘈杂粗暴,所以政府按照《101条例》将葡萄酒国有化,防止某些危险分子借机进行破坏性活动。

的确,希腊诗人优布罗斯(Eubulus)率先用文字绘出了一份非常有意义的饮酒者的行为路线图景。他写道:"我要用三只碗来勾兑出温和。第一碗盛着健康,他们可以一口喝掉;第二碗盛着爱和快乐;第三碗是睡觉。当这三碗喝完,明智的客人便回家。第四碗则不再属于我们,而是属于失态,东歪西倒;第五碗是骚动;第六碗是醉酒狂欢;第七碗是鼻青脸肿;第八碗是警察到来;第九碗属于身体不适感;第十碗就是疯乱和投掷的家具。"正是这些酒能让我的学生瞬间回到周六晚上。

希腊葡萄酒可分为两种类型:早熟品种,又苦又涩,很快变酸,是普通大众喝的酒;甜葡萄酒则由完全成熟的葡萄酿造,把覆盖着芦苇叶的成熟葡萄晾在太阳下的框架中,直到它们萎缩,水分散发,糖分提高。然后它们进入陶土罐中与甜葡萄汁混合,一周后再进行压榨和发酵。由此产生的酒是甜的,可以长久存放。这一工艺经过罗马人的改造而更上一层楼。罗马人是如何得到这个工艺的呢?是因为定居意大利南部的希腊人带去了葡萄种。意大利半岛也被称为"大希腊西西里岛,东部的港口城市锡拉丘兹在那个时期是希腊最大的城市。希腊人还带着葡萄酒和葡萄种远行到了法国南部、北非和俄罗斯西部。

资料来源 奥兹·克拉克著、李文良译:《葡萄酒史八千年:从酒神巴克斯到波尔多》,中国画报出版社,2017

问题:

1. 本案例中,希腊在葡萄酒传播过程中起到什么作用?

2. 从以上材料中,你能归纳总结出古希腊葡萄酒文化有哪些特点吗?

第二章
欧洲葡萄酒的历史

学习目标

职业知识目标：学习和掌握欧洲主要国家葡萄酒的发展历史，从考古发掘和史料记载中分析不同国家葡萄栽培、葡萄酒酿造传入的时间和路径，根据历史料资归纳总结出不同国家不同阶段葡萄酒发展过程中的重要事件；掌握欧洲主要国家葡萄酒的法律法规和分级制度的制定过程，并用其指导各国葡萄酒的相关认知活动，规范其相关服务与技能。

职业能力目标：运用本章所学的专业知识，培养与葡萄酒历史相关的分析能力与判断能力；通过不同国家的葡萄酒的发展过程，分析判断不同国家葡萄酒的现状。

职业道德目标：结合欧洲主要国家葡萄酒的历史教学内容，依照各国葡萄酒的法律法规和发展现状，科学、客观地认识欧洲主要国家的葡萄酒的分级制度，培养学生在葡萄酒营销与服务过程中遵循各国的法律法规和分级制度。

引例

查理大帝为何下令种葡萄

查理大帝，也叫查理曼，是中世纪著名的国王，他在1000多年以前几乎统一了欧洲。西罗马帝国灭亡以后，西欧大部分的葡萄栽培和酿酒陷入停滞，贸易通道也被阻断，到了查理大帝统治的加洛林王朝时期，葡萄酒贸易才逐渐恢复。查理大帝对农业非常重视，他颁布了一部《庄园法典》，制定了欧洲大陆有关农业生产和税收的规则，也规定了葡萄栽培和酿酒规范，如不能用脚踩碎葡萄就是其中的一条。查理大帝还向各地教会赠予大量葡萄园，法国乃至莱茵河地区因此全部栽上了葡萄，这对葡萄酒的世俗化起了很大作用。

关于查理大帝对葡萄酒的推动有诸多的记载，那么，查理大帝为何要大费周章地推广葡萄酒呢？是查理大帝自己爱喝酒吗？其实不是，查理大帝自己喝酒很有节制，而且对于酗酒行为会给予严惩。简单来说，他这么做是出于政治上的考虑，就是为拍教会的马屁。查理曼的父亲丕平是篡位的宫相，坐上王位时权力如日中天，甚至超过了教皇。但篡位的皇帝都会千方百计地使自己合法化,丕平给教皇赞助了罗马城,才有了后来的教皇国,这就是改变历史的"丕平献土"。王位传到查理大帝的手里,他也面临着合法化的问题,教皇不给他加冕,他这个国王永远不会名正言顺。前有罗马帝国的君士坦丁颁布《米兰敕令》,立天主教为国教,再有墨洛温王朝的克洛维一世受洗,皈依了天主教,这些先例无时无刻不刺激着查理那颗骚动的心。信仰是可以轻易改变的,唯有利益才是永恒的,查理大帝面临着一个政治选择。那时候,教权总会制衡王权,查理大帝深思熟虑后觉得,创造和谐社会才能共同致富,王权和教权还是要精诚合作,否则人心散了,队伍就不好带了。教会喜欢葡萄酒,为了示好教会,查理大帝就下令栽葡萄,还不断地赠予葡萄园给各地教会,推动经济繁荣和社会稳定。教皇利奥三世心想反正也斗不过查理大帝,干脆大家团结合作。公元 800 年,教皇给查理加了冕,自此以后,人们的思想和生活就处于教权与王权的双重统治之下,皇帝和教皇亦敌亦友,在互相支持、彼此提防的较量中,携手奔向富贵。

　　查理大帝平定四方后,各地修道院逐步增加,葡萄开始大规模种植,葡萄酒获得了空前的历史发展机遇。在查理大帝的疆域里,阿基坦境内的波尔多、莱茵河及多瑙河流域,也就是今天的德国和奥地利都栽培了大量葡萄。在此之前,欧洲蛮荒的土地上连年征战,老百姓饭都吃不饱,没有人专心种葡萄,更不要说有葡萄酒产区的概念了。

资料来源　郭明浩:《葡萄酒这点事儿》,湖南文艺出版社,2017

第一节　法　国

一、法国葡萄酒的历史

(一)法国葡萄酒的传入

　　法国葡萄酒的名声可谓是居全球之冠,但是葡萄酒的起源地却并不在法国。提起法国葡萄酒的起源,可追溯到公元前 6 世纪。当时,腓尼基人和凯尔特人首先将葡萄酒的种植及酿造工艺传入现在的法国南部马赛地区,葡萄酒成为人们佐餐的奢侈品。古罗马时期,帝国的军队在征服了欧洲大陆的同时也将葡萄酒的种植与酿造推广开来。公元 1 世纪,在罗马人的大力推动下,葡萄种植迅速地在法国地中海沿岸兴起,也使得饮酒成为一种时尚。葡萄种植与酿造技术先后进入罗讷河谷勃艮第、波尔多、卢瓦尔河谷、香槟和摩泽尔河谷等地区,如今这些地区仍是法国著名的葡萄酒出产地。

　　随着罗马帝国衰落,葡萄园也随之衰落。罗马帝国灭亡以后,分裂出来的西罗马帝国(法国、意大利北部和部分德国地区)的基督教修道院中的教士们就开始详细记载葡萄的收获和酿造葡萄酒的过程,这也为其后的葡萄种植和葡萄酒酿造的发展打下了一定的基础。公元 768—814 年,统治法兰克王国的查理大帝是一个酷爱葡萄酒的君主,著名勃艮第产区的高顿-查理曼酒庄（Grand Cru Corton-Charlemagne）就曾为他所拥有。查理大帝对葡萄酒的爱好，在客观上也促进了他所统治的帝国以及全欧洲的葡萄酒的发展。基督教的兴起带来了又一次葡萄酒酿造的发展。法国得天独厚的气候条件及土壤使其成为葡萄酒的主要产地。在18世纪以前，法国的葡萄酒产业一直掌握在贵族及僧侣手中。

（二）法国葡萄酒发展的几次危机

1. 政治危机

法国的葡萄种植业也几经兴衰，公元92年，罗马人为保护亚丁宁半岛的葡萄种植及酿酒业，逼迫高卢（今法国）人摧毁了大部分葡萄园，因此出现了第一次危机。公元280年，罗马皇帝下令恢复种植葡萄的自由，由此法国葡萄种植与酿造进入了重要的发展时期。1441年，勃艮第公爵禁止良田种植葡萄，葡萄种植和酿造再度陷入危机。1731年，路易十五国王取消了部分上述禁令；1789年，法国大革命爆发，葡萄种植获得自由，法国的葡萄种植及酿造也进入全面发展的新阶段。19世纪，随着铁路交通的发展，法国南部的葡萄酒业渐渐赶超北部。20世纪，法国出台了各种法规条例，更加规范了葡萄酒的生产与等级，这些法令使法国葡萄酒更加完美并得到世界的赞誉。

2. 病虫害危机

1864年，葡萄根瘤蚜虫害席卷法国，法国大部分葡萄园被毁。根瘤蚜病暴发后，葡萄叶片覆盖着小虫子和虫卵。牛津大学的昆虫学家和生物学家维斯特伍德教授认定它们是蚜虫——根瘤蚜。当时他并没有意识到它的严重性，但他是第一个在欧洲发现这种小小的寄生虫的人，这种寄生虫将会永远改变葡萄酒的世界。而在此同一时期，一种未知的疾病摧毁了法国罗讷河谷的数个葡萄园。

在整个19世纪，大量的植物包括葡萄树从美国运往欧洲。大温室里种植的来自世界各地的奇花异草是当时富裕家庭的时尚象征。很少有人会想到这些植物会携带什么样的疾病。而这些植物给欧洲的葡萄种植者带来了灾难性的后果。首先是白粉病在1847年侵袭了欧洲，严重影响了各大葡萄酒产区。随后依次为1878年的霜霉病和1888年的黑腐病，但事实证明葡萄根瘤蚜病才是最致命的。

这种蚜虫长度不足1毫米，几乎难以被肉眼察觉到。它攻击葡萄树根，汲取根上的汁液。它可以通过土壤中的裂纹从一株葡萄树传播到另一株葡萄树，也可以通过风、农业机械或人的脚进行长距离传播。它会影响植物发育，并最终使葡萄树死亡。

葡萄根瘤蚜病传播迅速，首先感染的是法国朗格多克产区，然后是法国的其他产区。到了19世纪末，欧洲大部分地区和北非都受到影响。据估计，在法国，几乎有一半的葡萄园受到影响。许多葡萄酒产区逐渐衰落，再也没有恢复。其他产区失去了宝贵的优质葡萄树，改为种植产量高但品质低劣的葡萄品种。很难想象这对于完全依赖葡萄酒销售的产区是多大的灾难。

起初，很多人拒绝相信是这种小小的寄生虫造成了这一切，他们认为根瘤蚜虫只是疾病的一种症状而不是造成疾病的原因。直到法国政府于1869年展开调查，才确定根瘤蚜虫是罪魁祸首。然后问题的解决也耽误了不少时间。当时人们尝试的治疗方法包括洪水漫灌葡萄园（这种方法是有效的，目前在阿根廷仍然实行，但并不实用）和喷洒二硫化碳（高度易燃，危险性大）。最后，在19世纪80年代，研究人员发现，在美洲葡萄品种的树根上嫁接欧洲葡萄品种是防止感染的有效途径。直到今天,几乎每一座葡萄园的每一株葡萄树都经过了这种方式的处理。

二、法国葡萄酒列级庄——1855 列级名庄分级制度

波尔多城始建于加龙河边,水运贸易发达,水运便利,成为葡萄酒的集散地。1855年的波尔多分级制度可谓影响深刻,经过一个多世纪的发展,其影响力从当初的波尔多地区逐渐扩散到全世界,已从一个单一的分级制度升华为新、旧世界葡萄酒交易的衡量标准,如今全世界的所有中高端酒庄的产品定价策略和其不无关系,所以当时波尔多地区的葡萄酒经纪人当之无愧地成为排名表的权威指定人。

(一)1855 列级名庄分级制度

1855 年,法国正值拿破仑三世当政。夏尔·路易-拿破仑·波拿巴国王想借巴黎世界博览会的机会向全世界推广波尔多的葡萄酒,而且想让全国的葡萄酒都来参展。于是,他请波尔多葡萄酒商会筹备一个展览会来介绍波尔多葡萄酒,并对波尔多酒庄进行分级。波尔多葡萄酒商会把这一任务委托给一个葡萄酒批发商的官方组织"Syndicat of Courtiers",让他们将所有酒庄分为 5 级。两周后,Syndicat of Courtiers拿出了他们的分级方案,即 4 个一级庄、12 个二级庄、14 个三级庄、11 个四级庄和 17个五级庄,包括 58 个酒庄。其中,一级酒庄为拉菲(Lafite-Rothschild)、拉图(Latour)、玛歌(Margaux)和侯伯王(Haut-Brion)。

几乎所有的一级庄均来自梅多克,唯一例外就是侯伯王来自格拉夫产区,其他的产区也没有包括在内,而且所有评出的酒庄全部集中在波尔多左岸地区,右岸的在 18 世纪就已经十分出名的白马酒庄也没有包括在内,不得不说这次分级制度具有很大的局限性。在这个分级制度内,同一级的酒庄也是有先后之分的,如木桐酒庄就是二级酒庄里的第一名。因此这种做法招来了很多批评。在 1855 年 9 月,Syndicat of Courtiers给波尔多葡萄酒商会带去了一封信,说明在同一等级内没有先后之分,商会于是对名单进行了修改,同一级酒庄内按照字母顺序排列,才将此事平息。

能够登上 1855 年列级名庄分级表的酒庄绝不局限于在 1854 年表现优异的酒庄,其分级是基于每款葡萄酒多年来的表现而确定的,只有那些质量长期稳定,经过数十年乃至上百年长期认可的酒庄才有机会入围,所以 1855 年能够登上这份表的酒庄代表了其有能力长期稳定地酿制顶级葡萄酒。

(二)1855 列级名庄分级制度的修订与变更

1855 列级名庄分级制度在长达 160 多年的历史里有过两次变化:1855 年佳得美庄园补选五级酒庄;1973 年木桐酒庄晋级一级酒庄。

在历史变迁过程中,榜单上的酒庄有些消失了,有些分家了,还有一些改了名字,酒庄数量也发生了变化。这一分级制度不能代表今天梅多克酒庄的品质,有些酒庄早已名不副实,也有些酒庄的声誉远超同级别酒庄。

（三）1855 列级名庄的数量与分级

到目前为止,1855 列级名庄已经增加到 61 个,其中:一级酒庄 5 个,二级酒庄 14 个,三级酒庄 14 个,四级酒庄 10 个,五级酒庄 18 个。

 同步思考

同步思考
答案
▼

> 世界葡萄酒看欧洲,欧洲葡萄酒看法国,法国葡萄酒看波尔多,值得注意的是,法国波尔多与我国新疆和东北是在同一个纬度。
>
> **问题**:为什么我国新疆和东北没有优质的葡萄酒产区呢?

 教学互动

> **互动问题**:波尔多,就是这样一座传奇的城市,2000 多年的时光,波尔多经历了无数次的辗转易手,战乱的洗礼、政治的角逐、宗教的碰撞、权力的博弈、贸易的起落,历史铸就了波尔多的面孔,这里的酒也有了与众不同的个性,既活力四射,又饱经沧桑。波尔多浓浓的酒香之中,流淌着岁月的味道,千百年来,仿佛没有时空的界限,人们但凡谈及葡萄酒,始终都与一个名字紧紧相连——波尔多。那么,波尔多因何征服了全世界?
>
> **要求**:
>
> 1. 教师不直接提供上述问题的答案,引导学生结合本节教学内容就这些问题进行独立思考、自由发表见解,组织课堂讨论。
>
> 2. 教师把握好讨论节奏,对学生提出的典型见解进行点评。

三、法国葡萄酒的法律法规及分级制度

每个国家的葡萄酒法律法规都有所不同,但是对分级制度和酒标说明都有明确的规定。特别是法国、德国、意大利等"旧世界"国家,法规更为复杂、严谨和规范。

（一）法定产区的定义

法定产区是法国国家承认的,一种品质与原产地鉴别的标志,创立于 1905 年。1935 年,法国原产地命名控制(AOC)和国家原产地命名研究院(INAO)的创立,法定产区才在世界范围内得到承认。

（二）法定产区的三个时期

1. 1935 年以前

当时葡萄酒的酒标非常简单,信息不全面,而且非常不规范,没有统一的标准,没有

酒精度数、容量等信息。

 教学互动

互动问题：根据已经掌握的考古资料，法国是世界上第一个制定葡萄酒法律法规的国家吗？

要求：

1. 教师不直接提供上述问题的答案，引导学生结合本节教学内容就这些问题进行独立思考、自由发表见解，组织课堂讨论。

2. 教师把握好讨论节奏，对学生提出的典型见解进行点评。

2. 1935—2009 年

1935 年，法国发布的法律赋予 INAO 重要权利。所有的法定产区、优良地区餐酒、地区餐酒和日常餐酒等级都需要得到 INAO 的审核通过才能正式得到承认。INAO 对酒的来源和质量类型进行严格监管，为消费者提供了可靠的保证。法国葡萄酒按其质量层次分为四个等级：法定产区葡萄酒、优良地区葡萄酒、地区特色葡萄酒、日常佐餐葡萄酒，又称混合葡萄酒（Vins de Coupage）。

四个等级中，前两个等级属于优质葡萄酒，后两个等级属于日常佐餐酒。法国制定有很严格的法规对葡萄酒的质量加以管制。从日常佐餐酒到法定产区葡萄酒都有明确的生产条件以及相对的查核系统，还有相关的常设机构确保葡萄酒法规的执行。

（1）法定产区葡萄酒。

法定产区葡萄酒（Appellation d'Origine Contrôlée，AOC）的有关监管法例条文最为严格，这些条例主要涵盖下列因素。

①产地与土质：对于不同的地区，有不同的土壤成分，阳光雨量也不同。

②葡萄品种：不同品种的葡萄风味各不相同，酿制方法也不太一样。

③葡萄的最低含糖量：葡萄的含糖量代表着葡萄的成熟度。

④酒精度数：酒精度与葡萄酒的甜度和浓郁度有关，一定要在法定范围以内。

⑤单位产量：单位面积产量多，酿出来的葡萄酒就会清淡寡味，低产量才能高质量。

⑥另外，还对葡萄栽培方式（株行距、架式）、修剪方法和管理措施、酿造工艺、陈酿工艺、陈酿贮藏条件等都有明确的规范。

法定产区葡萄酒必须符合由 INAO 确定且经法国农业部认可的上述生产条件，所有法定产区餐酒都必须经过分析及正式的品尝。经过正式品尝通过的酒获 INAO 授予的证书后，才可以用所申请的法定产区名称推广。上述严格的规定确保了法国 AOC 葡萄酒始终如一的高品质。AOC 葡萄酒在其酒标上都会标识出其法定产区。

（2）优良地区葡萄酒。

优良地区葡萄酒（Vin Délimité de Qualité Supérieure，VDQS）等级的条件包括：生产的地区、酿酒葡萄品种、最低的酒精度、每公顷最高产量、栽培管理措施、酿造工艺等。

优良地区葡萄酒生产也是由 INAO 严格规定和查核的，必须符合上述条件，并通过由专家所组成的正式委员会对酒的分析和品尝，才能获得葡萄酒生产者协会授予的等级标志。如图 2-1 所示,优良地区葡萄酒酒标上有明显的"Vin Délimité de Qualité Supérieure"标志。

图 2-1　优良地区餐酒酒标样例

（3）地区特色葡萄酒。

日常餐酒中最好的酒即可申请升级为地区特色葡萄酒(Vin de Pays,VDP)。地区特色葡萄酒相比日常餐酒,在标签上可以标示产区。地区特色葡萄酒,必须符合以下的品质标准:只能使用被认可的葡萄品种,而且必须产自标签上所标示的特定产区(县内的个别地区或包含几个县的地区)。

经过分析后必须有符合该类酒的相关特性,同时要有令人满意的口味和香味,这些酒经过法国国家葡萄酒跨业机构(ONIVINS)核准的品酒委员的品尝,通过后才获得这个等级标志。

（4）日常佐餐葡萄酒。

日常佐餐葡萄酒(Vin de Table,VdT)为多品种或不同地区的葡萄原料混合酿制,或是不同产地,甚至不同国家生产的原酒调配而成的。所以,日常餐酒不允许标识产地名称。

3. 2009 年以后

2009 年以后,在世界贸易组织改革后,欧洲法规最终确定下来,在欧洲法律规定下,每个法定产区都需要遵守技术规范条款。在法国,技术规范条款需要在国家委员会的赞成决议后,发表在官方报纸上,这个技术规范条款比欧盟规则更加严格。

2009 年 8 月,法国葡萄酒分级制度进行了改革,由原来的 AOC、VDP、VDT、VDQS 四个级别变为 AOP、IGP、VDF 三个级别,具体如下(见图 2-2)。

（1）AOC 变成 AOP(Appellation d'Origine Protégée)。

（2）VDP 变成 IGP(Indication Géographique Protégée)。

（3）VDT 变成 VDF(Vin de France),属于无 IG 的葡萄酒,意思是酒标上没有产区提示的葡萄酒(Vin sans Indication Géographique)。

（4）VDQS 从 2012 年被废弃,原来的 VDQS 依据其质量水平,有的被提升为 AOP,有的被降级为 IGP。

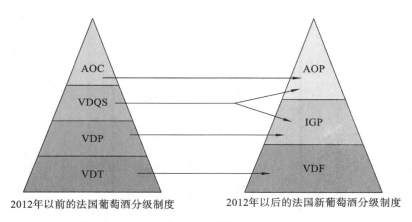

2012年以前的法国葡萄酒分级制度　　　　2012年以后的法国新葡萄酒分级制度

图 2-2　2009 年前后法国葡萄酒分级制度对比图

同步思考
答案
▼

同步思考

> 2009 年 8 月,法国葡萄酒分级制度进行了改革,原来的 AOC 变成了 AOP。那么,在葡萄酒的市场上我们还能经常看到法国葡萄酒标注 AOC,这是什么原因?

第二节　意　大　利

一、意大利葡萄酒的历史

(一) 葡萄酒传入罗马

意大利全称意大利共和国,是一个欧洲国家,主要由南欧的亚平宁半岛及两个位于地中海中的岛屿西西里岛与撒丁岛所组成。意大利是欧洲历史古国,在旧石器时代就已有人类在这片土地上生活,意大利为罗马帝国的发祥地,罗马共和国和罗马帝国曾经统治这里达数个世纪,2—3 世纪为古罗马帝国全盛时期,版图遍及整个地中海沿岸,为后世留下了深远的影响。14—15 世纪文艺空前繁荣的意大利也是文艺复兴运动的摇篮,经过了长期的分裂后,意大利被外族入侵,1861 年成立王国,1870 年实现统一,建成意大利王国,1946 年 6 月 2 日正式命名为"意大利共和国"。

迦太基商人在公元前 8 世纪时把葡萄酒带到罗马。公元前 750 年,罗慕路斯兄弟建立古罗马国,制定法律严格限制饮酒,男子在 35 岁前不许饮酒,女人和儿童严格禁止饮酒。或是因为迦太基人带来的酒神萨图恩在古罗马人心中种下了恐怖的根,或是因为类似如今的关税政策,罗马当局担心迦太基人的贸易摧垮稚嫩的古罗马经济。如此严禁,说明不这样禁止肯定阻止不了古罗马人饮用葡萄酒,说明当局者对民众大量饮用葡萄酒的担心。从古罗马当局对葡萄酒饮用立法情况来看,葡萄酒的传入对古罗马人具有极大诱惑力。葡萄酒所到之处,都是以奢侈品姿态高调进入,接收方普遍也以接受奢侈品的过程慢慢地接受。

公元前 1000—公元前 500 年左右的 500 年时间里,欧洲除了希腊,都和意大利半岛一样,葡萄酒酿造还不太兴盛,但葡萄种植和葡萄酒酿造正在慢慢传播。西北地中海沿岸南欧诸国,已有一些人开始喜欢上葡萄酒。传播者正是活跃的腓尼基商人,腓尼基人是西亚杰出的商业民族,在北非建立名为迦太基的国家。迦太基和上升的罗马进行过三次悲壮的殊死搏斗,这就是历史上著名的布匿战争(公元前 264—公元前 46 年)。这也可以佐证当初罗马国王罗慕路斯兄弟为什么会制定严格的禁酒法律,正是类似如今国与国之间的关税和贸易之战,这可能是最早的反倾销贸易案例。

(二) 罗马共和国成立后葡萄酒的发展

罗马人曾经屈身于伊特鲁里亚人的统治,公元前 6 世纪末,罗马人终于赶走伊特鲁里亚王及其势力,建立罗马共和国。伊特鲁里亚人是来自亚洲的民族,是拥有东方高度文化的先进民族。罗马的拉丁人在当时相对于伊特鲁里亚人来说属于后进民族。古罗马的领导者一直严密防范民众饮用来自伊特鲁里亚的葡萄酒。

随着罗马势力增长,葡萄酒也慢慢普及。古罗马人从伊特鲁里亚那里学到许多先进文化,开阔了视野,慢慢地导入紧邻古希腊文明的先进通道。公元前 210—公元前 200 年,罗马军团彻底打败迦太基,成为西地中海霸主,葡萄酒在古罗马开始加速发展。

约公元前 250 年,来自意大利中部的古罗马人取代古希腊人成为地中海流域的霸主。葡萄酒生产消费为沟通古希腊和古罗马的价值观建立起一座桥梁。古罗马人将自己视作由卑微农民发展成士兵和统治者的民族,为自己的出身备感自豪。每场战役胜利,参战士兵都会得到耕地作为奖赏。当时农田里最常种植的是葡萄。古罗马人坚信,虽然在古希腊风格的别墅里能够享受奢华宴会和酒会,但通过种植葡萄更能找到自己的民族之魂。老加图也承认,葡萄种植为平衡简约的古罗马价值观和繁复的古希腊价值观提供了一个有效途径。种植葡萄是脚踏实地的诚实劳动,而葡萄酒则是文明的象征。对古罗马人而言,葡萄酒既代表其文明的起源,也代表其文明的发展现状。古罗马军队由勤劳的农民组成,其象征物是古罗马军团百人队的军衔徽章上葡萄藤制成的权杖。

公元前 2 世纪初,古希腊葡萄酒依然主宰着地中海地区葡萄酒贸易,而且是唯一大规模出口意大利半岛的葡萄酒。古罗马葡萄酒也不甘示弱,迅速跟进。南部号称“葡萄酒国度”的地区从前是古希腊殖民地,如今成为罗马人地盘。随着葡萄酒生产由南向北传播,古罗马葡萄酒产量逐步增加。约公元前 146 年,随着古希腊城市科林斯陷落及北非迦太基灭亡,古罗马成为地中海霸主,意大利半岛随之成为世界最大葡萄酒产地。

古罗马社会经济发展后,古罗马人把目光投向利用奴隶发展别墅建造产业。随着别墅建造产业不断扩张,一些农民卖掉土地搬向城市居住,由农民转变为城市居民。公元前 300 年,古罗马人口约 10 万人,到公元 1 年,古罗马人口已达 100 万之多,成为当时世界人口最多的城市。随着葡萄酒生产在古罗马中心地区不断密集化,葡萄酒消费量也在不断增加。由于葡萄酒生产规模扩大以牺牲谷物生产为代价,因此古罗马开始依赖从非洲殖民地进口谷物。古罗马帝国境内外纷纷饮用葡萄酒,并传承着各种古罗马风俗。富有的不列颠人(古代居住在不列颠的一部分凯尔特人)也摒弃啤酒和蜂蜜酒,开始喜欢从遥远的爱琴海地区进口的葡萄酒。当时,意大利葡萄酒远销至印度北部及尼罗河南部。公元1世纪的百年当中,为满足市场需要,西班牙及古罗马南部省区高卢也开始加快生产步伐提高葡萄酒产量,但意大利葡萄酒依然是当时最好的葡萄酒。

在吸收和传播古希腊文化的同时,古罗马人也引入古希腊酿酒技术,并享用着顶级古希腊葡萄酒。起初,葡萄藤是由古希腊各岛移植到古罗马,酿酒者开始模仿畅销古希腊的葡萄酒的制作工艺。古罗马成为新的葡萄酒世界贸易中心,葡萄酒制造商们纷纷由古希腊前往巴尔干半岛。到公元前70年,古罗马境内已有80种名牌葡萄酒,其中2/3产自意大利地区。老加图在《农业志》里,第一次为罗马人对葡萄酒酿造进行科学总结,这是那个时代人们生产生活的反映。不过在老加图的葡萄酒学中,饮用纯葡萄酒仅限药用,介绍的仍然是古希腊人兑水饮用及兑海水保存的方法,明显是刚从古希腊人那里学来。

古罗马人在生活水平提高的同时,味觉也发生了变化,这种变化朝着现代人味觉基本特征进行。古罗马葡萄酒里兑水的比例越来越低,古罗马人味觉方面开始脱离希腊化。变化从公元前121年开始,古罗马人虽然已经完全理解了古希腊文化,但在味觉上还是摆脱古希腊风格,开始创造适合自己口味的葡萄酒。随着恺撒对高卢地区的征服,古罗马人开始使用高卢地区凯尔特人储藏啤酒用的木桶来储藏葡萄酒,从而获得崭新的葡萄酒口感。在贮存葡萄酒方面,古罗马人获得了巨大进步,开创了世界葡萄酒文化的又一个新时期。

古罗马人将葡萄酒视作广泛饮用的日常饮品。无论是恺撒大帝还是社会底层奴隶,人人都可喝到葡萄酒。古希腊人将葡萄酒与文化联系在一起,古罗马人将古希腊风格的鉴赏力推向新高度。葡萄酒成为社会阶级象征,标志着饮酒者的社会地位和财富。当时,通过对比最富者与最穷者酒杯里盛装的葡萄酒种类便可知晓古罗马社会的贫富差距。对古罗马富人来说,学会辨别各种极品葡萄酒是必修课程。喝得起最好的葡萄酒且对葡萄酒有所研究,能够准确分辨出葡萄酒的不同种类,成为古罗马人财富、身份和修养的象征。

(三)罗马帝国成立后葡萄酒的发展

继恺撒之后崛起的军事强人屋大维战胜了政敌,结束了罗马数十年的内战,夺取了国家最高权力。公元前27年,他被元老院授予"奥古斯都"称号,罗马历史也就以此为标志进入了帝国时代。到公元2世纪初,罗马人的统治疆域达到了最大规模:东迄幼发拉底河、西抵不列颠、北达多瑙河、南至北非,成为一个地跨欧、亚、非三大洲的环地中海大帝国。随着罗马帝国不断扩张,葡萄酒文化被传播到更多地方。公元前后一个世纪中,今天的法国地区,从波尔多、巴黎周围扩大到大西洋沿岸、诺曼底及弗兰德(荷兰),向南扩大到了伊比利亚半岛的巴尔德佩尼亚斯、巴塞罗那等地,还延伸到隔海相望的北非。向北扩展到日耳曼地区(如今的德国),从摩泽尔河上游的罗马据点特里尔,沿河北上到达莱茵河畔,葡萄酒酿造传播到欧洲大陆各地。

教学互动

互动问题：根据罗马帝国成立以后葡萄酒传播的特点，回答以下两个问题。

1. 罗马帝国成立后，对葡萄酒产生了什么样的影响？

2. 罗马帝国成立以后，什么因素促进了葡萄酒的传播？

要求：

1. 教师不直接提供上述问题的答案，引导学生结合本节教学内容就这些问题进行独立思考、自由发表见解，组织课堂讨论。

2. 教师把握好讨论节奏，对学生提出的典型见解进行点评。

（四）罗马帝国灭亡后葡萄酒的发展

公元1世纪后半期，巴勒斯坦地区出现基督教传教活动，势力逐渐渗入民间，世界进入宗教革命时代。4世纪初，罗马皇帝君士坦丁正式公开承认基督教。在教会的弥撒典礼中，需要用到葡萄酒，这也加速了当地的葡萄种植业。当罗马帝国于5世纪灭亡以后，分裂出的西罗马帝国（法国、意大利北部和部分德国地区）基督教修道院详细记载了关于葡萄的收成和酿酒过程。这样的记录有助于培育出特定地区的特色品种。基督教徒尊崇且喜饮葡萄酒，栽培葡萄并酿酒成了教会人员的主要工作。这种风气成为葡萄酒文化发展兴盛的又一大原因。人们在这个观念基础上，把面包和葡萄酒作为维持生命的最基本粮食。葡萄酒随传教士足迹传遍世界，从起源地流入西方世界的葡萄酒文化，通过基督教推波助澜，在西方世界扎根和发展。教会和修道院在此后时期里，对葡萄酒酿造技术改进、葡萄园面积扩大、葡萄酒文化推广贡献极大。整个中世纪和近代前期，教会和修道院成为推广葡萄酒文化的中心，许多葡萄酒技术进步和新酒种发明出自其手。

 同步案例

成也葡萄酒，败也葡萄酒

背景与情境：公元前3世纪—公元前2世纪，古罗马逐渐强大，取代了古希腊的统治地位，成为新的军事帝国。罗马人从希腊人那里学会了葡萄栽种和葡萄酒酿造技术后，先是在意大利半岛上种植，随后逐渐传遍了整个罗马帝国。

古罗马人酷爱喝葡萄酒，因此在罗马帝国势力不断扩张中，葡萄和葡萄酒就像罗马的角斗士一样，随着罗马大军征服了法国、西班牙、英国、德国等地区，以至于有些国家不得不实施禁止种植葡萄的禁令，但葡萄酒还是风靡了整个欧洲大陆。

公元前1世纪，罗马军团占领高卢，葡萄酒也被带到这里。传统意义上高卢地区只生产啤酒，啤酒是高卢人与北欧、日耳曼民族的唯一饮品，在这里，啤酒除了用来祭拜智慧的战神，还用作作战前的准备。在作战前，北欧人喝下大量的啤酒，使神经逐渐麻痹，忘记肉体的疼痛，可以疯狂地与敌人厮杀。罗马人征服高卢人后，在这里大量种植葡萄,并且酿造葡萄酒,很快就改变了这里人们的饮酒习惯。北欧人比罗马人更加酷爱葡萄酒,他们用奴隶,甚至自己的孩子来换取罗马人的葡萄酒。

由于当时高卢地区还非常荒蛮,道路也非常崎岖,罗马人想把葡萄酒运输到高卢成了难题。为解决这个问题,当时的凯尔特人发明了橡木桶,用木桶来储存和运输葡萄酒。从此以后,木桶取代了约有 5500 年历史的陶罐。这也成为葡萄酒历史上的一个重要里程碑。

古罗马时代,葡萄酒被分为更多的品种。当时的品酒师豪斯特斯为了显示自己高超的品酒技术,曾把葡萄酒分为甜的、温和的、高贵的、珍贵的、柔软的、细腻的等无数个类别。虽然古罗马时期,葡萄种植已经遍布整个欧洲,但高品质的葡萄酒依然是一种奢侈品,是非常昂贵的,人们在饮用时,要先在里面添加热水,只有作为药剂和举行宗教仪式时才能使用纯粹的葡萄酒。

尽管古罗马帝国确实强大过很长时间,但罗马帝国后期,实行绝对专制的君主制,形成了毫无制约力的皇帝独裁,致使最高统治集团腐败盛行,普遍存在的腐败现象在政府公开的行政机构各个部门中已完全可以觉察到了。政治腐败、吃喝嫖赌,最终没能逃脱灭亡的命运。所以后来有历史学家考证,罗马帝国灭亡的一个重要原因,便是罗马人贪饮葡萄酒。公元 476 年,强大一时的罗马帝国被日耳曼人消灭。

资料来源 https://www.sohu.com/a/257824758_100249488

问题:为什么对于古罗马来说,"成也葡萄酒,败也葡萄酒"?

二、古罗马葡萄酒容器

(一)陶罐的使用

格鲁吉亚的奎弗瑞陶罐是目前已知最早用于盛装葡萄酒的容器,距今已有 5000 多年的历史。奎弗瑞是一种蛋形的大型陶罐,没有握柄,不易运输。陶罐具有透气性,这意味着酒液在发酵和熟成的过程中都会接触氧气,氧化程度高,酿出的葡萄酒颜色也会更深。在发酵和熟成葡萄酒的过程中,奎弗瑞会被埋在地下。这一做法在格鲁吉亚延续至今。

罗马人对陶罐进行了改造,发明了双耳细颈瓶作为储存、运输葡萄酒的器皿,并将双耳细颈瓶推广开来。

当年恺撒大帝率军出征高卢,一路用葡萄酒犒赏士兵,提高士气。20 世纪,有人在法国南部的一个古罗马军营遗址处进行发掘,揭开一座小山的表土层后赫然发现,所谓的"山"其实是用数万个双耳瓶堆出来的(见图 2-3)。由此可以看出当年的罗马大军消耗了多少葡萄酒。双耳细颈瓶虽然外形不错,但是十分沉重,运输不便,而且黏土材料影响酒的味道。

(二)橡木桶的出现

橡木桶的使用最早可以追溯到 2000 年以前,古罗马探险家普利尼探古在高卢时发现这里的人们使用木桶来运输啤酒和水。后来,他把这种木桶介绍到罗马,由于其材料易得、方便运输的特性,橡木桶很快便在罗马传播开来。罗马商人开始用这种木桶代替

图 2-3　古罗马军营遗址中的双耳细颈瓶

双耳瓶,进行贸易运输。橡木桶的正式大量使用始于 17 世纪,人们在一次偶然中把制作好的盛放葡萄酒的橡木桶放入山洞中存储,一年后,取出的葡萄酒香气更加丰富、有层次,单宁更加柔顺、丝滑,颜色也变得柔和,透出琥珀色的光芒。这个山洞的秘密被发现后,人们都开始了效仿这一做法,用橡木桶来储存和陈酿葡萄酒。

橡木所具有的透气性可以使酒液发生适当的氧化效应,从而使葡萄酒口感更加圆润、饱满,烘烤过的橡木还会为葡萄酒带来独特的香气。同时,橡木桶营造的微氧环境有利于色素和单宁的聚合反应,使酒液的色泽更加鲜明和稳定。自此之后,橡木桶用于陈酿葡萄酒的传统也就开始了。

三、罗马酒神

巴克斯是葡萄与葡萄酒之神,也是狂欢与放荡之神。在罗马宗教中,有为酒神巴克斯举行的酒神节(Bacchanalia)。这个节日从意大利南部传入罗马后,起初秘密举行,且只有女子参加,后来男子也被允许参加,举行的次数多达一个月五次。节日期间,信徒们除了狂饮外,还跳起狂欢的酒神节之舞(见图 2-4)①。公元前 186 年,罗马元老院发布命令,在全意大利禁止酒神节。但多年来,这一节日在意大利南部却没有被取缔。

有关巴克斯酒神的出生,在梵蒂冈博物馆收藏的一块古代浮雕上记录了与狄俄尼索斯类似的场景。从西姆莱女神腹中取出巴克斯后,朱庇特主神将孩子置于大腿中三个月,从浮雕中可以看见巴克斯足月后正从父神的腿中降临出来。此时,站在一旁的畜牧神海尔梅斯手捧衣衫,准备为幼神接生,而掌握生、死、命运的三位帕尔卡女神则要为新生的幼神祷告。

17 世纪,意大利著名画家卡拉瓦乔,以他"无情的真实"表现手法创作了《年青的巴克斯》等多幅巴克斯酒神形象。全世界规模最大的美国盖洛(Gallo)葡萄酒公司的盖洛牌商

---

① https://www.sohu.com/a/151026084_438740

图 2-4　罗马酒神节

标上,画了一只公鸡,公鸡的上端则画了一个穿宽松长袍的罗马酒神巴克斯,并给他起了个绰号"快乐的盖洛老爷爷"。该公司在各地搞促销活动时,还常常雇佣一个人穿着宽松长袍,装成巴克斯酒神的样子,身前身后还各挂一块广告牌,上面写着"啊哈,快乐快乐,请买盖洛"。巴克斯酒神在罗马帝国时期名声不好,在罗马的教义中作用也不大,但"移民"到美国后,即展示了非凡的广告魅力,使盖洛公司的葡萄酒占领美国 25％ 的市场,并成为美国最大的葡萄酒出口商,盖洛兄弟也从赤贫的意大利移民后裔成为美国酒王。

图 2-5　罗马酒神巴克斯

大家第一次知道巴克斯可能是因为米开朗基罗的一座雕塑——《酒神巴克斯》。这座雕塑虽不如《大卫》那样有名,但他特色鲜明,头发化为葡萄藤结出的丰硕的葡萄与巴克斯手中所端的酒杯相呼应,旁边的小孩满脸沉醉,让欣赏的人似乎也要沉醉在这古老的画里(见图 2-5)[①]。

酒神巴克斯是宙斯和卡德摩斯的女儿塞墨勒的儿子,塞墨勒被雷电击死,巴克斯成了孤儿,先为宙斯收养,后又转为伊诺和瑞亚教养,教他打猎并驯服狮虎豹为他拉车。巴克斯长大后,常驾车出外游玩。有一天,巴克斯又驾车出游,突然看到少女阿里阿德涅正站在海边的岩石上。阿里阿德涅是宙斯和欧罗巴的孙女,她曾帮助雅典王的儿子忒修斯杀死害人的弥诺陶洛斯,而深深地爱上了忒修斯,但命运女神不允许他们在一起,这使阿里阿德涅十分伤心,她看着自

① https://www.sohu.com/a/151026084_438740

己所爱的人远航离去。正在痛苦之际,巴克斯满怀激情地来到她身边,这是命运女神的安排,他们相爱了。画家着意描绘这一见钟情的场面,巴克斯纵身从车上飞向阿里阿德涅,成为画面的突出中心,给观众带来巨大的视觉冲击力。整个前景人物以暖色调处理,被单纯的蓝天大海衬托得鲜明而强烈,这是一首歌颂青春、生命与欢乐生活的赞歌。

另一幅更有名的关于酒神巴克斯的艺术品大概就是另一位米开朗基罗的《微醺的酒神巴克斯》(见图 2-6)[①]。这位米开朗基罗·梅里西(Michelangelo Merisi)更多时候被称为"卡拉瓦乔"(Caravage)。这是卡拉瓦乔第一幅称得上经典作品的画作。卡拉瓦乔的灵感来自古罗马皇帝哈德良(Hadrian)的男宠安替努斯(Antinous),他通常被描绘成酒神巴克斯。酒神的一尊有名的全身雕像属于罗马贵族古士丁尼,那是一尊于 1630 年完成的以安提诺斯为原型的雕像。

图 2-6　微醺的酒神巴克斯

很少有画家像卡拉瓦乔一样活得极富浪漫色彩,他的一生充满了危险而又具有传奇。当时,由于矫饰主义的风行,作品普遍有色彩鲜艳、题材内容深奥等特性。然而,卡拉瓦乔的画与矫饰派不同,在色彩上深色与明亮色分明,题材平庸,经常以酒吧的场景为描绘对象。

《微醺的酒神巴克斯》是他极少的神话题材作品之一,酒和灵魂之神巴克斯半躺在一张宴席床上,画中只看见他的上半身,背景则是罗马举行节庆时的情景。巴克斯头戴葡萄叶做成的冠,上面还挂着一串葡萄,两只手指以灵巧的动作拿着盛满深红色葡萄酒的杯子。面前的桌上罩着白布,上面有一个细颈大肚的酒瓶,里面也盛着同样的液体,另外还有一个装着水果及果树叶的篮子,这几样东西构成了一幅美妙的静物图。

卡拉瓦乔接受蒙特主教赞助后,很快就画出来这幅"酒神"。但这幅画并不属于蒙特主教,而是被作为礼物送给了佛罗伦萨大公。它一直默默无闻地被放在乌菲齐美术馆的储藏室里,直到 1913 年才被人们发现。今天,这幅画仍在乌菲齐美术馆展出。

同步案例

古罗马文化中的葡萄酒有着什么样的地位?

背景与情境:葡萄酒渗透到古罗马文化的各个角落,它在哲学、宗教、艺术、诗歌、音乐等各个领域都具有不可忽视的价值和作用,占据着重要的地位。

在古罗马时期,人们饮用葡萄酒前会先加水稀释,这样的葡萄酒酒精度会变得很低。不喝葡萄酒的人常常会被称之为"water-drinker"(饮水者),这在当时是一种侮辱。因为葡萄酒是古老的市场上少数会令人上瘾的饮料之一,所以它的使用有时会

———————————
① https://www.sohu.com/a/151026084_438740

受法律的控制。在罗马，曾经有人要求针对妇女设立饮酒的法律。

葡萄酒饮用与许多宗教仪式有着千丝万缕的联系。在古罗马时期，葡萄酒的生产及贸易占据相当重要的经济地位。葡萄酒常出现在各种形式的会议中，它是作家和作曲家们创作的源泉。古老的酒宴常常成为许多诗人创作的舞台，这一点在大量古代的诗歌中都有反映。

人们将葡萄酒视为一种不同于果汁、羊奶等其他饮料的重要饮品。没有人会去监管果汁的喝法和饮用量；羊奶在宗教中也从未占据过重要的地位；不喝羊奶的人也不会背负着"饮水者"的绰号；其他的饮料也不是作曲家和作家创作的源泉；这些饮料产业也不是当时重要的经济基础。

在那个时期，葡萄酒几乎是唯一一种存在于各个领域并且与这些领域紧密结合的饮料。古代人比今天的西方人更习惯于饮用葡萄酒。它在当时的经济活动中具有重要的作用，它融入了人们的日常生活，成为古罗马文化的一部分。

当时，为了规范人们的酒精饮用量，人们创作出了许多关于平衡和克制饮酒量的诗歌、饮酒礼仪以及关于饮酒的警示故事。

尽管过量饮酒是危险的，但是在古代，葡萄酒及其葡萄酒消费活动仍然是以最高的规格进行。葡萄酒是古罗马饮食文化的重要组成部分，一直以来被人们看成是当时智慧和文化的象征。任何其他饮食都难以获得这样的地位。

资料来源　https://www.putaojiu.com/wenhua/202006226003.html

问题：葡萄酒为什么会在古罗马文化中有着重要的地位？

四、意大利葡萄酒的法律法规及分级制度

意大利葡萄酒法律法规实施时间远远晚于法国。1861年，意大利王国建立，当时意大利还是农业国，当地农民种植葡萄和酿制葡萄酒仅仅只是供家人享用或将其作为赠送亲友的礼物。直到1963年，意大利政府意识到葡萄酒品质管控规范的重要性，通过国家农业部门建立起最初的葡萄酒法规体系。后来，意大利葡萄酒遵循欧盟基本的优质葡萄酒与餐酒两个等级，将每个基本级别分为两个子等级，即优质葡萄酒分为DOCG与DOC两个子等级，餐酒分为IGT与VDT两个子等级（见图2-7）。

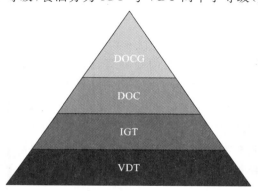

图2-7　意大利葡萄酒分级制度

（一）DOCG

DOCG 表示优质法定产区葡萄酒，是意大利葡萄酒的最高级，在葡萄品种、采摘、酿造、陈年的时间、方式等方面都有严格管制。5 年以内陈年的优质 DOC 可以上升至 DOCG。已批准为 DOCG 的葡萄酒在瓶子上带有政府的质量印记，红葡萄酒为粉红色纸圈，白葡萄酒为淡绿色纸圈，约占总产量的 5%。

（二）DOC

DOC 指法定产区葡萄酒，类似法国的 AOC 葡萄酒，指使用指定的葡萄品种，按每公顷产量在指定的地区，按指定方法酿造及陈年的葡萄酒。从生产周期到装瓶都要严格按照一定标准与规定进行。它在瓶颈处印有 DOC 的标记，并写有号码，约占总产量的 25%。

（三）IGT

IGT 为地方餐酒，相关法规宽泛，一般体现产地、主要使用葡萄品种等，要求使用特定地区采摘的葡萄比例至少达到 85%。由于这一级别没有 DOC 与 DOCG 严格的规格限制，很多地方都在尝试采用国际葡萄品种进行创新探索，并取得了很好的效果。这一等级的葡萄酒在意大利产量较大，国际流行葡萄酒品种也大多标识为 IGT 级别，不乏品质优秀、售价不菲的精品，是世界葡萄酒爱好者及葡萄酒酒商新的关注对象，约占总产量的 30%。目前，意大利应用面积最广泛的 IGT 是 Sicilia IGT。

（四）VDT

VDT 为日常餐酒，基本上没有葡萄酒相关的规定限制，酒质也没有太特别的地方，属于一般性葡萄酒，约占总产量的 40%。

第三节 德 国

一、德国葡萄酒的历史

（一）葡萄酒传入德国

德国种植葡萄的历史可追溯到公元前 1 世纪。那时，罗马帝国占领了日耳曼领土的一部分，就是现代德国的西南部。罗马殖民者从意大利输入了葡萄树以及葡萄栽培和酿酒工艺。德国最早的葡萄园存在于莱茵河左岸，中世纪的时候，葡萄和葡萄酒主要是由修道院和修道士发展起来的。此后，德国的葡萄酒文化同基督教有密切的关系，至今有些种植区还在主教的所有权之下留下了主教教区的名称。

（二）德国葡萄酒的发展

从公元前50年开始，随着古罗马人对日耳曼人的征服，葡萄植株被带到了摩泽尔河，后来又被带到了莱茵河。摩泽尔产区是德国最古老的葡萄酒产区，特里尔在当时被称为"奥古斯塔·特里沃鲁"，是当时的西罗马帝国首都。据在皮斯波特、布劳恩贝格、艾登发掘出来的无数榨汁设备证明了摩泽尔河谷当时兴旺的葡萄酒文化。

公元800年，弗兰肯帝国的卡尔大帝推动了葡萄业发展，特别是通过修道院的经营扩大了葡萄种植面积。因为在莱茵高的斜坡上，雪比其他地方融化得早，卡尔大帝在英格海姆的行宫观察到莱茵河对岸适合葡萄生长，卡尔大帝还是出售自酿葡萄酒酒店的创建者。坐落在黑森山道的帝国和国王修道院——罗池修道院，在公元850年拥有将近500个葡萄园。

1100年，修士们开垦了很多的葡萄园，对于葡萄种植都具有非常重要的意义，许多葡萄园的名称至今还能令人想起这些葡萄园曾经属于教会，如普瑞拉特、教会地、主教教堂登查内、阿伯茨贝格、主教教堂若布斯特等。

在中世纪，德国几乎到处都有葡萄园，并且可能在1500年前后达到了最大的面积。然而，由于气候的变化、啤酒酿造方法的改进以及外国葡萄酒进口的增加，葡萄园面积从那时起持续下降。在1618—1648年的战争之前，德国葡萄种植面积达到了历史最高水平。然而，在此之后，许多葡萄园被荒芜和废弃。尽管如此，统治者仍然展示了其巨大的偏好。

1830年，冰酒在德国诞生了，德国冰酒的诞生地是莱茵河畔宾根的多姆斯海姆。德国的第一支冰酒使用的葡萄种植于1829年并采摘于1830年2月，葡萄种植者没有收获这些葡萄是因为它们的质量很差，但后来决定在冬天采摘并作为牛的饲料。然而他们注意到，冰冻的葡萄变成了非常甜美可口的果汁，并且有很高的葡萄汁量。他们便开始压榨葡萄，冰酒就这样诞生了。

在17世纪和18世纪德国葡萄酒较受欢迎的时候，摩泽尔和莱茵高葡萄酒的价格和波尔多最好的葡萄酒相当，甚至更高。正是在这一时期，"豪客"（Hock）一词被创造出来，作为英国人对德国白葡萄酒的昵称，源自美因河畔霍赫海姆镇的名字，用来表示莱茵高葡萄酒的声望。1850年5月，维多利亚女王在收获季节对霍赫海姆的访问促成了"豪客"一词的使用，尽管它今天已经过时了。

1914—1945年，第二次世界大战对欧洲的影响延伸到了葡萄种植。在德国，资源和人力被转移出酿酒业，葡萄园面积随后减少了一半以上。第一次世界大战后，国际上对德国葡萄酒的需求和重视也有所下降，直到第二次世界大战结束后才恢复。

1949年，德国葡萄酒研究所成立了，当时的名称是"德国葡萄酒推广公司"（Deutsche Weinwerbung Gmbh）。葡萄酒研究所设在美因茨，负责监督德国葡萄酒的国际营销。

教学互动

互动问题：根据德国葡萄酒产区的纬度、气候和自然条件，回答以下两个问题。

1. 德国为什么会是以白葡萄酒著称的国家？

2. 德国葡萄酒产区为什么大部分都集中在莱茵河、摩泽尔河、美因河及相关河道支流的两岸？

要求：

1. 教师不直接提供上述问题的答案，引导学生结合本节教学内容就这些问题进行独立思考、自由发表见解，组织课堂讨论。

2. 教师把握好讨论节奏，对学生提出的典型见解进行点评。

（三）根瘤蚜虫灾害

1872年，德国根瘤蚜虫袭来，这种葡萄害虫从北美来到欧洲，在整个欧洲大陆造成了一场葡萄栽培危机。在法国，自1865年以来，大片的葡萄种植区已经被摧毁。当根瘤蚜虫出现在波恩、萨克森、巴登和摩泽尔的时候，绝望的葡萄种植者试图用石油和其他手段来对抗葡萄虫害，但都是徒劳的。最终在1872年，人们发现美国的葡萄树对其具有抵抗性。从那时起，欧洲的葡萄树就被嫁接到美国的砧木上。在德国，只有少数葡萄园仍有自根的葡萄树。然而，根瘤蚜虫从未被完全根除，许多本土葡萄品种消失了。

二、德国的雷司令

关于"雷司令"（Riesling），最早的历史记载是在1435年3月，莱茵黑森一个叫吕泽思海姆的地方，有个卡森伯根公爵从一个叫克莱菲舍的人那里购买了六株雷司令葡萄树。1463年，有文献记载位于特里尔的圣雅克布济贫院购买了1200株雷司令葡萄树。此后，1511年一个叫费德斯海姆的地方出现了"雷司令葡萄园"，这显示雷司令已经开始传播开来。

如今雷司令已经成了德国葡萄种植业的一面旗帜，它对于德国葡萄酒的世界形象，起着举足轻重的作用，非其他葡萄品种可比。不同性质的土壤确保了德国雷司令葡萄口味丰富，魅力诱人。全球65%的雷司令葡萄是在德国种植的，说德国是雷司令的故乡，自然是当之无愧的。

雷司令是一个晚收的白葡萄品种，漫长的成熟期造就了其馥郁的香气，用其酿造的酒体柔和，带苹果和桃子的果香和花香，雷司令独特的香气无论使葡萄酒资深玩家还是初次接触雷司令者都能印象深刻。

用雷司令葡萄酿造的酒风格多样，从干型到甜型，从优质酒、贵腐型酒到顶级冰酒，各种级别都能酿造。

雷司令葡萄酒由于其得天独厚的酸甜平衡特性，使其在配菜方面也有广泛的适应

知识活页

性。它适合和海鲜、猪肉等搭配，甚至可以搭配泰国菜和中餐也能表现卓越。年轻的、清香的雷司令葡萄酒，从干型到甜型，都非常适宜在夏天饮用。干型或者是半干型的酒特别适宜作为鱼、肉和亚洲菜肴的佐餐酒。晚摘的甜型酒或是颗粒精选的甜型酒最宜搭配甜点。

雷司令作为"德国的葡萄"开始繁荣是从莱茵高地区天主教本笃会约翰内斯贝格修道院开始的。1716年，富尔达侯爵购买了这个已经破落的修道院，在随后的五年中，约翰内斯贝格修道院那些之前完全被荒废的葡萄园又被修整，重新开始种植雷司令。仅1720—1721年，就有294000株雷司令葡萄树被种植在该修道院内，这些雷司令是从吕德斯海姆、艾伯巴赫和佛勒斯海姆购买来的，这又一次证明了当时雷司令分布之广泛。当时人们都仿效约翰内斯贝格修道院的做法，争相种植雷司令。有些地区还颁布法令，强调酒农只能种植雷司令一种葡萄树。比如1744年，在美因茨的主教克利斯朵夫·冯·胡顿就坚持销毁埃尔布灵葡萄树，全部以雷司令取而代之。尤其是在1787年5月8日，特里尔地区的候选人温兹斯劳斯宣布所有下等的葡萄品种都要连根拔起，重新种植雷司令。摩泽尔地区还每年在这一天庆祝温兹斯劳斯所发布的这个著名的雷司令声明。

1845年，英国维多利亚女王赴莱茵高访问，她品尝了德国雷司令葡萄酒后如获至宝，并把这种葡萄酒称为"豪客"。至今在英国，人们仍用"豪客"来称呼雷司令，这个词原指莱茵地区豪客海姆所种植的雷司令所酿造的葡萄酒。

由于约翰内斯贝格修道院和温兹斯劳斯对雷司令的大力提倡，莱茵高和摩泽尔地区掀起了雷司令繁荣兴旺的新篇章。用雷司令酿的酒很成功，致使约翰内斯贝格修道院的修道士在18世纪末宣布在莱茵高不允许用其他葡萄品种酿酒，只能用雷司令。19世纪末，在莱茵高地区雷司令的种植量占绝大多数，而且雷司令还被大量引入德国其他葡萄种植区。那时做出的关于种植雷司令的决定，对后来的德国葡萄酒行业产生了深远影响，还奠定了今日世界雷司令葡萄种植的格局。由于当时的许多修道院竭力推广雷司令的种植，拥有一批著名葡萄园，所以宗教寺院在德国的葡萄酒文化中也起到了特殊的作用。

同步案例

雷司令贵腐类甜酒起源

背景与情境：事情与莱茵高的约翰内斯贝格修道院在1775年延误采摘有关。相传，由于富尔达侯爵所派遣的传达采摘命令的信使在路上被抢劫拘禁，耽误了行程，当他到达修道院葡萄园的时候，所有葡萄都烂在地里，并被感染了一种叫贵腐霉的霉菌，后来修道院就将这些葡萄丢弃不用，给了农民。农民们用这些看上去腐烂的、感染了贵腐霉的葡萄酿制他们自己的葡萄酒，出人意料的是他们发现这些晚摘的烂葡萄含有很高的糖分，又保持了酸度，由于感染霉菌，具有极其特别的风味，由此，雷司令餐后甜酒就诞生了。用雷司令酿造的贵腐类餐后甜酒一直盛行至今，其按糖分含量的高低依次被称为精选、逐粒精选和贵腐精选雷司令葡萄酒。

问题：所有的葡萄晚收都可能感染贵腐霉菌吗？

分析提示
▼

Note

令人悲哀的是,在 20 世纪初,雷司令作为优势葡萄受推崇的地位发生了逆转。由于德国酒农受所谓科学潮流的影响,人们企图用物理、化学测量来代替人的嗅觉和味觉,特地培养了很多早熟、高产、抗病力强的杂交品种,大部分原来种植雷司令的地段开始试种其他葡萄"新品种",如西亚瓦纳(Silvaner)。至 1930 年,莱茵高产区只有 57% 的葡萄树是雷司令。

在 20 世纪 60 年代和 70 年代,雷司令又经历了一番挫折,德国的葡萄酒的形象在海外受到严重损坏,原因是德国酒商无所顾忌地生产大量甜味的勾兑葡萄酒,如蓝仙姑"圣母之乳"以供出口,可悲的是,这种糖水味的、平庸廉价的葡萄酒在国际间成了德国葡萄酒的代名词。然而在德国国内,人们仍然酿造和品味高质量的葡萄酒。许多德国人根本就从没听说过这两个牌子。虽然有时候这些酒的生产中会用到雷司令葡萄,但是这个类别的酒跟真正的雷司令葡萄酒毫无关系。

后来,依靠德国广大酒农的努力,这种情况已经获得改变,雷司令正经历着一场复兴。像摩泽尔和莱茵高这样以酿造顶级雷司令而久负盛名的产区,由于在葡萄酒酿造历史和葡萄栽培方面的重要地位,它们在世界范围内再次得到了广泛的认同。自然,这些产区和其他产区的酒农也再次意识到雷司令终究是德国最伟大、最重要的葡萄品种。德国雷司令葡萄酒再一次在世界范围内成为可以信赖和质量保证的代名词,又一次跻身世界最昂贵白葡萄酒行列。

三、德国葡萄酒的法律法规及分级制度

(一) 德国葡萄酒的法律法规

自中世纪以来,在德国,人们采取了一些相当严厉的措施来惩罚葡萄酒掺假者:1471 年,一个酒商因在酒中加水而被埋在墙里;1498 年,颁布了第一条针对葡萄酒造假的皇家法令;1903 年,当时的普法尔茨政府设立了第一个葡萄酒专家的职位,即控制员。今天,在葡萄酒生产的各个领域都可以看到葡萄酒检查员。他们通过在葡萄园的随机抽样以及在酒瓶上的正确标签来监督生产条件、对法规的遵守以及瓶装和散装葡萄酒的感官质量。

与其他国家不同,德国葡萄酒是依据葡萄采摘时的成熟度来划分葡萄酒等级的。主要是因为气候寒冷,葡萄的成熟度对葡萄酒的影响非常大。对于高品质酒而言,葡萄的成熟度会标识在酒标上,世界上也只有德国和奥地利葡萄酒会在酒标上有此类信息。另外,这种分级制度一定程度上也促进了德国葡萄酒的推广,因为德国文字的发音和拼写较为独特,如果依据产区或酒庄分级,那也许只有专家才懂得区分了。

同时,虽然葡萄成熟度在德国的分级制度中是制定"质量标准"的指标,但实际上它和一瓶葡萄酒的"质量"并没有必然关系。而且,虽然葡萄中的糖分含量是葡萄成熟度的衡量指标,但不代表酿成的葡萄酒就一定是甜型的,大多数德国葡萄酒都是干型或是半干型的。

(二) 德国葡萄酒的分级制度

虽然早在 1930 年德国有《葡萄酒法》出现,但真正有意义的德国葡萄酒法是于

1971 年修订和实行的,其正式将德国葡萄酒分为多个级别。但该分级系统较繁杂,也很特别,是以葡萄的成熟度为标准来分级,而成熟度则主要以葡萄所含糖分的高低来划分。简单地说,德国葡萄酒分为两大类:高品质酒和普通酒。高品质酒这一类对于原产地葡萄的品种选定、采收时期,以及所产酒的酒精度、酒标上所标注的内容等都有严格的规定,其中又分为 QMP 和 QBA 两个等级。

1. 根据原产地以及品质划分的制度分级

(1) 日常餐酒(Deutscher Tafelwein):这是德国葡萄酒中的最低等级的,产量不到5%,口感简单清淡。

(2) 地区餐酒(Landwein):需要在酒标上注明区域名称,有 17 个指定的葡萄种植区域可以生产。

(3) 优质产区葡萄酒(Qualitatswein Bestimmter Anbaugebiete,QBA):这个级别的葡萄酒来自 13 个指定的优质产区,葡萄的成熟度也比上面两个级别的要高,它禁止不同产区的葡萄酒混合调配,酒标上必须标识出产地以及酒的风格类型。这个级别的葡萄酒仍允许通过加糖的方法提升酒精度数或甜度。

(4) 特别优质葡萄酒(Qualitatswein Mit Pradikat,QMP):这个级别的葡萄酒是德国要求最高的葡萄酒,除葡萄来自指定的优质产区外,对葡萄采摘时的成熟度也有着严格的规定。这个级别的葡萄酒不允许人工加入糖分,如果年份特别差,葡萄达不到标准,只能降低到 QBA 级别。

2. QMP 根据葡萄自然糖分含量从低到高分级

(1) 珍藏葡萄酒(Kabinett):珍藏级别是 QMP 级别中最清淡的一类葡萄酒,葡萄成熟度一般,经常被用作餐前酒。

(2) 晚收葡萄酒(Spatlese):葡萄成熟后过 7～10 天再进行采摘,酒体比珍藏级别重,风味也更加集中一些。

(3) 精选葡萄酒(Auslese):采用更加成熟的葡萄酿造而成,有些葡萄已经开始出现贵腐霉特征。这个级别,酿酒师发挥的空间非常大,其既可以被酿造成口感丰满圆润的干型酒,也可以被酿造成酸甜均衡优雅的甜酒。

(4) 颗粒精选贵腐葡萄酒(Beerenauslese,BA):这个级别的葡萄采摘时间更晚,并且葡萄大多感染了贵腐霉,手工逐粒精选那些已经长出贵腐霉的葡萄,葡萄的糖分含量非常高。

(5) 冰酒(Eiswein):这个级别的葡萄需要在 -8 ℃ 的结冰状态下采摘,葡萄里面的水分都凝结成了冰块,去除后压榨出高酸高甜的葡萄汁。冰酒的特点是香气纯净甜美,口感浓甜。

(6) 逐粒精选葡萄干葡萄酒(Trocken Beeren Auslese,TBA):经过高度的贵腐作用,葡萄已经几乎干枯,葡萄酒糖分充足,产量少,价格高。

德国葡萄酒的法规与分类

背景与情境:19 世纪,以法律来规范葡萄酒生产的做法开始出现,一部葡萄酒国

Note

家法在1892年颁布,在1909年做了修订;1930年,一部新的葡萄酒法律诞生。1971年,史上最具争议的葡萄酒法规出现。一个棘手问题随之浮出。一般来说,葡萄酒法是着重于边界,着重于葡萄酒的产地。而德国葡萄酒法规则过于关注葡萄的成熟水平,特别是1971版葡萄酒法规忽视了已成规模的葡萄园,对于允许种什么葡萄品种没有做出规定。因此,这部法律又被匆忙修改,许多重要的酒庄决定不参加任何类型的评级分类。这是个粗糙的评级分类,偏偏发生在寒冷的德国和以冷静理性闻名的德国人身上。

即便如此,我们摘选了以下分类作为资料留存,这只是个梗概。佐餐酒是餐桌上的日常葡萄酒;QBA质量较好,但可以加糖;QMP不添加糖,内含自然糖分越多其声望等级和价格可能会更高;小坊酒是用一般成熟的葡萄酿制;成熟晚摘是收获期的采摘手段;精选意味着特定的选择性采摘品,可能含有贵腐霉菌;逐粒精选意味着葡萄采摘时必须一粒一粒地选,它们必须是有贵腐霉菌的;冰酒是用冰冻的葡萄酿制,它的糖分含量较为集中。每个类别都有更精确的糖分量化,这些已足够代表现在德国葡萄酒的分类了。

问题:德国葡萄酒的分类为什么会看重成熟度?

分析提示

第四节　葡　萄　牙

一、葡萄牙葡萄酒的历史

(一) 葡萄酒传入葡萄牙

葡萄牙的葡萄酒历史非常悠久,葡萄牙是欧洲生产葡萄酒的大国之一。公元前2000年左右,腓尼基人将酿酒技术引入了葡萄牙南部,一些对酿酒有兴趣的人士,开始栽种葡萄园,自行酿制葡萄酒。因此,小规模酒农酿酒已有4000多年的历史,真正普及是在公元前219年,罗马帝国的军队进入北部杜罗河谷,就是今天的波尔图产区。

罗马大军在占领葡萄牙时,在杜罗河谷大面积种植葡萄,酿成葡萄酒作为军需品,鼓舞军队士气。葡萄酒的酿造技术得到极快的发展,所酿造的葡萄酒大部分供给军队,当地人同样接受了葡萄酒的文化,葡萄酒成为杜罗河谷居民日常生活的必需品。因葡萄酒的酿造技术已经成熟,杜罗河谷到处都有葡萄园。

(二) 葡萄牙葡萄酒的发展

1. 葡萄牙葡萄酒的早期发展

公元2世纪,基督教传入葡萄牙,并将葡萄酒纳入其宗教仪式中。

公元8世纪,葡萄牙的葡萄酒在罗马人入侵后的各个部落中幸存下来,甚至在摩尔人占领的早期几个世纪（从 8 世纪初开始），葡萄酒的酿造和出口都很兴旺，只是在阿拉伯人统治的后期阶段因违反穆斯林的禁令，葡萄酒的发展呈低迷状态。但后来葡萄牙人从摩尔人手中夺回了北方，13 世纪中叶时，摩尔人甚至被驱逐出南方，整个葡萄牙的葡萄园再次繁荣起来。

1143 年，葡萄牙独立之后，葡萄酒酿造事业更加发达，葡萄酒开始出口，根据历史文献记载，有大量的葡萄酒出口关税和税务凭证及出口资料。

2. 葡萄牙与英格兰的葡萄酒贸易

15 世纪，作为葡萄牙的一个政治和军事盟友，英格兰对葡萄酒的需求很大，尤其是在与法国频繁发生冲突的时期，英国转向葡萄牙寻求葡萄酒供应。1386 年的《温莎条约》（Treaty of Windsor）促进了从葡萄牙西北部到英格兰的葡萄酒贸易，葡萄酒从维亚纳多卡斯特洛港出口，今天的绿酒法定产区许多葡萄酒也从里斯本地区出口。在接下来的几个世纪里，葡萄牙的航海探险家和商人在遥远的地方为他们的本地葡萄酒以及马德拉岛和亚速尔群岛的葡萄酒开辟了其他市场。

与此同时，英国、苏格兰和荷兰的酒商在葡萄牙西北部定居，17 世纪中期，这些外国商人的影响力和权力大大增加，葡萄牙需要英国的支持来对抗西班牙，并在 1654 年的一项条约中承认了英国商人的重要特权。

1662 年，英国国王查理二世与葡萄牙阿方索六世的妹妹布拉干萨的凯瑟琳结婚。不久之后，英国和法国之间的关系再次恶化，而后在 1689 年转为战争，当时的英国海关账簿显示了在进口法国葡萄酒与进口葡萄牙葡萄酒之间的快速转换。

3. 葡萄牙葡萄酒受政治、战争和自然灾害的影响

直到 18 世纪中叶，葡萄牙葡萄酒业开始被规划和监管。英国人专横地统治着葡萄牙葡萄酒的贸易，不正之风盛行，质量下降，葡萄酒出口也同样如此。葡萄被广泛种植，有时在不合适的地方种植，英国人使用各种伎俩来掩盖葡萄酒的不足，如与西班牙的葡萄酒混合，用接骨木汁着色等。为了遏制英国人的影响并支持葡萄牙种植者，要强的葡萄牙第一部长塞巴斯蒂昂-何塞-德-卡瓦略（后来称为庞巴尔侯爵）出台了新的法律，授权特定的葡萄园生产波特酒，并命人把接骨木树拔掉。出于同样的原因，他命令将马德拉岛的黑樱桃树也拔掉。同时，在葡萄牙的其他地方，他下令把种植在低洼潮湿地上的葡萄树拔掉，改种粮食，因为粮食供不应求。

19 世纪初，葡萄牙受到西班牙的入侵威胁以及法国人的三次实际入侵，但这些入侵最终被葡萄牙和英国的联合部队击退了。回国的英国军队对他们所享用的葡萄酒的热情再次推动了葡萄牙葡萄酒在英国的销售。

尽管随后几十年葡萄牙国内和政治上动荡不安，但是葡萄牙葡萄酒的出口继续蓬勃发展，葡萄牙各地的葡萄酒也被更广泛的采购。

21 世纪中叶，像欧洲其他国家一样，葡萄牙连续遭受了两次重大的葡萄园瘟疫：首先是真菌疾病，然后是根瘤蚜虫害。葡萄园被消灭了，瘟疫从杜罗河逐渐向南蔓延。对于种植者和商人来说，这是一个非常艰难的时期。与欧洲其他地方一样，最终的解决方案是将欧洲的葡萄品种嫁接到美国葡萄树的抗虫根上，或者种植欧洲和美国葡萄树的杂交品种。这些广泛种植的杂交品种生产出了奇怪的麝香味的葡萄酒，被称为美式葡萄酒，当地人已经习惯了。后来，这种杂交品种被禁止用于生产优质葡萄酒。

　　对葡萄牙葡萄酒影响较大的是政治动荡、第一次世界大战、战后政治动荡和经济的破坏。1928 年,安东尼奥·德·奥利维拉·萨拉扎成为财政部长,4 年后成为总理。在长达 36 年的时间里,他改革了葡萄牙的葡萄种植和农业,并建立了强大的机构来组织和管理葡萄酒的生产、销售和营销。在阿连特茹,葡萄树被拔掉,为种植小麦让路。

　　当第二次世界大战来临时,葡萄牙或多或少地保持了中立,但葡萄酒市场崩溃了。正是为了开发廉价的葡萄酒,1942 年,年轻的企业家费尔南多·范泽勒·格德斯与朋友们聚在一起,生产了一种粉红色的、半发泡的、半甜的葡萄酒——马特乌斯玫瑰,用于出口市场。这种葡萄酒经过加工酿造,然后蓬勃发展,并加入了其他类似的品牌,其中兰瑟在美国获得了巨大的成功。

　　4. 第二次世界大战后葡萄牙葡萄酒的崛起

　　第二次世界大战后的葡萄牙是一片小种植者聚居的土地,萨拉扎尔新机构的部分职能是监督合作社的组建,使种植者的工作合理化。第一批合作社已经在根瘤蚜病后出现,但合作社的大爆发是在第二次世界大战后开始的,在 20 世纪 50 年代和 60 年代,整个葡萄牙建立了 100 多个合作社。选择不加入的生产商的生活变得非常困难,因为合作社比私人竞争有财政和贸易优势。此时的葡萄牙葡萄酒主要是大规模生产,主要销售给当地市场和殖民地,也有一些大的葡萄酒公司也部分地从合作社采购。在 20 世纪 60 年代,葡萄牙为保留其殖民地而战,在国内也有一些动荡。1974 年发生了革命,一场军事政变之后是极左派的统治时期,农场也成为国有化和集体化,这一时期是混乱的。随着 1976 年葡萄牙的第一次自由选举,秩序开始恢复,但葡萄酒市场依旧一片混乱。

　　葡萄牙在 1986 年加入了欧洲共同体(后来称为“欧盟”)。加入欧洲共同体后,许多限制性的葡萄酒贸易和生产惯例必须自由化,合作社的垄断被终止,葡萄牙的优质葡萄酒类别和法规与其他欧洲国家的一致。葡萄牙成立了葡萄与葡萄酒研究所(IVV),以监督新的葡萄酒行业,同时为每个葡萄酒产区设立了地方葡萄与葡萄酒委员会(CVR)。

　　欧洲的贷款和赠款开始用于创建现代化的葡萄园和新的不锈钢酒厂,此外,欧洲对全国各地一般基础设施的投资也对葡萄酒业务产生了巨大影响。

　　在整个 20 世纪 90 年代和 21 世纪的第一个十年,葡萄酒学课程在葡萄牙的大学里得到了发展和普及;在国内得到了良好的培训、年轻的葡萄牙酿酒师在世界各地获得了酿酒经验。

　　葡萄牙仍然有其合作社,其中一些是真正优秀的,有一些在现代社会中存在生存困难,但仍然有非常成功的大型葡萄酒公司。然而,在过去的四分之一个世纪中,新的独立葡萄酒庄园大量涌现,通常被称为“酒园”和“小生产商”。

　　曾经将所有葡萄交付给合作社的葡萄生产者正在建立自己的酒厂,酿造自己的个性化葡萄酒。有些葡萄园是新的和现代的,葡萄品种是为现代市场选择的;有些葡萄园有几十年甚至几百年的历史,混合了古老的葡萄品种,产量少,味道浓郁。

　　葡萄牙是古老的产酒国,所产的葡萄酒以波尔图酒和马德拉酒最为驰名。波尔图酒的酿制,至今仍采用传统的脚踩法进行榨汁,以保持葡萄核的完整无损。新酿的酒在经过初步的存放后，到了春天即用船运到波尔图港，装入橡木桶内进行培养，再经混合酿制和装瓶程序，便诞生了著名的波尔图酒。马德拉酒产自摩洛哥外海的马德拉岛。制法非常特殊，在酿好的酒里添加一点白兰地以提高酒精度，再放入大水泥槽中，以30～50 ℃的温度存放3个月以上，加速酒的成熟和老化，这使得马德拉酒拥有一种略呈氧化的特殊香味。

总之，葡萄牙葡萄酒产业总体落后于欧洲核心国家，但其因南北地域的不同，气候多样，受山地、海拔、河流等影响，葡萄酒呈现风格多样的特点。葡萄牙尤其突出的是享誉世界的波特酒与马德拉酒，另外，这里还是世界名副其实的软木塞生产大国，软木塞产量约占全球33％的产量，是世界上不可忽视的葡萄酒产业力量。葡萄牙有着很深的酿酒文化底蕴，近几十年出现了很多葡萄酒新派，他们根据当地风土，引进国际品种及现代化技术，吸引更多优秀的酿酒人才，并对葡萄栽培及酿酒技术进行大胆革新，这些改进让这个国家的葡萄酒产业充满希望。

二、葡萄牙的波特酒

波特酒（Port）是世界著名的加强型葡萄酒，全世界很多国家都有生产，但真正的波特产自葡萄牙杜罗河地区。

波特最早的名字叫Port，由于此名字被其他产酒国使用，致使使用"波特酒"的出口口岸的城市，即波特酒的原产地——波尔图（Porto），用Porto或者说Oporto来命名这类酒，而且只有葡萄牙杜罗河地区出产的这种加强型葡萄酒可以使用Porto这个名字，跟香槟一样，这个名字是有专有权的，其他国家和地区不得使用。几百年来，酒商们就在葡萄牙的第二大城市波尔图这里采购波特酒，然后乘船返回。

法定允许用来酿造波特酒的葡萄品种有80多种，几乎都是葡萄牙本地品种，其中大部分为红葡萄品种，白葡萄品种非常稀少。虽然大多数波特酒都是由红葡萄品种酿成，但也有一些相对小量的白波特酒由白葡萄品种酿造。其中用得最多的葡萄品种有国家杜丽佳、卡奥红、巴罗卡红、法蓝杜丽佳和罗丽红，其中以国家杜丽佳最为著名，酿造的波特酒颜色深沉，单宁强劲。

因波特酒是葡萄牙的国酒，所以谈及波特酒，人们往往想到的是葡萄牙，但实际上，波特酒是英国酒商的发明：17世纪，英国和法国发生大战，当时的英国国王威廉姆三世对法国进口的货物加注了大量的税收，法国葡萄酒大受冷落，迫使英国酒商把眼光投射到与英国政治关系友好的葡萄牙，他们先是扬帆到达葡萄牙的北部地区，发现这里的葡萄酒过于单薄清淡，不适合喝惯波尔多葡萄酒的英国人，他们继续探索到达杜罗河流域的内陆地区，惊喜地发现当地高温发酵酿成的深红色葡萄酒很有潜力，然而由于两国路途遥远，运输风险很大，葡萄酒常常在到达英国海岸时变质。1678年，一个利物浦酒商的儿子在杜罗河地区的一家男修道院发现，那里的修士们在葡萄酒还在发酵时添加白兰地"杀死"那些尚在活跃状态的酵母，从而提高葡萄酒的稳定性，确保酒款能够以一个良好的状态到达英国，历史上在伦敦小酒馆大受欢迎的波特酒就此应运而生。当时，许多英国人迁移到葡萄牙从事和波特酒有关的职业，至今波特酒产业仍然被这些英国人的后裔霸占，如Symington家族。这也解释了为什么长期以来波特酒被认为是英国人为自己本国人酿造的一种葡萄酒。

教学互动

> **互动问题**：波特酒属于加强葡萄酒，由于葡萄汁没发酵完就终止了发酵，所以波特酒含糖量较高，请回答以下两个问题。
>
> 1. 在发酵过程中，向葡萄酒中添加白兰地，为什么葡萄酒的发酵会突然停止？
> 2. 为什么波特酒的残糖量会比其他葡萄酒高？
>
> **要求**：
> 1. 教师不直接提供上述问题的答案，引导学生结合本节教学内容就这些问题进行独立思考、自由发表见解，组织课堂讨论。
> 2. 教师把握好讨论节奏，对学生提出的典型见解进行点评。

三、葡萄牙的马德拉酒

1419 年，一位名叫 João Gonçalves Zarco 的葡萄牙船长在狂风中偏离航线，意外发现了马德拉岛。当时正值葡萄牙称霸世界的大航海时代，这处火山岛成了欧洲船只前往美洲、非洲和亚洲的重要补给站。这个地图上几乎看不到的"弹丸之地"却为世界贡献出了口感圆润、香气复杂迷人的顶级加强酒。

大航海时代的船员们会在葡萄酒中加入大量白兰地或其他中性烈酒进行加强，这几乎是所有加强型葡萄酒的雏形。与波特酒或雪莉酒不同的是，马德拉特殊的地理位置使它成为跨赤道远航的补给站，在反复穿越赤道的过程中，船员们发现葡萄酒历经剧烈的温度变化，不仅没有变质，反而变得异常香醇可口。

马德拉酒和其他加强酒最大的区别就是"马德拉化"，即通过独特的艾斯图法根工艺，以人工加温的方法模拟木桶在海上长途航行时通过赤道地带时带来的影响。独特的加热氧化工艺，不仅为酒液带来了类似焦糖、坚果和烹煮水果的醇美芳香，也使酒的状态非常稳定，开瓶后几个月甚至数年都可保持鲜美，上好的马德拉酒保存得当甚至可以跨越世纪，被人们称为"不死之酒"。

马德拉知名生产商不到 10 家，戈顿是其中之一，也是其中历史最悠久的一家。1745 年，航行到马德拉岛的苏格兰人 Francis Newton 创建了戈顿公司；随着后来新合伙人的相继加入，戈顿有了现在的名字——Cossart Gordon & Co.。

1850 年，马德拉岛上一半的酒水是由戈顿运输出去的。200 多年来，戈顿一直是颇具影响力的马德拉品牌。著作《马德拉，葡萄园之岛》（*Madeira, the Island Vineyard*）就是由曾经的戈顿合伙人——诺尔·科萨撰写的。

四、葡萄牙葡萄酒的法律法规及分级制度

1756 年，葡萄牙成为世界上第一个为葡萄酒进行产区界定的国家，葡萄牙严格遵循原产地种植及酿造工艺。如今，葡萄牙的葡萄酒无论是风格独特的红葡萄酒，还是清新迷人的白葡萄酒都已被外界所接受。

知识活页
▼

Note

葡萄牙是葡萄酒分级制度的发源地,也是最先进行葡萄酒分级的国家之一。他们在 200 年前开始使用名称体系,比法国还早。理由是名称体系会为消费者提供葡萄酒原产地的保证。这些名称体系包括葡萄品种、微气候、土壤和所用的酿酒技术。因此,饮用一款标注有名称的葡萄酒就意味着在喝一款优质的葡萄酒。

　　葡萄牙的分级制度从高到低依次如下。

　　(1)法定产区酒(Denomination de Origem Controlada,DOC):相当于法国的 AOC 或者意大利的 DOC,这个级别的著名产区有杜罗河、杜奥、波特、比拉达、布斯拉斯、绿酒。

　　(2)推荐产区酒(Indication of Regulated Provenance,IPR)。

　　(3)准法定产区酒(Vinhos de Qualidade Produzidos em Regioses Determinadas,VQPRD),相当于法国的 VDQS。

　　(4)优质加强葡萄酒(Vinhos Licorosos de Qualidade Produzidos em Regiao Determinadas,VLQPRD)。

　　(5)优质起泡酒(Vinhos Espumantes de Qualidade Produzidos em Regiao Determinadas,VEQPRD)。

　　(6)优质半干起泡酒(Vinhos Frisante de Qualidade Produzidos em Regiao Determinadas,VFQPRD)。

　　(7)地区餐酒(Vinho Regional,VR):跟意大利的 IGT 有点类似,没有按照法定酿酒要求酿造的葡萄酒,但这个并不是低质的象征。由于葡萄牙的土壤和葡萄种类复杂繁多,人们可以在这里找到很多富有地区特色的葡萄酒。

　　(8)日常餐酒(Vinho de Masa,VM)。

　　(9)SG(Selo de Garantia):有葡萄牙葡萄酒协会封条的葡萄酒,具有政府认定的品质。

同步案例

波尔图历史

　　背景与情境:波尔图位于葡萄牙北部沿海地带杜罗河河口的北岸,距里斯本 310 千米。和里斯本一样,波尔图也矗立在山丘之上,俯瞰着山下的河流。杜罗河把波尔图分成老城和加亚新城两片,它们之间有 6 座大桥相连。杜罗河北岸是文化生活区,而右岸的加亚新城聚集了大多数的葡萄酒酒庄。

　　这里常说的一句话是:在葡萄牙,水比酒还贵。说明这个国家缺少雨水,而且是一个盛产酒的地方。提起葡萄牙红酒最有代表性的是波尔图红酒。波尔图红酒出名都是因为杜罗河。波尔图东西走向各 100 千米的山地有 70 万英亩(1 英亩约等于 4047 平方米)的葡萄种植区域,特别是杜罗河两岸的 8 万英亩梯田更是上好葡萄的栽种良地,原因是葡萄树的根可以在这些含有丰富钾磷的坡地里探伸到地下二三十米,四季湿度温度的变化都不会影响它们吸收养分,加上葡萄牙充足的阳光使这里可以生长出优良的酿酒葡萄。

　　波尔图的名字“Porto”来自罗马时代,是港口的意思,然后嵌入了葡萄牙的国名

Note

"Portugal"之中,由此可见波尔图在葡萄牙的重要地位。历经西哥特人、摩尔人占领之后,公元 1000 年葡萄牙人又把波尔图夺了回来,并立为首都。12—15 世纪,波尔图逐渐发展为重要的商业和手工业中心。1808 年,拿破仑的军队占据了波尔图,而此后英军在比利牛斯山之战中由此渡河击败法军,帮助葡萄牙重新夺回波尔图。1703 年签订的《梅休恩条约》,使得波尔图对英国的葡萄酒出口更为有利,并由此促成了皇家杜罗河酒业公司的成立。在此期间,波尔图极力发展葡萄酒业和贸易,使自身成为举世闻名的"酒市"。波尔图城市化始于 19 世纪的工业革命时期,在这个时期建立了许多工厂,同时兴建了资产阶级住宅区以及一些宽敞的马路,由此波尔图变成了一个工商业城市。如今,波尔图是葡萄牙北部的经济和文化中心,大波尔图的人口约为 137 万。

资料来源　https://baike.so.com/doc/2335203-2469785.html

问题:为什么说葡萄牙红酒中最有代表性的就是波尔图红酒?

分析提示

▼

第五节　西　班　牙

一、西班牙葡萄酒的历史

(一) 葡萄酒传入西班牙

西班牙王国位于欧洲大陆西南端的伊比利亚半岛,占据了大部分半岛,与葡萄牙毗邻。这里大部分国土气候温和,山清水秀,阳光明媚,风景绮丽。

西班牙的葡萄种植历史大约可以追溯到公元前 4000 年,是腓尼基人把葡萄引进了西班牙。在公元前 1100 年,腓尼基人开始用葡萄酿酒,并在西班牙的南部地区卡德士开垦葡萄园。

(二) 西班牙葡萄酒的发展

1. 从罗马人统治下的葡萄酒发展到重新开启葡萄酒出口业务的葡萄酒历史

罗马人统治西斯帕尼亚的时期是西班牙葡萄酒的黄金时代。西班牙葡萄酒的出口水平从未停止攀升,很快西班牙葡萄酒就成为人人垂涎的产品。生产西班牙葡萄酒的两个主要生产地区是北部巴塞罗那附近的塔拉戈南西斯和南部的贝提卡(现在被称为塔拉戈纳和安达卢西亚)。罗马帝国衰落后,来自欧洲北部的野蛮部落入侵了伊比利亚半岛,几乎没有资料说明这一时期的葡萄种植和葡萄酒历史。最有可能的是,这些部落喝的是某种质朴的啤酒,他们拥有的葡萄酒都是来自贸易或掠夺。

穆斯林迁入后,情况又有所好转。尽管古兰经的法律禁止他们喝任何种类的酒,但在他们停留期间,半岛的葡萄酒文化氛围得到了改善。

中世纪时,来自世界各地的不同修士来到西班牙,如克鲁尼修士和西多会修士。他们在建立更好的葡萄酒生产地方面发挥了非常重要的作用。事实上，现在的许多法定产区酒都是在这个时候起源的。因为在修道院周围出现一个村庄是很正常的，随着时间的推移，许多村庄变成了酒窖和葡萄酒庄。修士们还带来了新的葡萄品种和新的酿酒技术，重新征服也重新开启了葡萄酒的出口业务，毕尔巴鄂城在其中占据了主导地位。这时出售的大部分葡萄酒都进入了英国市场，在那里，它们和法国葡萄酒一样受到高度重视。总而言之，这是西班牙葡萄酒历史的一个伟大时代。

2. "新世界"的西班牙葡萄酒

哥伦布发现新大陆后，打开了出口的通道，西班牙征服者带着西班牙的葡萄树，在新的西班牙殖民地开始了葡萄酒生产，这就是"新世界"葡萄酒历史的开始。此时，西班牙葡萄酒已经达到了如此高的声誉，以至于一些大的葡萄酒生产城市，如加的斯，因为其葡萄酒而被掠夺。另外，殖民地的葡萄酒生产非常普遍，因而开始影响西班牙的出口，这就是西班牙国王腓力三世禁止在智利扩大葡萄园的原因，但这一法令大多时候都被忽视了。

15 世纪和 16 世纪，西班牙葡萄酒的知名度大增，伊比利亚半岛的每个地区几乎都在生产葡萄酒。加那利群岛刚刚被征服，其葡萄酒生产也开始变得流行，这主要得益于该岛在贸易和气候方面的战略位置。加那利葡萄酒，以其卓越的品质在世界各地的葡萄酒历史上赢得了声誉。其衰落始于 1661 年制定的《航海法》和 1665 年创建的"加那利公司"，通过该公司，英国人以较低的成本销售加那利葡萄酒，成功地建立了对该酒的垄断。

3. 根瘤蚜病和内战——西班牙葡萄酒的毁灭

随着工业革命的到来，更好的酿酒机器也随之而来，还没有经历过工业革命的西班牙，其葡萄酒的出口量出现了下降。19 世纪，当根瘤蚜虫摧毁了欧洲大部分的葡萄园时，西班牙有了短暂的喘息机会。那是欧洲的一个可怕的时期，而西班牙是它的救星。根瘤蚜虫仍然没有到达西班牙的葡萄园，所以有大量的葡萄酒可以出口。在这一时期，西班牙葡萄酒到达了欧洲的每一个角落，并获得了相当大的名气。

一些法国葡萄酒制造商越过比利牛斯山脉，来到西班牙北部，带来了新的工具和方法，当然还有不同于西班牙葡萄的品种。西班牙北部，特别是纳瓦拉和巴斯克地区，特别受益于此，他们的葡萄酒传统在这一时期比西班牙其他地区丰富得多，因为他们可以接触到伟大的法国葡萄酒酿造文化。

然而，幸运并没有持续太久，因为根瘤蚜虫在那个世纪晚些时候来到了西班牙。由于该国的地理环境，根瘤蚜病的传播时间较长，1901 年根瘤蚜病才到达里奥哈，当时治疗方法已经被发现。把本地的葡萄树嫁接到美国的葡萄树，也就是能抵抗虫子的葡萄树，以创造一种能抵抗流行病的杂交品种。这拯救了西班牙的葡萄园，1926 年在里奥哈建立了第一个原产地名称。如果没有这个补救措施，现在西班牙的葡萄酒传统很可能不会如此重要。

在达到现代的声望之前，葡萄酒酿造业仍经历了很多的困难。第一次世界大战使欧洲贸易市场陷入瘫痪，这使得任何东西的出口几乎不可能。随后，西班牙内战使这个国家陷入了僵局，在不同阵营相互争斗的时候，葡萄树无人问津，就像马德里的那些葡萄园一样，有些葡萄园甚至被拆掉，用来种植小麦和谷物等。然而即使战争结束了，悲剧也没有停止：第二次世界大战再次使欧洲市场无法打开，该行业直到 20 世纪 50 年代才得以恢复。正是在这个时候，一些葡萄园被重新种植，葡萄酒的传统开始在西班牙的一些地方得到恢复。

4. 西班牙葡萄酒创造历史

20 世纪 50 年代，西班牙的葡萄酒传统得到了复兴；60 年代，国际上重新发现了赫雷斯和里奥哈；但真正的复兴是在 1975 年西班牙元首佛朗哥去世之后，西班牙开始向民主政治过渡时。经济自由推动了西班牙中产阶级的市场需求，80 年代初葡萄酒行业发生变革。1986 年，西班牙成为欧盟的一部分，这给西班牙的葡萄酒行业带来了经济援助。90 年代，西班牙开始接受使用赤霞珠和霞多丽等国际葡萄品种，并在 1996 年取消了干旱时期对浇水的禁令。这意味着有了新的种植地，有了更多的葡萄品种，有了更有利可图的生产方式。西班牙葡萄酒的黄金时代已经开始，并一直持续到今天。拥有如此古老的葡萄酒传统，谁能拒绝西班牙葡萄酒呢？

今天，西班牙仍然是世界上主要的葡萄酒生产地区之一，其葡萄酒受到国际酒商的高度推崇。西班牙的葡萄酒生产在出口和旅游方面都成了国家经济的重要组成部分。

 同步思考

同步思考
答案

西班牙拥有非常悠久的葡萄酒发展史，其优质葡萄酒数不胜数，但它却是一直被低估的葡萄酒产酒国，现在逐渐被大家所重视。

问题：西班牙葡萄酒重新被重视的原因有哪些？

二、西班牙的雪莉酒

雪莉酒是世界上著名的加强型葡萄酒品种之一，被誉为"装在瓶子里的阳光"，由于雪莉酒发酵结束后会加入白兰地，因此酒精度比一般的葡萄酒高，口感也更复杂。雪莉酒酒液呈浅黄或深褐色，也有的呈琥珀色，清澈透明。口味复杂柔和、香气芬芳浓郁是雪莉酒的特色。

雪莉酒堪称"世界上最古老的上等葡萄酒"，大约公元前 1100 年，腓尼基商人在西班牙的西海岸建立了加迪斯港，往内陆延伸又建立了一个名为赫雷斯的城市，并在雪莉地区的山丘上种植了葡萄树。当时酿造的葡萄酒口味强烈，在炎热的气候条件下也不易变质，这种葡萄酒成为当时地中海和北非地区交易量较大的商品。雪莉酒的名称通常被认为源于阿拉伯语对这个城市的翻译。在这个城市及周边地区生产的葡萄酒才可以被称为雪莉酒。

8 世纪时，摩尔人入侵西班牙，当地的葡萄酒大量被蒸馏成白兰地，作为药用。但在之后很长一段时间中，赫雷斯的葡萄园都在阿拉伯帝国的统治下几乎被摧毁。

在最艰难的时期，雪莉酒终于迎来了曙光。1264 年，斯蒂利亚国王阿方索十世占领了赫雷斯，他征服了无数的城池，同样也被雪莉酒所征服。作为雪莉酒的狂热追捧者，他废除了之前的禁令，并将土地分给骑士，强制他们种植葡萄、生产葡萄酒。

到了大航海时期,因为口感好、保质期长,雪莉酒成了海上航行消乏解渴的必备饮品。哥伦布满载着雪莉酒启程航向新世界,雪莉酒也成为第一批到达新大陆的葡萄酒。麦哲伦则更疯狂,当他在1519年开启环球航行时,他购买了417个酒杯和253桶雪莉酒,在雪莉酒上花的钱比在武器上花的还要多。

1587年,英国海军中将马丁·弗诺比舍突袭了加迪斯港,抢走了大约1450万升雪莉酒。作为当时的"海上霸主",西班牙全国震怒不已。1588年5月,西班牙国王腓力二世派出历史上空前庞大的"无敌舰队",排山倒海般地驶向英国,同时又在欧洲大陆集结了一支精锐部队,扬言要水陆并进,彻底征服英国。这场战争的结果以西班牙的彻底惨败而告终,英国一举取代西班牙成为世界新的"海上霸主"。最让人意想不到的是,西班牙的"无敌舰队"虽然永远地沉到了海底,但是西班牙的雪莉酒却代替"无敌舰队"完成了征服的重任。雪莉酒一战扬名,成为当时英国上流社会聚会时必不可少的美酒,成为高尚消费的象征,并随着英国世界霸权的扩张传遍全球。

 ## 同步思考

> 强化技术就是往葡萄酒里面添加高酒精度的烈酒,主要是为了阻止细菌的活动,给它的长途旅行增加一些生存力量,以便安全抵达遥远的市场。这在西班牙西南部特别有意义,因为西班牙舰队满载着酒从这里起航驶向美洲的庞大帝国。荷兰和英国酒商从14世纪开始变得越来越活跃。英国人在他们的酒里寻找力量,最好也有一点儿甜味。他们的甜酒传统来源一直是地中海东部,那里有各种昂贵的马姆奇白葡萄酒,但西班牙西南部作为一个贸易伙伴来说就更有意义了。还有一大亮点,这个区域与西班牙摩尔人居住的地区相邻,穆斯林摩尔人在蒸馏高浓度烈酒方面是整个欧洲的专家,他们可使葡萄酒得到完美的加强。
>
> **问题**:这段资料说明了什么?

三、西班牙葡萄酒的法律法规及分级制度

西班牙的酿酒历史已有上千年,早在罗马时代就盛产葡萄酒。现在,西班牙是世界第三大葡萄酒产酒国。西班牙也是使用本地葡萄品种最多的国家之一,大概有400多个酿酒葡萄品种,但在很长的时间里,西班牙葡萄酒产量很大,质量却不高。

自从19世纪,法国发生了严重的根瘤蚜灾害,许多法国酿酒师来到西班牙寻找好的葡萄园,他们带来了专业的酿酒技术,使得西班牙的葡萄酒质量得到了很大提升。1926年,里奥哈产区首先制定第一个酿酒规范,随后在1932年,西班牙制定了系统的葡萄酒法规,但到1970年才颁布实施。1986年,西班牙加入欧盟后,为了与欧洲标准同步,又对葡萄酒分级制度进行了重新调整。2003年,颁布了新的葡萄酒分级制度法规,对不同级别葡萄酒的质量标准给出了具体描述,这些标准涉及产品质量的控制以及对葡萄酒生产工艺的要求,西班牙葡萄酒原产地保护系统中的各级别的定义也由此产生(见图2-8)。法规也根据葡萄酒陈酿的年限,建立了以陈酿时间为标准的分级系统。

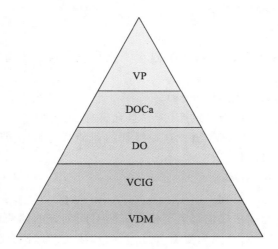

图 2-8　西班牙葡萄酒分级制度

（一）根据生产要求分级品质葡萄酒

VCPRD（Vinos de Calidad Producidos en Regiones Determinadas），这一级别代表了西班牙葡萄酒生产的较高要求，其中又分为以下几个等级。

1. 特优级法定产区酒

特优级法定产区酒（Vinos de Pago，VP），这是西班牙葡萄与葡萄酒法规中最新建立的级别，是分级系统中的最高级别。这个级别里囊括了一些西班牙最著名的葡萄酒。这些葡萄酒的产区面积可能小到只是一个葡萄园，但它的气候和土壤一定极具特色。特优级产区葡萄酒的生产和销售所遵循的质量管理系统和特级法定产区酒（DOCa）一致，并且必须在原酒庄完成灌装。

2. 特级法定产区酒

特级法定产区酒（Vinos con Denominación de Origen Calificada，DOCa），只有在很长一段时间都能保持较高的质量水准的葡萄酒才能归属于这个级别。在 1991 年 4 月，里奥哈产区成为第一个升入此级别的葡萄酒产区。升入这个级别的要求包括：在过去的 10 年内都属于产区酒级别（DO），并且所有产品都必须以瓶装酒的形式出售且灌装必须在原酒庄完成，其质量为相关机构所监控。

3. 法定产区酒

法定产区酒（Vinos con Denominación de Origen，DO），这一级别的葡萄酒囊括了生产于特定产区的高质量葡萄酒，并且其酿造过程必须遵循各产区特定的工艺标准。这些工艺标准由各产区的原产地保护委员会制定，其具体内容包括允许使用的葡萄品种、单位面积产量、酿造方法以及陈酿时间。若想升入法定产区酒，质量必须满足要求，除此之外，在过去的 5 年时间里都必须达到地区标识酒的级别。

4. 地区标识酒

地区标识酒（Vinos de Calidad con Indicación Geográfica，VCIG），这一级别的葡萄酒必须采用种植于指定产区的葡萄酿造，并且其质量必须反映出该产区的地理气候特点以及人为因素，其中包括葡萄的种植、葡萄酒的酿造以及陈酿过程。这种酒在酒标上标有"Vino de calidad de ＋ 产区名"。

5．日常餐酒

日常餐酒（Vinos de Mesa，VDM），这个类别代表了西班牙葡萄酒的较低级别，主要分为以下两个级别。

（1）地区餐酒（Vinos de la Tierra）。

这一级别的葡萄酒生产于指定产区，并且允许标明产地。其生产过程所遵循的质量标准的严格程度低于法定产区酒。这一级别的葡萄酒的酒标上除标有产地外，还需要标明酒精度数以及口感特点。

（2）餐酒（Vinos de Mesa）。

剩下的酒都属于这一级别。

西班牙葡萄与葡萄酒法规也制定了依据陈酿时间划分的葡萄酒等级，这种等级有两个系统：一个系统是针对全国葡萄酒、地区餐酒和法定产区酒共同的陈酿分级；另一个系统是只针对法定产区（VCPRD）葡萄酒的陈酿分级。

（二）根据陈酿年限分级

1．日常餐酒和法定产区酒共同的陈酿分级

（1）Vino Noble（法定 18 月新酿）：这一级别的葡萄酒必须经过至少 18 个月的陈酿，陈酿可以在容量不超过 600 升的橡木桶或瓶中进行。

（2）Vino Añejo（法定 24 月陈酿）：这一级别的葡萄酒必须经过至少 24 个月的陈酿，陈酿可以在容量不超过 600 升的橡木桶或瓶中进行。

（3）Vino Viejo（法定 36 月陈酿）：这一级别的葡萄酒必须经过 36 个月的陈酿，并且拥有氧化特性，这些氧化特性产生于光、氧、热量的共同作用下。

2．只属于法定产区葡萄酒的陈酿分级

（1）Jóven（新酿）：表示该酒"获许"未经过陈酿就上市。

（2）Crianza（佳酿/培养）：这一级别的红葡萄酒在出厂前至少要经过 24 个月的陈酿，其中至少 12 个月在橡木桶中进行。白葡萄酒和桃红葡萄酒出厂前至少陈酿 24 个月，其中至少 6 个月在橡木桶中进行。

（3）Reserva（陈酿/珍藏）：这一级别的红葡萄酒在出厂前至少要经过 36 个月陈酿，其中至少 12 个月在橡木桶中进行。白葡萄酒和桃红葡萄酒出厂前至少陈酿 24 个月，其中至少 6 个月在橡木桶中进行。

（4）Gran Reserva（特级陈酿/特级珍藏）：这一级别的红葡萄酒在出厂前至少要经过 60 个月陈酿，其中至少 24 个月在橡木桶中进行。白葡萄酒和桃红葡萄酒出厂前至少陈酿 48 个月，其中至少 6 个月在橡木桶中进行。

被人忽略的西班牙

背景与情境：西班牙的葡萄种植历史大约可以追溯到公元前 4000 年。在公元前 1100 年，腓尼基人开始用葡萄酿酒。但是西班牙葡萄酒的历史并没有任何值得炫耀的光辉,直到 1868 年,法国葡萄园遭受根瘤蚜病的灾难,很多法国的酿酒师,他们多数是来自波尔多,来到了西班牙的里奥哈,带来了他们的技术与经验,这才让西班牙的葡萄酒进入腾飞期。这段时间,法国的葡萄园大面积被铲除,由于葡萄酒紧缺便从西班牙进口了相当数量的葡萄酒。这也是法国为西班牙提高酿酒水平做出贡献的佐证。1972 年,西班牙农业部借鉴法国和意大利的成功经验,成立了原产地控制委员会(INDO),这个部门相当于法国的 INAO,同时建立了西班牙的原产地名号监控制度(DO)。西班牙有 55 个 DO,其中 1994 年后批准的有 20 个。到了 1986 年,DO 制度内加入了 DOC,这个略高于 DO 的等级,虽然目前 DOC 等级内只有里奥哈一个原产地名号,但是以后,赫雷斯、下海湾地区、佩内德斯、杜罗河岸等也有可能被授予 DOC 等级。

　　西班牙的名片,无疑就是优雅而刺激的斗牛、激情四射的足球以及性感热辣的探戈。说来也有趣,作为西班牙以前的殖民地,智利、阿根廷等南美洲国家在酿酒方面继承了西班牙热烈奔放的风格,后来出现了葡萄酒新、旧世界的划分,"新世界"以智利、阿根廷等地的风格为典型,西班牙被称为葡萄酒"旧世界"中的"新世界"。的确,西班牙除了是海上霸主、工业革命时期较强的帝国之一,还是世界上较重要的葡萄酒产国之一。虽然大家很少在第一时间就想起西班牙葡萄酒,但西班牙却是世界上葡萄种植面积较大的国家,更是世界第三大葡萄酒出口国。在欧洲国家中,西班牙的葡萄酒享有非常高的评价,"装在瓶子中的西班牙阳光""瓶中历史"等都是欧洲人对西班牙葡萄酒的赞美。简而言之,虽然西班牙的存在感较低,但是仍然是葡萄酒世界的一个巨人。

　　资料来源　https://wenku.baidu.com/view/a70d01f7bf64783e0912a21614791711cd7979dc.html

　　问题:西班牙葡萄酒具有悠久的历史,为什么西班牙葡萄酒被划分为"旧世界"中的"新世界"?

分析提示
▼

第六节　希　腊

一、希腊葡萄酒的历史

(一)葡萄酒传入希腊

　　在古代,希腊是希腊人对其居住地的统称,而非国家名称。旧石器时代希腊半岛就有人居住,公元前 7000 年进入新石器时代,考古资料显示古希腊文化受近东文化影响很大。

　　葡萄酒文化在中西亚地区发祥以后,向西沿地中海传至欧洲的希腊。公元前 2000多年,活跃的腓尼基商人把在中西亚地区广泛流行的葡萄酒及其酿造技术带到地中海彼岸爱琴海诸岛,葡萄酒逐渐融入希腊文化前身爱琴海文明。葡萄酒文化圈不断扩大,终于迈出亚洲,到达欧洲一角。

Note

（二）希腊葡萄酒的发展

1. 希腊葡萄酒的初步发展

葡萄酒由中西亚传入希腊后开始缓慢发展，葡萄酒逐渐被当地居民所接受。雅利安人不断脱离北方山林地带，向南欧海岸地带迁移，逐渐在希腊本土和周围岛屿上定居成长，被称作"阿卡亚人"，即后来的希腊人。入侵的迈锡尼人是雅利安人的分支，夺走爱琴海先住居民主人公地位，爱琴海文明逐渐消亡，取而代之的是迈锡尼文明，这是古希腊史前奏。

欧洲葡萄酒文化大约在公元前13—14世纪的特洛伊之战后诞生。古希腊人开始进入和葡萄酒朝夕和睦相处时期，这一时期大约经过了500年。希腊先祖迈锡尼人埋头于葡萄酒酿造，在恐怖的奥西里斯神基础上创造出自己的酒神狄俄尼索斯，并培育出自己民族的葡萄酒文化，成为欧洲葡萄酒文化始祖。

伯罗奔尼撒半岛的迈锡尼城成为强大的希腊文明的中心，在公元前1400年左右达到顶峰。葡萄酒和迈锡尼文明携手并进，葡萄酒在迈锡尼人的社会、经济和生活中占据了主导地位。迈锡尼的国王用特别制作的金酒杯来享用葡萄酒，以显示他们对葡萄酒的欣赏，如在瓦菲奥发掘的酒杯（公元前15年）。在麦西尼亚的皮洛斯发现的已破译的铭文中，有一个特别为酒保留的表意符号，其中"Dionysus"和"Vinos"这两个词清晰可见，后者是与"酒"有关的词汇的来源，如Oenos、Vinum、Vin、Vino、Wine和Wein。

2. 葡萄酒与古希腊文学作品的融合

荷马是一位无与伦比的吟游诗人，生活在公元前8世纪，主要文学作品有《伊利亚特》和《奥德赛》。荷马不仅给人类带来了无与伦比的文学杰作，而且还为古代希腊葡萄酒提供了独特的证据。《荷马史诗》中对葡萄酒进行了大量描述，如葡萄种植、酿酒方法和技术、葡萄酒商业、葡萄酒消费和葡萄酒品尝的宝贵信息。在描述许多希腊地区时，荷马采用了与葡萄酒有关的形容词，如ampeloessa（被葡萄藤淹没）、polystafylos（盛产葡萄），并引用了一些当时著名的希腊葡萄酒，如Pramnios、Ismarikos oenos。

生活在公元前8世纪的赫西俄德在公元前750年左右在维奥蒂亚地区写下了他著名的诗歌《工作与时日》，同时享受着他自己用"进口"的维多利亚葡萄品种酿造的葡萄酒。赫西俄德和维维利诺斯-奥诺斯为我们提供了关于当时的葡萄种植和酿酒技术的宝贵信息，其中包括稻草酒或干化葡萄酒的生产。

3. 酒神狄俄尼索斯

狄俄尼索斯（希腊语"Διόνυσος"，英语"Dionysus"）（见图2-9），是古希腊神话中的酒神、奥林匹斯十二主神之一。狄俄尼索斯是古希腊色雷斯人信奉的葡萄酒之神，不仅握有葡萄酒醉人的力量，还以布施欢乐与慈爱在当时成为极有感召力的神，他推动了古代社会的文明并确立了法则。

图2-9　希腊酒神狄俄尼索斯

此外,他还护佑着希腊的农业与戏剧文化。在奥林匹斯山的传说中,他是宙斯与塞墨勒之子。古希腊人对酒神的祭祀是秘密宗教仪式之一,类似对于德墨忒尔与珀耳塞福涅的厄琉息斯秘仪。在色雷斯人的仪式中,他身着狐狸皮,据说是象征新生。而专属酒神的狄俄尼索斯狂欢仪式是最秘密的宗教仪式。

对狄俄尼索斯崇拜的起源很早,在迈锡尼希腊语以线形文字留下的记录中,历史学家认为,约在公元前1500—1100年,狄俄尼索斯信仰就已经在迈锡尼文明中盛行。有些学者相信,这个信仰可能在米诺斯文明时就已经出现。

4. 双耳瓶、酒器、软木塞和葡萄酒钱币的出现

希腊双耳瓶的使用可追溯到公元前6世纪,可见希腊的葡萄酒贸易非常广泛。在爱琴海北部的岛屿发现了大量的双耳瓶,双耳瓶是有两个把手的黏土酒器,主要用于海上运输葡萄酒,其数量之多表明了贸易的规模。也是在那个时期,希腊城市开始通过使用特定类型的双耳瓶来规范葡萄酒。

公元前540年,希腊出现了酒器。当时有许多专门的酒器用于饮酒,主要由黏土或金属制成。这种酒器的一个典型的例子是埃克塞基亚斯的浅酒杯,这个酒杯上描绘了狄俄尼索斯到欧洲的海上航行。最初,黏土酒器大多涂成黑色,后来涂成红色。制作和装饰酒器的艺术蓬勃发展,其主题描绘的是收获、榨酒、狄俄尼索斯崇拜的场景,后来还包括酒会的场景。酒器有很多种类,如花萼酒壶、酒壶、酒杯、高柄酒杯、浸酒器、葡萄酒冷却器以及其他许多种类。

公元前5世纪,希腊人便开始使用软木封住葡萄酒壶,在他们的影响下,罗马人也开始使用橡木作为瓶塞,还用火漆封口。然而在那个年代,软木塞并没有成为主流,从当时的一些油画作品来看,当时多用缠扭布或皮革来塞住葡萄酒壶或酒瓶,有时会加上蜡来确保密封严实。直到17世纪中叶,法国香槟产区的唐·培里侬修道士在香槟的封口上初次使用了软木塞,软木塞才开始得以普及使用,软木塞与葡萄酒瓶才真正组合在一起。

公元前480年,葡萄酒钱币出现。在波斯战争之后,葡萄酒贸易开始蓬勃发展,萨摩斯、门迪同基奥斯和莱斯沃斯加强了它的存在。早在公元前6年,希腊的"葡萄酒"硬币就在西西里、色雷斯、色萨利和爱琴海等不同地区出现,描绘的主题都是来自葡萄和葡萄酒的灵感。大多数涉及"葡萄酒"硬币的发现都是在约公元前480年,并提供了关于葡萄酒行业以及铸造这些硬币的当地经济和社会的重要信息。描绘的主题是一串葡萄、酒器,以及狄俄尼索斯崇拜的一部分的庆祝活动场景。

5. 希腊葡萄酒的繁荣

在亚历山大大帝去世的时候,南方的酿酒业非常繁荣。公元前323年,希腊的酿酒业和葡萄酒商业中心已经转移到了南方。爱琴海小岛上生产的稀缺且价格高昂的葡萄酒难以满足亚历山大大帝的战役和军队的需要,更不用说刚刚开放的市场的需求。因此,葡萄酒酿造的热潮开始了,主要在塞浦路斯和小亚细亚等。

6. 罗马人控制下的希腊葡萄酒

公元前146年,葡萄酒处于罗马人的控制之下。随着罗马人在希腊的统治开始,除了南爱琴海以外,葡萄酒的商业中心转移到了地中海东部。已经成为罗马一部分的马其顿继续生产葡萄酒,北爱琴海的岛屿也是如此,但它们的鼎盛时期已经过去。由于其

地理位置和丰富的自然资源,克里特岛很快就成为罗马人瞄准的葡萄酒目标。从公元前146年开始,葡萄酒处于罗马人的控制之下。

对于罗马皇帝哈德良来说,作为希腊的忠实崇拜者,对狄俄尼索斯有着巨大的崇拜,他甚至参加了公元125年在雅典举行的狄俄尼索斯庆典。总的来说,罗马人不可抗拒地被希腊古典时代的文化所吸引,结合了它的许多特征,并根据自己的模式加以改变。在葡萄和葡萄酒方面,罗马人也采用了许多希腊的葡萄种植和酿酒方法,以至于在很大程度上,人们说罗马葡萄酒的起源可以追溯到希腊。

7. 希腊葡萄酒的崛起

1300年,奥斯曼帝国统治比提尼亚,这个地区以供应君士坦丁堡的葡萄酒而闻名,希腊的葡萄酒开始再次占据舞台中心。因此,希腊葡萄酒的回归再次将所有的目光转向色雷斯、伯罗奔尼撒半岛和克里特岛等地区,那里的阿斯瑞品种已经声名鹊起。

8. 君士坦丁堡沦陷后的希腊葡萄酒

1453年,奥斯曼人征服了君士坦丁堡并逐渐征服了整个希腊。君士坦丁堡沦陷后,葡萄酒开始以萎缩、沉闷的速度发展。许多葡萄园陷入衰败,而其他葡萄园的种植仅为了税收目的而继续,只有修道院继续着葡萄种植。除了爱琴海岛屿之外,当时提到的一些继续进行葡萄种植活动的地区有埃维亚、洛基里斯、梅加拉等。

1645年左右,威尼斯人和奥斯曼人在爱琴海的持续冲突和海战也对葡萄种植产生了影响,战争也影响了葡萄酒领域。在当时,威尼斯舰队的海军补给站圣托里尼对葡萄酒征收的新税导致葡萄酒贸易受到严重限制。1669年,当奥斯曼人夺取克里特岛时,克里特岛上生产马尔瓦西亚葡萄酒的广阔葡萄园渐渐消失了,这些著名的葡萄酒的生产也萎缩了。

9. 希腊现代酿酒产业的出现

希腊现代酿酒产业的出现可以追溯到1855年,当时希腊在雅典建立了一个示范酒厂。1858年,出口醋栗的公司在生产醋栗为主的帕特雷和塞法罗尼亚地区建立了希腊第一批葡萄酒工业。19世纪70年代,第一批大规模的葡萄种植者、酿酒者在阿提卡出现,同时大型葡萄酒工业也在帕特雷、塞法罗尼亚和阿提卡建立。在这十年间,第一次有组织的出口,葡萄酒展览及比赛开始了。在雅典举行一次比赛后,克里斯托曼诺斯教授将比赛结果作为深入了解希腊葡萄酒的指导手册出版。

10. 希腊葡萄酒机构的建立

希腊葡萄酒机构的建立始于二战后。希腊葡萄酒和烈酒工业联合会(SEVOP)成立于1949年。1995年,由于其产品动态的不同,该联合会分为希腊烈酒生产商联合会(SEAOP)和希腊葡萄酒联合会(SEO)。希腊葡萄酒联合会与1949年成立的葡萄种植产品中央合作联盟(KEOSOE)一起构成了国家葡萄和葡萄酒专业间组织(EDOAO),是希腊主要的葡萄酒机构。

通过立法来保护和保障希腊葡萄酒的原产地始于1971年。就在那时,第一批现代的希腊葡萄酒原产地保护认证确立。几年后,更多的葡萄酒被认可,同时本地葡萄酒也得到了认可。在21世纪的第一个十年结束时,希腊与欧盟关于葡萄酒类别的新立法接轨,这一接轨现在正逐渐被希腊的葡萄种植部门所采用。

教学互动

互动问题：希腊葡萄酒历史悠久，文化底蕴深厚，希腊是葡萄酒在欧洲传播的起点，欧洲其他国家的葡萄酒大部分受希腊影响深远。那么，希腊葡萄酒为什么没有像法国、德国那样拥有世界级名庄？

要求：

1. 教师不直接提供上述问题的答案，引导学生结合本节教学内容就这些问题进行独立思考、自由发表见解，组织课堂讨论。

2. 教师把握好讨论节奏，对学生提出的典型见解进行点评。

二、古希腊葡萄酒文化

1. 古希腊饮用葡萄酒的方式

古希腊人饮用葡萄酒时要兑水，通常水与酒的比例约为 2：1、5：2、3：1 或者 4：1，1：1 的酒水混合物被视作烈性葡萄酒。水使葡萄酒成为安全饮品，葡萄酒也使水成为安全饮品。古希腊人起初没有意识到葡萄酒能够杀菌，只知道喝水最好喝泉水、井水或蓄水池里积留下来的雨水。据观察，用葡萄酒清洗伤口比用清水更能预防感染，人们才发现葡萄酒有杀菌清洁功效。为了保存葡萄酒，有时人们在海上运输前先将其蒸馏，使之浓度升高。这种葡萄酒需掺入 8～20 倍的水才能饮用。炎热季节，也有人将葡萄酒放入井水中或在葡萄酒中掺入雪，制成"冰镇葡萄酒"。而这些雪是冬季收集用稻草包裹存于地窖的，过程艰难，耗费人力物力，只有富贵人家才能以如此奢侈的方式饮酒。

在古希腊人看来，喝不掺水的葡萄酒是野蛮行为。只有酒神狄俄尼索斯才能饮用百分之百原汁葡萄酒，人类只能饮用加水稀释后的葡萄酒。神话传说中，狄俄尼索斯从一种形状特别的瓮中取酒饮用，暗示其中并未掺水。若饮用未掺水的葡萄酒，凡人性情可变得暴躁甚至疯狂。狄俄尼索斯说这种事情曾在斯巴达国王克里昂米尼身上发生过。当时克里昂米尼受北海北部地区游牧民族赛西安人影响，染上饮用未掺水的葡萄酒的习惯。雅典哲学家柏拉图曾说赛西安人及其邻邦色雷斯人的饮酒方式不可理解，没有修养。马其顿人也因嗜饮不掺水葡萄酒而臭名昭著。亚历山大大帝及其父菲利普二世都曾是四海皆知的酒徒。亚历山大在一次交际酒会上喝得烂醉如泥，失手杀死朋友克里特斯。公元前 323 年，亚历山大死于一种神秘疾病，据说其因过度饮用葡萄酒加速病情恶化。难以得知该说法是否确凿，但"适度饮酒是德行，过度饮酒是堕落"的观念广泛见于古希腊典籍。古罗马时代的古希腊作家普鲁塔克曾有这样的描述，"醉汉蛮横而粗鲁，绝对戒酒主义者又难以相处，看小孩的工作比主持酒会更适合他们"。究竟如何对待葡萄酒才不枉费这种琼浆玉液，古希腊人的做法是既要饮用又不能过度，于是就有了"交际酒会主持人"。古希腊酒会上，有时房主本人就是主持人，有时通过投票或者掷骰子等民主选举方式选出。"节制"是交际酒会成功的关键，主持人的职责是把控与会者饮酒的度，使其精神状态介于清醒与宿醉之间，使他们既能放下心头顾虑畅所欲言，又不至于喝醉耍酒疯。

2. 古希腊的交际酒会

古希腊人的交际酒会有一系列礼仪,酒具、家具、着装都有一定规矩。这些礼仪规范也是酒客品位的体现。交际酒会有各种情形,不是千篇一律。有的酒会会探讨哲学和文学,有的会雇佣乐手和舞者,有的酒客们会即席赋诗,或辩论,或吟诗作曲。各种酒会从不同角度反映着古希腊的社会状况,并推动着古希腊文化的繁荣和民主的实施。举办交际酒会是为了追求生活、社交、文化等乐趣,对生活有积极意义,能释放内心不良情绪,安抚过于激烈的情感。为防止这种酒水混合物使酒客失去理智,古希腊人还制定了一系列饮酒规则。

交际酒会是探索真理的最佳场所,古希腊人经常饮用着葡萄酒并就某一话题展开讨论。据《会饮篇》记述,柏拉图的老师苏格拉底经常在交际酒会上与众多饮者探讨各种话题。经过整夜畅饮,唯独苏格拉底毫无醉意,天亮后照例开始一天的工作,而其余众人都在葡萄酒的作用下进入梦乡。柏拉图称苏格拉底是"理想酒客",因其借助葡萄酒的力量追求真理,又能够保持头脑清醒不被酒所奴役。柏拉图的学生色诺芬的《会饮篇》中也有关于苏格拉底参加交际酒会的记述。

葡萄酒的确可在日常生活中起到揭示真相的作用,使饮酒者流露真性情。柏拉图反对现实酒会中的享乐行为,但要问"为什么我们无法适当地利用畅饮来检验人们的品格",又无法从理论上解释清楚。柏拉图《法律篇》一书认为,酒会上的共饮是检验某人品格可靠的方法。酒唤起人们心中深藏的如爱、骄傲、贪婪、胆怯等感情并沉浸其中,饮酒会使人们暂时忘掉尘世烦扰。为使酒会正常进行,他制定一系列规则来帮助饮酒者有效控制不合理冲动,战胜内心邪恶。柏拉图说"葡萄酒是神赐予凡人的安慰剂。它将谦逊品格植入我们的灵魂,将健康和力量注入我们的躯体"。交际酒会既包含古希腊文化中至优成分,也包含其至烈成分。

3. 希腊葡萄酒文化的影响

希腊人将葡萄酒与文化连接起来,葡萄酒象征着文化。它精确地刻画了社会阶级分化,体现了高度发展的文明成果,推动哲学发展,同时也鼓励了享乐主义的盛行。随着葡萄酒向四海传播,古希腊的文化和价值观也随之传向世界各地。公元前5世纪,古希腊葡萄酒已出口海外,东至克里米亚半岛,西至法国、南达埃及,北抵多瑙河流域。人们在法国南部海岸附近打捞的一艘古代沉船上,发现了10000罐葡萄酒,共约有250吨,用现代葡萄酒瓶可以装333000瓶,可见当时葡萄酒贸易规模巨大。在远销葡萄酒的同时,古希腊商人将葡萄种植技术传至世界各地,将葡萄酒酿制技术传入西西里、意大利南部及法国南部地区。西班牙和葡萄牙的葡萄种植技术很有可能就是从古希腊人或腓尼基人(生活在今天叙利亚及黎巴嫩一带的古代航海民族)那里引入。

同步案例

古希腊的葡萄酒在欧洲有着什么样的地位?

背景与情境:当奥德赛误入独眼巨人洞内面临死亡威胁时,他发动手下人四处采集野葡萄,用脚踩出葡萄汁,酿成葡萄酒,将独眼巨人灌醉,乘机逃脱……这是《荷马史诗》中最早关于酿造葡萄酒的记载。

希腊早在 6000 年前就有了酿酒工艺,酒与希腊古老的文明紧紧相连,如果说没有酒就没有欧洲的历史和文化,那么作为西方文明摇篮的希腊在酿酒业方面,也是欧洲的先驱。

希腊的酒主要是葡萄酒,古希腊将葡萄酒视为人类智慧的源泉,在各种装饰物中随处可见葡萄、葡萄园和盛满葡萄酒的开口的泥陶酒具,古希腊悲剧的起源就与纪念酒神狄俄尼索斯有关。

随着葡萄酒进入商业领域,希腊最早规范酿酒业,古希腊是世界上第一个用法律形式规定关于生产与经营葡萄酒的国家,在希腊,无论富人和穷人,每餐都不能缺少葡萄酒,他们相信,好的葡萄酒不仅营养丰富,还能软化血管,是最好的保健酒。

希腊多山多岛屿,由于各个地区气候及地势高低的差异,盛产各种类型的葡萄,其葡萄酒也就品牌繁多,适合各种人的口味。

希腊历史最悠久并深得人们喜爱的酒叫作蕾契娜。这是一种用优质葡萄生产的淡黄葡萄酒,在酿酒过程中,加入了少量松树脂,饮用时有一种独特的芳香,号称"希腊国酒"。

希腊的干红、干白、玫瑰红、深红等葡萄酒,产地不同,口味各异。

希腊中部和埃维亚地区的葡萄酒占全国酒产量的 1/3,主要品牌是萨瓦蒂诺白葡萄酒和荣迪思酒。萨瓦蒂诺干白葡萄酒以纯净和清淡享誉盛名,也是蕾契娜酒的来源,目前这种酒占希腊葡萄酒生产总量的 15%。

赛萨里亚地区是希腊主要的肥沃平原,它的气候很适合种植葡萄,在西部的奥林匹斯山和东部的爱琴海的影响下,气候变化大,很多品牌酒都产于拉波撒尼、安赫里奥斯和迈色尼克拉三个地区,这里主要盛产白色和淡红色的罗迪涕司葡萄酒。

纳乌萨位于希腊北方,气候较凉,出产希腊最好的红酒,当地人称为"黑汁酒",形容这种酒的颜色和浓度之重,该地区有近 700 亩地的葡萄园为这种酒提供葡萄。

伯罗奔尼撒半岛是希腊气候最好的地区,该地三面环海,由这里生产的阿黑亦地可葡萄酿造的爱美娅酒曾在 1989 年和 1993 年欧洲酒类评比中多次获奖,该地区的葡萄酒占希腊全国产量的 25%。

资料来源　https://www.sohu.com/a/150979442_99891364

问题:希腊葡萄酒为什么没有继承古希腊葡萄酒的辉煌?

分析提示
▼

三、希腊葡萄酒的法律法规及分级制度

随着葡萄酒进入商业领域,古希腊开始规范酿酒业,其成为世界上第一个将葡萄酒的生产纳入法律条文的国家,古希腊对葡萄酒进行分级比较晚,有相当于法国 AOC 等级的 OPE 等级共 8 个以及品质较为一般的 OPAP 等级共 25 个,这与法国的 VDQS 等级相当。

在这个划分等级的体系中,主要涉及传统品种的应用、产区(或者酒庄)的历史、生产技术(倾向于法国的技术体系)以及葡萄园的海拔高度和朝向等方面。

（一）OPAP

OPAP（Onomasía Proeléfseos Anotéras Piótitos）标准相当于欧盟制定的产于特定地区的高质量葡萄酒（VQPRD）标准。符合这个要求的产区有 25 个，分布于 9 个行政区。

（二）OPE

OPE（Onomasía Proeléfseos Eleghoméni）标准相当于欧盟制定的产于特定地区的高质量甜葡萄酒（VLQPRD）标准。这一标准的葡萄酒共有 8 个产区，分属于 4 个行政区，如采用小白玫瑰香酿造的举世著名的 Samos 就是其中的典型代表。

在上述这两个级别的酒中，可以标注"Reserve""Grand Reserve"的必须满足以下条件。

（1）白葡萄酒标注"Reserve"，要达到 2 年陈酿，其中至少橡木桶内陈酿 6 个月、瓶内陈酿 6 个月；标注"Grand Reserve"，要达到 3 年或以上陈酿，其中至少橡木桶内陈酿 1 年、瓶内陈酿 1 年。

（2）红葡萄酒标注"Reserve"，要达到 3 年陈酿，其中至少在橡木桶内陈酿 6 个月、瓶内陈酿 6 个月；标注"Grand Reserve"，要达到 4 年陈酿，其中至少在橡木桶内陈酿 2 年、瓶内陈酿 2 年。

另外，如标注"Topikos Inos"，这个级别相当于法国的 VDP（地区餐酒），一些生产者可以使用"酒庄"（Ktima）、"修道院"（Monastiri）、"城堡"（Archondiko）等字样，以显示与众不同。如标注"Epitrapezios Inos"，相当于法国的 VDT 级别，指普通餐酒，也是受到限制最少的级别，其中不乏令人们惊喜的酒。

**本章
小结**

□ 内容提要

本章讲述了法国、意大利、德国、葡萄牙、西班牙和希腊六个国家葡萄酒的传入和发展历史。

本章首先介绍了葡萄的种植和酿造技术是如何传入欧洲各国的，然后详细介绍了葡萄的种植和酿造、在欧洲各个国家的发展过程，以及法律法规和分级制度的制定。

法国的葡萄酒历史可追溯至公元前 600 年左右，那时腓尼基人和凯尔特人来到了现在的法国南部马赛地区，并带来了葡萄栽培和酿造技术。公元 1 世纪，最初的葡萄种植和酿造传到法国南部罗讷河谷，公元 2 世纪时到达波尔多地区。公元 6 世纪，随着教会的兴起，加快了法国葡萄酒业发展的脚步。中世纪时，葡萄酒已发展成为法国主要的出口货物。19 世纪，法国的葡萄种植面积创历史新高。1855 年，巴黎世博会对法国葡萄酒进行了著名的酒庄分级，将法国的葡萄酒推向了世界。

意大利的葡萄酒历史可以追溯至公元前 8 世纪,伊特鲁里亚人和希腊移民在古罗马驻扎成家园,葡萄园也被建立起来。意大利是欧洲较早种植葡萄的国家,同时也是世界上古老的葡萄产区。古时罗马战士们东征西战,每占领一处,就在那种植上葡萄树,葡萄种植随即在欧洲传播开来。罗马人还发明了双耳细颈瓶,改进了葡萄酒保存和运输的方式。1861 年建立起意大利王国,1963 年,意大利政府意识到葡萄酒品质管控规范的重要性,透过国家农业部门建立起最初的葡萄酒体系法规,将葡萄酒分为 4 个等级,标志着意大利葡萄酒开始进入完善规范的行业调整时期。

德国葡萄栽培的起源可以追溯到公元 1 世纪的罗马人,最早的葡萄园存在于莱茵河左岸,3 世纪左右蔓延到摩泽尔。葡萄园在中世纪进一步发展,主要是通过教堂,尤其是修道院,15 世纪葡萄的种植达到了顶峰。

葡萄牙的葡萄酒可以追溯到公元前 2000 年左右,腓尼基人将酿酒技术传入葡萄牙南部。公元前 219 年,罗马帝国的军队进入北部杜罗河谷后,葡萄酒酿造开始在葡萄牙普及。

西班牙的葡萄种植历史大约可以追溯到公元前 4000 年,是腓尼基人把葡萄引进了西班牙。在公元前 1100 年,腓尼基人开始用葡萄酿酒。16—19 世纪,因英国人非常喜欢雪莉酒和马德拉酒,西班牙的葡萄酒大批量出口到英国。许多英国酒商进驻西班牙南部专门从事葡萄酒贸易。19 世纪起,西班牙葡萄酒产业以酿酒合作社和大酒商为核心,逐渐建立起原产地控制命名体制。

古希腊葡萄酒酿造可以追溯至公元前 2000 多年,活跃的腓尼基商人把在中西亚地区广泛流行的葡萄酒及其酿造技术带到古希腊。公元前 8 世纪,《荷马史诗》中记载了葡萄种植、酿酒方法和技术、葡萄酒商业、葡萄酒消费和葡萄酒品尝的宝贵信息。公元前 6 世纪,希腊出现了双耳瓶,主要用于海上葡萄酒贸易运输。

□ **核心概念**

根瘤蚜虫;分级制度;列级庄;法定产区;波特酒;雪莉酒;冰酒;晚收

□ **重点实务**

在侍酒服务中要充分挖掘葡萄酒的历史;侍酒服务中要学会依据各国法规及分级制度鉴别葡萄酒的等级。

本章训练

□ **知识训练**

一、简答题

1. 法国 1855 列级庄一级庄有哪些酒庄?

2. 简述法国葡萄酒法定产区三个不同时期的特点。

3. 简述根瘤蚜病灾害的特点及对欧洲葡萄酒的影响。

4. 简述西班牙葡萄酒发展的四个历史时期。

5. 简述波特酒、雪莉酒是如何产生的。

6. 简述古希腊葡萄酒文化的特点。

二、讨论题

1. 根据所掌握的资料，论述古罗马对葡萄酒在欧洲传播发展的作用。

2. 西班牙作为"旧世界"葡萄酒生产国的代表国家，同样拥有非常悠久的历史，是世界第三大葡萄酒生产国，种植面积居世界第一位，为什么西班牙的葡萄酒总会被人们忽略？

3. 希腊是欧洲最早酿造葡萄酒的国家，欧洲很多国家的葡萄酒都受希腊的影响较大，可是希腊葡萄酒为什么没有传承光辉的历史？

□ 能力训练

一、理解与评价

一提起葡萄酒，人们首先会想到法国，我们通过对欧洲葡萄酒历史的学习知道法国葡萄酒并没有希腊、意大利历史悠久，为什么法国葡萄酒会成为后起之秀？

二、案例分析

罗马交出接力棒

背景与情境：公元 1 世纪，葡萄酒贸易必须有通航河流和港口。看一下那时罗马人建立的葡萄园的分布地图，他们已经占据了罗讷河谷最好的地点——勃艮第、香槟、莱茵河和摩泽尔河，甚至英格兰南部。然而，如果看看公元 1 世纪的意大利罗马地图，即便有明确标识，在今天看来，也几乎没有一个称得上葡萄园的，因为意大利最好的地点会受到相应的保护。现在只有意大利的中部和北部可以酿造出最好的葡萄酒。在罗马人统治时，最受尊崇的葡萄园是南面朝向的。高品质的热点地区是罗马南部，尤其是在那不勒斯附近，也有一些散布在西西里岛。一个原因就是"酒香也怕巷子深"，葡萄园要首先选择在人民中心附近，即使那里条件很差，因为长途运输是一个噩梦。这就解释了西西里东部海岸上的葡萄园集群为什么位于大城市锡拉库扎、卡塔尼亚和墨西拿城的附近。它也能解释沿海大城市那不勒斯的葡萄园位置，以及那些围绕在罗马周围的葡萄园集群，尽管人们对于这里的葡萄酒是否好喝有不同的意见。这是罗马社会的一个特点，没有两个作家能够就哪种葡萄酒是最好的达成共识。但佛罗伦萨、博洛尼亚、维罗纳、米兰、威尼斯和都灵又如何呢？这些城市现在都拥有著名的葡萄园和葡萄酒。然而，那时它们在哪里呢？这也许只能用酒的风味来解释了。

在 1 世纪末期，葡萄酒有了全新风格，那时的口味倡导清盈、单薄、度数低、更开胃，以法国经典葡萄酒为缩影。随着罗马帝国的崩溃，以及随后"黑暗时代"的到来，这些新的经典的葡萄酒因没法生存下来而得以重现，而经典的罗马和那不勒斯以及西西里葡萄酒则陷入平庸或湮灭，只有那不勒斯的几团伟大的"火花"仍保持着。但请记住罗马人的生活方式和食物料理，他们需要用经过勾兑的、味道丰富的以及经常是掺假的葡萄酒来配合他们非常重的甜酸口味、常常散发着异味的却是他们喜欢的食物。然而，随着遥远省区菜系的发展，他们按照当地的传统，使用当地的食品和调料来烹饪。葡萄酒发展也随着他们的菜肴有了显著的变化。

伟大的意大利罗马葡萄酒连同它的美食逐渐变成民间传说和历史,欧洲新的葡萄酒领导者则正在觉醒,穿过阿尔卑斯山,迈向大西洋。

资料来源　奥兹·克拉克著、李文良译:《葡萄酒史八千年:从酒神巴克斯到波尔多》,中国画报出版社,2017

问题:

1. 本案例中,罗马的葡萄园都集中在什么地方,有什么共同的特点?

2. 从以上材料中可以看出,罗马葡萄酒衰落的原因有哪些?

第三章
北美洲葡萄酒的历史

学习目标

职业知识目标:学习和掌握北美洲主要国家葡萄酒的发展历史;从考古发掘和史料记载中分析不同国家葡萄栽培、葡萄酒酿造的传入时间和路径,根据历史资料归纳总结出不同国家葡萄酒发展过程中的不同阶段;掌握北美洲主要国家葡萄酒的法律法规和分级制度,并用其指导葡萄酒的相关认知活动,规范其相关技能活动。

职业能力目标:运用本章专业知识研究北美洲主要国家葡萄酒的传入时间与地点,归纳出北美洲主要国家葡萄酒发展过程中的历史事件,培养与葡萄酒历史相关的分析能力与判断能力;通过不同国家的葡萄酒的发展过程,分析判断不同国家葡萄酒的现状。

职业道德目标:结合北美洲主要国家葡萄酒的历史教学内容,依照现在北美洲主要国家葡萄酒发展现状,归纳出葡萄种植、葡萄酒酿造传入北美洲各国后,不同国家葡萄酒发展的不同特点。

引例

美洲葡萄酒的崛起

15世纪初,为了寻找新的土地,欧洲人开始了大规模的远洋航行。到17世纪末,已经开辟了从大西洋到美洲,然后绕道非洲南端到达印度的新航线,而且还成功地进行了环球航行。在开辟新航路的同时,欧洲各国对远洋航行中发现的新大陆也进行了殖民统治。

葡萄酒作为远洋航行过程中必不可少的生活物品,被传播到了世界各地。而大量的欧洲移民到新大陆后,由于对葡萄酒的需求,也促使他们把葡萄的栽培技术和酿酒技术带到了新大陆。因此,在葡萄栽培和葡萄酒酿造方面,新大陆继承了欧洲但同时又打破了欧洲传统的人工方式,实行了大规模、机械化的葡萄种植和葡萄酒生产,葡萄酒也进入了工业化时代。

19世纪,美国爆发了轰轰烈烈的禁酒运动,后来演变为一场世界性的运动,越来越多的国家加入这一行列。在之后的100年里,葡萄酒一直被认为对人类的身体有巨大的影响。1880年,美国堪萨斯州开始取缔一切酒类饮品,在教科书甚至文学著作中,有关酒的内容都被删除了。葡萄酒行业遭受了一次前所未有的毁灭性打击。

19世纪中叶,根瘤蚜虫灾害摧毁了欧洲大部分的葡萄园,给刚刚恢复的葡萄酒业带来又一次沉重的打击。法国的一些优秀的酿酒师便带着他们高超的酿酒技艺来到了北美洲,这也为北美洲葡萄酒的发展带来了机遇。

19世纪60年代爆发的根瘤蚜虫灾害在摧毁大量葡萄园的同时,也带来了一项葡萄种植新技术——嫁接技术。人们把欧洲地区的葡萄藤蔓嫁接到美国本土葡萄根上,大大改善了葡萄酒的品质。

1900年,加利福尼亚的葡萄酒已经占据了美国优质葡萄酒的市场,而且在这一年的巴黎世博会上,打败了老牌葡萄酒国家法国。从此,美国的葡萄酒开始崭露头角,进入人们的视线,与"旧世界"的葡萄酒进行激烈的竞争,不断地受到人们的青睐。可以说,巴黎世博会不仅是加利福尼亚的福音,也是"新世界"葡萄酒的福音,它标志着"旧世界"一统葡萄酒天下的时代已经过去了。

<u>资料来源</u>　贾志纲:《世界葡萄酒传奇》,人民邮电出版社,2013

正是巴黎品酒会的举办,美国的两种葡萄酒——鹿跃酒庄的卡白内红葡萄酒与蒙特雷纳酒庄夏敦埃酒打败了来自法国最好的葡萄酒。如今,美国葡萄酒已经跻身世界知名葡萄酒行列,并且在葡萄酒市场上的购买能力超过英国。至今,加利福尼亚州(简称"加州")的葡萄酒产量占全美的90%,产量居美国之首,其成功也带动了美国其他地区重新重视高品质葡萄酒的生产,现在美国仍然继续保持着世界第一葡萄酒消费大国的地位。

第一节　美　国

一、美国葡萄酒的历史

(一) 美国葡萄酒的传入

美国最早酿造葡萄酒始自16世纪中叶,如今已成为优良葡萄酒的出产国。美国的殖民历史使得英国、荷兰、法国的移民很早就在美国东海岸种植葡萄,但并不是十分成功。在这里,虽然遍布着当地的葡萄品种,其生命力也都很强,但酿造的葡萄酒味道却欠佳。

1769年,弗朗西斯科牧师朱尼佩罗·赛罗来到北美洲的南部,成立了第一个天主教传教站——圣地亚哥传教会。因为宗教用途,他于1779年在教会内种植了第一个历史可考且具备生产葡萄酒能力的葡萄园。所生产的葡萄酒,仅供圣礼仪式及传教士的日常餐酒用途。这一时期,因葡萄酒作为祭祀用酒,葡萄被修道院大规模种植。但弗朗西斯科的传教士并不是最先在美洲种植葡萄和酿造葡萄酒的人,根据美国葡萄酒历史学家莱昂·亚当斯的记载,在16世纪的佛罗里达,法国酿酒师于格诺就已经成功地酿造出了葡萄酒。

加州葡萄酒从宗教用途转变为商业化,始自1830年。来自法国波尔多的 Jean Louis Vignes 首先发现了加州有种植葡萄的潜力,于是进口了欧洲原生 Vitis Vinifera 葡萄品种,在现在的洛杉矶开拓了一个巨大的葡萄园,开始在美国贩卖美国自产的葡萄酒。

加州葡萄酒业规模的呈现要归功于"淘金热"。1848年,有人在加州可洛玛镇发现黄金,淘金热像瘟疫一样传开,吸引了来自世界各国的梦想家,所谓的"美国梦"便是由此开始。在淘金热潮中,有人发财,有人失意,淘金失败的法国人、意大利人及德国人,这些本身具有葡萄种植及酿酒背景的欧洲新移民,在淘金的同时,也发现了加州在葡萄种植上的潜力。在漫长的葡萄生长季节里,白天阳光充足且温暖干燥,傍晚则凉爽,这种气候组合造就了最适合让葡萄缓慢稳定生长的绝佳环境。因此,这群欧洲新移民在淘金梦碎后,便积极开垦另一个加州金矿葡萄园。于是欧洲新移民留了下来,开始了另外一种"淘金"生活。

(二)美国葡萄酒的发展

加州葡萄酒业就在这群欧洲新移民的努力下,开始蓬勃发展。美国葡萄酒业把现在的成就归功于来自匈牙利的 Agoston Haraszthy 伯爵——他在1857年买下索诺玛的一座葡萄园,并于1862年从法、意、西三大葡萄酒国引进10万株以上珍贵葡萄品种,如雷司令、仙粉黛、赤霞珠、霞多丽,这些葡萄不但在加州蓬勃生长,酿造出了优质葡萄酒,而且在先天条件上促进了加州酒的质量,更预示着加州酿酒业开始走向成熟。

1863年,就在加州葡萄酒业勃兴之时,欧洲的葡萄园遭遇了大麻烦,虫害开始侵袭欧洲的葡萄园。这是一种源自北美洲东海岸的蚜虫类虫害,对葡萄园具有毁灭性的破坏。

因此,加州成了当时唯一用欧洲葡萄酿酒的产地,市场对其需求也急速跃升。一夜之间,加州形成了两个巨大的市场:第一类市场需要的是大量价廉物美的葡萄酒;第二类市场则追求更高质量的葡萄酒。加州的种植者对两类市场都做出了回应。到了1876年,加州每年生产230万加仑的葡萄酒,其中一些质量极高。当时的加州俨然成了新兴的全球葡萄酒酿造中心。

然而,葡萄根瘤蚜虫灾害却降临加州,开始了又一次毁灭。病虫害一旦出现便势不可挡,一如欧洲的情形。数以千计的植株被毁,加州的酿酒业面临财政危机。时至今日,根瘤蚜虫害依然是对葡萄破坏力最强的传染病。

尽管如此,其他各州依然用美洲葡萄酿酒,美国的葡萄酒生产没有完全停滞。经过多年研究发现了抵御根瘤蚜虫灾害的方法——将欧洲葡萄藤嫁接到美洲葡萄的根茎(对根瘤蚜虫免疫)上,酿酒业从此得救。美洲葡萄根的嫁接挽救了这样的局面,被视为葡萄园不可或缺的救星。

1880年,加州的葡萄种植已经非常广泛。加州大学于柏克莱成立了葡萄研究中心,并在加州各地种植实验葡萄园,在科技与学术的助力下,加州酒厂的酿造技术得以提升。这些发展后来催生了加州大学戴维斯分校葡萄种植系与酿酒系的成立,其为美国栽培了不少葡萄种植与酿酒的人才。现在加州大学戴维斯分校,已经成为世界首屈一指的葡萄种植研究机构。葡萄酒业也因此形成了一定规模,沿海岸线一带有以纳帕谷、索诺玛、利维莫和圣塔克拉拉为代表的高档葡萄酒,中部则是甜型酒、加强型酒。加州的酿酒业不仅得到了恢复,而且开始产出品质空前的葡萄酒。

1889 年,克莱西达·布兰卡酒庄在巴黎国际葡萄酒展会中获得最高荣誉的"首席大奖",历史上加州葡萄酒首次在国际葡萄酒评比大赛中打败了顶级的欧洲葡萄酒。1890 年的巴黎世界博览会上,参加葡萄酒竞赛的加州葡萄酒中,有将近一半获得金牌奖,一时间让世界酒坛惊叹于这个新兴葡萄酒国在短期内所创造出的成就。

就在加州葡萄酒即将在国际酒坛上扬名之时,它却在 1920 年遇上了美国禁酒令,只有少数生产圣礼仪式用酒的酒厂,如 Beringer 得以继续营业,绝大部分的酒厂皆因此而荒废,加州葡萄酒遭受了几乎毁灭性的倒退,产量下降 94%。虽然 1933 年禁酒令解除,但是受到经济大萧条和第二次世界大战的影响,加州葡萄酒业的发展变得十分迟缓。1934 年,为了复兴美国葡萄酒,美国葡萄酒协会(the Wine Institute)成立。在努力提高酒款品质的同时,加州酿酒师们开始意识到必须想办法将自己的高品质葡萄酒同加州大批量销售的葡萄酒区分开来,并使其地位在消费者和采购商心目中与欧洲葡萄酒不相上下,加州酿酒师们想出了品种标示法。品种标示法就是以葡萄酒使用的最主要的葡萄来命名,如霞多丽、赤霞珠、黑皮诺等。1940 年,Frank Schoomaker 推广了品种标示法,为加州葡萄酒发展自身特色奠定了基础。敏感的消费者一见到酒标上的"霞多丽",立即联想到这种葡萄所酿酒款的普遍特征,如此一来,卖方和买方都得到了便利。品种标示法收效显著,而且很快传遍了全行业,到了 1950 年,加州葡萄酒业恢复正常营运。

从 20 世纪 60 年代中期至 70 年代初期,加州酿酒师开始致力于全力打造高品质葡萄酒,以期与欧洲最高水平的葡萄酒相抗衡。他们早期的酿造已展现出才华与潜质,并且开始引起口味挑剔的葡萄酒爱好者乃至酒评家的关注。1965 年,现代加州葡萄酒之父罗伯特·蒙大维,创立了罗伯特·蒙大维酒庄。这个酒庄对于加州的意义在于让世界相信加州能够生产出世界级的葡萄酒。与此同时,加州葡萄酒又开始快速发展,葡萄种植者发现索诺玛和纳帕谷是整个加州最适合葡萄生长的宝地,新酒厂纷纷在这两个地方成立。

1976 年,在巴黎举行的法国与加州葡萄酒品评竞赛使加州葡萄酒彻底改变了国际酒评家的观感,从此加州葡萄酒业走向了国际化,产品遍及全球,为了满足不断增加的需求量,新的葡萄园纷纷出现。从 1960 年至今,加州葡萄园总面积从 4 万公顷增加到 22.4 万公顷,酒厂数由 227 家增长到 800 多家。几十年内,加州这个葡萄酒新乐园,一跃成为产量仅次于意大利、法国、西班牙的世界第四大葡萄酒产地。

1979 年,木桐酒庄和罗伯特·蒙大维酒庄在纳帕谷结成联盟,"作品一号 OPUS ONE"诞生。木桐酒庄的"菲利普男爵"也把目光投向了加州这块葡萄酒的天堂。

到了 1983 年,美国葡萄酒产地制度(AVA)诞生:成功保护和规范了葡萄酒生产,为世界级葡萄酒的酿造提供了法律的保障。

1984 年,美国人罗伯特·帕克正式踏上了成为"世界头号评酒大师"的道路,从此世界葡萄酒的话语权掌握在美国人手里。

作为"新世界"葡萄酒强国来讲,美国因其创新精神创造出与澳大利亚、智利等国家截然不同的葡萄酒文化,从美国葡萄酒当中我们可以嗅出浓烈的美国文化精神。从 20世纪风靡一时的半甜型桃红白仙粉黛到加州供不应求的膜拜酒,美国人再次证明了在他们的土地上人们依然可以追寻创造奇迹之梦(见图 3-1)。

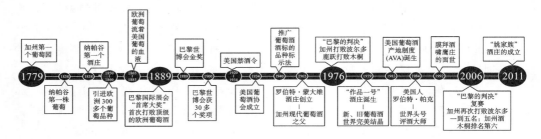

图 3-1　加州葡萄酒编年史时间轴

二、巴黎盲品对决

1976 年 5 月 24 日,法国顶级葡萄酒与美国顶级葡萄酒在巴黎盲品对决,这是法国葡萄酒与美国葡萄酒进行的一场正面交锋。

当时,法国屹立于葡萄酒世界金字塔的顶端,而美国只不过是金字塔底端的一部分。盲品会改变了世界葡萄酒行业的格局,被人们一语双关的称为"巴黎的判决"(Judgement of Paris)。国际著名酒评家罗伯特·帕克曾这样评价这次盲品会:"它摧毁了法国至高无上的神话,开创了葡萄酒世界民主化的新纪元,这是葡萄酒历史上的一个分水岭。"

(一) 盲品会的源起——美国禁酒令

1920 年,美国宪法第 18 次修正案使美国的葡萄酒再次遭受挫折。"全国禁酒法案"又称为"沃尔斯泰德法案"(Volstead Act),法案规定:禁止制造、销售、运输、进口、出口、递送或者拥有含酒精的致醉饮品。一纸禁令延续 13 年,几乎使已经兴起的酿酒业完全消失。

禁酒令废止于 1933 年,然而数十年后影响依旧存在。直到它真正终结时,美国人早已对优质葡萄酒失去了兴趣。禁酒令期间,美国数千英亩宝贵的葡萄资源消失殆尽。1920—1933 年的美国禁酒令,给美国葡萄酒行业造成了毁灭性的打击。酒庄几乎全部关门,酿酒业萎缩,仅靠加州和纽约州屈指可数的幸存者维系,许多东海岸的葡萄种植者改行生产葡萄汁,这在当时是对美洲葡萄最理想的利用方式。

1933—1968 年,葡萄栽种者和酿酒师对酿造高品质葡萄酒没有过高的积极性,却批量生产大瓶装餐酒,它因容器而得名,价格低廉,毫无风味可言。也有几家生产高品质葡萄酒的酒庄,最突出的在加州,而这期间绝大多数美国葡萄酒表现平庸。

尽管禁酒令推垮了大多数美国酿酒商,却仍然有一些厂商依靠生产宗教圣典用酒而存活下来,如 Beringer、Beaulieu、Christian Brothers。他们在禁酒期间从未间断过生产,所以不必像其他酒庄那样要一切从头再来。

禁酒令废止后,政府支持各州酒精饮品的销售和运输合法化,有些州把权力下放到市甚至县,这一传统延续至今,各州甚至各县的立法都不同。禁酒令废除后,紧接而来的第二次世界大战导致美国葡萄酒行业复苏无力。直到二战结束之后,美国葡萄酒才开始稳定,并迅速发展。其中,在以 Gallo 为代表的平价酒庄和以 Robert Mondavi 为代表的精品酒庄的共同努力下,纳帕谷成为当时发展最快的产区。到 20 世纪 70 年代,纳帕谷的葡萄酒开始渐渐在世界范围内建立起声誉。

1976 年"巴黎的判决"品酒会之前,大部分西方人也像今天的中国人一样,认为好酒只出自法国。尽管美国葡萄酒早已在 1889 年的巴黎博览会上就赢得当时的最高奖项"首席大奖"。1976 年,在美国建国 200 周年之际,英国人史蒂芬·史普瑞尔在法国巴黎举办了一次由美国加州葡萄酒与法国波尔多葡萄酒的品酒会,方式是盲品。

(二) 盲品会的结果

1976 年 5 月 24 日,巴黎品酒会正式举行。品酒会上的 9 名评委都是法国人,史普瑞尔又特地邀请了《时代》周刊杂志的记者乔治·博泰作为见证者。当时的品酒顺序为先白葡萄酒,加利福尼亚霞多丽 VS 勃艮第霞多丽品种;然后是红葡萄酒,加利福尼亚赤霞珠 VS 波尔多赤霞珠品种。

这次盲品比赛的最终结果是加利福尼亚葡萄酒完胜法国葡萄酒,红葡萄酒获得第 1 名的是 1973 年份鹿跃酒,白葡萄酒获得第 1 名的是 1973 年份蒙特雷纳酒,全部来自美国加利福尼亚的纳帕谷。

这一结果震惊了整个葡萄酒界,也让法国人大惊失色,他们难以接受这个事实。有一些法国人辩解称:法国葡萄酒经得起历史的考验,需要陈放相当长的年头才能进入完美境界。于是,戏剧性的事情发生了。

(三) "巴黎的判决"后续

2006 年 5 月 24 日,为了纪念巴黎品酒会 30 周年,史普瑞尔先生再次组织品酒会,打开了 1976 年比赛用的 10 种红葡萄酒。由于白葡萄酒陈年能力有限,因此未参加复赛。经过 30 年的陈年,是否真如法国人所说的那样,法国葡萄酒经得起历史考验?

在比赛前夕,业界人士普遍看好法国红酒,认为经过陈年的法国红酒一定会打败加利福尼亚红酒,甚至连史普瑞尔也公开表示:"我认为最终的大奖非法国莫属,如果加利福尼亚红酒进了前 4 名我会大吃一惊。"

这次比赛规模盛大,分为两个赛场:一个设在美国加利福尼亚的葡萄酒、美食与艺术中心(COPIA),比赛时间为上午 10 点 15 分;另一个设在英国 Berry Bros & Rudd (BBR,英国皇家酒商)葡萄酒商店伦敦总部,比赛时间为下午 6 点 15 分。每个赛场有 9 名品酒师作为评委,汇聚了全世界最具影响力的品酒师。

当天晚上,史普瑞尔拿到了两个赛场的分数时,几乎跌破眼镜,他无奈地宣布:"我们现在知道加利福尼亚葡萄酒已经彻底打败了法国葡萄酒。"

这样的结果让所有的品酒师都大吃一惊:排在前 5 名的葡萄酒全部来自加利福尼亚纳帕谷,而 1976 年分别排在第 2 名、第 3 名、第 4 名、第 5 名的 4 支波尔多红酒,这次却分别倒退到第 6 名、第 8 名、第 7 名、第 9 名。事后,这次大赛的评委、法国品酒师说:

"有一支我以为是来自法国木桐酒庄的葡萄酒,结果却是加利福尼亚的克罗杜维尔酒。"美国赛场的评委、COPIA葡萄酒部主任皮特·马克思说:"今天就像是节日,法国红酒闻名于世并历经百年考验,同时加利福尼亚红酒令人不可思议地被证实拥有如此绝妙的陈年能力。"

1976年巴黎品酒会以前,美国葡萄酒不过是廉价货的代名词。但一些裁判认为他们的葡萄酒标准和法国难分伯仲。葡萄酒作家史普瑞尔是1976年巴黎品酒会的发起人,他表示对重新举办盲品酒会感到激动。他说,盲品曾经改变了新世界葡萄酒的形象,加利福尼亚葡萄酒的崛起令法国震惊,并将全世界的葡萄酒带入了一个黄金时代。

1976年巴黎品酒会被人们称为"巴黎的判决",并作为世界葡萄酒史上的大事件而载入史册。这次品酒会也是"新世界"向"旧世界"发出的一封挑战书,正式开启了新、旧世界葡萄酒分庭抗礼的态势(见图3-2)。

美国参赛葡萄酒					法国参赛葡萄酒				
鹿跃23号窖	Stag's Leap Wine Cellars	1973	纳帕谷	1					
蒙特贝罗山脊	Ridge Monte Bello	1971	纳帕谷	6	木桐酒庄(武当)Chateau Mouton Rothschild	1970	1级庄	2
海玛莎庄园	Heitz Martha's Vineyard	1970	纳帕谷	7	奥比昂(红颜容)Chateau Haut-Brion	1970	1级庄	3
克罗杜维尔庄园	Clos Du Val Winery	1971	纳帕谷	8	玫瑰庄园 Chateau Montrose	1970	2级庄	4
梅亚卡玛斯庄园	Mayacamas Vineyards	1971	纳帕谷	9	雄狮 Chateau Leovile Las Cases	1971	5级庄	5
自由马克修道院	Freemark Abbey Winery	1969	纳帕谷	10					

1976年排名

同样的酒,30年过后

美国参赛葡萄酒					法国参赛葡萄酒				
蒙特贝罗山脊	Ridge Monte Bello	1971	纳帕谷	1					
鹿跃23号窖	Stag's Leap Wine Cellars	1973	纳帕谷	2	木桐酒庄(武当)Chateau Mouton Rothschild	1970	1级庄	6
海玛莎庄园	Heitz Martha's Vineyard	1970	纳帕谷	3	玫瑰庄园 Chateau Montrose	1970	2级庄	7
梅亚卡玛斯庄园	Mayacamas Vineyards	1971	纳帕谷	3	奥比昂(红颜容)Chateau Haut-Brion	1970	1级庄	8
克罗杜维尔庄园	Clos Du Val Winery	1971	纳帕谷	5	雄狮 Chateau Leovile Las Cases	1971	5级庄	9
自由马克修道院	Freemark Abbey Winery	1969	纳帕谷	10					

2006年排名

图3-2　1976年"巴黎的判决"及2006年复赛结果

三、美国葡萄酒的法律法规

美国之所以能迅速跃升为葡萄酒王国,除了拥有得天独厚的气候环境和适合酿酒葡萄生长的土壤外,美国政府对该行业的全力协助功不可没。在美国最负盛名的葡萄酒产地加利福尼亚州,有着非常适合葡萄生长的气候和土壤。美国政府协助当地葡萄酒生产商运用高科技、先进的"有机农业"概念等进行生产,鼓励他们在葡萄种植和酿酒技术上不断创新,同时重视学习欧洲数千年的葡萄种植和酿酒传统,使美国不仅成为葡萄酒生产大国,也成为葡萄酒强国。

(一)美国葡萄酒产地制度

美国政府除了在葡萄种植和酿酒方面协助葡萄酒生产商之外,还在法律层面及时汲取法国等老牌葡萄酒大国的经验。美国政府没有效仿法国、德国、意大利、西班牙等欧洲国家采取葡萄酒分级制度,而只是实行了美国葡萄酒产地制度(AVA)。

在实行AVA制度之前,美国的葡萄酒业没有严格的规范标准,葡萄酒的标签有关产地等内容标示混乱。负责管理酿酒业的美国酒精、烟草、火器和爆炸物管理局

（ATF）经过两年多的努力，在 1978 年制定出了这套制度。经过几年的过渡期，于 1983 年生效。AVA 制度对葡萄品种、种植、产量和酿造方式没有限制，这是它与法国 AOC 制度最根本的区别。但它与法国的 AOC 制度一样，都起到了保护产地葡萄酒销售的作用。

AVA 制度主要根据地理和气候来划分全国的葡萄酒产区，与原来政治定义的地理区域有所区别。目前，ATF 在全美共确定了 145 个 AVA。AVA 范围可以很小，也可以很大，从数百公顷到上百万公顷不等。一些 AVA 包容在一个大范围的 AVA 之中，如著名的纳帕谷 AVA，包括了奥克维尔 AVA、豪厄尔山 AVA、Stages Leap 区 AVA 和拉瑟福德-本奇 AVA 等，还包括其中一部分在索诺马的 Carneros AVA。

AVA 在规定美国葡萄产地上限制的参量不多，仅严格限定地理范围。ATF 规定，在酒标上标明命名的产区需达到两个要求：第一，85％的葡萄必须来自标明的产地；第二，品种葡萄酒必须是 75％标明的品种葡萄酿成，即品种纯度必须超过 75％vol。此外，没有其他严格的限制。一个 AVA 可以种植任何葡萄品种，使用任何种植技术，而且没有葡萄产量的限制。如果葡萄酒生产者在酒标上增加信息，必须遵守基本规则的精确性。标单一葡萄园的酒必须是 95％标明的葡萄园的葡萄酿成。若使用"Estate Bottled"这个词，葡萄酒庄和葡萄园必须在标明的 AVA 产区内，生产者"必须拥有或控制"所有的葡萄园。凡在酒标中标有收获年限的，则所用葡萄的 95％应是这一年收获的。此外，各州法律会增加一些要求，如加州规定标明加州的葡萄酒必须是 100％的加州葡萄酿成。俄勒冈州法律规定标明俄勒冈任何产地的酒必须是 100％标明产区的葡萄所酿。

（二）美国葡萄酒产地制度获取资格

在美国，某一地区要获得 AVA 资格，种植者或葡萄酒的制造者要向 ATF 提交申请，得到认证和批准方可成为 AVA。申请中要解释：申请被命名的地区为什么和怎样作为一个分离的葡萄种植区，怎样与周围的土地加以区分。通常申请要通过历史和现实的气候、土壤、水量等因素来进行验证，如要提供整个地区的同类种植条件，以及历史上使用形容产地名称的证据等，并不一定与葡萄种植和酿酒相关，因为 AVA 并不对葡萄品种、种植方式等进行限定。ATF 不希望通过 AVA 制度由政府行为来评判某个产区的葡萄酒质量。ATF 命名一个 AVA 只是为了将其区别于周围地区。因此，AVA 制度也不像法国 AOC 一样，代表葡萄酒分级中最高的一级。

第二节　加　拿　大

一、加拿大葡萄酒的历史

（一）加拿大葡萄酒的传入

加拿大酿酒历史较为悠久，已有 1000 多年。公元 1000 年左右，由 Leif Eriksson

率领的探险队在加拿大东北部发现了许多当地的葡萄品种,这些地区也被称为"Vinland"。19世纪初,欧洲移民开始尝试在加拿大栽培葡萄树,加拿大历史上便出现了葡萄酒的痕迹。然而,加拿大极端的大陆性气候,使得这些葡萄不能顺利生长。于是,早期的酿酒师们转向栽培当地品种 Beta(贝达葡萄),这也奠定了加拿大早期葡萄酒产业的基础。1811年,一位退休的德国下士席勒在多伦多西部的河岸边开辟了约4000平方米的土地,开始正式地种植葡萄。1866年,在加拿大南端的艾丽湖边,三个从美国肯塔基州来的农夫又开垦了4000多平方米的土地,成立了加拿大第一个葡萄酒厂——维拉酒厂(Vin Villa)。时至1890年,整个加拿大已经拥有了41个商业葡萄酒厂,其中35个出现在安大略省。这也奠定了今日安大略省是加拿大主要葡萄酒产区的地位。

(二)加拿大葡萄酒的发展

加拿大葡萄酒产业的历史可以追溯到加拿大建国初期,在150年的发展中历经三个发展阶段,到现在已经进入发展的鼎盛时期。

1. 加拿大葡萄酒产业的青铜时代

早在150年前,加拿大创建初期,在加拿大广阔的土地上就生长着许多土著的葡萄品种。这些葡萄大多是自生的,虽然适应加拿大的气候和土壤,但产量和口感不佳。

到20世纪初期,欧洲人移民来到加拿大,开始在安大略省南部气温较高的地方,如埃塞克斯,积极引进欧洲品种,大面积种植葡萄。葡萄多以食用为主,少量用于制酒。当时流行的葡萄品种为 Concord(康科德)。1916—1927年,加拿大实行禁酒令,这对该国的葡萄酒贸易产生了巨大影响。一些小产区因失去了重要的出口市场而进入低谷,安大略省因有政府特许,葡萄酒产业逐渐发展起来。从20世纪60年代开始,欧洲品种的葡萄深深扎根于加拿大的土地上,葡萄园从过去的埃塞克斯地区迁移到更适合欧洲品种生长的大瀑布地区。

1927年,加拿大政府颁布法律,所有酒厂必须持有经营执照,葡萄酒庄从此纳入法制管理体系中去。但由于种种原因,那时加拿大的葡萄酒产业发展一直比较缓慢。

2. 加拿大葡萄酒产业的白银时代

直到1974年,加拿大商用葡萄酒才恢复生产。从20世纪70年代开始,为了让引进的欧洲葡萄品种更加适应加拿大的土壤和气候,农场主们采用嫁接的技术,用加拿大的土著品种作为葡萄根部,顶部嫁接欧洲的葡萄品种。嫁接也作为主要的种植方法一直延续至今。

20世纪六七十年代,随着移民政策的放宽,德国、意大利移民的到来对加拿大的葡萄酒产业的蓬勃发展做出了不可磨灭的贡献。首先,德国、意大利移民们引进了大量的欧洲葡萄品种,同时,带来了欧洲先进的酿酒技术。另外,他们还将制果汁和食用的葡萄品种改造成酿酒的品种。

3. 加拿大葡萄酒产业的黄金时代

1988年是加拿大葡萄酒产业最重要的一年,加拿大就是在这一年与美国签署了自由贸易协定。这不仅增强了该国酒农的竞争意识,而且对促进形成加拿大酒商质量联盟(Vintners Quality Alliance,VQA)也起到了推动作用。酒商质量联盟是该国主要的葡萄酒命名管理组织。该组织的成员可以在其葡萄酒上标注 VQA 作为质量的保证。

　　20 世纪 70 年代以后，加拿大严重缺少劳动力，移民政策随之放宽，到 90 年代中期，移民政策对中国开放。其间，华人移民们表现出极强的生存能力，并且发现了葡萄酒产业的新天地。

　　随着中国综合实力的增强和加拿大的中国移民数量不断上涨，中国市场对葡萄酒的需求也急剧提高。从 2012 年，中国移民对加拿大葡萄酒厂的第一次收购，到 2017 年，在大瀑布地区 90 家左右的葡萄酒庄中已经有 17 家华人酒庄。

　　加拿大当地政府、社会接纳和鼓励华人的收购与投资，因为他们逐渐看到华人的投资使许多面临破产的酒庄起死回生。同时，华人酒庄对增加就业、贡献税收以及葡萄酒的出口有着巨大的推动力，并且满足了亚洲市场对加拿大葡萄酒的需求。

　　另外，中加贸易的相互促进、中加旅游业的发展以及加拿大政府对葡萄酒销售市场的放开，也极大地促进了加拿大葡萄酒产业的发展。加拿大的葡萄酒产业已逐渐进入一个以华人为主要推动力的"黄金时代"。

　　目前，加拿大拥有两个最大的葡萄酒产区，分别是安大略产区和英属哥伦比亚产区，这两个产区能够出产全国 98％ 的优质葡萄酒。另外，魁北克产区和新斯科舍产区也逐渐崭露头角，已拥有一批数量不大却十分忠实的追随者。

二、加拿大冰酒

　　冰酒虽起源于德国，但却在加拿大被发扬光大。位处寒带的加拿大因气候酷寒，葡萄园的规模不大，1973 年来自德国的 Walter Hainle 第一次在加拿大生产冰酒，情况开始有了转变，特别是 1983 年在加拿大尼加拉瓜半岛上开始更大规模的生产之后，加拿大很快就成为全球冰酒的最大产国，而且也化身为加拿大最具代表性的酒款。

　　在加拿大，可以酿造冰酒的低温常常要等到隔年 1 月，甚至 2 月才会出现。葡萄成熟后要在葡萄藤上再挂 3 个月甚至更久，是许多野生动物觊觎的美食。依据德国、奥地利和加拿大的协议，酿造冰酒的葡萄要在 −7 ℃ 以下才能采收。当气温降到 −7 ℃ 以下（加拿大更严格，规定在 −8 ℃ 以下），葡萄中大部分的水分都会结成坚硬的冰块，采收之后进行榨汁时，因为少了结成冰的水分，榨出的葡萄汁量少且黏稠，通常 1000 千克葡萄只能榨出约 110 升冰酒原汁，葡萄糖和酸味以及香味等都变得更加浓缩。

　　葡萄在采收完后要马上进行榨汁。为了维持足够的低温，榨汁必须在室外进行，要从结冰的葡萄中榨出浓稠的汁液，需要压力足够大的机器，一般的气垫式榨汁机都派不上用场，大多采用传统的垂直式榨汁机。因为冰酒必须采用直接在葡萄藤上天然结冻的葡萄酿造，所以特别费力，但是和采用人工冷冻方式制成的甜酒还是有很大的不同，因为挂在树上晚收的葡萄会开始氧化，让冰酒产生特殊的香气，和人工冰冻的酒在风味上完全不同。

知识活页
▼

三、加拿大葡萄酒的法律法规

　　加拿大葡萄酒酿造业者在 1988 年制定了 VQA，即加拿大酒商质量联盟，将加拿大产区分成安大略、英属哥伦比亚、魁北克、新苏格兰四个区,用来保障葡萄原产地葡萄酒地名的使用方式,并明确地规范出以上四个区的地理范围。

VQA 是加拿大葡萄酒的原产地名称系统,消费者由此可判定该葡萄酒来自加拿大。安大略产区于 1988 年开始执行 VQA 标准,英属哥伦比亚产区于 1990 年开始。而从 2000 年开始,VQA 由一个自愿的标准组织变成一个强制的法律体系。

VQA 是一个独立的联盟,独立行使职能,不受任何政府部门的干预,下面有葡萄酒厂、葡萄种植者、酒类管理部门以及学术、餐饮和研究机构。对于葡萄酒的产地和品种,VQA 有严格的法律规定。

(1)葡萄酒必须采用经典欧洲葡萄品种酿造,如霞多丽、灰皮诺或雷司令,或者优良杂交品种。

(2)酒标上如注明葡萄名称,酒中必须至少含有 85% 的该品种。

(3)所有葡萄品种在收获时必须达到一个规定的最低自然糖度,不同的葡萄酒,包括甜酒和冰酒以及以葡萄园命名的酒或酒庄装瓶的酒,都有不同的糖度规定。

(4)酒庄装瓶的葡萄酒必须是 100% 由葡萄栽培区酒厂拥有或控制的葡萄酿造。

(5)如果使用葡萄园名称,葡萄园地点必须在法定产区内,且所有葡萄必须来自该葡萄园。

(6)葡萄酒还必须由独立的专家小组进行品评,只有达到标准的才能评为 VQA 级别,允许在瓶上印制 VQA 标志。此外,经过 VQA 品评小组认定,质量特别优秀的葡萄酒还可获得 VQA 金质奖章。

同步案例

"四大冰国"的冰酒传奇

背景与情境:冰酒(德国和奥地利用"eiswein",加拿大用"icewine"表示)是指用冰葡萄酿造出来的甜葡萄酒,一般使用芳香型品种,如雷司令、琼瑶浆、白威代尔、西万尼和品丽珠等。德国和加拿大是最主要的冰酒生产国,奥地利、瑞士和美国也生产一部分冰酒。冰酒是世界上出色的甜葡萄酒,是各种美味佳肴(如奶酪和鹅肝酱)的绝佳配酒。

奥地利冰酒

奥地利的甜葡萄酒一般比德国的酒体更丰满,风味更浓郁,冰酒也是这样。奥地利和德国的冰酒都带有同样高的酸度,而且新鲜度和甜度比较平衡。

奥地利人不想用经过贵腐霉感染的葡萄来酿造冰酒。所以在 11 月的时候,他们会把经过贵腐霉感染的葡萄先采摘下来,那些没被感染的继续留在藤上,等待温度降到一定水平时才进行采收。

在奥地利,冰酒是一种珍贵的葡萄酒。它在奥地利整个国家都可以种植,尤其是多瑙河地区和葡萄区,其中多瑙河地区出产的冰酒一般用雷司令酿造。

靠近捷克边境的维恩里达有时会用威尔士雷司令来酿造冰酒。不过奥地利大部分的冰酒都产自布尔根兰地区。布尔根兰位于新锡德尔湖附近,新锡德尔湖是奥地利冰酒的"精神家园"。

在奥地利，用来酿造冰酒的葡萄品种包括绿维特利纳、雷司令、施埃博、琼瑶浆、威尔士雷司令和茨威格。其中，茨威格可以酿造出非常罕见的冰红葡萄酒，施埃博可以酿造出最纯澈的冰白葡萄酒。

和世界上大多数冰酒一样，奥地利的冰酒一般使用375毫升或者500毫升的瓶子，价格并不便宜，一般在50美元以上。在奥地利，几乎每个年份都可以生产一些冰酒，近年来比较好的年份有2009和2011。

德国冰酒

德国冰酒以纯正的口感、复杂的风味和完美的平衡度闻名全球。德国关于冰酒的最早记录始于19世纪，不过直到20世纪60年代，冰酒的商业化生产时代才开始。

德国冰酒与德国的其他甜葡萄酒，如逐粒精选甜葡萄酒和逐粒枯藤精选有明显的不同。逐粒精选和逐粒枯藤精选甜葡萄酒都是用经过贵腐霉感染的葡萄酿造的，而冰酒是用天然冰冻的葡萄来酿造，它的风味更新鲜，更天然。

德国法律规定，酿造冰酒的过程中不得使用任何的人工冰冻方法。由于气候的关系，德国在某些年份几乎完全不能生产冰酒，如最近的2006年和2011年。

据德国葡萄酒协会称，每年留在葡萄藤上结冰以酿造冰酒的葡萄中，最终只有5%～10%的葡萄可以真正用来酿造冰酒，其他的要么被鸟兽吃掉，要么被雨水、风、冰雹损坏掉。

美国冰酒

美国有好几个地方可以生产冰酒，其中最著名的是纽约的五指湖区。

不过，纽约跟加拿大不一样，加拿大的气候几乎可以保证冰葡萄每年都可以达到采收标准，然后按照传统的方法进行采收和酿造。纽约跟德国也不一样，德国的法律要求冰酒生产商严格遵循传统的方法来生产冰酒。纽约的冰酒没有这么严格的生产要求，而是相当的"民主化"。五指湖区有约20家冰酒生产商，他们或使用天然结冰后的葡萄来酿造冰酒，或不等葡萄结冰就采收，进行人工冰冻后再酿造"冰酒"。

希德瑞克酒庄（Sheldrake Point）是五指湖区杰出的冰酒生产商之一，他们只使用传统的方法来酿造冰酒，所用的葡萄品种一般是雷司令，有时也会使用红葡萄品种品丽珠。

加拿大冰酒

加拿大和冰酒简直就是"天生一对"。没有其他国家可以像加拿大一样，夏天足够温暖，可以让葡萄达到完美的成熟度，冬天足够寒冷（但又不会过冷），可以让葡萄稳定地结冰。加拿大的气候造就了它无与伦比的冰酒生产能力，几乎每年都可以生产出一批质量出色的冰酒，是世界上最大的冰酒生产国。

安大略是加拿大冰酒的生产中心，它每年生产的葡萄有15%用来酿造冰酒，每年的冰酒产量占据了整个省葡萄酒产量的4%。

安大略大多数的冰酒都产自尼亚加拉半岛，这个半岛由于受到安大略湖的影响，冬季的温度不会过低，从而避免葡萄藤因低温死去。这里的冰酒生产需要遵循严格的法律规定，葡萄采摘和压榨温度必须低于−8℃（17.6℉），葡萄的白利糖度必须高于35°Bx，这两条规定都是为了确保可以酿造出甜美动人、丰富浓郁和复杂集中的冰酒。

白威代尔是一种特别抗寒的葡萄品种,也是安大略省用来酿造冰酒的最重要的品种,其产量占据了安大略总葡萄产量的2/3。除了白威代尔冰酒之外,安大略其他的冰酒大多是用品丽珠和雷司令酿造的。

不列颠哥伦比亚的欧肯纳根谷也生产大量冰酒,所用的葡萄品种比较多,既有红的,也有白的。

白威代尔冰酒的酒体比较丰满,带有丰富的热带水果(如芒果和菠萝)香气,在口感上显得非常甜美和浓郁;陈年之后,可以发展出焦糖和枫叶的风味,与欧洲的冰酒有着明显的不同。

资料来源 https://www.wine-world.com/culture/pj/20131119091947998

问题:为什么说加拿大和冰酒是天生一对?

本章小结

□ 内容提要

本章讲述了北美洲葡萄酒发展的历史,主要介绍了美国和加拿大两个国家的葡萄酒的传入及发展过程。

本章首先介绍了美国葡萄酒的传入,由弗朗西斯科牧师朱尼佩罗·赛罗于1769年到达北美洲南部,成立第一个天主教传教站——圣地亚哥传教会,在此期间,葡萄酒作为祭祀用酒而被修道院大规模种植。19世纪,大批欧洲移民到加利福尼亚州淘金,并将饮用葡萄酒当作一种时尚。随后,加州州长认识到栽种葡萄对经济的重要性并鼓励引进欧洲经典的葡萄品种,美国葡萄酒得到了快速发展。虽然,在种植的过程中加州遭遇了根瘤蚜虫灾害,但是美洲葡萄根的嫁接挽救了这样的局面,被视为葡萄园不可或缺的救星。到19世纪末,加州葡萄酒在国际比赛中频频得奖,赢得了世界声誉。现如今,美国葡萄酒产量仅次于法国、意大利和西班牙这三个欧洲葡萄国,其成为"新世界"重要的葡萄酒生产国,并且会在不久的将来与法国葡萄酒并驾齐驱。1976年"巴黎的判决"盲品会及2006年的复赛,一次又一次地向世界宣告加州葡萄酒的王者地位;还介绍了美国葡萄酒法律法规和产地制度。

此外,还介绍了加拿大葡萄酒的传入及发展。加拿大葡萄酒的酿造始于公元1000年左右,是探险队在加拿大东北部发现了当地的葡萄品种。受到加拿大极端大陆性气候的影响,19世纪欧洲移民开始种植当地品种贝达葡萄,并延续到20世纪70年代。加拿大葡萄酒的发展经历了三个阶段,分别是加拿大葡萄酒产业的青铜时代、白银时代和黄金时代。青铜时代,又称为"早期欧洲移民时期",这一时期加拿大葡萄酒产业的发展是比较缓慢的。加拿大葡萄酒生产的恢复期是在白银时代。农场主们采用嫁接技术,使引进的欧洲葡萄品种更加适应加拿大的风土。德国、意大利后裔更是推动了这一时期葡萄酒产业繁荣发展。加拿大葡萄酒产业的黄金时代,使加拿大葡萄酒产业达到鼎盛时期。中加贸易的促进、中加旅游业的发展以及加拿大政府对葡萄酒销售市场的放开,极大地促进了加拿大葡萄酒产业的发展。冰酒,是加拿大极具代表性的葡萄酒。加拿大夏季温暖、冬季严寒的独特气候使其成为无与伦比的冰酒之国。加拿大的冰酒葡萄酒生产商充分发挥着冬季气候这一特点,成为冰酒生产的世界领先者。最后,1988年加拿大酒商质量联盟(VQA)成立,对葡萄酒的产地和品种有了明确的法律规定,加拿大葡萄酒的法律法规促进了加拿大葡萄酒的发展。

□ **核心概念**

巴黎盲品;美国禁酒令;巴黎的判决;作品一号;冰酒

□ **重点实务**

在侍酒服务中,要充分挖掘葡萄酒的历史,学会依据各国法规及分级制度鉴别葡萄酒的等级。

本章训练

□ **知识训练**

一、简答题

1. 美国加州是如何抵御葡萄根瘤蚜虫所带来的灾害的?

2. 美国葡萄酒产地制度(AVA)是如何规定酒标上命名的产区?

3. 酿造加拿大冰酒的葡萄,需要在怎样的环境下采摘?

4. 加拿大酒商质量联盟(VQA)对于葡萄酒的产地和品种制定了哪些法律规定?

二、讨论题

1. 1976年,在巴黎盲品会中,美国加州的葡萄酒为什么能取胜?

2. 冰酒起源于德国,加拿大为什么能够超过法国成为后起之秀?

□ **能力训练**

一、理解与评价

世界上第一瓶冰酒诞生于德国弗兰克尼1794年的寒冬,而最早提及冰酒的文献则记录道:1830年2月,在莱茵黑森产区靠近宾根的一个叫多姆斯海姆的村子,当地的葡萄农采收了一批用来酿造1829年份冰酒的葡萄。那么,是否可以认定德国是世界上的冰酒生产大国,为什么?

二、案例分析

加拿大"香槟"的兴衰往事

背景与情境:加拿大葡萄酒作家托尼·阿普乐第一次品尝到加拿大起泡酒是在1975年的伦敦,那天是加拿大的自治领日,7年后这个日子被定为加拿大国庆日。当时正在格罗夫纳广场的麦当劳大厦举办庆祝午餐会,坐在托尼·阿普乐旁边的是一位英国外交官,品尝的酒是盖酒庄帝国加拿大"香槟"酒。当托尼·阿普乐询问他对这款酒有什么看法时,他说道,"来吧,让我们开启敌人的潜水艇"。

相比几十年前,加拿大酿酒师如今的酿酒技术已经有很大幅度的提高。其实,加拿大酿酒师在起泡酒领域曾经创造过多个第一:曼雅特曾在 1997 年生产出世界上第一瓶起泡冰葡萄酒;20 世纪 50 年代,时布赖茨葡萄酒公司(Brights Wines)的首席化学家——阿代马尔德·舒耐特生产出世界上第一瓶酒精度为 7° Bx 的起泡酒。当时安大略省酒类管理局正在积极寻求一种酒精度超低的葡萄酒。这种低度酒的流行最终催生了安迪斯鸭宝宝产品的增长,这种产品也让大部分加拿大人开始接触并认识葡萄酒。

　　在 20 世纪 50 年代,加拿大起泡酒普遍采用北美种葡萄和法国杂交种葡萄酿制,不过,托尼·阿普乐品尝的盖酒庄葡萄酒是采用卡托芭和白谢瓦尔酿制而成的。1955 年,盖酒庄的总裁亚历山大·桑普森为了宣传需要,大胆地将酒庄出产的“香槟”酒运到巴黎进行展销。当时,环球邮报的头版出现这样一则新闻,“他将安大略省的葡萄酒出售给法国之心”。于是,法国援引 1933 年的《加拿大—法国贸易协定法案》条例,呼吁加拿大政府根据协定保护“香槟”这一名称仅限于香槟区出产的起泡酒使用。

　　为了安抚法国人,两年后,加拿大政府做出妥协,不过并未答应法国的全部要求——加拿大政府向安大略省的酒厂发出指令,要求该地出产的起泡酒标签上只能标示“加拿大香槟”。尽管法国人对加拿大这一欠缺诚意的举措并不满意,但却反应缓慢。1964 年,15 家香槟酒庄在魁北克将盖酒庄诉上法庭,要求禁止盖酒庄继续在标签上使用“香槟”这一名称。法国人最终赢得了这场官司,不过魁北克法院的判决仅适用于魁北克省,对于整个加拿大来说并不适用。

　　而且在此期间,1933 年的《加拿大—法国贸易协定法案》并未批准通过。1980 年时,加拿大政府甚至废除了这份贸易协定。这也就意味着安大略省的酿酒师可以无所顾忌地在标签上使用“香槟”这一名称。在 1960 年和 1986 年时,安大略省的葡萄酒厂因为在酒标上使用“香槟”一词,两次被法国香槟协会起诉。

　　1987 年,法国再次尝试将安大略省使用“香槟”一词的葡萄酒厂诉诸法庭,然而最终失败。法官杜邦在最终的裁决书中写道,“加拿大香槟是一种独特的加拿大产品,人们不会将其与法国的香槟混淆”。法官还指出两者之间的价格存在着巨大的差距,没有哪一位加拿大的消费者会将两者混淆。

　　在这次庭审中,托尼·阿普乐恰好担任法国的专家证人,因此,他成了整个安大略省葡萄酒行业中最不受欢迎的人。不过,托尼·阿普乐始终认为这种将商业利益建立在“名称”上的行为是不合适的。有点讽刺的是,今天整个加拿大葡萄酒产业都在为保护加拿大的冰酒品牌而努力,打击那些假冒冰酒。

　　法国在这场名称争夺之战中失败了,但他们在其他战线中仍然继续战斗:在欧洲经济共同体的帮助下,他们成功地限制了加拿大葡萄酒出口至欧盟,影响到加拿大的冰酒销售。直到 2001 年,欧盟葡萄酒管理委员会才允许安大略冰酒进入欧洲市场,同时禁止加拿大葡萄酒在标签上标注传统的欧洲产区,如夏布利、香槟和雪莉酒等名称。

　　如今,加拿大酒厂生产的起泡酒已经不再使用“香槟”这个名称来进行宣传,虽然在许多消费者的心目中,起泡葡萄酒就是香槟。

资料来源　https://mingjiu.3158.cn/info/20140519/n20358609785839.html

问题:

1. 本案例中,为什么加拿大不可以使用“香槟”来命名酒?

2. 通过阅读本案例,思考香槟和起泡酒的区别是什么。

Note

第四章
非洲葡萄酒的历史

学习目标

职业知识目标：学习和掌握非洲主要国家葡萄酒的发展历史；从考古发掘和史料记载中分析不同国家葡萄栽培、葡萄酒酿造传入的时间和路径，根据历史资料归纳总结出不同国家葡萄酒发展过程中的不同阶段；掌握非洲主要国家葡萄酒的法律法规和分级制度，并用其指导葡萄酒的相关认知活动，规范其相关技能活动。

职业能力目标：运用本章专业知识研究非洲主要国家葡萄酒的传入时间与地点，归纳出非洲主要国家葡萄酒发展过程中的历史事件，培养与葡萄酒历史相关的分析能力与判断能力；通过不同国家的葡萄酒发展过程，分析判断不同国家葡萄酒的现状。

职业道德目标：结合非洲主要国家葡萄酒的历史教学内容，依照现在非洲主要国家葡萄酒发展现状，归纳总结出葡萄种植、葡萄酒酿造传入非洲各国后，不同国家葡萄酒发展的不同特点。

引例

3300 年前的双耳酒罐

公元前 1352 年，埃及年仅 19 岁的法老图坦卡蒙英年早逝。直到 1922 年，他的陵墓才被埃及古物学者霍华德·卡特等人发现，裹着黄金的木乃伊四周摆放着大量珠宝，其中包括葡萄酒罐。

人们在陵墓中发现了 36 个双耳酒罐，其中有 26 个印着标记，有 7 个加盖了法老的私人封印，16 个刻着阿托恩宫殿的名字，所有这 26 个酒罐都刻有"产自河西"字样。

36 罐葡萄酒中有 23 罐刻有年份：分别为 4 年、5 年和 9 年。不知道这些年份是法老在位的年头，还是仅仅只是葡萄酒的酿造年份，但从中可以看出，好的葡萄酒一定是要放上一些年头的。其中，有一个双耳酒罐上甚至刻着"31 年"——这当然不是指的法老在位的时间了。除了其中 3 罐年头最长的葡萄酒，其他所有的酒罐上都刻着葡萄酒商的名号。有一位名号为"卡依"的酒商最为了得，他不仅酿造了其中 5 罐加盖图坦卡蒙法老私印的葡萄酒,还有1罐刻着阿托恩宫殿名字的酒也由他酿造,这意味着或许是官员们拥有认证多种葡萄酒的权力,又或许是卡依本人很有才华,同时经营着几种优质的葡萄酒,就像当今波尔多葡萄酒庄的卑诺大师同时为多家酒庄担任顾问一样。

还有2罐葡萄酒都刻有"Sdh"字样,好像是新鲜的标志。26罐印有标记的葡萄酒中还有4罐刻上了"口感甘甜"的字样。这些刻在酒罐上的信息中,除了酿造年份,最有价值的就是酒商的名号。试想,对人们来说,还有什么比了解酿酒人的身份更重要的事情呢?

资料来源 休·约翰逊著、卢嘉译:《葡萄酒:陶醉7000年》,中国友谊出版公司,2008

第一节　埃　　及

一、埃及葡萄酒的历史

(一)埃及葡萄酒的传入

埃及本来不产葡萄,在前王朝末期,埃及从西亚引进了葡萄,在三角洲的泰勒-易卜拉辛-阿瓦德和泰勒-艾勒-法拉因的居住地出土了葡萄籽,这是迄今埃及种植葡萄的最早证据,"至少在5000多年前,尼罗河沿岸就开始种植葡萄了"。

图4-1　双耳土陶罐

葡萄酒在埃及的生活中扮演着重要的角色。公元前2500年,随着葡萄种植从黎凡特传到埃及,尼罗河三角洲地区建立了繁荣的皇家酿酒业。这个行业的兴起是源于青铜时代早期埃及和巴勒斯坦之间的贸易。酿酒场景出现在墓穴的墙壁上,附带的供品清单中包括产自三角洲葡萄园的葡萄酒。到古王国末期,5种产自三角洲的葡萄酒构成了一套规范的固定"菜单"。

早王朝时期,埃及古墓中发现了大量遗迹、遗物。在尼罗河河谷地带,从发掘的墓葬群中,考古学家发现一种底部小圆、肚粗圆、上部颈口大的盛液体的土罐陪葬物品(见图4-1)[①]。经考证,这是古埃及人用来装葡萄酒或油的土陶罐;瓶塞上较不常见的

---

① 《2009大自然赐予南非葡萄酒的生日礼物——2009年南非葡萄收获报告》。

印章除了印有国王的名字外,还包括葡萄藤或葡萄园和地理位置(如北部首都孟菲斯),这种封条被解释为一种原始的葡萄酒标签。此外,土陶罐浮雕中,清楚地描绘了古埃及人栽培、采收葡萄、酿制步骤和饮用葡萄酒的情景。埃及古王国时代所出品的酒壶上,也刻有"伊尔普"(葡萄酒的意思,埃及语)一词。西方学者认为,这才是人类葡萄与葡萄酒产业的开始。著名作家休·约翰逊曾在以葡萄酒为主题的著作中描写道:"古埃及有十分出色的品酒专家,他们就像 20 世纪的雪莉酒产销商一样,可以专业地鉴定酒的品质。"

尼罗河三角洲、西部大绿洲以及尼罗河上游城镇的气候不适宜葡萄种植,因此,第一批移植的葡萄藤只能来自黎凡特地区。葡萄藤的象形文字显示了葡萄藤经过引导可以沿着棚架或乔木生长,这表明了早王朝时期葡萄栽培的复杂程度(见图 4-2)。

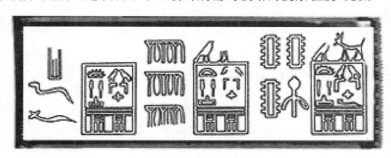

图 4-2　葡萄藤经过引导沿着棚架或乔木生长

(二)埃及葡萄酒的发展

在罗马统治埃及期间,酿酒一直是埃及文化的一部分。到公元 3 世纪,基督徒构成了埃及人口的大多数。尽管亚历山大教堂对酒精持保留态度,但修道院已经生产和储存了大量的葡萄酒。2008 年,在西奈的圣凯瑟琳修道院附近出土了两台可以追溯到罗马统治时期的葡萄酒压榨机,以及来自安提阿的古币,这表明埃及葡萄酒曾出口给该地区的基督徒。

在公元 7 世纪穆斯林征服埃及之后,葡萄酒的产量显著下降。在伊斯兰教的统治下,人们对酒精的态度大相径庭,穆斯林统治者通常对由宗教少数派控制的葡萄酒生产表现出一定程度的宽容。

1882 年,希腊裔埃及烟草商人和企业家内斯特·贾纳克利斯在亚历山大港南部建立了埃及第一个现代葡萄园,这让葡萄栽培在埃及重新焕发了生机。该国的葡萄酒产业从 20 世纪初开始扩张,直到 1952 年埃及革命,该国的自由君主制被推翻,取而代之的是总统制。1963 年,埃及总统纳赛尔将该国的酿酒厂和葡萄园国有化并合并,成立了以前由比利时人拥有的金字塔酿酒厂(Pyramid Brewery),后来被称为"金字塔饮料公司"(Al Ahram Beverages Company)。国有体制下的经营管理不善和越来越多的宗教信徒导致了该行业的逐渐衰落。20 世纪 90 年代末期,埃及葡萄酒行业通过邀请国际专家进行指导来提高埃及葡萄酒的品质。近年来,埃及的葡萄酒已经得到一定的认可并获得多项国际大奖。

1997 年,埃及出台了经济改革方案,金字塔饮料公司被私有化。这是该国经济改革计划的一部分,目的是重组埃及的经济。私有化的进程使得埃及的葡萄酒产业逐步停止下滑并开始复苏,这被视为埃及整个酒精工业的转折点。由于缺乏本土葡萄原料,一些埃及酿酒厂从欧洲进口浓缩汁加水稀释发酵,导致埃及的葡萄酒品质低劣并产生了负面的口碑。金字塔饮料公司的新主人、埃及商人艾哈迈德·扎亚特对公司进行了重组,并推出了一系列吸引保守人群的非酒精饮料。2002 年,该公司以 2.8 亿美元的价格被喜力国际(Heineken International)收购。

21 世纪初,埃及葡萄酒产业开始尝试引种国际葡萄品种,试图找到适合埃及风土气候的葡萄品种,其中用于红葡萄酒的主要品种有赤霞珠、西拉、歌海娜、博巴尔和丹魂,用于白葡萄酒的主要品种有维欧尼、霞多丽和麝香等。埃及出产的葡萄酒品质有了提升,并在诸如布鲁塞尔国际葡萄酒品评赛等国际比赛中获得了奖项。2013 年,埃及全国葡萄酒产量为 4500 吨,在全球葡萄酒产量排名中位居第 54 名,排在比利时和英国之前。

二、古埃及葡萄酒的用途

葡萄酒在古埃及的日常生活中占有重要的地位。在古埃及,啤酒是大众饮品,葡萄酒则是上层的饮品。第六王朝法老的王后乌那斯的坟墓中,刻画了仆人为王后送来葡萄酒的情形。在文学作品《辛努亥的故事》中,描述了贵族对葡萄酒的喜爱,"最好的面包为我日常所用,酿好的葡萄酒为我日常所饮"。葡萄酒除了日常饮用外,还在节日宴会中使用。在一幅壁画中,女仆将斟满葡萄酒的酒杯递给女主人。《金字塔文》宣称葡萄酒神姗兹姆将葡萄汁带来,从而酿造了第一杯葡萄酒。因此,葡萄酒又被称为"神酒"。在宗教祭奠、举办宗教仪式的时候,葡萄酒是重要的祭品。从第二王朝开始,葡萄酒出现在祭祀神灵的礼单中。第五王朝法老萨胡拉的金字塔神庙的墙壁上首次出现了使用葡萄酒献祭的场景。此外,由于葡萄酒的颜色与血的颜色相近,因此,葡萄酒也代表了生命的再生。例如,在确保法老"返老还童"的宗教节日上,大量使用葡萄酒来保证法老能够再生。

在法老时代,经常将葡萄酒与其他物质搭配入药。公元前 1600 年成书的《埃伯尔纸草》中,记载了使用葡萄酒来治疗哮喘、便秘、消化不良、癫痫,以及预防黄疸等疾病。同期的《赫斯特纸草》中,有 12 个药方涉及葡萄酒。古埃及使用葡萄酒与小麦粥治疗消化不良,葡萄酒与盐治疗咳嗽,葡萄酒与莳萝减轻疼痛。古埃及的泻剂由葡萄酒、蜂蜜等构成,而杀虫剂则由葡萄酒、乳香与蜂蜜构成。通过对蝎王一世(古埃及前王朝君王)坟墓中的一个葡萄酒罐子和另外一个葡萄酒罐子的残渣进行检验发现,前者混合有胡荽、薄荷、鼠尾草和松树脂,而后者则混合有松树脂与迷迭香,专家认为这是古埃及人使用药酒的有力证据。

尽管葡萄酒异常宝贵,但有证据表明,在法老时代,葡萄酒也作为工资支付给工人,如吉萨的建筑工人领取的实物工资。远征队配备的葡萄酒,以及第十九王朝时期的斯尔斯拉山采石场工人的日常配给都包含了葡萄酒。对此,古希腊历史学家希罗多德说,祭司能够得到其中一份葡萄酒,而王室卫队的每个士兵能够得到 4 份葡萄酒。

第二节　南　　非

一、南非葡萄酒的历史

（一）南非葡萄酒的传入

南非葡萄酒历史悠久，17 世纪 50 年代，荷兰东印度公司最先将葡萄苗带到南非，开启了南非葡萄酒的历史。南非葡萄酒的起源与发展，离不开"南非葡萄酒之父"——当时只有 33 岁的荷兰外科医生。荷兰政府为降低从欧洲航行至印度的船员患败血病的概率，将他派到南非建立一个商品菜园。这位被发配到开普的第一任总督，并不是一个葡萄酒农，仅仅只是想为荷兰东印度公司的船员们在香料贸易通道中建立一个物资站点，但开普的地中海气候给人最直接的感觉就是最适合种植葡萄树。

（二）南非葡萄酒的发展

南非葡萄酒的发展历史大致可以分为以下 5 个阶段。

1. 早期开拓时期

开普地区首任总督简·万·瑞贝卡 1655 年从法国和西班牙进口第一批葡萄，种植了第一个葡萄园；1659 年 2 月 2 日，瑞贝卡在日记中写道："感谢上帝，今天开普第一次酿造出葡萄酒。"于是，他们便在 Roschheuvel（现在的 Bishopscourt、Wynberg 地区）大量种植酿酒葡萄。在此之前，1657 年，为了以更低成本获得补给品原料，东印度公司让 49 个职员离开补给站，并且每人给了一小块土地，让他们成为独立农民。酿出葡萄酒后，总督极力鼓励这些农民种植葡萄。

2. 规模种植时期

1679 年，西蒙·范·德·斯戴尔取代了瑞贝卡，成为开普地区的地方长官。同年，他在斯泰伦博斯镇发展酿酒业，现在这里已经成为南非热门的葡萄酒之乡。

荷兰几乎没有葡萄酒传统，直到 1688 年，开普葡萄酒业开始了蓬勃的发展。那一年，150 名法国胡格诺派教徒为躲避国内宗教迫害，逃到了开普，落脚在西开普山谷——被称之为"法国角"的地方。法国胡格诺派教徒带来了法国的葡萄栽培及酿酒技术。随着时间的推移，胡格诺派教徒的文化和技能给南非的葡萄酒业及开普生活留下了难以磨灭的印记。由于胡格诺在美丽的西开普山谷奠定了一定的基础，后来这里开始了葡萄酒的酿造和生产。

1761 年，康斯坦沙葡萄酒出口到欧洲；到 1788 年，康斯坦沙甜酒获得了整个欧洲的赞誉，受到欧洲贵族们的长久青睐，也成为拿破仑的最爱。

　　18 世纪是南非葡萄酒业的困难时期。由于葡萄酒的质量不如人意,出口到欧洲和远东市场就很困难。橡木桶的匮乏,导致了葡萄酒陈化不好。一些用于陈化葡萄酒的木桶甚至用来盐渍过腌肉,同时,针对不同地区选育出各自最好的葡萄品种,使酿酒技术与当地各方面条件相适应,也是当时南非葡萄酒业所面临的难题。

　　19 世纪前半叶,英国人占领开普和随后英法战争的爆发,为南非葡萄酒市场创造了新的机会。战争期间,法国封锁了英吉利海峡,致使英国不得不从南非大量进口葡萄酒。葡萄酒产量在 1845 年得到极大的增长,由最初的 50 万升增长到 450 万升。

3. 大萧条时期

　　1861 年,英国解决了与法国的冲突,南非葡萄酒出口再次受到重创。1886 年,开普发生葡萄根瘤蚜虫灾害,葡萄树大量死去,几乎摧毁了开普的葡萄酒业,很多酒农转而种植其他农作物。直到从美国引进了砧木,酒农才开始重新种植葡萄。与此同时,次大陆黄金和钻石的发现,使大批欧洲移民涌入,葡萄酒的需求急速扩张,酒农们便开始大量种植高产的神索葡萄品种。

　　然而,好景不长,1899—1902 年的第二次布尔战争使葡萄酒销量大减。由于产能过剩,大量葡萄酒停产待销,只能倒进河里。巨大的过剩产能和低价格从 20 世纪初就成为开普葡萄酒业的主旋律,葡萄酒业陷入了持续 20 多年的低迷。

4. 标准化时期

　　南非政府意识到无监管状态的严重性,于 1918 年成立了南非酒农联合协会(Kooperatieve Wijnbouwers Vereniging van Zuid-Afrika Bpkt,KWV)。当时 KWV 的主要职责是防止葡萄酒产量过剩、重组行业、发展出口业务,以及设置葡萄酒的最低价格,以保护这个年轻脆弱的葡萄酒业。KWV 的成立使南非葡萄酒业重新走向稳定与繁荣。

　　南非葡萄酒业的突破性事件发生在 1925 年。1925 年,南非斯泰伦博斯大学葡萄栽培教授亚伯拉罕·艾扎克·贝霍尔德教授使用黑皮诺与神索杂交培育出南非独有的葡萄品种皮诺塔吉,新的葡萄品种兼具黑皮诺的优雅细腻和神索的易栽培、高抗病的品质,并繁殖出许多植株。1961 年,人们酿制出了第一瓶皮诺塔吉葡萄酒。

　　20 世纪 50 年代,南非葡萄酒技术领先于其他“新世界”国家,如尼德堡领先使用开创性的低温发酵技术生产更清爽、更新鲜、更芳香的白葡萄酒。1955 年,葡萄栽培与酿酒研究所(the Viticultural and Oenological Research Institute,VORI)成立,就是今天的 Nietvoorbij。另一个成功的案例是 SFW(Stellenbosch Famers' Winery)于 1959 年开发生产的低成本、半甜白葡萄酒 Lieberstein,到 1964 年其被销售了 3100 万升,Lieberstein 成为当时世界上销量最高的葡萄酒。

　　遗憾的是,南非强大的啤酒生产商——南非酿酒厂(South African Breweries)为了保证国内的市场份额不被葡萄酒夺走,联合 KWV 的官僚阻止流行的葡萄品种在南非的培养和引进,使之无法和国际接轨。

　　1973 年,南非葡萄酒推出了原产地法案(Wine of Origins,WO 制度),它是“新世界”葡萄出产国比较复杂、比较完善的法规。1979 年,葡萄酒业普及教育机构开普葡萄酒学院(the Cape Wine Academy,CWA)成立。

Note

到了 20 世纪 90 年代,南非前总统曼德拉获释、种族隔离制度的废除,以及民主平等和新南非的诞生,对南非葡萄酒业产生了巨大影响,南非葡萄酒更被国际社会所接受。1990 年,原产地法案进行调整,同年南非葡萄酒及烈酒出口协会(SAWSEA)成立。随着南非葡萄酒业的发展及相关监管部门的成立,KWV 越来越倾向于商业运营。1997 年,KWV 正式注册成为一个私营公司,全面开展商业活动。同年,在葡萄栽培与酿酒研究所基础上成立了 ARC Infruitec-Nietvoorbij。

1999 年,南非葡萄酒业托拉斯(the South African Wine Industry Trust,SAWIT)成立,主要职责是发展南非葡萄酒业转型,促进出口。紧接着 2000 年,SAWSEA 改名为南非葡萄酒协会(Wines of South Africa,WOSA)。WOSA 是一个独立的非营利性组织,代表着南非葡萄酒出口商的利益,目的是建立南非葡萄酒品牌国际影响力。

2000 年开始,南非葡萄酒持续发展创新。2002 年,南非葡萄酒业道德贸易协会(Wine Industry Ethical Trading Association,WIETA)成立。2012 年,WIETA 开始监督整个供应链以保证道德交易,并且引入标签;只有通过了 WIETA 每年的审计,葡萄酒才可以生产销售。

5. 现代发展时期

2004 年,生物多样性倡议计划(Biodiversity & Wine Initiative,BWI)领先引入了南非葡萄酒。2009 年,南非葡萄酒酿酒 350 周年系列纪念活动举办。2010 年,南非葡萄酒在英国市场上销量首次超过法国葡萄酒。同年,南非葡萄酒推行诚信及可持续生产认证标签(Integrity&Sustainability Certified),这是世界第一个可持续发展的认证,并作为环保生产的保证(见图 4-3)[1]。

图 4-3 诚信及可持续生产认证标签

2012 年,南非葡萄酒旅游线路被国际葡萄酒品评赛(International Wine Review,IWC)评选为世界上最有影响力的旅游线路。之后,南非葡萄酒在各种国内国际活动中大放异彩,不断地扩大国际影响力。

---

① 2009 大自然赐予南非葡萄酒的生日礼物——2009 年南非葡萄收获报告。

现在,在整个西开普地区,约有 4900 个种植户种植了约 93250 公顷的葡萄园。其中,主要有 4 种类型的生产者:生产销售商、合作者、个体生产者和酒庄酒生产者。生产销售商包括 KWV、Bellingham、Distillers 公司、Gilbey Vintners 和 Stellenbosch Farmers' Winery(SFW 是世界第五大葡萄酒厂,是南非排在 KWV 之后的最大的酒厂)。这些公司用自己葡萄园的葡萄酿造葡萄酒,产量居世界第八,占世界葡萄酒产量的 3%,年人均消费葡萄酒 9 升。大多数葡萄酒通过国内销售商销售,但随着国际社会对其产品的不断认可,出口数量也在不断增加。

如果以 1655 年,瑞贝卡种下第一棵葡萄树作为南非葡萄酒的开端,那么至今南非葡萄酒已经有近 370 年的历史了。

同步思考

> 很多资料描述南非葡萄酒历史是从 1659 年开始的,包括 WOSA 的官方资料,特别是 2009 年 WOSA 举办的南非葡萄酒酿造 350 周年纪念活动,更是让 1659 年深入人心。只因为 1659 年 2 月 2 日,瑞贝卡在日记中写道:"感谢上帝,今天开普第一次酿造出葡萄酒。"关于这个记载,官方说法是"世界葡萄酒历史中最早有官方记载的酿酒活动"。
>
> **问题**:南非葡萄酒的历史是从哪一年开始的?

二、南非葡萄品种皮诺塔吉

皮诺塔吉诞生于 1925 年,由南非斯泰伦博斯大学葡萄栽培教授亚伯拉罕·艾扎克·贝霍尔德研发。贝霍尔德教授在自家的花园中,使用黑皮诺和神索培育出了一种杂交葡萄品种。次年,贝霍尔德教授奔赴帕尔工作,忘却了家中的花园里还有 4 颗新品种种子。幸亏查理·尼豪斯及时发现,将这些种子转移到埃尔森贝赫农业学院进行进一步的研究。由于神索在南非又被称为"埃米塔日"(Hermitage),所以两人取黑皮诺中的"Pinot"和埃米塔日中的"Tage",将新品种命名为"Pinotage",即皮诺塔吉。该品种颜色深红,酿造的佳酿果味浓郁多汁,尤其以李子味最为显著,还伴有烟熏味和泥土味,偶尔会带上一抹热带水果如香蕉的气息。

虽然数年来人们对皮诺塔吉葡萄酒的褒贬不一,但由于其产量低,仅占南非葡萄酒的 6% 左右,而且世界其他产区都极少出产皮诺塔吉,因此其一直都被视作南非葡萄酒的代表。皮诺塔吉葡萄酒单宁充沛,高品质的皮诺塔吉葡萄酒颜色深浓,果味馥郁,口感顺滑。

皮诺塔吉既可酿造单品葡萄酒,也能在混酿中起到很大的作用。从桃红葡萄酒到红葡萄酒,再到类似波特的加强酒以及红起泡酒,皮诺塔吉均能胜任,不过还是以红葡萄酒为主。

同步思考

同步思考
答案
▼

南非葡萄酒产区图如图 4-4 所示。

图 4-4　南非葡萄酒产区

资料来源 https://www.sohu.com/a/381748186_100127418

问题: 低纬度的南非为何可以生产出适宜酿酒的葡萄?

三、南非葡萄酒的分级制度

南非 1973 年推出的原产地法案,即产地分级制度(WO 制度)划分了南非酒标上所标注的产区,部分定级制度还借鉴了法国的 AOC 系统。WO 制度的出台主要是希望通过酒标来精确地告诉顾客酒的产地和品质。因此,除产区上的制定参照"旧世界"葡萄酒生产国的做法外,法定许可的葡萄品种怎样搭建葡萄架、灌溉手法和采摘限量等都没有被写入制度当中。WO 分级中的产区被分成 4 个等级:地理区域级产区,目前唯一且重要的产区是西开普省;地区级产区,重要的种植产区有海岸产区、布里厄河谷和开普南海岸;区域级子产区,如斯泰伦博斯、帕尔、伍斯特、罗贝尔森、沃克湾、埃尔金;葡萄园级子产区,如康斯坦蒂亚、德班山谷、天地山谷、艾琳。上述地理大区、地区大区、地域大区的划分主要是根据行政意义上的界限,而真正参照葡萄酒产业数据和风土划分的区域则是最小的次区单位,日常谈论和选购南非葡萄酒主要是以地域大区和地区大区作为依据。

本章小结

□ 内容提要

本章讲述了非洲葡萄酒发展的历史,主要介绍了南非和埃及两个国家的葡萄酒的传入及发展过程。

本章首先介绍了埃及葡萄酒的传入,葡萄种植从黎凡特传到埃及,在尼罗河三角洲地区建立了繁荣的皇家酿酒业。早王朝时期,埃及古墓中发现了用来盛装葡萄酒的土陶罐。公元3世纪,修道院开始生产和储存大量的葡萄酒。1963年,国有体制下的经营管理不善和越来越多的宗教信徒导致了该行业的逐渐衰落。1997年的私有化进程被视为转折点,埃及商人艾哈迈德·扎亚特对公司进行了重组,并推出了一系列会吸引保守人群的非酒精饮料。21世纪,埃及出产的葡萄酒品质有了提高,并在诸如布鲁塞尔国际葡萄酒品评赛等国际评比赛中获得了奖项。本章还介绍了古埃及葡萄酒的用途,主要体现在宴会、宗教生活、药用以及作为工资报酬支付给工人,以及还介绍了埃及葡萄酒的法律法规。

此外,本章介绍了南非葡萄酒的传入及发展。南非葡萄酒的酿造始于1659年,简·万·瑞贝卡率领荷兰东印度公司在开普地区成立一个补给站并开始种植葡萄酿造葡萄酒,并见证了开普第一款葡萄酒的诞生。南非葡萄酒的发展分为早期开拓时期、规模种植时期、大萧条时期、标准化时期和现代发展时期5个阶段。本章还介绍了南非葡萄品种皮诺塔吉以及南非葡萄酒的分级制度。

□ 核心概念

双耳土陶罐;皮诺塔吉;尼罗河;古墓

□ 重点实务

在侍酒服务中,要充分挖掘葡萄酒的历史,学会依据各国法规及分级制度鉴别葡萄酒的等级。

本章训练

□ 知识训练

一、简答题

1. 古埃及葡萄酒有哪些用途?

2. 南非葡萄酒的发展经历了哪几个阶段?

3. 南非皮诺塔吉葡萄可以酿制出哪些具有代表性的葡萄酒?

二、讨论题

1. 1963年,埃及葡萄酒的国有化体制和私有化进程对埃及葡萄酒的发展分别产生了怎样的影响?

2. 试论述古埃及与古希腊葡萄酒文化的差异,以及对世界葡萄酒发展的影响。

□ 能力训练

一、理解与评价

古埃及的葡萄酒历史非常悠久,同时也创造了璀璨的葡萄酒文化,试评价古埃及葡萄酒的历史作用,并说说古埃及在葡萄酒方面创造了哪几个历史第一。

二、案例分析

尼罗河谷地的葡萄园

背景与情境:尽管人们掌握了大量与古埃及葡萄酒有关的资料,但人们依然算不上真正了解它。已经发掘出的相关文物不胜枚举。在古埃及贵族们的墓室里,生动细腻地勾勒着与葡萄酒有关的图画,而地位低下的工匠们,也出于对葡萄藤和葡萄的热爱,将自己棺木的盖板装饰成葡萄满枝的样子。卢克斯特是埃及最著名的古城,荷马笔下称它为"百门底比斯",它是当时最高、最宏伟的都城,古埃及历代的法老王和贵族们均埋葬于此,因此,这里被发掘的古文物数量也最多。

有一点人们始终无法了解的是,当时的葡萄酒的味道究竟如何? 想要通过技术手段再现古埃及的葡萄酒其实也并非难事,只要找出正确的品种就可以了。但是,就算人们完全照着古人的方法,在尼罗河三角洲地区开辟一个葡萄园,不仅要保证有肥沃的淤泥,还要进行人工灌溉,即使用粪便施肥,让葡萄藤缠绕在高高的藤架上,葡萄成熟后摘下来轻踩,踩出葡萄汁装进土酒坛里发酵,也不大可能得到优质的葡萄酒。事实上,就算在如今的埃及,也无法酿造出上好的葡萄酒。然而,当时的贵族们正是将这样的酒称为上好葡萄酒,想来在那样艰苦的条件下,人们克服重重困难,精心酿造,如果片面地根据酒的品质来否定他们的付出,的确不够妥当。

自最早的埃及王朝开始,陵墓中的葡萄酒都标注有原产地的名称,有时只是一个大概的范围。公元前2470年,用来陪葬的葡萄酒上标注了6种不同的名称。不知道这些名称表示的是品种的区别,或仅仅只是产地的不同。"亚细亚葡萄酒"有可能是从叙利亚或迦南进口的,一些船只会定期从埃及到迦南的比布鲁斯采购木材。黎巴嫩的雪松木也是埃及进口最多的货物;埃及人还进口棕榈木,用来修建房子和制作木桶。

从早期的一些描述酿酒场景的画作中,可以看到当时的人们已经懂得运用一些技术来酿酒,而这些技术直到现代文明才得以再现。其中的一些技术其实是源于生活常识。在大槽里踩踏葡萄可不像看上去那么容易,在一堆光滑的葡萄上,工人们必须扶住东西才能站得稳。充满智慧的埃及人想出一个绝妙又易行的办法:他们在头顶上搭起横木,踩葡萄时只要抓住这些横木就能站稳,与现在机场巴士上吊着的扶杆相似。

从那些画作中还可以看出,当时酿酒工人们采摘的全是已经熟透的葡萄。古埃及的阳光给它们带来充足的糖分。大多数图画中的葡萄都被画成很深的颜色。如果葡萄只是被踩踏,汁液是不大会染上葡萄皮的颜色的,但画作中,人们能看到深色的葡萄汁正从挤压用的袋子流进发酵用的酒坛里,这说明当葡萄还在踩酿槽里的时候就已经开始发酵了。

令人费解的是,从画作中来看,埃及人并没有学着格鲁吉亚人,将奎弗瑞埋在地下那样处理他们的酒坛。没有任何一幅画作的内容能让人们看到埃及人曾经把他们的酒坛放在阴凉处任其发酵——在那样一个气候炎热的国度,这是最起码的防范措施,否则葡萄汁液很快就会变成葡萄酒,再变成葡萄醋了。用泥土来密封坛口达到的效果比任何软木塞都要好,但葡萄酒能否保存良好,则更多取决于葡萄汁里酒精含量的高低,而不是外部卫生条件或是其内部的稳定性。也许聪明的人们曾经想到过在葡萄酒里加入树脂中的防腐成分来保证它的质量,而且,判断一个葡萄园的好坏也不能只看它的产量多寡,希腊的特级松香味葡萄酒就是以产量极少而著称的。

埃及人的葡萄酒究竟是如何酿造出来的,人们还知之甚少,但他们如何享用葡萄酒人们就已经相当了解了。埃及人的盛宴上,气氛热烈,芳香四溢,四周摆放着艳丽的花环、充满生机的葡萄藤、盛放的莲花和娇羞的莲蓬。埃及人喝葡萄酒有时用酒杯,有时则直接将麦管插到酒坛里狂饮。有时,他们会将不同坛子里的葡萄酒混到同一个酒坛中,也许是为了让它们彼此调和,产生更好的口感。葡萄酒从双耳罐中倒出的时候经常要被过滤,这样发酵后剩余的残渣会留在罐子里。人们在盛宴上纵情狂饮,女人们有时也会喝到呕吐,但很少会有人醉到不省人事甚至要被人抬走。

风光旖旎的尼罗河一如往昔,蜿蜒纵贯埃及全境。人们棕色的脸庞依然洋溢着微笑,驴儿四处撒欢。除了河上的船已不再是当年的白帆船,埃及处处保留着法老王朝时期的古老和神秘,那是与古希腊完全不同的另一种风情。

资料来源 休·约翰逊著、卢嘉译:《葡萄酒:陶醉7000年》,中国友谊出版公司,2008

问题:

1. 本案例中,虽然埃及人不是世界上最早种植葡萄的人,但他们为什么是最早用图画的方式记录葡萄酿造过程的人?

2. 根据以上材料,回答埃及人为什么没有学习格鲁吉亚人把奎弗瑞埋在地下进行酿造葡萄酒?

第五章
大洋洲葡萄酒的历史

学习目标

职业知识目标：学习和掌握大洋洲主要国家葡萄酒的发展历史；从考古发掘和史料记载中分析不同国家葡萄栽培、葡萄酒酿制传入的时间和路径，根据历史料资归纳总结出不同国家葡萄酒发展过程中的不同阶段；掌握大洋洲主要国家葡萄酒的法律法规和分级制度，并用其指导葡萄酒的相关认知活动，规范其相关技能活动。

职业能力目标：运用本章专业知识研究大洋洲主要国家葡萄酒的传入时间与地点，归纳出大洋洲主要国家葡萄酒发展过程中的历史事件，培养与葡萄酒历史相关的分析能力与判断能力；通过不同国家的葡萄酒的发展过程，分析判断不同国家葡萄酒的现状。

职业道德目标：结合大洋洲主要国家葡萄酒的历史教学内容，依照现在大洋洲主要国家葡萄酒发展现状，归纳出葡萄种植、葡萄酒酿造传入大洋洲各国后，不同国家葡萄酒发展的不同特点。

引例

澳大利亚葡萄酒轶事

- 每天，全世界的人们要消费掉 3000 万杯产自澳大利亚的葡萄酒。
- 澳大利亚有 65 个地形地貌、土壤、气候等风土条件各异的葡萄酒产区。
- 澳大利亚大陆的土壤是地球上古老的土壤，种植了超过 100 个葡萄品种。
- 澳大利亚葡萄种植始于 1788 年。
- 每瓶葡萄酒需要 600～800 颗葡萄来酿造。
- 澳大利亚气候最凉爽、海拔最高的葡萄园在昆士兰州。
- 澳大利亚有 25 个葡萄园气候比法国波尔多还要凉爽。
- 澳大利亚的葡萄酒产区奥兰治除了出产葡萄酒，还以出产樱桃、苹果和梨闻名于世。
- 澳大利亚全部 65 个葡萄酒产区都种有西拉和霞多丽。
- 在澳大利亚马尔贝克葡萄有超过 50 种别名。

· 澳大利亚拥有世界上最古老的西拉葡萄树,其中最早的是种植于 19 世纪中期的老藤葡萄。如今,这些老藤葡萄依然用于酿造葡萄酒。

· 澳大利亚的葡萄酒桶每桶相当于 20 箱,1200 杯葡萄酒。

· 澳大利亚最古老的葡萄园在巴罗萨谷,第一株葡萄种植于 1843 年。

· 澳大利亚最新的法定产区是南澳的甘比尔山。

· 澳大利亚种植面积最广的葡萄品种分别是:西拉、霞多丽、赤霞珠、梅洛、长相思、麝香、灰皮诺、鸽笼白、黑皮诺。

资料来源　https://www.llysc.cn/content/54-7633.html

第一节　澳　大　利　亚

一、澳大利亚葡萄酒的历史

(一)澳大利亚葡萄酒的传入

澳大利亚没有本土葡萄,为了生产葡萄酒,葡萄藤必须从另一个地区进口,1788 年,亚瑟·飞利浦把第一批葡萄苗从好望角引进到澳大利亚的新南威尔士州。高温和潮湿导致葡萄藤腐烂,虽然这些葡萄苗没有生产出第一批澳大利亚葡萄酒,但是 1788 年葡萄苗的引入标志着澳大利亚葡萄酒生产的开始。1815 年,酿酒师约翰·麦克阿瑟在悉尼西南约 50 千米处的卡姆登公园种植了葡萄树,卡姆登公园被广泛认为是澳大利亚第一家商业葡萄园和酿酒厂。1824 年,苏格兰的葡萄种植专家詹姆斯·布斯比来到澳大利亚,他带来从西班牙和法国收集的 543 棵葡萄苗,其中有 362 棵成功在澳大利亚的土地上成活,这 300 多棵葡萄苗正是现在澳大利亚葡萄酒业的基础。1828 年,布斯比创建了澳大利亚葡萄酒业历史上的第一个产区——猎人谷产区。1831 年,布斯比寻访欧洲,探索适宜澳大利亚种植的葡萄品种。19 世纪早期开始,葡萄种植从新南威尔士州向维多利亚州、南澳州和西澳州扩展。1850 年,大部分的产区已经建立起来,澳大利亚的葡萄酒产业开始走向了发展阶段。

(二)澳大利亚葡萄酒的发展

1. 早期阶段

19 世纪中期到 20 世纪中期是澳大利亚葡萄酒业原始资本积累阶段。1852 年,澳大利亚发现金矿,大量淘金者蜂拥而至,为葡萄酒业的发展提供了资金和人力资源。1875 年,澳大利亚也遭遇了根瘤蚜虫灾害的侵袭,由于政府主导严格的隔离措施,很多老藤葡萄树得以幸存。重新种植葡萄园为后来澳大利亚葡萄酒业格局的形成奠定了基础。第二次世界大战期间,啤酒的严重短缺,澳大利亚的葡萄酒受益,销量开始了大幅度提升，这一时期主要的酒品都是甜型的雪莉酒和波特酒，英国人称这些葡萄酒是殖民地葡萄酒。第二次世界大战结束，大量欧洲人移民澳大利亚，饮食习惯逐渐欧洲化，澳大利亚居民的生活水准也不断提高，甜型、加烈的葡萄酒的需求开始变少，澳大利亚的葡萄酒逐渐开始靠近欧洲的主流葡萄酒品种，各种新技术和新思维开始在澳大利亚创造并实现，到了 20 世纪 70 年代中期，干型葡萄酒已经成为主流。

2. 缓慢发展和产业结构变革时期

20 世纪中期到 20 世纪 80 年代初，是产业缓慢发展和产业结构变革时期。在这一期间，澳大利亚葡萄酒开始从生产工艺上进行改进，如不锈钢发酵桶和螺旋盖的使用。在此时期，一些澳大利亚生产的葡萄酒开始在国际葡萄酒市场上引起注意，如奔富酒庄酿酒师麦克斯·舒伯特在这一时期把葛兰许带到世界葡萄酒版图。同时，澳大利亚消费者的葡萄酒偏好也经历了以红葡萄酒为主的佐餐酒到强化酒，再到佐餐红葡萄酒，最后到佐餐白葡萄酒的变革。也是在这个时期，葡萄酒消费者出现了转折性的变化，开始以不同的产区为依据来选择葡萄酒。

3. 繁荣及市场战略期

20 世纪 80 年代初至今，是澳大利亚葡萄酒业的市场战略期。1980 年，澳大利亚限酒令的取消对澳大利亚葡萄酒的销售起到了极大的推动作用。澳币的贬值，促进了澳大利亚葡萄酒出口的迅速增长，而同一时期的"新世界"产酒国都被各种因素影响导致了出口萎靡，这给澳大利亚葡萄酒业带来了巨大的发展良机。从 1985 年开始的长达 20 多年的葡萄酒出口的快速增长，使澳大利亚葡萄酒业进入了产业繁荣期。由于持续的研发投入和科技创新，20 世纪 90 年代初，澳大利亚葡萄酒的质量已经达到很高的水准。

澳大利亚葡萄酒历史比较短，属于快速发展中的新兴葡萄酒市场。为迎合本国消费者需要，当时的市场策略是树立澳大利亚葡萄酒容易入口、果香花香浓郁、价格低廉的形象。20 世纪 90 年代，澳大利亚逐步确立了主要葡萄酒出口国的地位，以科研、创新为基础的产业竞争力也不断加强。为了扫除国际贸易障碍以保证葡萄酒的顺利出口，1994 年，澳大利亚与欧盟达成协议，澳大利亚葡萄酒不再使用一些欧洲国家传统葡萄酒产区名称，如波尔多、勃艮第等。澳大利亚葡萄酒管理局制定了本国的产区标识，并设立了专门的产区标识委员会。澳大利亚的葡萄酒产区标识规定，必须有 85% 以上的葡萄来自酒标上的标识产区。除了产区标识以外，葡萄品种也成为常见的商标标识。这种以葡萄酒品种为基础的商标标识，很快得到了消费者的认可，也成为澳大利亚葡萄酒市场战略的又一个成功案例。

（三）当今澳大利亚的葡萄酒

澳大利亚是全球葡萄酒主要出口国之一。据澳大利亚葡萄酒协会公布的统计数据显示，2016—2020 年，澳大利亚葡萄酒销量总体维持在 12 亿～13.5 亿升，销售额保持小幅增长态势。

1. "新世界"葡萄酒生产国中的最具代表性的国度

葡萄酒业，按照历史和酿造工艺分为"新世界"和"旧世界"。澳大利亚因其阳光比较充裕，酿造的葡萄酒度数相对较高，酒体更加厚重，香气浓郁而成为"新世界"的代表。

2. 性价比高，在国际市场中取得了巨大的成功

澳大利亚葡萄酒产区较多，种植面积较大，葡萄酒质量高，特点明显，价格相对较

低,其中以西拉品种为代表,在国际葡萄酒市场上取得了很大的成功。

3. 以酿造工艺的革新著称,在葡萄酒业拥有全球先进的工业生产技术

"新世界"国家的酿造工艺是采用机械化及科学化的管理,卫星定位机械化采摘能够有效降低人工成本,同时采用气囊压榨机等,在保持"旧世界"国家酿造工艺的同时,也保持了工艺的革新,降低成本。

二、澳大利亚葡萄酒的分级制度

澳大利亚的葡萄酒分级系统没有法律上的规定,因此,澳大利亚葡萄酒是将自由与创新发挥最佳的典范。以下是澳大利亚葡萄酒的权威分级标准。

(一) 按照市场表现和个性分为四等

澳大利亚葡萄酒管理局(Wine Australia)进行的全国葡萄酒评级,将澳大利亚葡萄酒按照市场表现和个性分为四等作为推荐。

1. 品牌之冠

品牌之冠(Brand Champions),是澳大利亚葡萄酒类别中的发动机,是澳大利亚本土及国际市场上容易购买的主流产品。

2. 新锐之星

新锐之星(Generation Next),是为满足享受社交气氛而非仅仅体验葡萄酒特质的人群所设定的酒款。

3. 区域之粹

区域之粹(Regional Heroes),是葡萄品种与产地的完美结合,如巴洛萨的西拉、库纳瓦拉的赤霞珠、克莱尔谷的雷司令、玛格丽特的赤霞珠等。除了品种,同时这些酒又必须是能代表产区特色的、能与当地风土、人文很好的结合。

4. 澳大利亚之巅

澳大利亚之巅(Landmark Australia),是指那些能够代表澳大利亚葡萄酒最高品质,能够在世界上产生伟大影响力的品牌或酒款。

(二) 按兰顿评级系统分为四级

澳大利亚拍卖场上的分级系统,叫作兰顿评级系统,该系统用来展示澳大利亚新兴的葡萄酒拍卖市场上突出表现的佳酿。分级系统包括四个级别:顶级(Exceptional);特级(Outstanding);高级(Excellent);优秀(Distinguished)。

(三) 以五酒杯的评分系统分为四种

这一种也是权威的。专业酒评家詹姆斯·哈利德《澳大利亚葡萄酒指南》一书中,酒品以五酒杯的评分系统进行评级,分为四种:94～100 分是顶尖葡萄酒(Outstanding Wine);90～93 分是强力推荐(Highly Recommended);87～89 分是推荐饮用(Recommended);84～86 分是易于饮用(Acceptable)。其中,只有94～100分的酒品才可以获得五个杯子的标注,成为"五杯酒"标志葡萄酒。同时,一个酒庄中,拥有两款以上五酒杯标志的葡萄酒才可以成为五星级酒庄。

同步思考

> **互动问题：**兰顿评级 2018 年第七版入选酒款为什么会减少？

第二节 新 西 兰

一、新西兰葡萄酒的历史

（一）新西兰葡萄酒的传入

从 1819 年英国传教士塞缪尔·马斯登种植第一个葡萄园（共计 100 种葡萄品种）起到现在，葡萄已经在新西兰这片土地上落户 200 多年。新西兰第一支葡萄酒由英国人詹姆斯·巴斯比于 1839 年在北岛酿出。到了 19 世纪 30 年代晚期，巴蒂斯特·庞帕尼尔主教带来法国葡萄品种，按照法国古老传统，教士们负责种植和酿造做礼拜所用的葡萄酒。这些地方同时也成为现在新西兰葡萄酒八大产区之一霍克斯湾的前身。1880 年，西班牙移民酿酒师约瑟夫·索莱尔在墨尔本国际展览上赢得 6 个奖项；1886 年，他又在伦敦获得大奖。从此，新西兰本土出产的葡萄酒开始受到英国人的喜欢。

（二）新西兰葡萄酒的发展

种植学家 Romeo Bragato 和 1908 年颁布的"禁酒令"对新西兰葡萄酒发展史有着重要的影响。前者为政府提供了积极的葡萄种植报告，指导果农如何选择葡萄品种，由此促使新一轮葡萄种植，并且在 1902 年发现根瘤蚜虫，同时引入抗根瘤蚜虫的砧木和新品种，遗憾的是当时没有多少人听从，造成无数葡萄园被毁。后者极大地影响了整个国家的葡萄酒业。直到 1919 年废除"禁酒令"，新西兰葡萄酒业开始再次发展。20 世纪六七十年代，有关销售葡萄酒的法律继续放宽，新西兰葡萄酒业迎来了繁荣。

20 世纪 80 年代是新西兰葡萄酒业的"梦魇"10 年：过度的生产造成国内需求过剩，引起了猛烈的价格战。各酒厂开始使用限产提价的策略。酒农学会严格按照科学原理限产提高葡萄果实的质量，以海外市场为主，同时新西兰政府在 1986 年按照每公顷纽币 6175 元（折合人民币 35197 元）补贴给葡萄果农，让他们拔除过多的葡萄株，并从 1989 年开始，允许在超级市场和杂货店出售葡萄酒。

（三）当今新西兰的葡萄酒

新西兰是一个小国家，所有产品都是出口导向型。从开始生产葡萄酒之时，就具备

知识活页

了全球市场的思维。虽然新西兰的国内葡萄酒市场一直在增长,2007 年更是达到创纪录的 5100 万升,人均年葡萄酒消费量已经高达 12.2 升,但是由于人烟稀少,再增长的空间极其有限。因新西兰所处地理和气候的特点,新西兰葡萄的生长周期较长,所酿造的葡萄酒有独特而完美的味道,但是遇到浓雾和雨水的风险也会增加,遭遇自然灾害的葡萄果实只能废弃,或被用来做酒精,这种情况使得酿酒成本变高,所以大部分企业都开始生产高档酒。这些因素促成了今天新西兰葡萄酒的高端定位。新西兰放弃了"新来者"比较容易进入的低端散装酒市场,只做中、高档瓶装酒。

二、新西兰葡萄酒的酒标

新西兰酒标和"旧世界"的酒标一样,都必须标明以下几点:生产商、产区、年份、酒精度、容积。只要是新西兰的葡萄酒,一般都会标明"Wine of New Zealand"或者"New Zealand"。这些标示可能在正面酒标下方,或者背标上(见图 5-1)。

葡萄酒:吉布斯顿
产区:中部奥塔哥
含量:750mL

酒庄名:瓦利
品种:黑皮诺
年份:2013
酒精含量:13.5% vol

图 5-1 新西兰酒标

(一)可持续发展

如果在新西兰酒标上找到如图 5-2 所示这个标志——一片黑白分明的银蕨叶子,则说明这瓶酒产自经过可持续发展认证的葡萄园。"可持续发展"是新西兰葡萄酒发展中非常重要的政策,大多数葡萄园都通过了认证。

(二)等级

新西兰有几百年的葡萄种植历史,但是没有葡萄酒分级制度,只有一个产区划分。因此,新西兰酒标上找不到等级信息。

(三)产区

新西兰葡萄酒的原产地命名只是规定酒庄要在酒标上标注葡萄园所在产区,该产区的葡萄比例一定要达到 75% 以上。新西兰产酒的产区分为北岛和南岛。

图 5-2　银蕨叶子

（四）酒庄

大多数"新世界"葡萄酒酒庄,都把自己的酒庄名称或者这款酒的名字标得很大、很醒目。

（五）葡萄品种

新西兰大多数产区种植的都是国际葡萄品种,如赤霞珠、梅洛、霞多丽、黑皮诺、长相思,它们代表的是葡萄品种。酒标上出现这些葡萄名称,代表酒里面相应葡萄品种的比例至少含有 75％。如果一款酒要出口到欧洲或美国,标明的品种比例必须达到 85％以上。

 同步思考

> 问题:红酒橡木桶能使用几年?

本章小结

□ **内容提要**
本章讲述了澳大利亚和新西兰葡萄酒的起源、传入和发展历史。重点介绍了上述地区现阶段葡萄酒的分级、酒标所呈现的具体含义和识别方法。

□ **核心概念**
奔富酒庄;葛兰许;五酒杯;禁酒令;兰顿分级制度;银蕨叶子

□ **重点实务**
在葡萄酒营销过程中,要充分挖掘葡萄酒的历史;侍酒服务中,要学会依据各国法规及分级制度鉴别葡萄酒的等级。

知识活页

同步思考答案

Note

□ 知识训练

一、简答题

1. 为什么有的澳大利亚葡萄酒酒标上的条形码是其他国家的,而不是代表澳大利亚?

2. 澳大利亚拥有最古老的葡萄树吗?

3. 简述澳大利亚葡萄酒的等级制度。

4. 简述新西兰葡萄酒的特点。

5. 新西兰葡萄酒酒标上的银蕨叶子的意义是什么?

二、讨论题

1. 根据所学知识内容,论述澳大利亚葡萄酒的发展历史是怎样的。

2. 相比"旧世界"的葡萄酒生产国,新西兰的葡萄酒历史较为短暂,论述新西兰葡萄酒的发展历史。

□ 能力训练

一、理解与评价

澳大利亚葡萄酒与其他"新世界"产酒国一样并没有悠久的历史,为什么澳大利亚葡萄酒在中国具有广阔的市场?

二、案例分析

澳大利亚葡萄酒的三足鼎立

背景与情境：1788 年,澳大利亚沦为英国的殖民地,此后经历了两段殖民时期,先是罪犯流放殖民地时期,在这段"黑暗年代"的艰难岁月,社会发展非常缓慢;接着是 1830 年以后的公民殖民地时期,这一时期社会发展迅猛,也是澳大利亚政治、经济、文化的奠基期。澳大利亚葡萄酒的"三足鼎立"分别是在新南威尔士、维多利亚和南澳,这三个地方地域非常广,涉及的葡萄酒产区比较多,发展轨迹各不相同,新南威尔士的葡萄酒是由英国人带动的,维多利亚葡萄酒的发展靠的是"淘金热"时期的各国移民,而南澳葡萄酒的发展则是德国人的功劳。

新南威尔士

新南威尔士的核心居住区是悉尼,殖民者要生存,就要在这片土地上种粮食、种水果,但是悉尼比较潮湿,葡萄的收成不太好。詹姆斯·巴斯比获得成功的地方是猎人谷,这里距离悉尼大约两个小时车程,是澳大利亚著名的葡萄酒产区。猎人谷的发现是一个偶然:1797 年,当局追捕犯人到这儿,无意中发现了猎人河,有淡水就容易生存,这里的环境对于农业生产和定居生活来说得天独厚。之后,猎人谷与悉尼之间开始修路,交通便利带动了人口和作物的增加,"葡萄酒之父"詹姆斯·巴斯比也正是在猎人谷创建了澳大利亚最早的葡萄园,葡萄很快成为当地最大的产业。提到猎人谷就不得不说英国人,这里的历史和发展与英国人息息相关。1815 年,拿破仑兵败滑铁卢,欧洲进入和平期,大量的年轻人从军队复员,失业人口猛增,给英国社会带来了巨大的压力和不稳定因素。大英帝国正好占领着澳大利亚，于是，大量的英国移民向往到澳大利亚新大陆发财，猎人谷也成为澳大利亚最早兴起的葡萄酒产区，这里有很多当时英国移民传承下来的酒庄。猎人谷是距离悉尼最近的葡萄酒产区，如果去悉尼的话，可以到猎人谷去看看当地的葡萄酒、美食和历史人文。猎人谷有两个标志性葡萄品种：一个是赛美蓉，另一个是西拉，都很值得尝试。

维多利亚

维多利亚女王是 19 世纪里最有权势的女人，大英帝国的殖民地几乎都留下了她的痕迹，澳大利亚的维多利亚也是用女王的名字命名的。若说猎人谷的首功之臣是英国移民，那么维多利亚的葡萄酒则是多国移民的贡献。1851 年，就在旧金山的金子日渐枯竭的时候，在墨尔本附近的本迪哥又发现了金子，所以墨尔本被称为"新金山"。美国的淘金者，包括大量华工漂洋过海来到"新金山"，移民汇聚于此，人口大量增长，各行各业随之发展，葡萄酒业也因此受益。各国移民的背景和口味不一样，带来的技术和风格也不尽相同，因此，葡萄酒在维多利亚呈多元化的发展，如有类似于西班牙的雪莉酒、葡萄牙的波特酒，也有甜酒等。雅拉谷是维多利亚最早的葡萄酒产地，这里环境优美，有很多著名的酒庄，维多利亚的葡萄酒发展起来后，对猎人谷构成了很大威胁。

今天的维多利亚包括雅拉谷、莫宁顿半岛等众多产地，较有特色的是路斯格兰产区，这里是加强型葡萄酒的胜地，虽然只有 21 家酒庄，但都大名鼎鼎，如莫利斯酒庄、坎贝尔酒庄、钱伯斯酒庄。直到今天，路斯格兰还保持着传统的生产方式，子承父业是这里的最大特色，沿承了好几代人的酒庄不在少数，很多酒庄保留有上百年的巨大橡木桶，非常值得一看。

维多利亚的快速发展使得墨尔本迅速繁荣，这里聚集着大量的人口，形成了多元的文化，是南半球最富裕的城市。1901 年以后，澳大利亚人民想摆脱宗主国的管制，开始要求自己的政治权利，首都就变得非常重要了，但首都定在悉尼还是墨尔本呢？双方争执不下，于是在两个城市之间建了一个首都，即今天的堪培拉。

南澳

南澳是澳大利亚葡萄酒产区最集中的地方，巴罗萨谷是这里最著名的葡萄酒产区，距离南澳首府阿德莱德一小时车程。南澳的葡萄酒产业要归功于德国人。1830 年代，最早在南澳定居的移民就是被迫害的德国新教徒（德国于 1871 年才统一，移民来自罗马帝国的各个邦国），他们来到阿德莱德的同时也带来了种植葡萄和酿酒的技术。如果去阿德莱德，一个必看的景点是汉多夫小镇，这是澳大利亚最古老的德国移民聚居区，小镇沿路两旁的商铺、餐馆、旅舍保留了地道的德国风情，几乎与 19 世纪的德国没什么两样。汉多夫小镇以船长"Hahn"的名字命名，当时是他带领普鲁士和西里西亚新教徒移民漂洋过海来此落脚。小镇的 Hahndorf Inn 旅店里有美味的"咸猪手"，其实就是大肘子，再来上一杯著名的 Coopers 啤酒，一顿地道的传统德国大餐会让人大快朵颐，不过那餐食的分量简直是大到"没朋友"。

澳大利亚具有标志性的葡萄品种是西拉，质量较高的西拉产地当属巴罗萨谷。根瘤蚜虫曾经毁坏了欧洲无数的葡萄园，也波及了世界上绝大多数的产酒国，巴罗萨谷却得以幸免,这里的葡萄非常纯粹,世界上最古老的西拉葡萄藤也在这里,如果去巴罗萨谷,可以到 Longmeil 葡萄园里看一看这些 100 多年的真正老藤。

资料来源　郭明浩:《葡萄酒这点事儿》,湖南文艺出版社,2017

问题:

1. 本案例中,澳大利亚葡萄"三足鼎立"局面形成的历史背景是什么?

2. 从以上材料中可以看出新南威尔士、维多利亚和南澳各有什么特点?

第六章
亚洲葡萄酒的历史

学习目标

职业知识目标:学习和掌握亚洲主要生产葡萄酒国家的历史;从考古发掘和史料记载中分析不同国家葡萄栽培、葡萄酒酿造传入的时间和路径,根据历史资料归纳总结出不同国家葡萄酒发展过程中的不同阶段;掌握亚洲主要国家葡萄酒的法律法规和分级制度,并用其指导葡萄酒的相关认知活动,规范其相关技能活动。

职业能力目标:运用本章专业知识研究亚洲主要国家葡萄酒的传入时间与地点,归纳出亚洲主要国家葡萄酒发展过程中的历史事件,培养与葡萄酒历史相关的分析能力与判断能力;通过不同国家的葡萄酒的发展过程,分析判断不同国家葡萄酒的现状。

职业道德目标:结合亚洲主要国家葡萄酒的历史教学内容,依照现在亚洲主要国家葡萄酒发展现状,归纳出葡萄种植、葡萄酒酿造传入亚洲各国后,不同国家葡萄酒发展的不同特点。

引例

格鲁吉亚轶事

格鲁吉亚人被认为是本地高加索人中的主要群体之一,但在主要种族分类中,他们既不是欧洲人也不是亚洲人。属于南高加索语系的格鲁吉亚语既不属于印欧语系和突厥语系,也不属于闪米特语系。现今的本地人将他们的历史归溯到本地土著居民以及在遥远的古代从安纳托利亚和土耳其方向迁移到南高加索地区的移民身上。

格鲁吉亚还拥有一些东欧地区令人垂涎的美食和烹饪传统。较宝贵和常用的食材有核桃、大蒜、香菜、石榴和万寿菊等。格鲁吉亚烹饪传统主要用于传统晚宴萨普拉或其他盛宴等特殊场合。萨普拉晚宴是由 Tamada 主持的。Tamada 是当地的精神领袖兼晚宴主持人,他们创造出许多慷慨激昂和妙语连珠的敬酒祝词,以此来带领宾客们在几个小时内享用大量的葡萄酒和美食。Tamada 对于格鲁吉亚的文化至关重要。据说,一个好的 Tamada 必须善于雄辩、聪慧过人、思维敏捷且具备良好的幽默感，以便在客人尝试回敬他时能游刃有余。在大多数的敬酒期间，几乎所有的男人都会安静地喝酒，以便细细品味 Tamada 的祝酒中蕴含的智慧和道理。

第一节　格鲁吉亚

一、格鲁吉亚葡萄酒的历史

（一）格鲁吉亚葡萄酒的发现

格鲁吉亚是世界上较早酿造葡萄酒的国家，考古学家考证可追溯到约公元前7000—公元前5000年。更有语言学家指出，英文、法文、德文、俄文中"葡萄酒"一词均来自格鲁吉亚卡特维利语中的"Ywino"（葡萄酒）。

考古学家在马尔诺里镇附近山谷中的丹格罗李-戈拉遗址中发现了大量公元前7000年的葡萄种子。其形态学特征和分类学分析证实，这些种子属于"欧亚葡萄栽培亚种"。考古学家认为，公元前7000年，最早的葡萄酒酿造技术在格鲁吉亚出现；公元前3000—公元前2000年，格鲁吉亚的葡萄酒酿造技术得到发展；公元前2000—公元前1000年，葡萄的栽培方式开始由玛格拉瑞向达布拉里转变。以上三个历史阶段的论断已被考古人员在格鲁吉亚不同地区中发现的镰刀、Qvevri 陶罐以及其他的葡萄酒酿造工具所证实。1966年，考古人员在特蒂里-茨卡罗地区的贝德尼山区海拔1700～1800米的地方发现了葡萄种子和葡萄藤的遗迹。考古学家推测，这些葡萄种子属于公元前2000年的提亚勒蒂（Trialeti）文化，这些葡萄藤表面裹着一层薄薄的银箔，推测在当时被用来祭祀。这一发现也印证了格鲁吉亚历史悠远并流传至今的高山酿酒习俗。在格鲁吉亚西部和东部地区，人们至今仍然将葡萄汁运到山上发酵。与18世纪瓦赫唐六世国王下令将葡萄汁运至高乔里山海拔1300～1400米处酿酒的做法一致。18世纪，格鲁吉亚著名历史学家瓦赫什蒂·巴托尼什维利王子根据是否适宜葡萄生长，将格鲁吉亚分为高地和低地，适合种植的为低地地区，不适合的则为高地地区。公元4世纪，格鲁吉亚成为基督教国家，葡萄酒和葡萄藤被赋予了全新的象征意义，在格鲁吉亚，葡萄酒开始被视为耶稣基督的受难宝血。在《格里高尔·坎茨特里生平》和《伊奥尼和厄克夫蒂姆的一生》（公元10—11世纪）这两本书中详细介绍了葡萄栽培过程中的难点、要点。

在卡赫基古老的寺庙周围有野葡萄树和葡萄园，神职人员会酿造圣礼和聚餐用的葡萄酒。这里延续着用陶罐酿酒的古法工艺，被称为"奎弗瑞"的陶罐都是老古董——黏土烧制，圆锥形尖底儿，有几百斤重，容量最大可至3000升（见图6-1）。酿酒前，要先把埋在地下1米多深的陶罐挖出来，因为易碎，挖的过程要异常小心，陶罐中的土也要全挖出来后才能把陶罐抬出来。然后经过清理消毒,把陶罐搬运到酒窖,再用绳子揽住罐底,重新埋入土中。

图 6-1 陶罐酿酒

因为奎弗瑞是被埋在地下的,这种方法让葡萄回归了泥土,最原始的土壤赋予了葡萄酒更多的特点。土壤的温度一年四季几乎是恒定的,葡萄酒在凉爽而安静的环境下培养,能够充分表达出葡萄本身的风格特色,同时也有很大的陈储潜力。由于酿造的过程中,酒液与葡萄皮渣和梗混在一起,使得酿出的葡萄酒风味醇厚、色泽绚丽并隐约传递出苹果干和核桃香气,富含单宁,这为葡萄酒增加了诸多有益成分。

(二)格鲁吉亚葡萄酒的发展

公元 12—13 世纪,诗人伊奥尼·沙夫特里在诗中提到对葡萄藤进行"精心修剪"的概念,表明当时人们开始认识到合理修剪对葡萄园的重要意义,修剪方式的基本原则也广为人知。13 世纪,蒙古人的入侵使得格鲁吉亚的葡萄种植业陷入暂时的停滞,直到 16 世纪,葡萄种植才重新复苏,迎来了产业复兴。人们开始重建酒窖,与邻邦的葡萄酒贸易也逐渐恢复。在特穆拉茨一世国王和瓦赫唐六世国王统治时期,出现了多种以原产地命名的葡萄酒,如波奴里、霍纳布居里、孔多卢里等。这种命名方式逐渐被人们接受并广泛使用。最早对格鲁吉亚葡萄酒进行原产地命名的瓦库什蒂·巴托尼什维利,在其所著的《格鲁吉亚王国纪实》一书中,除了提到原产地葡萄酒,还提到了产自卡赫基地区阿赫麦塔和马纳微的葡萄酒,以及大批量生产并经常出口到国外的卡尔特里、伊梅列季、古里亚和明戈瑞利亚等产区的葡萄酒。19 世纪初期的前二三十年,格鲁吉亚葡萄酒酿造业的发展并不景气。到了 19 世纪 30 年代末,格鲁吉亚葡萄酒的品质开始与欧洲葡萄酒相媲美,而最早的欧洲式酒厂也在格鲁吉亚东部和西部地区建成。

19 世纪 50 年代,枯萎病和霉菌病等藤本植物病害在格鲁吉亚开始蔓延,80 年代达到顶峰。30 年间,格鲁吉亚西部的大部分玛格瑞拉葡萄园被这场灾难所摧毁。1895 年,从美国引进的伊萨贝拉葡萄品种在明戈瑞利亚地区玛格瑞拉葡萄园占

75％，在古里亚地区葡萄园占 50％。此后，伊萨贝拉成为阿布哈兹地区葡萄酒酿造的主要品种。格鲁吉亚葡萄酒的名声在俄国"十月革命"（1917 年 11 月 7 日）以前达到鼎盛。

　　1921 年，格鲁吉亚革命委员会颁布了第一部关于葡萄酒酿造的法令，宣布葡萄酒贸易自由化，并于一年后建立了首批苏维埃葡萄园和合作社。格鲁吉亚实行葡萄酒业大一统局面的措施始于 1950 年，当时政府决定在 500 多个葡萄品种中只保留 16 个葡萄品种用于酿酒，同时对已有的葡萄酒编号系统进行改革。1959 年，所有的葡萄酒酿造公司都被收编于格鲁吉亚国家葡萄酒局旗下。20 世纪 70 年代，葡萄品种迅速锐减，一些杂交品种被种植，其产量成为当时葡萄酒酿造业的全部重心。1993—1997 年，格鲁吉亚葡萄酒酿造业迎来了新纪元。这一时期，格鲁吉亚酿造了首批现代化葡萄酒酒厂和酒窖，如 GWS·格鲁吉亚葡萄酒与蒸馏酒公司、蒂里阿尼公司和特拉维酒窖公司，葡萄多年的大丰收也为格鲁吉亚葡萄酒业的振兴提供了保障。自 20 世纪 90 年代后期以来，格鲁吉亚葡萄酒酿造业得到了不断发展，涌现出诸多小型葡萄酒生产商，其中一些厂商采用生物动力法来酿造葡萄酒。

二、格鲁吉亚葡萄酒的法律法规

　　从 2019 年 4 月 1 日起，格鲁吉亚正式启动技术法规——《关于制定葡萄原产地烈酒的一般规则以及法律程序、材料和物质清单》。该技术法规旨在确定管理、加工和分销酒精饮料的一般原则，保护消费者权利。2017 年，格鲁吉亚政府在《葡萄与葡萄酒法修正案》中对此法规进行了构想。到目前为止，在葡萄酒生产方面已制定了类似的文件，但葡萄原产地酒精饮料生产行业（如白兰地、恰恰和蒸馏酒等）仍缺乏相应的法规。该法规的制定遵循了国际葡萄与葡萄酒组织（OIV）的建议，明确了一些术语的定义、目标和范围、监管对象的一般要求、葡萄原产地烈酒种类和生产的一般规则，以及标签、代理、营销和使用官方名称的要求等。

三、格鲁吉亚葡萄酒的酒标、分级制度

　　格鲁吉亚早在 100 多年前就有类似法国波尔多的法定产区制度，分级也分为地区级和村庄级，东产区占 80％、西产区占 20％。

（一）酒庄、酒标

酒庄、酒标（Winery/Trade Mark），即该款葡萄酒的出处，酒庄名不应在葡萄起源地、年龄、身份上有误解之意，只提供引导性说明。

（二）容量

容量（Volume），要标出每瓶酒的容量，且字体高度不得低于 3.3 毫米。

（三）年份

年份（Vintage），是指葡萄收成的年份，法规没有强制要求标示，是可选择的。若标

示,则表示至少85%的葡萄是采用该年份收成的葡萄。

(四) 设计

设计(Design),必须反映食物的真实特性,如显示"葡萄酒"此词或其品种。

(五) 地理标示

地理标示(Geographical Indication),葡萄产区的地理标示是可选择的。若标示单一葡萄产区,则至少85%的葡萄来自该葡萄产区;如为"Blend",至多标示3个葡萄产区,则超过95%的葡萄来自这些产区,其中单一产区的葡萄至少含5%。

(六) 原产国

原产国(Country of Origin),要求标示该葡萄酒的生产国。

(七) 葡萄品种

葡萄品种(Grape Varieties),格鲁吉亚法规并没有限制可以酿制葡萄酒的品种,也没有强制要求标示葡萄品种。但若要标示,则必须遵循以下规定。
(1) 标示单一葡萄品种,至少85%的葡萄是采用该葡萄品种。
(2) 如为"Blend",至多标示5个葡萄品种,标示的品种要超过整体95%,单一品种至少5%。
(3) 如标示3个品种,总标示品种要超过85%,单一品种至少20%。

(八) 酒精含量

酒精含量(alc/vol),要求标出该葡萄酒酒精含量。

(九) 过敏源声明

过敏源声明(Allergens Declaration),要求酒标上必须清楚地标示酒中添加了哪些添加剂,如使用二氧化硫、牛奶、鸡蛋,则必须声明。

(十) 标准杯

标准杯(Standard Drinks),酒杯图案表示标准杯的意思,图案中必须声明标准杯酒的数量。

(十一) 酒款系列

酒款系列(the Range),表示该款葡萄酒的系列信息。

 同步思考

问题:"新世界"与"旧世界"葡萄酒产区的区别是什么?

同步思考
答案
▼

第二节 伊　朗

一、伊朗葡萄酒的历史

（一）伊朗葡萄酒的发现

波斯（今伊朗）也是较早酿造葡萄酒的国家。考古学家在伊朗北部扎格罗斯山脉的一个石器时代晚期的村庄里挖掘出的一个罐子，证明人类在距今 7000 多年前就已饮用葡萄酒。美国宾夕法尼亚州立大学麦戈文教授在给英国的《自然》杂志的文章中指出，这个罐子产于公元前 5415 年，其中有残余的葡萄酒和防止葡萄酒变成醋的树脂。

（二）伊朗葡萄酒的发展

伊朗西拉子地区种植过葡萄的证据最早可以定位到公元前 2500 年，当时葡萄幼苗从山上被引入伊朗西南部平原。到了 14 世纪，西拉子葡萄酒在波斯诗人哈菲兹的诗歌中流芳百世，而哈菲兹之墓也被人凭吊至今。17 世纪 80 年代，法国钻石商人让·夏尔丹游历到了波斯，造访了阿巴斯大帝的宫殿，并参加了奢华精致的宫廷宴会，因此留下了欧洲第一份关于西拉子酒味道的记载。"那是一种烈性酒"，法国历史学家弗兰西斯·理查兹说道。他同时也是研究夏尔丹的专家。

1935 年，波斯国王礼萨·汗宣布国际上该国应被称作"伊朗"。但"波斯"一词在这之后还有人使用。在 1979 年伊朗爆发伊斯兰革命前的几百年里，伊朗一直保持着酿酒传统，中部城市西拉子曾是伊朗的酒文化中心。伊朗革命后，新政权下令禁酒，关闭了酿酒厂，摧毁了商业葡萄园，将几千年的酿酒文化尘封进了历史。

二、伊朗葡萄酒的法律法规

在伊朗，禁酒被写入了法律并得到严格落实，所以在与伊朗人同席时不可饮酒。因为同席时饮酒是对他们信仰的大不敬，在送礼时酒也是必须避开的。纯粹的穆斯林认为：酒是乱性之物，一旦喝醉，就会胡言乱语，神志不清，无法正常进行礼拜，而且也会发生因酒醉而失和甚至犯罪的情况。

伊朗是中东伊斯兰教大国，其大部分法律设计都源于伊斯兰教法。而"禁止饮酒"是被写进《古兰经》的。因此，酿酒、卖酒和饮酒，都是违法行为，违反者会被处以鞭刑或罚款。而"屡教不改者"，可能会被判刑甚至处死。

第三节　中　　国

一、中国葡萄酒的历史

（一）中国葡萄酒的发现

大部分学者都认为葡萄酒的起源在中亚和西亚，但从中国葡萄酒的起源和发展史来说，中国也是世界葡萄及葡萄酒的起源中心之一，甚至比国外的欧亚种葡萄酒要早1500年。

世界葡萄酒格局分为"旧世界"和"新世界"。此外，还有很多国家既不在"新世界"，也不在"旧世界"，但却是葡萄酒的起源国，世界葡萄酒的酿造历史才7000年，3000年前才传到了希腊，1000多年前才传到了法国，而7000年前的中国已经出现葡萄酒。

中国是世界葡萄属植物的起源中心之一。原产于中国的葡萄属植物约有30种（包括变种）。例如，分布在中国东北、北部及中部的山葡萄，以及产于中部和南部的葛藟、产于中部至西南部的刺葡萄、分布广泛的蘡薁等，都是野生葡萄。我国最早有关葡萄的文字记载见于《诗经》，在3600年前的殷商时代，人们已采集并食用各种野生葡萄了。在中国南方的崇山峻岭就有野生葡萄藤爬上树枝生长，证明这种葡萄不可能是从国外引进的欧亚种葡萄，当今的欧亚种葡萄在中国南方不采取避雨栽培，根本无法存活。《周礼·地官司徒》记载："场人，掌国之场圃，而树之果蓏、珍异之物，以时敛而藏之。"郑玄注："果，枣李之属。蓏，瓜瓠之属。珍异，蒲桃、批把之属。"这句话译成今文就是："场人，掌管廓门内的场圃，种植瓜果、蒲桃（葡萄）、批把（枇杷）等物，按时收敛贮藏。"如此可以看出，在约3000年前的周朝，我国已有了本地葡萄和葡萄园，人们已知道怎样贮藏葡萄。

（二）中国葡萄酒的发展

1. 汉武帝时期——我国葡萄酒业的开始

我国的欧亚种葡萄是在汉武帝建元年间，历史上著名的大探险家张骞出使西域时从大宛带来的。大宛，古西域国名，在今中亚的塔什干地区，盛产葡萄、苜蓿，以汗血马著名。在引进葡萄的同时，还招来了酿酒艺人。据《史记·大宛列传》，汉武帝时期，"离宫别观旁尽种蒲萄"，可见汉武帝对此事的重视，并且葡萄的种植和葡萄酒的酿造都达到了一定的规模。我国的栽培葡萄从西域引入后，先至新疆，经甘肃河西走廊至陕西西安，其后传至华北、东北及其他地区。

到了东汉末年，由于战乱和国力衰微，葡萄种植业和葡萄酒业也极度困难，葡萄酒异常珍贵。《三国志·魏志·明帝纪》中，裴松之注引汉赵岐《三辅决录》："（孟）佗又以蒲桃酒一斛遗让，即拜凉州刺史。"可见当时葡萄酒身价之高。

2. 魏晋南北朝时期——我国葡萄酒业的恢复及葡萄酒文化的兴起

到了魏晋南北朝时期，葡萄酒的消费和生产又有了恢复和发展。从当时的文献以及文人名士的诗词文赋中可以看出当时葡萄酒消费的情况。魏文帝曹丕喜欢喝酒，尤其喜欢喝葡萄酒，还把自己对葡萄和葡萄酒的喜爱和见解写进诏书，告之于群臣。有了魏文帝的提倡和身体力行，葡萄酒业得到恢复和发展，使得在后来的晋朝及南北朝时期，葡萄酒成为王公大臣、社会名流筵席上常饮的美酒，葡萄酒文化日渐兴起。此后，中国在种植张骞引进的欧亚种葡萄的同时，也人工种植我国原产的葡萄。

3. 唐朝——灿烂的葡萄酒文化

隋文帝重新统一中国后，经过短暂的过渡，即到了唐朝的"贞观之治"及100多年的盛唐时期。这期间，由于疆土扩大，国力强盛，文化繁荣，喝酒已不再是王公贵族、文人名士的特权，老百姓也普遍饮酒。盛唐时期，社会风气开放，不仅男人喝酒，女人也普遍饮酒。

盛唐时期，人们不仅喜欢喝酒，而且喜欢喝葡萄酒。因为到唐朝为止，人们主要是喝低度的米酒，但当时普遍饮用的低度粮食酒，无论从色、香、味的任何方面，都无法与葡萄酒媲美，这就给葡萄酒业的发展提供了市场空间。

当时，葡萄酒业面临着的真正发展机遇是：在国力强盛，国家不设酒禁的情况下，唐高祖李渊、唐太宗李世民都十分钟爱葡萄酒，唐太宗还喜欢自己动手酿制葡萄酒。盛唐时期，社会稳定，人民富庶，帝王、大臣都喜好葡萄酒，民间酿造和饮用葡萄酒也十分普遍。

4. 宋朝——我国葡萄酒业发展的低潮期

宋朝葡萄酒业发展的情况可以从苏东坡、陆游、元好问等人的作品中看出来。苏东坡一生仕途坎坷，多次遭贬。在不得意时，很多亲朋故旧音讯全无。只有太原的张县令，不改初衷，每年都派专人送葡萄来。苏东坡的《谢张太原送蒲桃》写出了当时的世态，也记录了葡萄酒的盛况："冷官门户日萧条，亲旧音书半寂寥。惟有太原张县令，年年专遣送蒲桃。"到了宋朝，太原仍然是葡萄的重要产地。南宋当时的临安虽然繁华，但葡萄酒却因为太原等葡萄产区已经沦陷，显得稀缺且名贵。经过战乱，真正的葡萄酒酿酒法在中土已失传。除了从西域运来的葡萄酒外，中土自酿的葡萄酒，都是按《北山酒经》上的葡萄与米混合后加曲的"葡萄酒法"酿制的，且味道也不好。

5. 元朝——我国葡萄酒业和葡萄酒文化的鼎盛时期

元朝立国虽然只有90余年，却是我国古代社会葡萄酒业和葡萄酒文化的鼎盛时期。元朝的统治者十分喜爱马奶酒和葡萄酒，元世祖在"宫城中建葡萄酒室"（《故宫遗迹》），更加促进了葡萄酒业的发展。在政府重视、各级官员身体力行、农业技术指导具备、官方示范种植的情况下，元朝的葡萄栽培与葡萄酒酿造有了很大的发展。葡萄种植面积大，地域广，酿酒数量多。除河西与陇右地区（今宁夏、甘肃的河西走廊地区，并包括青海以东地区和新疆以东地区和新疆东部）大面积种植葡萄外，北方的山西、河南等地也是葡萄和葡萄酒的重要产地。为保证官用葡萄酒的供应和质量，元朝政府在太原与南京等地开辟了官方葡萄园，并就地酿造葡萄酒。其质量检验的方法也很奇特，每年农历八月，将各地官酿的葡萄酒取样"至太行山辨其真伪。真者下水即流，伪者得水即冰冻矣"。

在元朝，葡萄酒常被元朝统治者用于宴请、赏赐王公大臣和赏赐外国或外族使节。

同时,由于葡萄种植业和葡萄酒酿造业的大力发展,饮用葡萄酒的不仅是王公贵族,平民百姓也常饮用葡萄酒。朝廷允许民间酿葡萄酒,而且家酿葡萄酒不必纳税。当时,在政府禁止民间私酿粮食酒的情况下,民间自种葡萄,自酿葡萄酒十分普遍。

6. 明朝——我国葡萄酒业的低速发展时期

明朝是酿酒业大发展的新时期,酒的品种和产量都超过前世。明朝虽有过酒禁,但放任私酿私卖,政府直接向酿酒户、酒铺征税。由于酿酒的普遍,不再设专门管酒务的机构,酒税并入商税,按“凡商税,三十而取一”的标准征收。这样极大促进了蒸馏酒和绍兴酒的发展。而相比之下,葡萄酒则失去了优惠政策的扶持,不再有往日的风光。

7. 清末民国初期——我国葡萄酒业发展的转折期

清朝,尤其是清末民国初期,是我国葡萄酒发展的转折点。由于海禁的开放,葡萄酒的品种增多。除国产葡萄酒外,还有多种进口酒。清末民国初期,葡萄酒不仅是王公贵族的饮品,在一般社交场合及酒馆里都有。1892年,爱国华侨实业家张弼士在烟台芝罘创办了张裕酿酒公司,并在烟台栽培葡萄。这是我国葡萄酒业经过2000多年的漫长发展后,出现的第一个近代新型葡萄酒厂,贮酒容器也从瓮改用橡木桶。

我国的葡萄酒生产虽有悠久的历史,在人类社会的发展进程中,也曾有过辉煌的鼎盛时期,但由于朝代更迭,战乱不断,最终并没有像法国、意大利、西班牙等国家那样连续地发展与壮大。到清末民初,由于国力衰败,战火不断,人民连最基本的温饱都得不到满足,我国的葡萄酒发展进入了转折点,葡萄酒文化和葡萄酒业也颓废败落。

(三) 当今中国的葡萄酒

中国自产的葡萄酒为了攻克葡萄酒酿造技术难题,1978年,中华人民共和国轻工业部成立了干红葡萄酒研制领导小组。经过科研人员5年的努力,1983年,中国第一瓶干红葡萄酒在河北昌黎诞生。“北戴河牌”干红葡萄酒的诞生填补了中国干红葡萄酒的历史空白,也开创了中国葡萄酒发展的新征程。

据国家统计局数据显示,2019年中国葡萄酒产量达到了45.1万千升,与2018年相比减少了17.8万千升,累计下降10.2%。截至2020年4月,中国葡萄酒产量为3.3万千升,同比增长26.9%。累计方面,2020年1—4月,中国葡萄酒累计产量达到9.1万千升,累计下降27.2%。

在进口量方面,2019年中国葡萄酒进口量达到了662294千升,累计下降9.2%。截至2020年4月,中国葡萄酒进口量为2915万升,同比下降47.8%。累计方面,2020年1—4月,中国葡萄酒进口量达到15990万升,相比2019年同期减少了90513.6万升,累计下降25.3%。

在进口金额方面,2019年中国葡萄酒进口金额达到了3536446千美元,累计下降9.7%。截至2020年4月,中国葡萄酒进口金额为138961千美元,同比下降48.5%。

在累计方面,2020年1—4月,中国葡萄酒进口金额达到733117千美元,相比2019年同期减少了331919千美元,累计下降31.1%;2020年1—4月,中国葡萄酒进口均价为45.85千美元/万升。2020年1—4月,葡萄酒进口量和进口金额同比均下降,同期国产葡萄酒的降幅有所收窄,但规模以上企业实现销售收入26.7亿元,下降37.9%;利润0.6亿元,下降了79.5%。

知识活页 ▼

二、中国葡萄酒的法律法规

《中华人民共和国工业产品生产许可证管理条例实施办法》规定,对酒类等直接关系人体健康的加工食品等一系列重要工业产品实行生产许可证制度管理;《葡萄酒及果酒生产许可证审查细则》中,对葡萄酒生产企业的基本生产流程及关键控制环节必备的生产资源、产品相关标准原辅材料要求、检验及判定原则等进行了规定。

国家质检总局(现国家市场监督管理总局)和国家标准委共同颁布的《中华人民共和国国家标准——葡萄酒》(GB 15037—2006),规定了葡萄酒的术语和定义、产品分类、要求、分析方法、检验规则和标志、包装、运输、贮存。

环保部(现生态环境部)发布的《中华人民共和国国家环境保护标准:清洁生产标准葡萄酒制造业》(HJ 452—2008)规定了葡萄酒制造业清洁生产的一般要求。

商务部发布的《葡萄酒原酒流通技术规范》(SB/T 10711—2011),规定了葡萄酒原酒流通过程的技术要求,适用于葡萄酒原酒的监督检查、运输和贮存。

三、中国葡萄酒的分级制度

中国的葡萄酒目前没有统一的行业规范,执行的标准也不统一。大多数企业根据年份划分葡萄酒质量的等级,也有按照葡萄的产地、树龄、品种、窖藏年限等划分。而这些因素都存在一定的片面性。我国目前只有张裕解百纳葡萄酒实现了与国际接轨的分级制度。

(一) 大师级

大师级葡萄酒,深宝石红色,香气纯正、浓郁,具有成熟果香,如黑加仑浆果香气、橡木香,橡木香与酒香协调,有陈年香气,入口柔和,口感圆润、丰满,芳香持久,具有结构感,典型性强。

(二) 珍藏级

珍藏级葡萄酒,深宝石红色,香气纯正、优雅、愉悦,具有成熟浆果香气,橡木香与酒香协调、典雅,有陈年香气,入口柔和,口感圆润、醇厚,芳香持久,有骨架,品种具有典型性。

(三) 特选级

特选级葡萄酒,宝石红色,香气纯正、优雅,果香浓郁,橡木香较浓郁,口感舒顺、较醇厚,具有结构感,品种具有典型性。

(四) 优选级

优选级葡萄酒,宝石红色,香气纯正、优雅,果香浓郁,具有橡木香,口感协调、舒顺,品种具有典型性。

Note

同步思考

同步思考
答案
▼

问题：在中国葡萄酒产区中，为什么贺兰山东麓距离"东方波尔多"更近？

本章小结

☐ **内容提要**

本章讲述了格鲁吉亚、伊朗和中国的葡萄酒起源、传入和发展历史。重点介绍了上述地区现阶段葡萄酒的法律法规和分级制度。

☐ **核心概念**

奎弗瑞；陶罐；西拉子；张裕解百纳葡萄酒

☐ **重点实务**

在葡萄酒营销过程中，要充分挖掘葡萄酒的历史；侍酒服务中，要学会依据各国法规及分级制度鉴别葡萄酒的等级。

本章训练

☐ **知识训练**

一、简答题

1. 格鲁吉亚葡萄酒在世界上有什么地位？

2. 格鲁吉亚的陶罐酿酒是怎样的？

3. 简述目前中国葡萄酒文化的发展趋势。

4. 中国葡萄酒市场的特点是什么？

二、讨论题

1. 根据所学知识内容，论述如何识别葡萄酒的酒标。

2. 葡萄酒是否起源于格鲁吉亚？格鲁吉亚的葡萄酒如何？

3. 中国属于"新世界"葡萄酒产区吗？

☐ **能力训练**

一、理解与评价

大家一提到葡萄酒，可能都会认为葡萄酒起源于欧洲，因为说到欧洲葡萄酒历史大家首先会想到法国。我们通过对欧洲葡萄酒历史的学习知道法国葡萄酒并没有悠久的历史，也没有众多的名庄，葡萄酒真正的起源地是西亚里海与黑海之间的外高加索山脉一带。那么，葡萄酒为什么会起源于这里呢？

Note

二、案例分析

中国悠久灿烂的葡萄酒历史文化

背景与情境："葡萄美酒夜光杯，欲饮琵琶马上催。"唐代诗人王翰用精炼的诗句表达出盛唐时期诗人对于葡萄酒的喜爱。葡萄酒在中国已经有2000多年的文化传承，它起始于汉魏，灿烂于盛唐，鼎盛于元朝，转折于清末，到当今已经发展成为深受普通大众所喜爱的酒精饮品。

我国早在汉朝时期，即公元前206年（汉武帝建元年间）以前，就已经开始种植葡萄，并且有了葡萄酒的生产酿造。司马迁曾在《史记》中首次记载了葡萄酒的信息。

公元前138年，外交家张骞奉汉武帝之命出使西域，看到"宛左右以蒲陶为酒，富人藏酒至万余石，久者数十岁不败。俗嗜酒，马嗜苜蓿。汉使取其实来，于是天子始种苜蓿、蒲陶肥饶地。及天马多，外国使来众，则离宫别馆旁尽种蒲陶，苜蓿极望"（《史记·大宛列传》）。大宛是古西域的一个国家，位于中亚费尔干纳盆地。

这一史料充分说明了我国在西汉时期，已经从邻国学习并掌握了葡萄种植和葡萄酿酒技术。西域自古以来一直是我国葡萄酒的主要产地。我国栽培葡萄的技术从西域引入后，先至新疆，经甘肃河西走廊至陕西西安，其后传于华北、东北及其他地区。

自张骞将西域的葡萄及酿造葡萄酒的技术引进中原后，促进了中原地区葡萄的栽培和葡萄酒酿造技术的发展。在两汉时期，葡萄酒成为当时皇亲国戚、达官贵人享用的上等珍品佳酿。

据《太平御览》卷972引《续汉书》云："扶风孟佗以葡萄酒一斗遗张让，即以为凉州刺史。"这句话是说一个叫孟佗的人拿了相当于现在20升（合约26瓶）的葡萄酒贿赂张让，结果换得了凉州刺史一职。这一历史典故说明在东汉时期，葡萄酒是相当珍贵的。

唐朝是我国葡萄酒酿造史很辉煌的一段时期，葡萄酒的酿造已从宫廷走向民间，葡萄酒在内地开始有了较大的影响。

《太平御览》记载，唐贞观十三年（640年），唐军在李靖的率领下攻破高昌国（今新疆吐鲁番），唐太宗从高昌国获得马乳葡萄种和葡萄酒酿造法后，不仅在皇宫御苑里大种葡萄，还亲自参与葡萄酒的酿制。酿成的葡萄酒不仅色泽很好，味道也很好，并兼有清酒与红酒的风味。

李白十分钟爱葡萄酒，他在《对酒》中写道："蒲萄酒，金叵罗，吴姬十五细马驮。青黛画眉红锦靴，道字不正娇唱歌。玳瑁筵中怀里醉，芙蓉帐底奈君何。"其中记载了葡萄酒可以像金叵罗一样，作为少女出嫁时的陪嫁物，可见葡萄酒在当时已经在民间普及了。

元朝立国虽然只有90余年，却是我国古代社会葡萄酒业和葡萄酒文化的鼎盛时期。元朝统治者对葡萄酒非常喜爱，规定祭祀太庙必须用葡萄酒，并且还在山西太原、江苏南京开辟葡萄园，1291年，元世祖更是在宫中建造葡萄酒室。

元朝的《农桑辑要》中，有指导地方官员和百姓发展葡萄生产的记载，已经达到了相当高的栽培水平，并且当时已经有大量的葡萄酒产品在市场上销售。

意大利人马可·波罗在元朝政府供职17年，他所编著的《马可·波罗游记》中记载：在山西太原府，那里有许多葡萄园，酿造很多的葡萄酒，贩运到各地去销售。所以，山西那里早就流传一首这样的诗："自言我晋人，种此如种玉，酿之成美酒，令人饮不足。"由此可知，当地的百姓早已把种植葡萄、酿造葡萄酒，看成是一件很自豪的事情。

清朝康熙皇帝也是一位热衷于饮用葡萄酒的皇帝。康熙在一次疟疾之后，养成了每天喝一杯葡萄酒的习惯，一直到其去世。他认为常常饮用葡萄酒是很有好处的。

我国的葡萄酒生产虽有悠久的历史，在人类社会的发展进程中，也曾有过辉煌的鼎盛时期，但由于朝代更迭，战乱不断，最终并没有像法国、意大利、西班牙等国家那样连续发展与壮大。

到清末民初，由于国力衰败，战火不断，人民连最基本的温饱都得不到满足，我国的葡萄酒发展进入了转折点，葡萄酒文化和葡萄酒业也颓废败落。

直到 1892 年，爱国华侨实业家张弼士在烟台芝罘创办了中国第一家葡萄酿酒公司，即张裕酿酒公司。他在烟台建立了葡萄园，从西方引进了优良的葡萄品种，引进了机械化生产方式，并且将贮酒容器也从瓮改用橡木桶。

这是我国葡萄酒业经过 2000 多年的漫长发展后，出现的第一个近代新型葡萄酒厂，从此，我国的葡萄酒生产技术上了一个新台阶。之后，青岛、北京、清徐、吉林长白山和通化等葡萄酒厂相继建立，这些厂的规模虽然不大，但我国葡萄酒工业的雏形已经形成。

资料来源　https://www.wine-world.com/culture/zt/20131006232056688

问题：

1. 我国葡萄酒发展过程中经历了几个重要时期？

2. 从以上材料中可以看出，我国葡萄酒是本土产物还是舶来品？请说说你的看法。

CHAPTER

2

第二部分　葡萄酒的风土

第七章
欧洲葡萄酒的风土

引例

2021年法国葡萄采收报告

2021年，法国的葡萄园从春走到秋，经历了抽芽、开花、坐果、果实成熟以及采摘等一系列的旅程。那么，这一年法国的葡萄收成情况如何？

对于法国来说，2021年是一个颇具挑战性的年份，葡萄在生长季经受了霜冻、冰雹、龙卷风以及霉菌侵染等诸多困难。其中，对法国葡萄酒业造成较大损失的当属4月初的霜冻，当时，连续几天的霜冻席卷法国，波尔多、勃艮第、罗讷河谷和香槟等产区的许多葡萄园都受到了不同程度的影响。根据法国政府的早期估计，这场霜冻损毁了法国将近30%的葡萄园。仅在霜冻过去的两周后，法国政府公布了一项12亿美元（约合人民币76.53亿元）的紧急援助计划，用于扶持葡萄园种植者和农业生产者，这次受灾情况之严重可见一斑。此外，夏季暴雨和高温给葡萄园带来的霉菌威胁也产生了不小的影响。在法国北部的阿尔萨斯产区，几乎近百年未曾一遇的暴雨和夏季高温相互作用，让霉菌病尤其是白粉病暴发。这也导致即使受霜冻影响较小，阿尔萨斯2021年的葡萄总产量仍然低于近五年的平均水平。同时，香槟、勃艮第等多个产区也或多或少地受到了霉菌的威胁。其中,香槟产区在因霜冻损失了近30％葡萄产量后,又因受霉菌感染损失了25％～30％的葡萄产量,可谓是损失惨重。

在一系列的挑战之下,法国的葡萄酒业遭受了不小的损失。根据OIV的相关数据统计,法国在2021年的葡萄酒总产量大约为34.2亿升,与2020年相比跌幅高达27％,与过去五年总产量的平均值相比也下降了约22％。OIV的总干事保罗·乐卡还表示,2021年将是法国自1957年以来葡萄酒产量最低的一年。

虽然2021年葡萄酒的整体产量大幅下降,但不少产区和酒庄也收获了品质非常不错的葡萄果实,酿出的葡萄酒值得期待。在法国波尔多,虽然8月一直都颇为凉爽,但9月的理想天气一直持续到10月,为葡萄果实达到理想的成熟度提供了有利条件,因此能够出产一些成熟而优雅的佳酿。

资料来源 https://www.wine-world.com/culture/zx/20211119182804946

第一节 法 国

法国的葡萄酒历史可追溯至公元前600年左右,那时希腊人来到了现在的法国马赛地区,并带来了葡萄树和葡萄栽培技术。法国人认为,他们拥有独特的气候和土壤,这些气候造就了品质卓越的法国葡萄酒。法国酿造了世界上许多高品质的葡萄酒,这个是毫无争议的。法国人把葡萄与气候、土壤、种植、酿造、人文完美地融合在一起,酿造出了让人流连忘返的卓越美酒。目前,在全球最值得收藏和投资的葡萄酒中,法国葡萄酒几乎占了80％。这样的傲人成绩让新、旧葡萄酒世界毫无争议地把葡萄酒世界的皇冠戴到法国的头上。

法国的葡萄种植面积高达100多万公顷,产量上,它与意大利、西班牙等国几乎轮番属于世界头号产酒国。法国全境都可以种植葡萄,葡萄品种多样。法国是很多葡萄品种的发源地,葡萄酒类型多样,几乎所有的葡萄酒都能在法国找到。

一、自然环境及葡萄酒发展状况

法国地处北纬45°～48°,地势东南高西北低,大致呈六边形,三面临水,南邻地中海,西濒大西洋,西北隔英吉利海峡与英国相望。法国本土西部属海洋性温带阔叶林气候,南部属亚热带地中海气候,中部和东部属大陆性气候。大部分产区以砾石、黏土为主,少数产区以石灰岩为主。法国得天独厚的气候条件及土壤使其成为葡萄酒的主要产地。

法国曾有"浪漫的葡萄酒帝国"之称,法国葡萄酒不仅名气大,对法国而言分量也重:每年84亿欧元的产值,其中50多亿欧元产值的葡萄酒用于出口,解决了30万个工作岗位,人们常说,葡萄酒就是法国的名片。法国葡萄酒文化随着法国社会文明一起成长发展,可以说葡萄酒文化已渗透进法国人生活的方方面面,在宗教、政治、文化、艺术等领域中人们都可以看见它的踪迹和影响。正如有句法国谚语所说:"打开一瓶法国葡

Note

萄酒,就像打开了一本书。"葡萄酒文化不仅表现了法兰西民族对精致美好生活的追求,它也是法国文明和文化不可分割的一个重要部分。

法国是世界上拥有葡萄酒品种最多的国家,白葡萄酒、桃红葡萄酒、起泡酒、红葡萄酒品种齐全,种类繁多,其中最重要的是红葡萄酒。其历史悠久的传统葡萄种植技术和酿造工艺,与现代化葡萄酒酿造方法相结合,使得法国红葡萄酒更具贵族气质。

二、葡萄品种

法国葡萄品种种类繁多,世界主流的品种几乎都可以在法国找到,法国也是很多主流酿酒葡萄的发源地,每个产区有法定的葡萄品种。这些品种大多属于主流欧洲葡萄品种系,占总葡萄品种的90%以上。

(一)红葡萄品种

1. 梅洛

在法国红葡萄品种榜单上,位居榜首的是梅洛(Merlot)。该品种在法国的总种植面积超过10万公顷。它果粒中等偏小,呈球形、青黑色,皮厚适中,果肉多汁(见图7-1)。在法国,它的天堂是波尔多右岸。在这里,梅洛常与风味更浓、单宁更重的赤霞珠搭配酿制葡萄酒。一方面,梅洛葡萄可以使葡萄酒的口感变得更加柔顺,酒体更加丰满;另一方面,赤霞珠可以增加葡萄酒中的单宁,提高葡萄酒的酸度,让果香更加浓郁。

扫码看
彩图

图7-1 梅洛葡萄

2. 歌海娜

在法国,歌海娜(Grenache)的总种植面积也达到了近10万公顷。该品种果大皮薄,含糖量高,酸度低,单宁含量适中,香气浓郁,十分适合酿制桃红葡萄酒(见图7-2)。在法国,它的优质产区是南罗讷河谷,这里的歌海娜经常与西拉、慕合怀特和神索进行混酿。歌海娜酿造的葡萄酒清爽柔顺,果香浓郁,深受人们喜爱。

Note

图 7-2　歌海娜葡萄

3．佳丽酿

佳丽酿(Carignan)在法国的总种植面积约为 9.5 万公顷。在法国，它主要分布在朗格多克-露喜龙产区。采用佳丽酿生产出来的红葡萄酒有时颜色较淡，酒精含量高，味道淡雅。但在适当的条件下，由它所酿造的红葡萄酒可呈深色，酒的质感如丝绒般柔滑。佳丽酿也适合混酿，去皮可酿成白葡萄酒或桃红葡萄酒。

4．赤霞珠

被誉为"葡萄酒品种之王"的赤霞珠(Cabernet Sauvignon)，在法国的总种植面积约为 5.5 万公顷。它偏爱温、热气候，晚熟，皮厚，粒小，籽多，高色素，高酸，用其酿造的葡萄酒单宁高、香气浓郁(见图 7-3)。法国波尔多左岸是赤霞珠的优质产区，这里出产的赤霞珠葡萄酒酒体丰满，酸度高，单宁充沛，黑色浆果风味突出，经橡木桶陈酿后可以发展出烟草、雪松等更加复杂的香气，层次复杂。年轻的赤霞珠葡萄酒比较艰涩，但是成熟后却异常优雅柔顺，耐久藏。

图 7-3　赤霞珠葡萄

5. 西拉

西拉(Syrah)在法国总种植面积与赤霞珠相差不远,约为 5.2 万公顷。西拉葡萄同赤霞珠葡萄非常相似,果小皮厚,颜色深黑,在寒冷地区往往无法完全成熟。在法国,西拉在北罗讷河谷表现最出色。这里光照条件好,排水性能佳,酿制出的西拉葡萄酒强劲有力,层次复杂,适合陈年。

6. 品丽珠

品丽珠(Cabernet Franc)在法国总种植面积约为 3.5 万公顷。该品种偏爱温度低而泥土湿润的地区,钟情于大陆性气候,适合生长在排水通畅的土壤上(见图 7-4)。它主要种植在波尔多右岸和卢瓦尔河谷产区,此外,它在波尔多左岸的梅多克、格拉夫产区也有种植。通常来说,品丽珠葡萄酒酒体在轻盈和适中之间,香气明显,果味比赤霞珠葡萄酒更直接,有时带有一些草本植物香气。

扫码看
彩图

图 7-4　品丽珠葡萄

7. 佳美

佳美(Gamay)是一个非常古老的勃艮第葡萄品种,最早于 1395 年出现在文献中。研究显示,佳美是皮诺和白高维斯自然杂交的后代(见图 7-5)。

扫码看
彩图

图 7-5　佳美葡萄

佳美的发芽期和成熟期都较早,枝叶并不茂盛,但是产量高,需要控制产量,特别是种植在肥沃土地上和炎热环境中的佳美。用佳美葡萄酿造的葡萄酒一般适宜早饮。它在法国总种植面积与品丽珠不相上下,主要种植于法国卢瓦尔河谷、勃艮第和博若莱等地区。其中,博若莱地区的品质优异,独树一帜的博若莱新酒就是采用佳美葡萄酿制的。

　　8. 神索

　　神索(Cinsault)在法国的总种植面积约为 3.1 万公顷,主要分布在法国的朗格多克、普罗旺斯地区。它喜高温,抗风抗旱,颜色适中,优雅而富有果香,用它酿造的葡萄酒酸度低、单宁柔和,其适合酿造桃红葡萄酒和新酒(见图 7-6)。

图 7-6　神索葡萄

　　9. 黑皮诺

　　黑皮诺(Pinot Noir)被誉为"红葡萄品种之后"。它在法国的总种植面积接近 3 万公顷。该品种适宜在温凉气候条件下和排水良好的土壤中栽培种植,抗病性较弱,皮薄易腐,产量较低,成熟期适中偏早(见图 7-7)。法国勃艮第及香槟产区是黑皮诺在法国的优质产区,在勃艮第,黑皮诺是唯一一种被允许用来酿造红葡萄酒的葡萄品种。采用黑皮诺葡萄酿成的葡萄酒一般颜色都比较浅,单宁含量适中。

　　(二) 白葡萄品种

　　1. 霞多丽

　　在法国,霞多丽(Chardonnay)的总种植面积约为 3.5 万公顷。该品种属于早熟葡萄品种,香气并不浓郁(见图 7-8)。采用霞多丽葡萄酿成的葡萄酒酒液呈淡黄色,清澈透亮,酸度适中,余味持久。在法国北部的夏布利,这里气候较寒冷,霞多丽酿制出的葡萄酒酒体轻盈,酸度较高,是带有青苹果和青柠檬香气的葡萄酒。而在稍温暖的勃艮第,霞多丽葡萄酒则会更多地呈现出柑橘类的香气。

图 7-7 黑皮诺葡萄

图 7-8 霞多丽葡萄

2. 长相思

长相思(Sauvignon Blanc)在法国的总种植面积约为 2.1 万公顷。长相思钟情于温和的气候,特别喜欢生长在石灰质土上(见图 7-9)。卢瓦尔河谷中部的桑塞尔和普伊-富美是法国较知名的长相思葡萄产区,寒冷的气候让这里的干白长相思葡萄酒具有很高的酸度,酒体适中,带有适中的植物味。此外,该品种在法国的波尔多也表现得较为出色,波尔多大部分白葡萄酒都是由赛美蓉和长相思混酿而成的。

3. 赛美蓉

赛美蓉(Semillon)在法国的总种植面积约为 1.5 万公顷,主要分布在波尔多地区。该品种皮薄,在潮湿的环境下,容易滋生葡萄孢灰霉菌,是酿制贵腐类甜酒的较佳对象(见图 7-10)。在法国的波尔多地区,它是知名苏玳甜酒的主要原料。此外,赛美蓉也常与长相思葡萄混合酿制干型白葡萄酒。

图 7-9　长相思葡萄

图 7-10　赛美蓉葡萄

4. 白诗南

　　白诗南(Chenin Blance)适合温和的海洋性气候及石灰和矽石土质,所产葡萄酒常有蜂蜜和花的香气,酸度强。白诗南植株长势较强,丰产,为中晚熟品种,较抗寒,抗病力中等,不裂果。白诗南在法国的种植面积约 1 万公顷,主要种植在卢瓦尔河谷中部地区,它或许是世界上较"多才多艺"的葡萄品种,既可用于酿制一些品质优、酒龄长的甜白葡萄酒,也可用来酿制一些初级餐酒。此外,它还可以用来酿制起泡酒。

同步
案例

法国酒标为何不标注酿酒葡萄

　　背景与情境:法国的葡萄酒标为何不将酿制此酒的葡萄品种标出？这种信息是不是藏在了酒标的某个角落呢？为什么每次购买波尔多葡萄酒的时候,总是看到此

Note

酒的产区,而从未看到葡萄品种呢?

实际上,法国葡萄酒的酒标上不写明葡萄品种,是因为该国拥有极其复杂的原产地名称保护制度。法定原产地名称保护制度(AOC),对法国葡萄酒的品种原料、酒精含量、最高产量、栽培方式、葡萄园的修剪方法以及酿酒工艺等方面都做出了严格的规定。另外,每一个大的产区内又细分成很多小产区,产区越小,葡萄酒的质量一般也会越高。该制度对何地可以栽培何种葡萄也做出了详细的规定,还对当地葡萄酒最后的调配比例做出了明确规定。总的来说,酒标上标示出的所有信息都是有法律规定的。人们也可从中看出,酒标上的其他信息已经暗含了此酒所用的酿酒葡萄品种。

资料来源 https://www.wine-world.com/

问题:法国葡萄酒的酒标上不写明葡萄品种,除上述原因之外,法国酒标的特点还能说明什么?

分析提示
▼

三、葡萄酒产区

法国葡萄酒有 11 个产区,其中知名的葡萄酒产区包括波尔多、勃艮第、罗讷河谷、香槟区等(见图 7-11)。波尔多以产浓郁型的红葡萄酒闻名于世。勃艮第则以清淡优雅

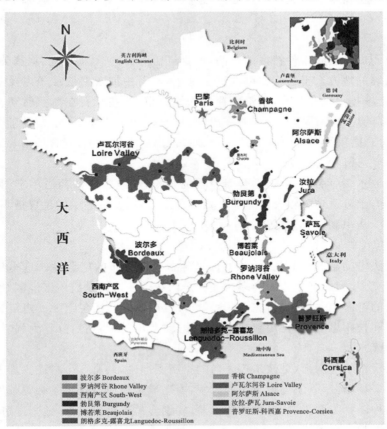

图 7-11　法国葡萄酒产区图

型红葡萄酒和清爽典雅型白葡萄酒著称。罗讷河谷生产果味浓郁、香料十足的西拉葡萄酒和甜美饱满的歌海娜红葡萄酒。香槟区酿制世界闻名、优雅浪漫的起泡酒。

（一）波尔多产区

波尔多（Bordeaux）产区位于法国西南部，西邻大西洋，吉伦特河穿城而过，它是一个港口城市，便于葡萄酒的输出，为波尔多打开国际知名度提供了便利条件。波尔多是世界优质葡萄酒产区，葡萄种植面积约12.8万公顷，年产8亿瓶葡萄酒。其中，AOC级葡萄酒占到总产量的95%以上，是法国产量最大的AOC葡萄酒产区。波尔多产区被三条河流切割开，来自中央山地的多尔多涅河和源自比利牛斯山的加龙河在波尔多交汇成吉伦特河后流入大西洋。波尔多葡萄酒产区大致分为左岸和右岸、两海之间。位于加龙河和多尔多涅河两大河之间的产区被称为"两海之间"（Entre-Deux-Mers）。左岸、右岸、两海之间这三大产区不仅仅是地理上的差别，更代表了风格不同的波尔多葡萄酒。

波尔多气候温和，很少有霜害或冰雹，阳光充足，非常适合葡萄的成熟。波尔多地区分布着近8000个不同的酒庄。波尔多的葡萄园通常高密度种植，有些葡萄挂果带或枝叶茂密地带会距离地面较近，是为吸收地面反射的热量，以帮助葡萄更好地成熟。波尔多普遍采用机器采摘葡萄，但顶级酒庄则一贯坚持手工采摘，以确保获得高品质的原料。

1. 左岸

左岸位于加龙河和吉伦特河的左侧，主要包括梅多克、上梅多克、格拉芙和苏黛，是波尔多最温暖的地方。土壤主要以砾石土为主，砾石中散布多层沙子以及富含养分的黏土，这种土壤排水性非常好，利于葡萄树深深扎根，那些砾石在冰河时期不断沉淀下来，在西南部的比利牛斯山脉形成时露出地面。砾石可以反射阳光，帮助葡萄获得更多的热量，十分适合晚熟的赤霞珠。这里葡萄种植以赤霞珠为主，混合梅洛、品丽珠等。

（1）梅多克和上梅多克。

这里是波尔多著名的产区，适合赤霞珠的生长，酿制的红葡萄酒单宁细腻、口感强劲、结构平衡，十分适合陈年。这里拥有众多名庄，在消费者心中的位置极高，如圣爱斯泰夫、波亚克、圣祖利安、玛歌等。

（2）格拉芙。

格拉芙法语的意思是"砾石"，可见这里砾石土壤分布的广泛性。这里梅洛种植的比例比梅多克多，因此红葡萄酒会多一些甜美的味道。这里是波尔多地区红、白葡萄酒都十分知名的产区。一级庄侯伯王（Chateau Haut-Brion）就在此区。格拉芙的白葡萄酒用赛美蓉和长相思混酿，再用新橡木桶熟成，颜色偏柠檬黄色，陈年力强。

（3）苏黛。

苏黛位于波尔多南部，是波尔多著名的贵腐酒产区，共有5个村庄。加龙河使得当地形成早上多雾潮湿、下午温暖干燥的天气，为生成贵腐原料提供了必要条件。这里种植的葡萄品种以赛美蓉为主，这种葡萄皮薄，特别容易感染贵腐霉，适合酿造贵腐酒，并会加入长相思和密斯卡岱增添酸味和香气。摘取贵腐葡萄多数需要手工挑选，而且经常需要分批多次采收，非常花时间和人工成本，因为采收和酿造过程的烦琐，苏黛的甜

Note

白酒是全世界上浓郁奢华的甜酒,散发出浓郁的蜂蜜、杏桃、蜜橘、葡萄干的香气。其中,最著名的就是有"天下第一甜酒"之称的滴金酒庄。

2. 右岸

右岸位于多尔多涅河和吉伦特河流向的右边。这里的土壤以黏土和沙土为主,气候更加凉爽、持水性更强,适合早熟的品种生长。这里最有名的是圣埃美隆和波美侯产区,由于距离海洋相对较远,所以其受海洋性气候影响较小。

(1) 圣埃美隆产区。

圣埃美隆小镇坐落于波尔多东北部 35 千米处,是著名的世界文化遗产,保留着中世纪小镇的古朴风情。圣埃美隆葡萄酒的发展离不开一个叫 Emilion 的修道士,该镇的名字就是以他的名字命名的。圣埃美隆是波尔多最古老的产区,共有 5400 公顷的葡萄园。这里地形复杂,土壤以黏土和沙质土为主,混合少量的砾石,葡萄酒的风格变化多端。葡萄主要以梅洛为主,有些地区会更多地使用品丽珠,有时使用新法国橡木桶熟成。由于海洛的比例高,圣埃美隆葡萄酒总体呈现出酒体丰满、酒精度高、单宁顺滑、容易入口的特点,带有红色水果以及李子的香气。

(2) 波美侯产区。

波美侯是波尔多最小的葡萄酒产区,总占地面积约 1200 公顷。现今这个产区共拥有近 800 公顷的葡萄园和 150 家葡萄酒生产商,波美侯产区每年仅出产约 35 万箱葡萄酒。波美侯产区种植着 70% 的梅洛、25% 的品丽珠,剩余的 5% 种植着赤霞珠和马尔贝克。波美侯产区的土壤以黏土为主,这种黏土由石灰岩退化而成,蕴含丰富的营养物质、钙质和微量元素,对葡萄的生长十分有利;再加上梅洛发芽较早、较赤霞珠易于成熟的特点,其采摘时间一般比波尔多其他地区更早。

右岸许多著名的酒庄都位于波美侯产区,其中柏图斯酒庄(Chateau Petrus)生产出波尔多最贵、最受追捧的酒款。其他名庄包括老色丹酒庄(Vieux Chateau Certan)、拉弗尔酒庄(Chateau Lafleur)、里鹏酒庄(Chateau Le Pin)、柏图斯之花酒庄(Chateau La Fleur-Petrus)等。

3. 两海之间

两海之间的土壤以石灰质和沙质为主,主要生产较清淡的干红和干白葡萄酒,但因其地理位置较靠近南边,也有品质不错的甜白酒和贵腐酒产出。

波尔多是世界闻名的混酿产区,尤其是红葡萄酒,波尔多左岸以赤霞珠为主,搭配梅洛、品丽珠,三者的混酿通常被称为"波尔多混酿"。波尔多右岸葡萄酒酿造以梅洛为主,搭配赤霞珠、品丽珠等,所以整体来看右岸酿造的葡萄酒由于梅洛成分居多,口感相对柔顺,而左岸酿造的葡萄酒口感则硬朗很多。

波尔多产区孕育了许多世界知名的酒庄。著名的葡萄酒酒庄有拉菲古堡酒庄(Chateau Lafite Rothschild)、拉图酒庄(Chateau Latour)、玛歌酒庄(Chateau Margaux)、木桐酒庄(Chateau Mouton)、侯伯王酒庄(Chateau Haut-Brion)、白马酒庄(Chateau Cheval Blanc)、欧颂酒庄(Chateau Ausone)、大宝城堡(Chateau Talbot)、玫瑰山庄园(Chateau Montrose)、龙船庄园(Chateau Beychevelle)、金钟酒庄(Chateau Angélus)等。其中,拉菲古堡酒庄、拉图酒庄、玛歌酒庄、木桐酒庄、侯伯王酒庄为 1855 年分级中的一级酒庄,这 5 家一级酒庄就是人们常说的"波尔多五大名庄"。

知识活页
▼

知识活页
▼

（二）勃艮第产区

勃艮第（Burgundy）产区位于法国东部，远离大西洋，主要为大陆性气候，冬季干燥寒冷，春季伴有霜害，夏、秋季虽温和，但常有冰雹。勃艮第常年阴天小雨，降雨分布均匀，少有暴雨，下雨的天数平均而密集，旱季和雨季并不明显，越往南雨越多，夏布利产区的降水量最少。勃艮第有很多谷地，如果田块位于谷口，夜晚谷底会有凉爽的风吹过，不但可以起到预防霉病的效果，低温还可以为葡萄保持适中的酸度。

勃艮第呈南北走向，以丘陵为主，从北到南相差了 200 千米。地形与气候的复杂多变，使得这里的葡萄酒口感与气味也丰富多样。这里是顶级霞多丽的主产区，北部产区气候凉爽，酿造的霞多丽葡萄酒酸度极高，酒体活泼清新，而南部产区气候温暖，经常酿造出带橡木桶与黄油风味的霞多丽葡萄酒，酒体饱满浓郁。

除此之外，勃艮第也是全球优质的黑皮诺产区。用其酿造的葡萄酒显著的特征为宝石红色泽、轻盈的酒体、单薄的单宁、较高的酸度，香气多呈现樱桃、覆盆子等红色水果的气息，清新自然，陈年后慢慢转化为蘑菇、雪茄、皮革的味道。

与波尔多混酿不同，勃艮第以酿造单一葡萄品种著称。除了黑皮诺、霞多丽，这里还种植着 8% 的佳美和 6% 的阿里高特葡萄。这里的每个子产区、每个葡萄园都有独特的微气候及土壤条件，葡萄酒风格迥异，主产区主要集中在金丘区。

勃艮第产区与波尔多分级不同，该地是以葡萄园为基础进行的分级，共划分为 4 个等级，分别为大区级（Regionale）、村庄级（Village）、一级园（Premier Cru）和特级园（Grand Cru）。大区级是当地的主要类型，是该地入门级葡萄酒。村庄级为第二级别，酒标以村庄名命名，如夏山-蒙哈榭、玻玛等，约占总量的 1/3。一级园是指在法定村庄内比较有特色的、优质的地块，在当地约有 600 个，占总产量的 10%，酒标会出现"Premier Cru"字样，如果是单一村庄的一级园，酒标上则会增加村庄名。特级园是勃艮第葡萄酒的精华所在，数量极少，占 1%～2%，只有 30 多个。

1. 夏布利产区

该产区位于勃艮第最北端，气候寒冷，葡萄成熟度有限，是勃艮第地区仅有的白葡萄酒产区，以出产高酸、果香清爽的霞多丽而著称。该地区有一种叫作"Kimmeridgean"的石灰质土壤，这种松软的白色泥灰岩中夹带着很多小牡蛎化石。这种土壤容易种植出品质优秀的白葡萄品种，酿出的白葡萄酒具有酸味明显、口感紧致的特点。夏布利所有的葡萄酒都是干型的，中等酒体，中等酒精度，酸度高，以青苹果和柠檬风味为主。总体酿酒工艺中不使用或很少使用橡木桶，只有极少数生产商在高品质、高级别的酿造中使用到橡木桶。夏布利的酒，工艺从简单到复杂不等，价格为中段到高价位不等，但整体影响力还是要小于南部。夏布利葡萄采摘较多地采用机械化手段，但在特殊地形或山坡上的特级葡萄园，使用手工采摘的比例更大。

2. 金丘产区

该地区是勃艮第的精华所在，分为夜丘和伯恩丘，共有 32 家特级园，出产世界经典的黑皮诺和霞多丽葡萄酒。这里属于典型的大陆性气候，山坡朝南、日照充足。金丘以黑皮诺名扬海外，出产的红葡萄酒果香馥郁，酒质细腻，这里集合了勃艮第最多的特级园，其中香贝丹园（Le Chambertin）、拉塔希园（La Tache）、里奇堡园（Richebourg）、罗曼尼·康帝园（Romanee-Conti）都是大名鼎鼎的出产世界优质黑皮诺葡萄酒的特级园。

伯恩丘产区位于夜丘南侧,葡萄种植面积大。勃艮第著名的白葡萄酒特级园大多数位于此处,有蒙哈榭园(Montrachet)、比维纳斯-巴塔-蒙哈榭园(Bienvenues-Batard-Montrachet)、骑士-蒙哈榭园(Chevalier-Montrachet)、巴塔-蒙哈榭园(Batard-Montrachet)等。

3. 夏隆内丘产区

这里有性价比较高的黑皮诺葡萄酒和精彩的勃艮第起泡酒。夏隆内丘优质的AOC葡萄酒分布在5个村庄内,分别是吕利(Rully)、梅尔居雷(Mercurey)、日夫里(Givry)、蒙塔尼(Montagny)和布哲宏(Bouzeron)。布哲宏使用勃艮第另一个法定品种Aligote酿酒,因为质量优秀而闻名。这5个村庄都位于非常难得的土层之上,有多层侏罗纪时期的石灰岩,并有泥灰岩的表层。

4. 马贡产区

马贡是勃艮第最大的产区,该产区位于勃艮第最南端,地势平坦,土壤多为黏土,以冲击土为主。马贡位于法国南北部交界地带,这里受到一些地中海气候的影响,十分温暖。相比北部的夏布利产区,这里的采收要提前两周左右。这里盛产结构感突出、饱满、充满核果浓郁果香的霞多丽葡萄酒。最知名的产区是村庄级的普伊-富赛(Pouilly-Fuisse)。

勃艮第知名酒庄众多,包括:罗曼尼康帝酒庄(Domaine de la Romanee-Conti)、勒桦酒庄(Domaine Leroy)、亨利·贾伊酒庄(Domaine Henri Jayer)、卢米酒庄(Domaine Georges&Christophe Roumier)、阿曼卢梭父子酒庄(Domaine Armand Rousseau Pere et Fils)、法维莱酒庄(Domaine Faiveley)、勒弗莱酒庄(Domaine Leflaive)、大金杯酒庄(Domaine Gros Frere&Soeur)、杜加酒庄(Domaine Dugat-Py)、约瑟夫杜鲁安酒庄(Domaine Joseph Drouhin)、拉芳酒庄(Domaine des Comtes Lafon)、阿尔伯特必修酒庄(Domaine Albert Bichot)、路易拉图酒庄(Domaine Louis Latour)、宝尚父子酒庄(Domaine Bouchard Pere&Fils)、路易亚都酒庄(Domaine Louis Jadot)等。

罗曼尼康帝酒庄是世界知名酒庄,拥有众多特级园。出产的葡萄酒每年都位列"全球50大最贵葡萄酒"榜单。罗曼尼康帝酒庄最昂贵的葡萄酒要属罗曼尼康帝园葡萄酒,产量极为稀少,每年仅6000瓶左右,不及拉菲古堡酒店的1/50。要想购买一瓶罗曼尼康帝园葡萄酒,必须要搭买上酒庄11瓶其他园葡萄酒。因此,罗曼尼康帝葡萄园干红葡萄酒也被誉为"勃艮第之王",被称为"百万富翁能买到的酒,却只有亿万富翁才喝得到"。

 教学互动

互动问题:根据已经掌握的法国葡萄酒产区知识,对比说明波尔多产区与勃艮第产区的风土特点。

要求:

1. 教师不直接提供上述问题的答案,引导学生结合本节教学内容就此问题进行独立思考、自由发表见解,组织课堂讨论。

2. 教师把握好讨论节奏,对学生提出的典型见解进行点评。

（三）博若莱产区

博若莱（Beaujolais）产区位于勃艮第南部，属于典型的大陆性气候，夏季炎热，秋季漫长干燥，产区北部多为山坡，土壤底层为坚硬的花岗岩，矿物质含量丰富，非常适合佳美葡萄的生长，因此，该产区能种出优质的佳美，酿出风味独特的红葡萄酒。

提到博若莱产区，人们就会想到一年一度的博若莱新酒节。博若莱新酒采用的是一种当地发明的独特的酿酒方法，被称为"二氧化碳浸渍法"。该方法是将整颗葡萄浸在充满碳酸的密闭缸中，在一个缺氧的状态中发酵，5～15 天后再榨汁，然后再把酒汁移到一般的槽中，靠着葡萄皮上的天然酵母完成发酵，酿出来的酒容易入口、颜色鲜亮、带有鲜明的水果味和低单宁的口感。博若莱新酒节是每年 11 月的第三周的周四，现在该节日已经成为一个世界性的节日。新酒是使用当年收成的葡萄，在 9 月 11 日后下桶酿造，经由酒商推广到全世界各主要都市。因此，每年博若莱新酒开卖，都像庆典一样，成为人们的一个话题。

博若莱酒分为 4 个等级，分别是博若莱（Beaujolais）、明星博若莱（Beaujolais Superieur）、村庄博若莱（Beaujolais Village）及列级博若莱（Cru Beaujolais）。

博若莱酒比较清淡，高酸，适宜与多种食物搭配，尤其和中餐搭配自如，深受欢迎。

（四）罗讷河谷产区

罗讷河是法国的重要河流，是连接地中海、北欧和大西洋的重要通道，是古代法国内陆贸易最重要的河道。如今，罗讷河谷（Rhone Valley）是法国第二大 AOC 产区，拥有 67628 公顷的葡萄园。

罗讷河谷位于法国东南部，从法国中部一直延伸到地中海，由北到南。根据地理气候，一般将罗讷河谷分为南、北两块。北罗讷河从维埃那城开始一直向南延伸至瓦朗斯，约 40 千米长，呈带状，以大陆性气候为主，当地多山谷、河谷，地势不平。葡萄园多位于陡峭的河岸和山坡上，要筑成阶梯状，以防止水土流失，有些坡度甚至达到 60°。山坡朝向东南或南面，背风向阳，阳光明媚。这里夏季炎热，冬季严寒，常年有降雨，年日照时间达 2350 小时，冬季不会过于寒冷，葡萄能顺利过冬。蒙特利马尔以南开始则是南罗讷河谷产区，地域宽广，属于地中海气候。气温高，日照充足，年日照时间达 2740 小时，雨量充沛，时而有干冷的强风，夏季相对炎热干燥，冬季温和晴朗，著名的密史脱拉风会对葡萄园造成破坏。土壤种类多样，以河流的冲积土壤为主，有鹅卵石、石灰石，排水性好，容易积聚热量，土壤贫瘠，赋予葡萄酒强劲有力、酒精度高、架构紧实、耐存的特点。河流冲积土是泥灰岩和由上古冰川冲刷形成的冲积土，为这里的葡萄酒带来结构感与一定的芳香。

土壤是成就罗讷河谷的一个关键因素。罗讷河谷坐落于古老的中央高原基底与年轻的阿尔卑斯山之间，是一条崩塌的通道，北边是属于中央高原古老的喷发岩，南边是中生代（侏罗纪和白垩纪）的海洋沉积，以石灰岩为主，形成了今天的蒙米拉花边山和旺度山等。北罗讷河谷土壤以花岗岩为主，排水性好，赋予葡萄酒良好的结构，精致细腻、酸度平衡感好，适合酿制独具风格的西拉红葡萄酒和芳香四溢的白葡萄酒。

这里的葡萄品种种类繁多，达 20 种，以红葡萄酒酿造为主。北罗讷河谷只使用西拉这一个品种,西拉是该地区的王牌品种。在该产区,西拉种植在北部陡峭的山坡上,葡萄绑缚在一根或两根人工撑竿上,为园地建设增加了非常多的成本。这里的西拉葡萄酒呈现深宝石红色,中等到浓郁的香气,常带有紫罗兰、黑莓、黑胡椒和草本香气,酸度和单宁一般呈中高状态,质感强劲,口味有别于澳大利亚的西拉子。南罗讷河谷由于气候和地质条件适宜多种葡萄的栽培,葡萄种类较多,酿酒风格上类似波尔多,葡萄酒习惯用多种葡萄调配酿制。其品种主要有歌海娜(占总种植面积的72%)、西拉(占10%)、慕合怀特(占7%),还有神索、维欧尼、玛珊、瑚珊、克莱雷、布布兰克等,白葡萄品种仅占7%,数量较少。这里的红葡萄酒大致带有胡椒、香料、果香等气味;白葡萄酒则以清新的花香、果香、蜜香见长。

罗讷河谷产区也有众多知名的酒庄,如北罗讷河谷的吉佳乐酒庄(Chateau E. Guigal)、杰美特酒庄(Chateau Jamet)、乔治维尔奈酒庄(Chateau Georges Vernay)、格里叶堡酒庄(Chateau Grillet)、嘉伯乐酒庄(Domaine Paul Jaboulet Aine)、莎普蒂尔酒庄(Chateau M. Chapoutier)、坦恩酒庄(Chateau Cave de Tain)、德拉斯兄弟酒庄(Chateau Delas Freres)、圣约瑟夫酒庄(Chateau Saint-Joseph);南罗讷河谷的博卡斯特尔酒庄(Chateau de Beaucastel)、稀雅丝酒庄(Chateau Raysa)等。

(五) 阿尔萨斯产区

阿尔萨斯(Alsace)位于法国的东北角,与德国相邻,产区形状狭长,分为南、北两部分:上莱茵和下莱茵。产区西边是著名的孚日山脉,东边则是莱茵河。这条曲折的莱茵河正好成为德、法天然的国土分界线。从文化上说,阿尔萨斯是德国文化与拉丁文化交集最密集的地区,从更久的历史和人们的生活方式来看,阿尔萨斯的文化属于德国文化范畴,当地很多菜式、建筑都继承德国文化。不管酒瓶类型、食物特点还是酒标标识,都能看到很多德式风格的影子。

阿尔萨斯有着凉爽的大陆性气候,秋季漫长而干燥,这得益于孚日山脉挡住了西边吹来的富含雨水的风,但孚日山脉西侧的洛林却成为全法国最潮湿的地区,而阿尔萨斯则成为全法国最干燥的地区。这里年均降雨量为500毫米,夏季晴朗、炎热,秋季干燥、凉爽,年日照时长超过1800小时。在这种情况下,如果遇到较炎热的年份,干旱就成为当地的一个问题。夏季偶尔会出现暴风雨夹杂冰雹,有时寒冷的冬季会让葡萄休眠,也有可能出现极冷的天气,进而冻死葡萄藤。

阿尔萨斯气候寒凉,这里的酒农更乐意将葡萄种植于陡峭的斜坡上,这样能更好地采光及避开寒冷的气流。斜坡的坡度有时能达到40度,一般为东向或东南向,特别是位于北部的下莱茵省的葡萄园,往往由于气温偏低,葡萄不能充分成熟,种植在斜坡上就显得特别重要。阿尔萨斯地区地质结构复杂,土壤类型十分丰富。较高的山坡上土壤贫瘠,以花岗岩、片麻岩、片岩、火山岩、黏土为主;而山脚下多以石灰岩、砂岩、黏土、泥灰土为主;平原地区最重要的土壤为冲积土。不同的土壤类型造就出不同的葡萄酒风格,一般黏土、泥灰土地区出品的葡萄酒风格更为饱满、浓郁;而石灰岩、砂岩地区出品的葡萄酒风格更为轻盈、优雅,结构更加明晰;片岩、片麻岩地区出品的葡萄酒则更容易展现出矿物风味。

阿尔萨斯有法国"白葡萄酒之乡"的美誉,白葡萄酒占当地总产量的90%以上。

阿尔萨斯葡萄酒大多以单一葡萄品种酿制而成，以酒风纯粹见长，但也有少数酒庄喜欢进行多品种调配。该产区的葡萄酒以清新紧致的花香与果香著称，是世界公认的优秀白葡萄酒产区。雷司令、琼瑶浆、灰皮诺、麝香葡萄是该地"四大贵族"品种。雷司令是种植最广泛的葡萄品种，其种植面积占到20%。这里最好的雷司令葡萄酒为干型葡萄酒，酒体饱满，具有中等到中等偏高的酒精度，高酸度，散发着浓郁的燧石似的矿物风味，这与德国摩泽尔出品的轻酒体、半甜、高酸风格的雷司令葡萄酒形成鲜明对比。

阿尔萨斯比较出色的葡萄园有：索恩堡（Schoenenbourg），主要种植雷司令；朗让（Rangen），当地土壤类型主要为火山土壤，出品的葡萄酒更具力量与活力；汉斯特（Hengst），这里的土壤富含铁元素，因此雷司令葡萄酒中酚类物质含量更高，黑皮诺葡萄酒富含更多的色泽和单宁，这里最出彩的葡萄品种为琼瑶浆；盖斯堡（Geisberg），这里阳光充沛，多风的微气候使得葡萄酒既能完美成熟，又能拥有清新的酸度和精致的结构感；城堡山（Schlossberg），这里历史悠久，从15世纪开始就名声在外，当地土壤多以花岗岩、片麻岩和石英组成，这种土壤有非常好的保温效果，它能够将热量储存起来，并反射到葡萄园中，帮助葡萄顺利成熟。雷司令是城堡山最闪耀的一颗明珠，这里的雷司令葡萄酒风格优雅，有特别的辛辣风味和多层次的花香。

（六）香槟产区

香槟（Champagne）是法国最北部的葡萄酒产区，同时受大西洋海洋气候和大陆性气候的影响，年平均气温不超过10.5℃，生长季的平均温度只有16℃（这是保证葡萄成熟的最低气温），其土壤是独特的白垩土，这种土壤有利于葡萄顺利完成生长期，有利于排水，同时保持较高的酸度。因此，该区的葡萄单宁含量低，酸度恰到好处，适合用来酿制优雅细致的香槟酒。

香槟酒是指出产于法国香槟产区的起泡酒。法国的香槟产区是世界上著名的起泡酒产区，只有按照法国政府有关法令规定、用香槟产区的葡萄，以及按照传统工艺酿造的起泡葡萄酒，才能称为香槟酒。

香槟酒是由霞多丽、黑皮诺、莫尼耶皮诺3种葡萄酿制而成的。

霞多丽葡萄是唯一用来酿制香槟酒的白葡萄品种，在香槟产区，只有南部有种植。由于香槟产区的平均气温较低，在那里生长的霞多丽一般酸度较高，这有利于香槟酒在其漫长的"生命"中保持葡萄酒的架构。霞多丽花香迷人，矿物味四溢，口感清新细腻。倘若是以百分之百的霞多丽酿制的香槟酒，则叫作"白中白"（Blanc de Blancs）。白中白香槟酒在中国市场深受消费者的喜爱。

黑皮诺堪称葡萄界中的"林黛玉"，对种植条件要求极高。黑皮诺葡萄果香丰沛，赋予香槟酒一种深沉的基调，酒质内敛饱满，属于乐谱里的低音部——看似并不是很突出，却能够微妙地定义整款香槟酒的基调和底蕴，让香槟酒显得更有深度和厚度。

莫尼耶皮诺是黑皮诺葡萄的变种，它似乎就是为了香槟酒而生的，因此，很少能见到莫尼耶皮诺的单一品种葡萄酒。法国人在香槟酒中加入此种葡萄，主要是为了带出果味的冲击力，其为香槟酒带来的是更好的亲和力，大大提升了香槟酒搭配食物的能力和亲和力。在某种程度上，正是由于这款仅在香槟产区才有的葡萄，香槟酒才拥有了其独特的讨喜口感,成为在全球范围内人见人爱的高品质酒精饮料。黑皮诺和莫尼耶皮诺葡萄是红葡萄品种,仅采用红葡萄品种酿成的香槟酒,果香比较浓厚,被称为"黑中白"(Blanc de Noirs)。

霞多丽、黑皮诺和莫尼耶皮诺是这里最主要的葡萄品种,它们的种植比例很高,达90％以上。此外,白皮诺、灰皮诺、小美斯丽尔和阿芭妮也是香槟酒的官方法定品种,但它们的种植面积不到葡萄园总面积的0.3％。香槟产区有5个最为重要的子产区:马恩河谷、兰斯山、白丘、塞扎纳丘和巴尔丘,它们各自有着独特的风土条件,种植的葡萄品种和出产的葡萄酒风格也各不相同。

知识活页
▼

(七) 卢瓦尔河谷产区

卢瓦尔河流域因为温和的气候、茂盛蓊郁的林木与四处林立的城堡,而被称为"法国的花园"。卢瓦尔河谷(Loire Valley)产区也是法国重要的"葡萄酒之乡",生产种类多元、风格独特而且价格平实的葡萄酒。卢瓦尔河是法国最长的河流,沿岸的葡萄园从上游中央高原到大西洋岸,长达1000千米,共有6.8万公顷葡萄园,其中有4.3万公顷葡萄园酿造的葡萄酒属AOC等级,法定产区数多达70个,各产区的风味变化多端,并且因为卢瓦尔河而串联起来。

卢瓦尔河谷离海最远的中央区接近大陆性气候,较为寒冷干燥;大西洋沿岸的南特区,则属温带海洋性气候,因为有暖流调节,气候温和,也较潮湿。卢瓦尔河谷属欧洲西北部最北的葡萄种植区,气候较寒冷,因为天气不是很稳定,不同年份的葡萄酒之间常有极大的差别。

卢瓦尔河谷的地质环境主要分成3个区域。最西边从南特到莱阳丘区是阿摩里卡丘陵,地势多为低缓的丘陵,由坚硬的火成岩和花岗岩构成,夹杂着低矮的板岩台地。之后由莱阳丘往西,就进入以沉积岩为主的巴黎盆地,地形主要由小圆丘构成,土质以白垩纪的柔软岩层为主,除了富含石灰质的岩层,也夹杂一些砾石地和沙地。东部的中央区则属巴黎盆地的边缘地带,地势起伏较大,岩层为侏罗纪晚期、含泥灰质的石灰岩土质的启莫里阶岩层以及波特兰阶时期的坚硬石灰岩块。

卢瓦尔河谷产区的葡萄品种呈现多元化。白葡萄以白诗南、长相思和密斯卡岱最具代表性。红葡萄则以品丽珠最具代表性,主要分布在中游的产区,除了混合其他品种,品丽珠也常单独酿造,在卢瓦尔河谷产区表现出柔和、多果味的风格,单宁适中,口感均衡,也略具储存潜力,较波尔多所出产的来得清淡早熟,但果味较丰富,口感也较为柔和。

卢瓦尔河谷主要葡萄产区有中央、都兰、安茹和南特4个子产区。

1. 中央产区

上游的中央大陆性气候特征更为明显,主要生产以长相思酿成的干白葡萄酒。葡萄园多半位于石灰岩块混合贝壳化石和打火石的山坡,让长相思得以酿成多酸且带矿石与火药气味的独特风格的白葡萄酒。在中央的众多产区中,以桑塞尔和普伊-富美最为著名,它们是全球顶尖的长相思产区。

2. 都兰产区

都兰位于大陆性气候与海洋性气候的交汇处。品丽珠在这里有非常优质的表现。在这里,品丽珠难得单独酿造,因而用其生产出全卢瓦尔河谷最精彩的葡萄酒,这种葡萄酒有铅笔芯、红色水果与紫罗兰花香气,以及均衡的口感,在好的年份还有耐久存的潜力,但大多在酒龄较短时就相当顺口适饮。优质的品丽珠红葡萄酒来自布尔格伊和希侬。其中,布尔格伊位居北岸,天气特别炎热干燥,而且有不少排水性良好的砾石地和山坡地,这里酿造的葡萄酒颜色最深、味道最浓。希侬在南岸,位于坡地的葡萄园水准较高,但有不少产自沙质地的希侬葡萄酒则属清淡早熟的风格。

3. 安茹产区

安茹以粉红酒著称,是白诗南白葡萄酒的最佳产地,干型和甜型都相当精彩。在索米尔附近更出产品质优异的起泡酒,另外,还有以品丽珠为主酿成的美味红酒。因为地质颜色,安茹分成蓝色和白色两部分。安茹西部属于阿摩里卡丘陵的火成岩土质区,非常适合白诗南的种植,东部属于巴黎盆地的沉积岩土质区,盛产起泡酒和红酒。甜白葡萄酒以南岸的莱昂丘最著名,其以白诗南为唯一品种,每年因天气条件生产半干、半甜、甜或贵腐等不同甜度的甜白葡萄酒。酒的口感均衡不会太甜腻,常有蜂蜜、杏桃和洋槐花的香味,特优年份的葡萄酒经得起数十年的储存。

4. 南特产区

南特产区靠近卢瓦尔河出海口,地势平缓,这里气候凉爽,葡萄酒酸度较高,多呈青苹果、柑橘类水果香气。在酿酒方法上,当地大部分酒庄使用"酒泥接触"工艺,让葡萄酒与酵母浸泡接触4~5个月,增加酒的结构及复杂的香气。这类葡萄酒除果香外,还携带酵母、饼干等风味。

(八)西南产区

西南(South-West)产区位于法国西南部,紧邻波尔多产区,在酿酒品种以及酿造工艺上都很像波尔多风格,甚至可以说这里生产酒款的质量也可以与波尔多一较高下。这里靠近大西洋,所以受到海洋性气候影响强,东部内陆地区为大陆性气候。夏季炎热,秋季温和且光照充足,冬季与春季凉爽多雨,为葡萄的生长创造了良好的先天条件。

该产区幅员辽阔,是法国第五大葡萄种植产区,葡萄种植总面积达5万公顷,主要分布在阿基坦大区和比利牛斯地区的西边。这里每年的葡萄酒产量约4.5亿瓶,其中,白葡萄酒2.42亿瓶,红葡萄酒和桃红葡萄酒2.08亿瓶,且30%的葡萄酒为法定产区AOC级。这里土壤类型丰富多变(黏土、石灰石和鹅卵石),加上有品种繁多的优良本土葡萄品种,西南产区是整个法国葡萄酒产区中葡萄酒品种齐全、风味丰富多样的产区。

该产区夏季炎热,阳光充足,是丹娜和马尔贝克葡萄的原产地,非常适宜这两种葡萄的生长。丹娜是西南产区古老的葡萄品种,它具有野生葡萄的特质,颜色较为深红,葡萄酒单宁丰富。据科学调查显示,丹娜葡萄酒内花青素的含量是法国其他葡萄酒的3~4倍,长期适当饮用,有利于健康,所以该品种葡萄酒受到当地人的喜爱,并有越来越多葡萄酒爱好者。马尔贝克绝对是这里的主角,颜色深邃,充满着黑色浆果和烟草的气息,葡萄酒单宁充沛,适合陈年。

(九)普罗旺斯-科西嘉产区

普罗旺斯(Provence)是法国最主要的桃红葡萄酒产区,占到整个法国桃红葡萄酒的45%。该产区为典型的地中海气候,阳光明媚,气候干燥炎热,受密斯托拉风影响较

大,它可以很好地调节气温。从葡萄酒比例看,此区白葡萄酒产量占葡萄酒总产量的
5%,红葡萄酒占15%,而桃红葡萄酒则占到80%。

　　科西嘉(Corsica)是地中海的一个岛屿,位于普罗旺斯东南海岸和托斯卡纳西海岸
之间。科西嘉岛属地中海气候,这里的日照时长比法国内陆任何地区都要长,降雨量也
相对较少,因此非常适合种植产量较高的葡萄。科西嘉岛的葡萄种植面积达6117公
顷,虽然此岛地理位置偏僻,但酿酒师们已成功在此种植了黑皮诺、丹魄和芭芭罗莎等
品种。桑娇维塞在当地被称为"涅露秋",作为科西嘉岛主要的红葡萄品种,它常被用于
酿制带有浓郁覆盆子风味的桃红葡萄酒。歌海娜是许多科西嘉红葡萄酒的主要混酿品
种,一般多与西拉、慕合怀特、神索和佳丽酿等具有出色辅助效果的品种混酿。而科西
嘉岛的特色白葡萄品种维蒙蒂诺(见图7-12)在当地被称为"侯尔",用此品种酿制出的
白葡萄酒口感丰富多汁,带有草药及烟熏的风味。科西嘉产区的葡萄酒就像岛屿上的
人一样具有豪爽、自信的特点,以自己的方式折射着丰富的岛屿文化。

扫码看
彩图

图7-12　侯尔葡萄

(十) 朗格多克-露喜龙产区

　　朗格多克-露喜龙(Languedoc-Roussillon)位于法国南部,濒临地中海蓝色海岸,是
历史悠久的酿酒产区,涵盖了奥德、加尔、埃罗、洛泽尔和东比利牛斯5个地区,组成了
朗格多克-露喜龙大区。朗格多克-露喜龙曾是两个独立的地区——朗格多克
(Languedoc)和露喜龙(Roussillon)。虽然葡萄酒政治和商业的世界已经持久地将两
者联系在一起,但是地理和文化分开了它们:朗格多克具有典型的法国特色,而西班牙
和加泰罗尼亚文化对露喜龙的强大影响是显而易见的。朗格多克葡萄园大多位于滨海
平原上,而露喜龙则栖息在悬崖顶上,或坐落在比利牛斯山麓。然而,这两个地区经常
被视为一个产区。在法国,约有1/4的葡萄酒生产厂位于朗格多克-露喜龙。

　　朗格多克是法国最南部的区域,以地中海气候为主,夏季炎热、干燥,春季和秋季气
候相对温和,冬季气候也相对适宜,气温几乎不会降至0℃以下,这为本区葡萄的生长
提供了完美的环境。朗格多克的土壤极为多样,有鹅卵石、砂岩、泥灰土、石灰岩、片岩、

Note

黏土、精细沙质土等，土壤养分适中，排水性良好。土壤的多样性使得相同产区酿造出葡萄酒的风格完全不同。

该产区是法国葡萄栽培面积最大的产区，主要以地区餐酒为主，酿造大众化葡萄酒。这里的地区餐酒多以单一品种酿造，并标识在酒标上，几乎囊括了所有常见的品种。它紧靠比利牛斯山脚，气候炎热干燥，非常适合甜酒的酿造。此区是法国天然甜葡萄酒及利慕起泡酒的诞生地。天然甜葡萄酒在 13 世纪就出现了，是一种通过添加酒精终止葡萄的发酵而酿成的自然甜葡萄酒。

（十一）汝拉-萨瓦产区

汝拉-萨瓦（Jura-Savoie）产区位于法国东部，靠近瑞士，葡萄酒产量虽不大，却是法国颇具特色的葡萄酒产区，这里出产的葡萄酒风格独树一帜，尤其有代表性的是汝拉黄酒和麦秆酒，它们是当地最璀璨的两颗金色明珠。产区土壤主要为石灰质、黏土和泥灰岩。汝拉产区秋天气候十分温和，非常适合延迟采摘。萨瓦位处山区，气候寒冷，葡萄无法普遍种植，法定 AOC 面积仅 1500 公顷左右。

葡萄不怕雪，不怕霜，只要太阳如期而至，就可以成熟良好——这正是汝拉-萨瓦产区的真实写照。这里冬季严寒，夏季炎热，晚秋阳光充足。一般来说，葡萄种植在南边和西南边的山坡上，山坡的倾斜度有利于葡萄最大限度地接受光照。

汝拉黄酒起源于夏龙堡产区，各 AOC 产区都有生产。用萨瓦白葡萄品种酿造葡萄酒，经缓慢地发酵酿成干白酒后，还需在 228 升的橡木桶中储存 6 年以上。在此期间完全任由其挥发，不实施添桶的程序。由于氧化和微生物生长的缘故，酒的表面会形成一层白色的"霉花"隔绝空气，防止酒因过度氧化而变质。装瓶后可保存数十年或上百年而不坏。酒的颜色是深金黄色，香味强烈，常出现核桃、杏仁和蜂蜡的香味，入口后的余香更是持久浓烈。

麦秆酒的生产方法是在葡萄品种中选用白葡萄，先将完整无破损的葡萄置于麦秆堆上，或悬吊起来风干 2～3 个月。待自然风使其失去水分，提升葡萄中的含糖量后，经过压榨和酿造之后得到一种残余糖分且酒精度高的甜白酒，通常经两年的橡木桶培养才会装瓶。因为必须选用成熟度高的葡萄，而且干缩的葡萄榨取的汁液并不多，200 斤的葡萄大约只能酿成 15～18 升的麦秆酒，所以价格也较为昂贵。

四、小结

法国是一个非常有名的葡萄酒生产国。不同产区的葡萄酒各有特色。法国红葡萄酒以口味醇美最为称颂，几个著名产区的特色如下：波尔多口味纯美爽净，果味悦人；勃艮第酒味浓郁，单宁成分少，入口有丰富的变化感；罗讷河谷葡萄酒香气浓郁，带有野性风味；普罗旺斯-科西嘉阳光充足，葡萄酒的糖分和酒精度都比较高，那里盛产一种独特的普罗旺斯桃红葡萄酒。

法国红酒的优异之处得益于酿酒师多年的酿酒经验、得天独厚的气候及追求平衡精细的酿酒技术，法国最好的酒商可以酿造出平滑、平衡良好的红葡萄酒，红酒中各种成分和谐地融合在一起。法国红酒分级制度严格，生产工艺复杂，储藏环境要求极高，世界知名酒庄多，几乎是一支酒一个故事。

同步思考

　　中国葡萄酒产区贺兰山东麓地区位于北纬 $37°43'\sim39°23'$，跟法国波尔多产区的纬度差不多。有不少专家与学者用它与法国波尔多地区相比较得出了"在水热系数、温度、湿度等方面并不亚于波尔多"的结论。

　　问题：中国"波尔多"——贺兰山东麓葡萄酒的风土条件是怎样的？

第二节　意　大　利

　　意大利是欧洲较早种植葡萄的国家，同时也是世界上古老的葡萄酒生产国。古时罗马战士们四处征战，每占领一处，就在那种植上葡萄树。葡萄种植随即在欧洲传播开来。随着罗马帝国的没落，葡萄酒的酿造直到 13—14 世纪都一直局限在修道院中。1861 年，意大利王国建立，当时作为农业国的意大利，农民们种植葡萄，酿制葡萄酒，仅仅只是各自供家人享用或作为赠送亲友的礼物。直到 1963 年，意大利政府意识到葡萄酒品质管控规范的重要性，才通过国家农业部门建立起最初的葡萄酒体系法规，将葡萄酒分为 4 个等级，实施 DOC 法定产区制度，葡萄酒在品质方面得以稳步发展。

　　目前，意大利与法国、西班牙是一直属于世界前三位的葡萄酒生产国，它与法国一样，是一个全国上下种植葡萄与酿酒的国家。

一、自然环境及葡萄酒发展状况

　　意大利国土狭长，形似长靴，跨越了 10 多个纬度。全国大部分面积是山地和丘陵。海岸线绵长，有山有海的存在，使得每个地区都有其独特的气候环境。意大利北部稍冷，南部炎热，中部温和，这种多变的天气和温度，为葡萄的生长提供了良好的生态环境。狭长的地形，漫长的海岸线也导致了土壤结构的千变万化。意大利大部分土壤是火山石、石灰石和坚硬的岩石，也有砾石质黏土。复杂多变的气候、地形和土质，成就了意大利葡萄酒的独特个性。

　　深受自然环境之惠的意大利葡萄酒，占世界葡萄酒产量的 1/4，输出、消费量都堪称世界第一。街道上到处可见豪放地喝着葡萄酒的意大利人，不禁让人想起在佛罗伦萨见到的米开朗基罗所创作的《酒神巴克斯》雕像。

二、葡萄品种

　　意大利的葡萄品种超过 1000 种，但普遍种植和使用的只有几十种。意大利著名的红葡萄品种有桑娇维塞、巴贝拉、内比奥罗、科维纳、艾格尼科、黑珍珠等，著名的白葡萄品种有特雷比奥罗、灰皮诺、格雷拉、菲亚诺等。

（一）红葡萄品种

1. 桑娇维塞

桑娇维塞（Sangiovese）是意大利种植面积最广的葡萄品种。桑娇维塞属晚熟品种，具有出色的耐旱性，能种植于各类土壤中，其中石灰岩土壤能赋予其更为优雅迷人且浓郁的香气（见图7-13）。桑娇维塞红葡萄酒具有典型的意大利风格，香气丰富，主要带有香草、树叶、野生浆果和茴香的芬芳，带有一点辛辣的气息，陈年后则发展出无花果、干樱桃、矿物和泥土等香气。其成酒酒体饱满，酸度和单宁含量都较高，口感丰富，带有苔藓、草本、松露、蘑菇、燧石、蕨类植物和新鲜樱桃等风味。

图 7-13　桑娇维塞葡萄

基安蒂、高贵蒙特布查诺和蒙塔奇诺-布鲁奈罗是意大利 3 个经典的桑娇维塞产区。基安蒂葡萄酒单宁充沛，酸度较高，非常适合配餐；高贵蒙特布查诺以强劲的口感和出色的陈年潜力著称；蒙塔奇诺-布鲁奈罗则带有深色水果、黑莓和巧克力的风味，口感复杂且富有深度，随着陈年会发展出更多风味。

2. 巴贝拉

巴贝拉（Barbera）源于意大利，是意大利第二大红葡萄品种（见图7-14）。巴贝拉为晚熟品种，采收期晚于其他葡萄，成熟充分后，果实呈深宝石红色，酸度仍很高，因此美洲出产的巴贝拉主要用于调配，以增加葡萄酒的酸度。巴贝拉酿造的葡萄酒颜色深，带有诱人的红色和黑色水果香气，酸度极高。最好的巴贝拉葡萄酒呈现深浓色泽，风格清新柔和，散发着明丽的樱桃果香。浅龄的葡萄酒，口感清爽，可直接饮用。经橡木桶陈年后的葡萄酒，可发展出令人赞叹的酒质。顶级葡萄酒甚至需要 5~8 年的窖藏期才能显现出其臻美的质地。

皮埃蒙特地区的红葡萄酒有一半是用巴贝拉酿造的。巴贝拉葡萄酒风格很多，其中的优质产品可以耐受很长时间的陈酿。

在伦巴第，巴贝拉常用于酿造易饮的单一品种葡萄酒，包括静止酒和起泡酒，也常与少量的科罗帝纳、皮埃蒙特伯纳达混酿。艾米利亚-罗马涅产区的巴贝拉葡萄酒也多为起泡酒，酒体更轻盈。而在意大利中部和南部，巴贝拉多用于混酿，以增加葡萄酒的酸度。

3. 内比奥罗

内比奥罗（Nebbiolo）是意大利著名的红葡萄品种，以酿制酒龄长、口感细腻的葡萄酒著称（见图7-15）。内比奥罗被称为"雾葡萄"，因为其果实在接近成熟时，表皮会形成一层类似薄雾的白霜，加之其名字的源语言"Nebbia"在意大利语中是"雾"的意思。这个品种对生长环境极为挑剔，为了达到适宜的成熟度，它需要种植在光照充足的地方，且需要避开霜冻频繁地区，土壤以石灰泥质为佳，沙质土次之。得益于果皮较硬，内比奥罗抗霜性与抗病性都不错。内比奥罗属于皮薄粒小的品种，因此酿制的葡萄酒色泽浅淡，单宁紧致，酸度偏高，散发着焦油与玫瑰的香气。其陈年潜力佳，陈年之后酒色渐变为橘色，并演化出紫罗兰、焦油、草本和松露等香气，风味细腻而富有层次。

图 7-14　巴贝拉葡萄

图 7-15　内比奥罗葡萄

扫码看
彩图

扫码看
彩图

内比奥罗堪称意大利皮埃蒙特产区的"红葡萄品种之王"，巴罗洛和巴巴莱斯科出产的内比奥罗红葡萄酒品质最为出众。其中，巴罗洛的风格会更为"男性化"，酒款集中度更高，更具力量感和复杂度，而巴巴莱斯科则偏"女性化"，其单宁更为柔顺，结构细腻，风格优雅而精致，散发出迷人的红樱桃和玫瑰花的香气。

4. 科维纳

科维纳（Corvina）这个名字源于当地的方言"Cruina"（未成熟的），意指此葡萄品种晚熟的特征。此外，也有人认为此品种的名字源于意大利语中"Corvo"（乌鸦）一词，用以形容科维纳深邃的果皮颜色。科维纳果皮较厚且颜色深邃，发芽较晚，属于晚熟品种。该品种生命力顽强，有着良好的抗寒能力，但易受霜霉病感染。此外，科维纳果实易受日灼，不适合在干旱条件下种植。

科维纳主要种植在意大利北部，用于酿制DOC、DOCG和IGT级别的葡萄酒。科维纳经常与罗蒂内拉和莫利纳拉混酿，在混酿中科维纳通常占主导地位。科维纳酿造的葡萄酒颜色鲜明，带有酸樱桃风味，酸度较高，十分明快，酒体较轻，单宁含量少。科维纳是意大利本土一个重要的葡萄品种，如今在澳大利亚和阿根廷也有不错的表现。

扫码看
彩图

5. 艾格尼科

艾格尼科(Aglianico)原产自意大利南部,是当地种植最广泛的品种,其葡萄表皮很厚,带有天然的高酸度(见图7-16)。艾格尼科发芽早,成熟十分晚,它的采摘有可能从11月份开始。这种葡萄树生命力极强,产量高,能很好地抵御白粉病,但容易感染灰霉病。它偏爱温暖干燥的气候,适宜生长在火山岩上。由艾格尼科酿造出来的葡萄酒常带有莓果、胡椒、泥土、黑松露和蘑菇等香气,酒体饱满,单宁和酸度高,酒精度中等偏高,陈年潜力长达10~20年,在陈年过程中其单宁会软化,酸度得到平衡,深层次的干花、烟熏和鲜味等陈年香气逐渐释放出来,非常美妙。

图 7-16   艾格尼科葡萄

艾格尼科的"明星产区"为意大利南部坎帕尼亚和巴斯利卡塔。其中,坎帕尼亚的种植集中在图拉斯以及塔布尔诺艾格尼科产区。图拉斯的艾格尼科葡萄酒颜色深邃,散发着由火山岩土壤带来的巧克力和李子的芳香,其单宁含量高,颗粒精细,酸度高,被誉为"南意大利的巴罗洛";塔布尔诺艾格尼科的葡萄酒则散发着皮革、泥土和干草本的气息,其黑果风味尖酸,单宁非常紧实。巴斯利卡塔的艾格尼科葡萄酒单宁含量充沛,带有丰富的李子、浆果、咖啡和香料等风味。

大部分艾格尼科都生长在意大利南部。因为它的耐旱性,艾格尼科也开始走出意大利,在美国加利福尼亚州和澳大利亚也有部分种植。

6. 黑珍珠

黑珍珠(Nero d'Avola)是西西里岛最璀璨的明珠。它是西西里岛古老的本土葡萄品种,也是岛上种植最广泛的红葡萄品种。黑珍珠生命力很强,但很容易感染白粉病。它的成熟时间适中,喜好生长在炎热环境中。其果皮颜色很深,所酿葡萄酒常呈深邃的红色,带有浓郁的红色水果和黑色水果香气,酒体较为饱满。

黑珍珠的种植主要集中在西西里岛最南部的诺托地区,这里的土壤含有许多化石,

Note

虽然较为贫瘠,但土壤锁水能力强,能保留住稀少的雨水。这种环境下培植出的黑珍珠可以酿成优雅而独特的美酒,酒款常带有黑色水果、迷人的茉莉花和佛手柑的香气,单宁甜美。曾有人称赞黑珍珠葡萄酒为"最具勃艮第风格的西西里葡萄酒"。

用黑珍珠酿造的单一品种葡萄酒会呈现深邃的色泽,酒体饱满,有很好的陈年潜力。最好的黑珍珠葡萄酒会带有野李子和甜巧克力的风味,单宁含量和酸度都很高。但如果是质量一般的黑珍珠葡萄酒则会带有糖果香气。

(二) 白葡萄品种

1. 特雷比奥罗

特雷比奥罗(Trebbiano)并非指的单一品种,而是由意大利数个拥有类似特征的白葡萄品种组成的。最常见的特雷比奥罗原产自意大利托斯卡纳产区,在那里它被称为"特雷比奥罗托斯卡纳"(Trebbiano Toscano)。这个品种在法国还有一个更为人熟知的名字,那就是白玉霓(Ugni Blanc)。特雷比奥罗对不同环境的适应性十分强,发芽较晚,成熟也较晚,因此能避免大部分的春霜侵害,这使得它十分高产。酿成的葡萄酒果香飘逸,酒体轻盈,口感脆爽,散发着柑橘类水果如柠檬和柚梓等的香气,还常伴随着桂皮和丁香的芬芳。

特雷比奥罗广泛种植于意大利的各大法定产区,其中最重要的产区是位于意大利中部的阿布鲁佐,在这里,特雷比奥罗常常与霞多丽进行混酿并经橡木桶陈酿,成酒花香四溢,酸度较低,质地细腻,带有桃子和梨子风味。

在意大利,作为一种DOC级别的白葡萄品种,特雷比奥罗的地位是很重要的,意大利所有的DOC白葡萄酒中超过1/3是由特雷比奥罗酿制的。特雷比奥罗比桑娇维塞的种植面积更广,是目前意大利种植面积最广的白葡萄品种,在另一个产酒大国——法国,该品种的种植面积也十分广泛。

2. 灰皮诺

灰皮诺(Pinot Grigio)源于法国的勃艮第产区,虽然不是意大利的本土品种,但却广泛种植于意大利北部。不同于法国浓郁丰富的风格,意大利灰皮诺往往口感清淡,酸度较高,风格清新,果香浓郁,适合在年轻时饮用,冰冻后饮用风味更佳(见图7-17)。

扫码看
彩图

图 7-17　灰皮诺葡萄

意大利比较有名的灰皮诺主要产自上阿迪杰，这个产区地处意大利北部，其独有的山地环境及多样的土壤为灰皮诺提供了良好的生长环境，酿造出来的葡萄酒表现出成熟的坚果和蜂蜜的风味。

3. 格雷拉

格雷拉（Glera）是一种高产葡萄，酸度高，口感中性，是起泡酒的理想选择（见图7-18）。其芳香特征是白桃。用其酿造的葡萄酒酒体轻盈，酒精含量低。格雷拉还有一个更知名的名字，那就是"普罗赛克"（Prosecco）。2009年，意大利官方为了更好地保护普罗赛克葡萄酒的出口，决定将这个品种的官方名字更改为"格雷拉"，而普罗赛克则成为原产地名。格雷拉葡萄比较中性，带有花的芳香和香料气息。

扫码看
彩图

图 7-18　格雷拉葡萄

在意大利东北部的威尼托，格雷拉是种植广泛的品种，主要用于酿造普罗赛克起泡酒。一款典型的普罗赛克起泡酒通常散发着青苹果、甜瓜、梨和金银花的浓郁香气，入口微甜，酸度爽脆，是开胃酒的理想选择。

4. 菲亚诺

菲亚诺（Fiano）是一个古老的品种（见图7-19），原产自意大利南部坎帕尼亚。此品种受风土环境影响很大，其成酒可以是紧实而富含矿物气息的，也可以是口感丰富，富含坚果风味的。总的来说，菲亚诺酿成的葡萄酒酒体饱满，香气微妙，常带有花香、坚果、蜂蜜、香料以及核果等风味。

最知名的菲亚诺葡萄酒产自阿韦利诺菲亚诺产区，这里的葡萄酒常经过酒泥发酵陈酿，质地柔顺，风味丰富。虽然菲亚诺常被酿造为干型葡萄酒，但这个品种也可用于酿造甜葡萄酒，酿成的酒款往往口感奢华，带有无花果干和西梅脯等风味。

图 7-19　菲亚诺葡萄

三、葡萄酒产区

意大利的 20 个葡萄酒产区可以大体上归为西北、东北、中部和南部 4 个地方(见图 7-20)。各大产区中较为出名的葡萄酒有皮埃蒙特的巴巴莱斯科葡萄酒、巴罗洛红葡萄酒和阿斯蒂起泡酒,以及托斯卡纳的基安蒂葡萄酒和超级托斯卡纳葡萄酒。南部的西西里岛,气候炎热但火山岩土壤富含矿物质,出产个性十足的阳光葡萄酒,是意大利葡萄酒产量最大的产区。

意大利的葡萄酒产区划分与行政区域划分(20 个省区)一致,为规范提升葡萄酒业的有效管理,意大利于 1963 年制定了一套与法国 AOC 制度相近的分级方案,将本国葡萄酒分为日常餐酒(VDT)、地区餐酒(IGT)、法定产区葡萄酒(DOC)和优秀产区葡萄酒(DOCG)。其中,地区餐酒这个级别是 1992 年新添加的,这个等级的葡萄酒被认为比一般的日常餐酒质量要好。

(一) 西北部产区

西北部产区是意大利重要的葡萄酒产区,以皮埃蒙特产区为中心,其葡萄酒酿造历史悠久,精品名庄层出不穷,素有意大利的勃艮第之称。

皮埃蒙特在意大利语中的意思为"山脚之下",区内有 42 个 DOC 和 18 个 DOCG,位居 20 个葡萄酒产区之首。它是意大利历史上成名较早的产区,大部分酒庄以传统的本土酿酒方法为主,大部分葡萄酒使用单一品种酿造,品种的个性主宰了葡萄酒的风格。

皮埃蒙特产区靠近阿尔卑斯山,冬季干旱,气温常在－4 ℃左右。夏季干燥,天气炎热,气温常达到 35~38 ℃,春秋两季的昼夜温差很大。秋天常常会降大雾,有助于内比奥罗葡萄的成熟。世界著名的两大法定产区巴罗洛、巴巴莱斯科便位于此处。另外,还有阿斯蒂、加维也是意大利葡萄酒的重要产区。皮埃蒙特产区酿造的葡萄酒高单宁、高酸、高酒精,非常适合长期陈年,陈年后口感复杂、饱满、韵味悠长,是世界公认的佳酿。

Note

① Valley D'Aosta 阿欧斯达谷
② Piemonte 皮埃蒙特
③ Lombardia 伦巴第
④ Liguria 利古里亚
⑤ Toscana 托斯卡纳
⑥ Umbria 翁布里亚
⑦ Lazio 拉齐奥
⑧ Campania 坎帕尼亚
⑨ Calabria 卡拉布里亚
⑩ Basilicata 巴斯利卡塔
⑪ Puglia 普格利亚
⑫ Molise 莫利塞
⑬ Abruzzo 阿布鲁佐
⑭ Marche 马尔奇
⑮ Veneto 威尼托
⑯ Friuli-Venezia Giulia 弗留利-威尼斯朱利亚
⑰ Trentino-Alto Adlge 特伦蒂诺-上阿迪杰
⑱ Enilia-Romagna 艾米利亚-罗马涅
⑲ Sicilia 西西里岛
⑳ Sardegna 撒丁岛

图 7-20　意大利葡萄酒产区

1. 巴罗洛产区

　　巴罗洛是意大利皮埃蒙特地区知名的葡萄酒产区,也是较早的 DOCG 法定产区,同时也是一个村镇的名字。巴罗洛产区拥有悠久的酿酒历史,生产的红葡萄酒被称为"葡萄酒之王",受到许多王公贵族的喜爱,据说法国国王路易十四的桌上常有巴罗洛红葡萄酒,只有用内比奥罗葡萄酿造的葡萄酒才能打上巴罗洛的名号。

　　巴罗洛产区面积约 35 平方千米,每年生产 600 万瓶葡萄酒,这里泥质灰岩土质帮助保持内比奥罗的高酸度,穿过整个巴罗洛的塔纳罗河缓和了夏天的闷热。

　　依据产区的规定,顶级的巴罗洛产区葡萄酒酒精度要在 13%vol 以上,陈放 38 个月才能上市,其中至少要在橡木桶中熟成 18 个月,陈酿酒则要陈放 62 个月才能上市,桶内熟成 18 个月。陈年能力可达 10～20 年,价格也非常昂贵。巴罗洛红葡萄酒结构紧实、酸度明显,单宁强而饱满,口感厚实有力,充满黑色浆果、紫罗兰、松露、皮革、香料的香气。

巴罗洛产区 11 个村庄中,有 5 个重要产区:巴罗洛村、拉梦罗村、卡斯蒂戈隆·法列多村、塞拉伦加·阿尔巴村和梦馥迪·阿尔巴村。这 5 个村庄内葡萄园的产量占据整个巴罗洛产区的 87%,而这 5 个村庄虽然紧紧相连,但因为土壤的不同,造就出不同风格的葡萄酒。

巴罗洛村和拉梦罗村,地势平缓,土壤松软,充满钙质泥灰岩。风格柔和轻盈,果香扑鼻,土壤碱性驯服了葡萄中的高酸,陈年过程较短即可进入适饮期。另外 3 个村庄处在巴罗洛产区的东面,坡面陡峭,富含铁质,生产的葡萄酒单宁强劲,结构紧实,更偏向于桃干、梅李、柏油、甜香辛料等风味,需长期陈年,封闭期会更久一点。

2. 巴巴莱斯科产区

巴巴莱斯科产区位于意大利阿尔巴市的东北部,隔着阿尔巴市与巴罗洛遥遥相对。相隔大约 10 千米,巴巴莱斯科同样具有深厚的酿酒历史,其土壤、地形、葡萄品种和产品风格等方面都和巴罗洛产区非常相似。在 1981 年与巴罗洛产区一同成为意大利最早的 DOCG 法定产区,被称为“葡萄酒王子”。

巴巴莱斯科产区属于大陆性气候,并受轻微的海洋性气候影响,这里的葡萄成熟得比较早。内比奥罗是巴巴莱斯科的主要葡萄品种,它果皮薄,却以高单宁和高酸著称。巴巴莱斯科的葡萄酒,需要陈放 2 年以后才能上市,其中 9 个月必须在橡木桶中熟成,陈酿级别的则是陈放 4 年后才允许上市。这里比巴罗洛更温暖干燥,葡萄比巴罗洛更早成熟。

巴巴莱斯科产区主要由 3 个村庄组成,分别是内华村、巴巴莱斯科村和特黑索村。这 3 个村庄约占本产区 95% 的产量。其中,内华村生产的葡萄酒以酒体饱满、单宁强劲和结构丰富而闻名;巴巴莱斯科村的葡萄酒以结构紧致、花香浓郁、颜色和酒体较轻著称;特黑索村葡萄酒颜色和酒体最轻。

3. 阿斯蒂产区

阿斯蒂位于意大利皮埃蒙特产区南部,位于塔纳罗河上游丘陵地带,生产出的甜甜的起泡酒热销全球,被国内人亲切称之为“小甜水”。

阿斯蒂在 1967 年被评为 DOC 法定产区,在 1993 年晋升为 DOCG 法定产区。据 2016 年数据显示,该产区面积为 9700 公顷,年产量为 6381 万升,主要种植葡萄品种为莫斯卡托。阿斯蒂靠近阿尔卑斯山,地貌沟壑纵横,土壤主要为富含钙质的白垩土。这里气候为大陆性气候,但受到一些地中海气候的影响。

阿斯蒂主要生产 3 种葡萄酒。第一种是全起泡的阿斯蒂,使用 100% 莫斯卡托,被称为“白莫斯卡托”,最终酿成酒款的酒精度为 6%~8%vol(使用传统法生产的起泡酒,酒精度为 6%~9.5%vol)。将酒精度压低是为了留存足够的糖分。对于葡萄酒的陈年这里也有要求——最少在发酵罐中存留一个月,而传统法酿造的阿斯蒂起泡酒就要保证最少 9 个月的酒泥接触。第二种葡萄酒被称为“莫斯卡托·阿斯蒂”,这种起泡酒被称为“微起泡酒”,成酒后瓶内压力不得高于 2.5 个大气压(阿斯蒂葡萄酒大气压通常为 5.5 个或 6 个),对于成酒后的莫斯卡托·阿斯蒂,最低酒精度为 4.5%vol,不得高于 6.5%vol。正因为莫斯卡托·阿斯蒂的酒精度更低,酒款中残留的糖分更高,酒体风格上表现更加甜美。第三种为晚采收葡萄酒,同样使用莫斯卡托酿造,但采收更晚,积聚的糖分更高,成品酒最低酒精度为12%vol,同时最短陈年时间为12个月。

4. 加维产区

加维产区全称是加维柯蒂斯,主要使用柯蒂斯葡萄酿制葡萄酒。该产区在1974年被评为DOC法定产区,1998年被升级为DOCG法定产区。据2014年统计数据,加维产区葡萄园面积为1460公顷,葡萄酒产量1007万升,是皮埃蒙特非常重要的一个白葡萄酒产区。产区内使用100%柯蒂斯白葡萄品种酿造葡萄酒,主要生产白葡萄酒和起泡酒。对于珍藏级葡萄酒来说,它需要进行最少1年的陈年,其中包括最少6个月的瓶中陈年;对于使用传统法酿造的珍藏级起泡酒,需要进行最少2年的陈年,其中包括至少18个月的酒泥接触。

加维葡萄酒通常表现出不错的酸度,整体风格非常新鲜,呈现出苹果、柠檬、白桃等水果风味,部分还会表现出矿物、青草和白色花朵的气息。另外,如果酿造一款酒所使用的葡萄100%来自加维镇,那么这款酒的酒标上就可以标注"Gavi di Gavi"(加维的加维)。

(二)东北部产区

意大利东北部产区多山地,平原只占15%左右。受山地的影响,这里整体气候凉爽,是意大利白葡萄酒的重要产区,该地主要分为3个子产区,最为著名的当属威尼托大区,它也是意大利最大的DOC法定产区。威尼托有包括世界扬名的瓦尔波利切拉、巴多利诺、索阿维、普罗赛克等产区。

威尼托产区位于意大利东北部,是所有意大利法定产区酒中产量第一的地区,葡萄酒是此地区的经济命脉。威尼托北部高耸的阿尔卑斯山成为产区的自然边界和屏障。这里葡萄酒品种丰富,包括红葡萄酒产区瓦尔波利切拉和巴多利诺、白葡萄酒产区索阿维,以及起泡酒产区普罗赛克。

威尼托葡萄种植历史悠久,19世纪引进了不少法国品种。酿酒的葡萄大部分都种植在高山与平原的中间地带,土壤有着丰富的钙质,气候偏向大陆性气候,昼夜温差大,有丰富的降雨,冬季则多雾。亚得里亚海和加达湖也会影响当地的温度。

在威尼托和托斯卡纳,越来越多的酿酒商开始使用枯藤法酿酒,即使用半干的葡萄原料酿造葡萄酒。在威尼托,索阿维和瓦尔波利切拉都使用了枯藤法酿造葡萄酒。使用枯藤法酿成的葡萄酒风格称作"帕赛托"。在意大利的很多地区,酒农采摘葡萄并风干至半干燥状态,将半干葡萄压碎酿酒。他们风干葡萄的方式是将其置于通风良好的干燥阁楼中存放3~4个月。这是一种有效浓缩原料的风味而获得风格浓郁的葡萄酒的方式。以前用这种方法酿造甜型酒,现在用其酿造干型酒。运用此方法时,需要注意几个细节:葡萄可以提早采摘,这样有利于保留原料中的酸度;经常整串采摘并整串晾晒;葡萄串可以在葡萄树上直接晾晒,或者置于空气干燥的阁楼里阴干。

1. 瓦尔波利切拉产区

瓦尔波利切拉被列为DOC法定产区,种植的葡萄品种为科维纳、罗第内拉和莫利纳拉,以富于樱桃果味的科维纳品质最为优异,在这里占最大比重。瓦尔波利切拉DOC法定产区的葡萄酒,其酒精度需达到11%vol及以上,口感轻盈,果味浓郁,大多适合年轻时饮用,且有着杏仁香。在木桶陈年 1 年,其酒精度为 12％vol,可标上"Superiore"(高级别)字样。

真正为瓦尔波利切拉奠定知名度的,是两种使用风干葡萄酿造的帕赛托风格酒款:瓦尔波利切拉-雷乔托和瓦尔波利切拉-阿玛罗尼葡萄酒。这两种酒均拥有饱满酒体和浓郁风味,以及非同寻常的集中度和高酒精度,常常被拿来与波特酒比较。而两者的区别在于前者是甜酒,后者则是干型酒,而且前者一般需要风干更长时间。

当地传统风干葡萄榨汁酿酒的手法是将摘的葡萄放在草席上晒干(见图 7-21),现在则大部分是在控制的室内环境下风干(见图 7-22),因此葡萄糖分高,风味浓郁,原本多用来酿造甜酒。但酿造甜酒时,有些葡萄汁却发酵成为完全不甜,带点苦味的酒,酿酒师把不甜的酒标为"Amarone"(阿玛罗尼),有正在风干的葡萄的意思,酿出的葡萄酒酒精度达 15％vol,是富有魅力的红葡萄酒,因此阿玛罗尼的产生,完全是一场美丽的意外。

扫码看
彩图

图 7-21　在草席上风干的葡萄

扫码看
彩图

图 7-22　在室内风干的葡萄

阿玛罗尼是世界上广受欢迎的意大利酒,酒的单宁和色泽都特别强烈,酒精度高,风味浓郁而独特。现在酿酒技术可以调控让酒精度保持在 14％～15％vol。瓦尔波利切拉-雷乔托和瓦尔波利切拉-阿玛罗尼葡萄酒在意大利都被列为 DOCG 法定产区的葡萄酒。

2. 巴多利诺产区

巴多利诺与瓦尔波利切拉相似,位于加达湖的东岸,因此受到湖的影响,这里生产的葡萄酒比瓦尔波利切拉要清淡,酸度也较高。"超级巴多利诺"被列为 DOCG 法定产区的葡萄酒。它的酒精度必须在 11.5％vol 以上。此区的酒颜色浅甚至呈粉红色,并强调优雅细致和新鲜,并带有樱桃风味,主要是因为葡萄皮只浸渍一晚,因此也被称为"Vino di Unanotte",意思是"一夜酒"。

3. 索阿维产区

索阿维是威尼托最大的 DOC 法定产区,以白葡萄酒著称。索阿维白葡萄酒新鲜活泼,带着柠檬和杏仁香气,酸度高。"超级索阿维"被列为 DOCG 法定产区的葡萄酒,另有以风干的卡尔卡耐卡酿出的雷乔托甜酒也是 DOCG 法定产区的葡萄酒。

4. 普罗赛克产区

"普罗赛克"历史悠久,近几年更是销量不断攀升。这种起泡酒由格雷拉葡萄酿造,主要采用大槽法(也称"查玛法"),比传统法简单快捷,在复杂度上逊色不少,但胜在简单易饮。通常而言,酒款拥有清新口感,带有青苹果、柑橘和白色花朵的淡雅气息。

除威尼托大区处,弗留利-威尼斯朱利亚是 20 世纪 70 年代崛起的新兴葡萄酒产区,随着时间的推移其知名度越来越高。这里由于紧临阿尔卑斯山,气候偏凉,所以非常适合白葡萄的生长。这里的红葡萄酒仅占总产量的 20％,主要以波尔多混酿风格为主,梅洛是当地的主导品种,通常酒体清淡、口感细致。东北部第三个著名产区是特伦蒂诺-上阿迪杰,它是世界著名的葡萄品种灰皮诺和霞多丽的种植区,所产灰皮诺精致、优雅,与阿尔萨斯生产的呈现截然不同的风格。另外,琼瑶浆、白皮诺、长相思、雷司令等芳香品种在这里表现突出。同时,这一产区还汇集了赤霞珠等国际品种,使得这一产区的葡萄酒更加丰富多样。

同步思考
答案
▼

 同步思考

> 法国有世界上最经典的起泡酒——香槟,意大利也有自己起泡酒的名片——普罗赛克、阿斯蒂。
>
> **问题:**普罗赛克、阿斯蒂和香槟在酿酒葡萄品种和酿造方法上有什么不同?

(三) 中部产区

意大利中部地区一直是历史价值很高的产区,古代文明源远流长,葡萄种植也由来已久。中部主要包括阿布鲁佐、莫利塞、马尔奇以及托斯卡纳等产区。中部产区以托斯卡纳产区为中心,它是意大利葡萄酒重要的产区。其历史悠久,属于地中海气候,悠久的历史及良好的自然条件为托斯卡纳葡萄酒的成名打下了坚实的基础,该产区世界知名的葡萄酒酒庄也是数不胜数。此产区 DOC 及 DOCG 葡萄酒主要由意大利土著品种桑娇维塞酿造而成。基安蒂是该地经典的葡萄酒,具有活泼清新的酸度,中等酒体,中等单宁,口感雅致,适合搭配亚洲料理。

托斯卡纳位于意大利中部,是意大利迷人的地区,风景秀丽,山峦起伏,更是著名的基安蒂葡萄酒的产区所在地。托斯卡纳境内起伏的丘陵地,冬天气候温和,夏天炎热干燥,土壤分布相当多元。在基安蒂经典产区和蒙塔奇诺产区,以加列斯托泥灰质黏土和白垩岩为主,在南边的蒙特比洽诺以黏土为主。加列斯托是泥灰质黏土,适合桑娇维塞生长,因此,托斯卡纳的葡萄酒以桑娇维塞酿造的红葡萄酒居多。基安蒂是托斯卡纳著名的葡萄酒,传统的基安蒂葡萄酒酒瓶肚圆而大,如实验室的烧瓶,外面包上草编的篮子,称为"Fiasco"(草篮瓶),其富有特色的外形一直是全世界意大利餐厅的装饰。过去约一二十年里,当地人勇于创新和尝试,用过几个品种酿酒,如赤霞珠、梅洛等,这类葡萄酒被称为"超级托斯卡纳酒"(Super Tuscany),在世界上获得极佳的评价。

托斯卡纳属于温暖的地中海气候,大部分雨水集中在秋冬季,葡萄在休眠期会获得足够的降水来保持生命力。春季的霜冻、夏季的冰雹和降水是生长季节的最大危害。目前,随着全球气候变暖,夏季的干旱和长时间的高温也对此地的葡萄产量造成了一定的影响。

1. 基安蒂产区

基安蒂为意大利最负盛名的红葡萄酒产区,属 DOCG 法定产区,以桑娇维塞酿造的红葡萄酒为主。过去,基安蒂红葡萄酒会加白葡萄酒酿制,但近年来已经越来越少见。现在,大部分的基安蒂红葡萄酒 75% 以上是桑娇维塞,黑卡纳奥鲁最多可以占到10%。一般而言,基安蒂红葡萄酒属于清淡型的红酒,口感柔顺,富有果味。基安蒂红葡萄酒在收成隔年的 3 月 1 日才能上市,陈年 2 年以上,且酒精浓度高达 12%vol,才可以标示为"陈酿酒"。

2. 基安蒂经典产区

基安蒂经典产区位于基安蒂产区的中央区,这里的海拔较整个基安蒂高一点,加上泥灰质黏土、片岩和易碎的泥灰岩,因此可以生产上好的基安蒂红葡萄酒。2003 年开始,经典基安蒂以 80% 的桑娇维塞和 20% 的黑卡纳奥鲁、梅洛和赤霞珠混合酿制红葡萄酒。2005 年开始,红葡萄酒已不再加入任何的白葡萄酿造,且允许以 100% 的桑娇维塞酿制红酒。陈放 2 年以上的红葡萄酒可以标示为"陈酿酒"。2014 年开始,基安蒂经典产区新增加了"特级单一园"级别,要求所有葡萄必须来自酒庄内的单一田园并在酒庄内完成酿造,葡萄酒至少陈年 30 个月,酒精度不低于 13%vol。

 教学互动

互动问题:根据已经掌握的意大利葡萄酒产区知识,总结说明基安蒂产区的风土特点及主要葡萄品种。

要求:

1. 教师不直接提供上述问题的答案,引导学生结合本节教学内容就此问题进行独立思考、自由发表见解,组织课堂讨论。

2. 教师把握好讨论节奏,对学生提出的典型见解进行点评。

3. 蒙塔奇诺-布鲁奈罗产区

布鲁奈罗是桑娇维塞品种在当地的称呼,蒙塔奇诺是当地城镇的名字,所以这是一个以产地和葡萄品种命名的葡萄酒。该地区比基安蒂经典产区所在地更加干燥和温暖,因为南部有一座叫阿米亚塔的山挡住了湿冷空气,阻挡了过多的降水。该地区受到40千米外海风的吹拂,夜晚天气微凉,十分有助于保持果实清爽的酸度。蒙塔奇诺-布鲁奈罗 DOCG 法定产区必须要使用 100% 的桑娇维塞葡萄。该酒需要漫长的陈年时间:收获葡萄原料后的第五年的 1 月 1 日才允许售卖,而且必须要在橡木桶中陈年 2 年以上。对于陈酿酒级别有更高的要求,需要熟成 6 年,其中 3 年以上在橡木桶中进行。这种陈年时限的要求大大提高了酿酒商的成本,他们不得不投资大规模的橡木桶来容纳陈年的葡萄酒,同时对存储空间的要求也非常大。

现在越来越多的生产商开始推出"ROSSO di Montalcino DOC",也可以说是迷你版的蒙塔奇诺-布鲁奈罗。它规定该酒款依然使用 100% 的桑娇维塞葡萄,葡萄来自与蒙塔奇诺相同的种植区,原料常常来自年轻藤龄的葡萄树或风土条件稍差的地区。酒款在不锈钢或橡木桶中陈酿,能保留最大化的果香风格,一年后即可销售。

4. 保格利产区

保格利临近托斯卡纳海岸,产区的种植面积 1200 公顷,可谓是强者如林的产区。这里以生产波尔多混酿而知名,其占据产区中 80% 的比例,同时这里也出产一些不错的白葡萄酒和桃红葡萄酒。这里气候温暖,靠近海洋,全年来自海洋的海风吹拂有助于减轻葡萄真菌疾病。该产区允许 100% 的赤霞珠、品丽珠和梅洛用于酿酒,允许最高比例达 50% 的西拉和桑娇维塞,最高比例 30% 的其他品种,如小味而多。

说到意大利葡萄酒,不能不提到"圣酒"。圣酒是一款甜酒。它的特别在于天然酿造过程赋予其独特的口感,它散发着榛子、焦糖、蜂蜜以及杏仁等味道,挂杯度与平衡感极佳。酒体丰满,最好是在餐后或下午茶、泡雪地温泉时间享用,与超硬的意式脆饼搭配(蘸食)也是当地的一道传统美食。

各个酒庄有坚持酿造圣酒的传统,尽管风格会略有不同,但传统工艺一直在传承着。酿造这种酒会先将葡萄自然风干 3～6 个月,通常会使用特雷比奥罗和玛尔维萨品种酿造,也可以选用其他品种;采用圣酒中的天然酵母发酵,发酵时间也比较长,最高可达 3 年之久,之后还要放置在一种叫"Caratelli"的小木桶(100 升)中陈酿 3～4年,桶中的酒一般只装 2/3,然后用蜡或者水泥封口,以便让酒在桶中进行充分氧化(类似马德拉化)及防止二氧化碳逸出,因此,这种酒已非常稳定,可以存放数十年甚至上百年;另外,酒的木桶会吸收部分酒液,通常到装瓶时桶里的酒只剩半桶;一款酒从酿造到上市至少要等待漫长的 7 年,而且当年的葡萄达不到要求是不会用于酿造的。

近年来,有一类所谓的"超级托斯卡纳"在国际市场上大受欢迎,这是指为了更好地迎合世界消费者的口味,产区不再拘泥于使用本土品种,而大胆地引入国际品种,如赤霞珠、西拉等,酿造的方法也模仿法国波尔多,所以葡萄酒有波尔多的风格特点。白葡萄酒方面,也尝试种植霞多丽葡萄,使用橡木桶陈年。由于这种酒没有按照意大利法定产区葡萄酒的要求来酿造,所以大部分这类葡萄酒在酒标上只能标注 IGT 等标志。

托斯卡纳产区名庄众多,如圣圭托酒庄(Tenuta San Guido),该酒庄地处保格利海滨地区,出产的西施佳雅葡萄酒被称为"意大利的酒王之王",享有"意大利的拉菲"的美誉。这是一款红葡萄酒,西施佳雅为意大利四大名酒之首、超级托斯卡纳酒之首,也是第一款进入太空的葡萄酒。它选用的葡萄品种是赤霞珠和品丽珠,经法国小橡木桶发酵成熟。该酒酒体呈深红宝石色,拥有丰富的浆果味,还带着一些薄荷香,酒体饱满,味道集中,并带烟草、香草等味道,单宁紧实但柔滑,余味果酸平衡,充分显现其陈年潜质。此外,还有 Montevertine 酒庄,它是传统的基安蒂酒庄,该酒庄宁愿牺牲经济利益,也拒绝种植如今风靡托斯卡纳的赤霞珠、梅洛、黑皮诺等品种。它也是基安蒂地区最早开始采用小橡木桶陈年的酒庄。另外,较为著名的还有 Tua Rita 酒庄、IL Marroneto 酒庄、Tignanello 酒庄、奥纳亚酒庄(Tenutta dell' Ornellaia)、安东尼世家酒庄(Marchesi Antinori S. P. A)等。

(四) 南部产区

意大利南部产区主要包括坎帕尼亚、普利亚、巴斯利卡塔、卡拉布里亚、西西里岛和撒丁岛 6 个行政大区,这里也是盛极一时的葡萄酒之乡,是意大利葡萄酒的发源地。早在公元前 2000 年,该地受腓尼基人的影响,出现了葡萄酒业。

1. 坎帕尼亚

坎帕尼亚是意大利人口排在第二位的农业大区,是意大利的主要经济作物的来源地,番茄、蚕豆、樱桃、茄子、无花果等产量都很丰富。由于地理和历史原因,这里的葡萄酒酿造历史悠久。坎帕尼亚的本土葡萄品种有 100 多个,主要的红葡萄品种是带有浓郁花香的艾格尼科和派迪洛索,主要的白葡萄品种是格雷拉和菲亚诺。

坎帕尼亚知名酒款,有号称意大利南部红葡萄酒的图拉斯,主要产自维苏威火山灰质土影响的沿海地区,由高比例艾格尼科(至少 85%)酿造而成,3 年橡木桶陈酿。著名的白葡萄酒有口感细致、酒体饱满的阿维利诺费阿诺(菲亚诺为主酿造)和用格雷克为主酿造的富有矿物质风味的都福格雷克。而有"基督之泪"称呼的维苏威葡萄酒则红白都有,是坎帕尼亚出品的具有历史意义的酒款,虽然产量不多,但声名犹在。

2. 普利亚

普利亚产区位于意大利东南部,三面环海,气候温暖,但又不绝对干燥,适合葡萄的生长。跟多山的意大利其他区域不同,这里的地域环境是相对平坦的平原,葡萄酒的产量很高,是意大利南部重要的葡萄酒产区,主要的葡萄品种是黑曼罗和普米蒂沃。由于葡萄园面积大,大量的赤霞珠、西拉等国际葡萄品种在普利亚产区也被广泛种植。其中,普米蒂沃近年来因为在基因研究中被发现和美国的仙粉黛同宗,并且所酿出的红葡萄酒具有的香气也的确和仙粉黛类似,所以得到流行。

3. 巴斯利卡塔

如将卡拉布里亚产区比作鞋尖,巴斯利卡塔就是形似高跟靴的意大利国土的脚心部分,跟南部产区相似,这里也主要是富含矿物质的火山岩质土壤,相对凉爽,所出品的葡萄酒具有花香风味。主要葡萄品种有艾格尼科、莫斯卡托、玛尔维萨等。孚图是巴斯利卡塔的知名子产区,这里出品的葡萄酒叫"阿里安妮科"。

4. 卡拉布里亚

卡拉布里亚是古老的地中海文明的发源地,1908 年这里经历过大地震,现在的很多城区都是后来建的。葡萄酒对于卡拉布里亚产区而言,属于曾经辉煌,受大航海时代世界中心的变迁、根瘤蚜虫的侵蚀等影响,是"旧世界"的没落经典产区。

希罗酒(Ciro)是卡拉布里亚的古老酒款。葡萄的种植方法采用获得世界非物质文化遗产的名为 Vite ad Alberello 的葡萄种植法,这种方法是将葡萄藤弄成矮灌木丛式,修剪为 6 条分支,果农蹲着手工采摘。卡拉布里亚的主要本土葡萄品种为佳琉璞,所酿出的希罗酒有红色水果香气,酸度高,单宁柔顺。

5. 西西里岛

西西里岛是地中海最大的岛屿,也是意大利的一个自治区,更是意大利葡萄酒产量较大的产区,年产量高达 80730 万升。该产区属典型的地中海气候,常年阳光普照,雨量适中,十分适合葡萄的生长。境内大部分为山地,火山活动十分频繁。该产区葡萄园大多坐落于山坡高处,那里有着更凉爽的气候和更富饶的土壤。在这些风土条件的综合作用下,该产区不仅是谷类、橄榄和柑橘类水果的生长地,更是葡萄种植的绝佳之地。

西西里岛产区最具潜力的红葡萄品种是黑珍珠和马斯卡斯奈莱洛,前者能酿造出丰润而结实,且带成熟红色水果风味的酒款,后者是酿造艾特纳红葡萄酒和一些细致起泡酒的原料。白葡萄品种则有尹卓莉亚、卡塔拉托等,其中,卡塔拉托用于酿制西部产量最大的白葡萄酒。这种葡萄大多被运送至意大利较凉爽的产酒区,用来增加葡萄酒的酒体,剩下的大部分用于酿制马沙拉甜酒。

6. 撒丁岛

撒丁岛的风土条件多样,这里有沿海,有内陆,有山丘,也有平原,葡萄园主能够充分利用地形和气候的多样性酿造出自己所喜欢的葡萄酒类型。撒丁岛位于北纬 38°～41°,是欧洲距离赤道较近的产区,原本气候应该非常炎热,然而因受地中海冷却效应的影响,该产区比其他同纬度地区更适合栽培葡萄树。

撒丁岛与北侧的法国科西嘉岛一样,在几百年的历史中曾为不同的国家所占有,所以该地区的葡萄酒文化与意大利本土的也不尽相同。撒丁岛上很少种有意大利本土常见的桑娇维塞、蒙特布查诺、巴贝拉和白玉霓等品种,反而种植很多法国和西班牙品种及其"近亲",如卡诺乌(歌海娜的克隆品种)和佳丽酿。岛上种植的赤霞珠和博巴尔,常用来酿制品种酒。撒丁岛上还种植有玛拉格西亚、侯尔和适宜在温暖气候下生长的麝香品种。

四、小结

意大利风土条件多样,全国各地都很适合葡萄的生长,也因此酿出了丰富多样的葡萄酒。红酒是意大利葡萄酒中最知名的,如巴罗洛、巴巴莱斯科、蒙塔奇诺-布鲁奈罗、阿玛罗尼-瓦尔波利切拉……即使这些如雷贯耳的名字都属于红葡萄酒,但是意大利出产的优质白葡萄酒也值得一提。虽然大部分不如法国白葡萄酒般拥有陈年潜力,但如今的意大利白葡萄酒清新爽口,是屈指可数的解渴佳品,这一点毋庸置疑。意大利还有甜葡萄酒和起泡酒,跟法国一样,可以说它们已经达到了全世界恒定高品质的巅峰。

同步
案例

枯藤法

背景与情境：枯藤法是意大利流传已久的独特酿酒工艺，在威尼托的瓦尔波利切拉产区被广泛使用。枯藤法采用自然风干的葡萄来酿造葡萄酒，其风干方式有 3 种：可将葡萄留在藤上风干，也可将其铺在草席上于室外晒干，又或者把葡萄放置于干燥通风的屋子中风干（此为瓦尔波利切拉产区的风干方式）。风干后的葡萄流失了大量水分，果实中的糖分和风味物质得以浓缩，因此酿成的葡萄酒拥有饱满的酒体和较高的酒精度，风味也十分浓郁。

资料来源　https://www.wine-world.com/

问题：作为葡萄酒爱好者，你一定听说过意大利的枯藤法，那么，这三者之间的区别和联系是怎样的呢？

分析提示
▼

第三节　德　国

德国是全球第十大葡萄酒生产国。德国葡萄酒产量与老牌"旧世界"产酒国相比略低，与澳大利亚、南非、葡萄牙等产酒国不相上下。虽然产量上不占优势，但德国作为北半球纬度最高的产酒国，气候凉爽，葡萄酒品质优异，素以甜白葡萄酒著称，在很长一段时间里，德国的甜白葡萄酒可以说是称冠全球。如今，德国的葡萄酒中有 70％是白葡萄酒，其中甜白葡萄酒和不甜白葡萄酒各占半壁江山。德国红葡萄酒虽然产量较少，但近年来其品质也出现了可喜的上升趋势。

一、自然环境及葡萄酒发展状况

德国是全世界地理位置最北的葡萄酒产区（北纬 47°～55°），已经接近葡萄生长的纬度极限，这一纬度主要为寒凉性气候。但由于受大西洋暖流影响，以及莱茵河的调节作用，德国严苛的葡萄生长环境得到了改善。

德国处于大西洋东部大陆性气候之间凉爽的西风带，温度大起大落的情况很少见。降雨分布在一年四季。因各地区地理条件的不同，德国部分葡萄酒产区温度可达 20～30 ℃，部分葡萄酒产业温度可低至－10～1.5 ℃。德国的北部是海洋性气候，相对于南部较为暖和。西北部海洋性气候较明显，往东、南部逐渐向大陆性气候过渡。

德国葡萄栽培的起源可以追溯到公元 1 世纪的罗马人。最早的葡萄园存在于莱茵河左岸，葡萄种植大概在 3 世纪左右蔓延到摩泽尔。葡萄藤在中世纪进一步发展，主要是通过教堂，尤其是修道院。雷司令在德国种植相对较晚，1435 年在莱茵高和不久之后的摩泽尔首次被可靠地记录下来。20 世纪战争、经济动荡和葡萄病虫害给德国葡萄工业带来了巨大的破坏,德国葡萄酒出现了"滑铁卢",人们扩大了葡萄种植面积,提高了葡萄产量,却忽视了质量的监管。当时,德国出口一种廉价、甜的白葡萄酒,这种酒在英国、美国和其他国家很受欢迎。但却对德国葡萄酒造成了很不好的影响,因为它定义了德国葡萄酒在世人心中的形象,使德国葡萄酒在国际上的名声大幅下降。尽管德国廉价的甜白葡萄酒仍广泛出口到世界各地,但德国人对其珍贵的优质葡萄酒,尤其是雷司令酒重新产生了兴趣。直到20世纪后期,德国葡萄酒才重现昔日的辉煌。现在,德国葡萄园的产量依然有明确的法律条文予以约束。很多德国顶级生产商强强联手,形成VDP名庄联盟。VDP成员更注重的是质量,而不是产量。

二、葡萄品种

德国葡萄的栽培总面积约10万公顷,比法国波尔多产区略小。一直以来,白葡萄品种在德国占主导地位,近年红葡萄品种栽培有扩大趋势。德国三大主导白葡萄品种是雷司令、丽瓦娜、西万尼,约占德国总葡萄品种的2/5。现在,除了这几个品种外,黑皮诺家族品种也正以较快速度发展,如黑皮诺、灰皮诺、白皮诺等品种的栽培面积都有大幅增长。黑皮诺在德国一些温暖产区长势良好,赢得了世界的良好声誉。另外,丹菲特在德国的种植也有扩大趋势,该品种生命力旺盛,产量大,果皮厚,酿酒时上色能力好,单宁柔和,酸度良好。霞多丽、赤霞珠等国际品种也在德国有一定的栽培量。

(一)红葡萄品种

1. 黑皮诺

黑皮诺(Pinot Noir)是人工种植的古老的葡萄品种,种植于尼罗河谷,在4世纪的时候开始种植于法国勃艮第,后来在7世纪的时候,它又被人从勃艮第带到德国莱茵河和内卡河流域。德国黑皮诺葡萄酒酒体颜色从淡红到中等红色不等,樱桃、草莓、蔓越莓、覆盆子和黑醋栗的果味浓郁,还夹带着些许香草和香料的味道。

早在884年,德国就已经开始了黑皮诺的种植。目前,德国黑皮诺的产量占据世界的13.6%,位居世界第三,仅次于法国和美国。

德国黑皮诺葡萄酒酒体饱满,浓郁的果味中还可能伴有皮革气息,单宁并不强劲但很结实,口感顺滑。其酸度颇为可口,非常适合搭配一些风味浓郁、口感结实的美食,如鸭肉、猪肉、三文鱼、牛肉、羊肉和奶酪等。

2. 丹菲特

丹菲特(Dornfelder)是由埃罗尔德乐贝和埃罗尔德杂交出来的红葡萄品种(见图7-23),1956年由奥古斯特·埃罗尔德培育出来。丹菲特是德国非常优秀的红葡萄品种,主要种植在法尔兹和莱茵黑森等产区。这一品种产量高而且相对早熟,酿出的葡萄酒颜色要比其他德国红葡萄酒颜色深邃。事实上,最初培育丹菲特就是为了用于混酿,以增加成酒的颜色。如今,丹菲特也常用来单独酿制,单一品种酒芳香馥郁,酒体饱满,拥有显著的单宁和酸度,口感复杂,特别是经橡木桶发酵或熟化的丹菲特酒,品质优异,备受市场的青睐。

3. 特罗灵格

在德国,特罗灵格(Trollinger)在符腾堡种植,该品种的种植历史可以追溯至 14 世纪(见图 7-24)。特罗灵格酿造的葡萄酒一般呈浅红宝石色泽,酒体轻盈、精致。品质较高的特罗灵格葡萄酒含有活泼的覆盆子和甜美的棉花糖的味道,还有缥缈的花香,十分独特。

图 7-23 丹菲特葡萄

图 7-24 特罗灵格葡萄

4. 莫尼耶皮诺

莫尼耶皮诺(Pinot Meunier)耐冰霜,喜好潮湿性黏土,属于黑色葡萄品种,与黑皮诺、霞多丽并称为三大酿造香槟的葡萄品种。与灰皮诺、白皮诺一样,莫尼耶皮诺也是黑皮诺的一个变异品种(见图 7-25)。与黑皮诺相比,莫尼耶皮诺酸度较高,甜度和酒精度相似,但颜色浅,单宁含量少。在德国,莫尼耶皮诺叫作"Schwarzriesling"(黑雷司令),用该品种酿制的葡萄酒风格多样,可从简单、轻盈到丰富、圆润,其中品质表现最佳的产区分布在巴登、弗兰肯和普法尔茨。莫尼耶皮诺也被用来酿制起泡酒。

5. 莱姆贝格

莱姆贝格(Lemberger)主要种植在符腾堡产区,符腾堡的气候非常适合酿制颜色较浅的红葡萄酒(见图 7-26)。莱姆贝格多和特罗灵格搭配,用于酿制酒体轻盈且适合早饮的红葡萄酒。莱姆贝格葡萄酒的风格很强劲,口感热烈而芬芳。它一般呈宝石红色,隐约透出一丝棕色光泽,适合搭配奶油风味的汤和猪肉、羊肉、奶酪等,而且它还是黑巧克力的最佳伴侣。

(二)白葡萄品种

1. 雷司令

雷司令(Riesling)是德国国宝级的白葡萄品种,也是世界上颇具芳香的葡萄品种。它是由公元前 650 年莱茵河畔的野生葡萄发展而来,最初由罗马人种植,是德国古老的葡萄品种,也是德国种植面积最大的葡萄品种,占据德国葡萄种植总面积的 1/3(见图 7-27)。雷司令也是让德国找回昔日葡萄酒辉煌的葡萄品种。

扫码看
彩图

扫码看
彩图

扫码看
彩图

图 7-25　莫尼耶皮诺葡萄

图 7-26　莱姆贝格葡萄

图 7-27　雷司令葡萄

　　雷司令香气浓郁,土壤对酒的个性影响很大,是能够反映土壤特征的葡萄品种。其发芽较晚,因此常免受春季霜冻的威胁。该品种葡萄藤木质坚硬,因而十分耐寒,这让它成为寒冷产区的首选葡萄品种,雷司令在产量达到近 7000 千克/公顷时仍可保持高品质,且十分耐霜霉病,但较易感染白粉病和贵腐霉。

　　雷司令葡萄酿造的白葡萄酒品种多样,从干酒到甜酒,从优质酒、贵腐甜白酒到顶级冰酒,各种级别都能酿造。此外,酒精含量较低的特点,也使得雷司令在酒杯中呈现出悦人光泽与丰富香味。雷司令是一种富于变化的葡萄,含有多种多样的果香,如桃子、柑橘等的香味特色和蜂蜜的甜香。老年份的雷司令葡萄酒还带有汽油味。

　　德国无疑是种植雷司令的头号大国,到目前为止,雷司令在德国的种植面积已经达到了 22434 公顷,其中法尔兹和摩泽尔的种植面积最广。在德国气候最凉爽的产区——摩泽尔,雷司令的表现最为出色。

　　2. 米勒-图高

　　米勒-图高(Muller-Thurgau)原产于德国,长势旺盛,丰产,早熟。葡萄蔓直立生长,叶子为绿色或黄绿色,叶片很大,果穗中等大,果实呈长卵圆形,绿色(见图 7-28)。此品种适宜短梢修剪,在凉爽气候和好的土壤条件下,每英亩能产 6～8 吨。它是1852—1891 年由瑞士生物学家 Dr. Müller-Thurgau 用白雷司令与西万尼杂交得来的,目的是利用西万尼的早熟性和丰产性结合雷司令的持久香气提高德国日常酒的质量。这个品种在德国广大地区得到栽培,大多数种植在靠近河的平坦地区。用米勒-图高酿制的葡萄酒,味感清爽,有不寻常的新鲜感和果香,唯一的不足是酸度不够。

3. 西万尼

西万尼(Silvaner)是一种中等长势、发芽晚、成熟早的葡萄品种。多采用极短梢修剪,叶子近乎圆形。叶子为绿黄色,正背面无毛。西万尼果穗小到中等大,圆柱形,很紧密。果实中等大,球形,果肉呈浆状,成熟时,呈深绿黄色到黄琥珀色(这是由于光照多造成的),果皮上有斑点。

西万尼品种的特性之一是皮厚。在德国,西万尼能抵抗很晚的春天冻害,产量不受影响。这是因为西万尼虽然发芽较晚,但生命力十分旺盛,结果多,并且可以照常酿制出满意的酒。西万尼果汁很浓,呈浆状,不易澄清,因而需要仔细地操作。通常饮用西万尼酿制的酒,最好是新鲜酒,不需要再经过桶和瓶内贮藏。它的酒糖度很低,有一定的酸度。

西万尼喜欢凉爽的气候条件,在此条件下它能酿制令人喜爱和协调的酒,在温暖的气候条件酿制出的酒粗糙且无生命力。

4. 肯纳

肯纳(Kerner)是由特罗灵格和雷司令杂交而成的葡萄品种(见图 7-29)。其果实较大,酿制出的葡萄酒风味与雷司令十分接近,但肯纳具有独特的草本植物香,有时还带有糖果香。肯纳发芽较晚,具有较好的抗霜冻能力,该品种的生命力十分旺盛,因此在夏季需要精心修剪。它与西万尼成熟的时间差不多。肯纳几乎能在德国所有的葡萄园里种植,其葡萄汁含糖量和酸度均能高出米勒-图高 10%～20%vol。优质的肯纳葡萄酒产自黏土、石灰岩覆盖的弗兰肯产区。

图 7-28　米勒-图高葡萄

图 7-29　肯纳葡萄

扫码看
彩图

扫码看
彩图

5. 琼瑶浆

琼瑶浆(Gewürztraminer)原产于德国,属欧亚种(见图 7-30)。琼瑶浆喜好冷凉干燥的气候,其葡萄皮为粉红色,带有独特的荔枝香味。用它酿制的葡萄酒,酒精度很高,色泽金黄,香气甜美浓烈,有荔枝、芒果、玫瑰、肉桂、橙皮,甚至麝香的气味。它的酒体结构丰厚,口感圆润。琼瑶浆属于芳香型品种,一开瓶,仿佛让人们置身于各种香水味当中,以其浓烈的香气闻名于世。

图 7-30　琼瑶浆葡萄

6. 白皮诺

白皮诺(Pinot Blanc)是灰皮诺的变异品种(见图 7-31),最早在 19 世纪后期发现于勃艮第产区,在阿尔萨斯产区表现非常出色。在阿尔萨斯、意大利和匈牙利地区,该品种常被酿造为酒体饱满的干白葡萄酒;而在德国和奥地利则既可酿成干酒,也可酿成甜酒。白皮诺酿造的葡萄酒有馥郁的苹果、柑橘类果香及花香,该品种的酒通常适宜直接饮用,不宜陈酿。

图 7-31　白皮诺葡萄

Note

白皮诺是一个早熟的葡萄品种,果实颗粒小,生命力旺盛,喜好深厚温热的土壤,十分耐寒,但容易感染真菌,白皮诺比灰皮诺和黑皮诺都高产。白皮诺在德国特别受欢迎,是德国五大白葡萄品种之一。在巴登、普法尔茨与莱茵黑森地区,它常用于酿造单一品种葡萄酒。

7. 施埃博

施埃博(Scheurebe)于 1956 年由西万尼和雷司令杂交而得,名字源于它的栽培者乔治·施埃博(Georg Scheu)。高度成熟的施埃博葡萄(见图 7-32)可以酿造一些独特的优质葡萄酒。该品种很容易达到高级优质葡萄酒所要求的成熟度,十足的酸味能和酒中其他成分达到巧妙的平衡。

图 7-32 施埃博葡萄

施埃博葡萄像雷司令葡萄一样,能酿制出表现惊人且极具地域特色的葡萄酒。施埃博葡萄酒带有活力四射的芳香,酸味很清爽,适合用作开胃酒或者搭配甜点。

三、葡萄酒产区

德国的葡萄大都种植在河谷地区,南起的康士坦丁湖沿着莱茵河及其支流,北抵波恩的米特莱茵,西从法国的接壤地区至东部的易北河。德国有 13 个葡萄酒产区:摩泽尔、莱茵高、莱茵黑森、巴登、普法尔茨、那赫、弗兰肯、阿尔、黑森林道、中部莱茵、符腾堡、萨勒-温斯图特、萨克森。这 13 个产区都有各自的气候特点和土壤环境。

(一)摩泽尔产区

摩泽尔(Mosel)属于凉爽的大陆性气候,夏季凉爽,7 月平均气温为 18 ℃,年平均日照 1370 个小时。虽然年均温度低,但摩泽尔的葡萄仍能获得足够的热量以保证成熟。此区土壤主要是黏质的板岩和硬砂岩。陡峭的山壁为泥盆纪的板岩,而平原是砂质砾石土。

摩泽尔是一个狭长的产区,葡萄园星罗棋布地分布在摩泽尔河的两岸,这些葡萄园地形十分陡峭,最倾斜的地块坡度为 68°。机器在这里无法运作,人们只能使用人力进行葡萄园劳作。

蜿蜒曲折的摩泽尔河为南北走向,所以摩泽尔朝南的山坡并不多,雷司令只能种植

扫码看
彩图

于阳光充足的葡萄园中,否则将难以成熟。当地凉爽的气候让雷司令葡萄保持了锐利的酸度,造就了德国酒体轻盈的雷司令酒,产区土壤里含有大量蓝色和红色板岩,这些板岩日间聚集热量并折射到葡萄上,帮助葡萄在夜间更好地成熟。由于受到山脉的遮挡,摩泽尔河谷是德国较为温暖的气候带,而河流的蓄热作用也使这里成为无霜冻区。河流在这里起到了非常重要的作用,它们反射的阳光可以帮助处于最好位置的葡萄成熟,增加了葡萄藤的受光面积。

雷司令是该地的主导葡萄品种,种植比例高达54%。这里的雷司令所酿制的葡萄酒一般酒精度偏低,通常为8%~10%vol,干型与半干型葡萄酒酒精度略高。入口轻盈,有较高酸度,且酸度与甜度能达到很好的平衡。果香多以绿色水果、柑橘类香气为主,同时具有矿物质的质感,层次感强的葡萄酒装瓶大多使用当地传统的细长棕色瓶。代表酒庄有露森酒庄(Chateau Dr. Loosen)、伊贡米勒酒庄(Weingut Egon Muller-Scharzhof)、普朗酒庄(Weingut Joh. Jos. Prum)、丹赫酒庄(Chateau Deinhard)。

背景与情境:雷司令是世界上优秀的白葡萄品种。由其酿制的葡萄酒芳香馥郁,酸度爽脆,俘获了众多葡萄酒爱好者的心。目前,世界上最为经典的雷司令葡萄产区非德国莫属,除此之外,在法国的阿尔萨斯和澳大利亚等地,雷司令也有着极为精彩的表现。

问题:请比较说明德国摩泽尔产区的雷司令与法国阿尔萨斯产区的雷司令在风土和酿酒风格上的异同。

(二)莱茵高产区

莱茵高(Rheingau)产区是和摩泽尔齐名的德国雷司令葡萄酒产区,虽然种植面积只有3200公顷,却不容忽视,雷司令在此占据了总种植面积的80%以上。种植面积第二的葡萄品种为黑皮诺,黑皮诺在该产区表现也非常优异。该区属于凉爽的大陆性气候,年平均气温为10℃,每年日照1643小时,气温相当温和。无花果、橄榄和杏在莱茵高的花园中常常被发现,这里年平均降雨量约为500毫米。

莱茵高的地理条件得天独厚,由南向北的莱茵河在这里绕了一个"L"形的小弯,形成了一段从东往西的河流,这里的葡萄园都位于莱茵河的北岸,面向南方,可以尽情地享受日照以及宽阔的莱茵河面提供的反射阳光。葡萄园北面受到陶努斯山脉的保护,使葡萄园免受寒冷北风的影响。莱茵高坡度相对较为平缓,上部的土壤主要是由风化的深色板岩、泥灰岩构成。板岩土壤不仅内含丰富的矿物质,同时深色的土壤可以白天吸收太阳的热量,在夜间释放给葡萄树,非常有助于雷司令的成熟,可酿出酸度细致、典雅平衡的精彩白葡萄酒。得益于这样优质的风土条件,这里的雷司令不仅保持着活泼的酸度,还获得了近乎完美的成熟度。

莱茵高云集了众多历史悠久的顶级酒庄,如约翰山酒庄(Schloss Johannisberg)、罗伯特·威尔酒庄(Weingut Robert Weil)、勋彭酒庄(Schloss Schonborn)、沃尔莱茨酒庄(Schloss Vollrads)等。

同步思考

同步思考
答案

　　雷司令葡萄酒是除霞多丽葡萄酒之外最出名的白葡萄酒品种，在世界范围有众多的爱好者，是世界较为流行的白葡萄酒，它俘获了大多数人的味蕾，越来越多的葡萄酒爱好者沉醉于其高酸度、馥郁的香气和干爽、清脆的口感。雷司令葡萄酒类型众多：有干型、半干型和甜型，涵盖静态葡萄酒与起泡葡萄酒，酒体有清淡的，也有饱满的。德国、法国、澳大利亚与新西兰等众多国家都有种植雷司令，但说起雷司令的最佳产区，德国和澳大利亚当之无愧，这两个产酒国出产着众多优质的雷司令葡萄酒，但两个产酒国的风土以及葡萄酒风格方面还是有诸多的不同。

　　问题：对比说明德国雷司令葡萄酒与澳大利亚雷司令葡萄酒的经典产区及其风土特点。

（三）莱茵黑森产区

　　莱茵黑森（Rheinhessen）是德国最大的葡萄酒产区，有 26000 多公顷葡萄园，主要种植的葡萄是米勒-图高和西万尼。其中，高产量的米勒-图高曾占据总产量的 1/4，该产区是西万尼种植面积最大的产区，占 13%。这里所产的葡萄酒的普遍特点是口感柔和，香气四溢，酒体适中，酸味适中，易于入口。此外，这里也种植着雷司令（9%）、施埃博（9%）、肯纳（8%）、巴克斯（8%）。

　　莱茵黑森是德国较为干燥的葡萄酒产区，年降雨量只有 500 毫米，气候温和，冬季较为寒冷。该产区位于莱茵河最大的弯道处，东部和北部面临莱茵河，西部是那赫河，南部靠哈尔特山脉。产区内有着成千上万的山丘，一片片葡萄园呈现在眼前，还点缀着各种果园和其他园地。

　　莱茵黑森产区的代表酒庄有沃克酒庄（Weingut P. J. Valckenberg）、凯勒酒庄（Weingut Keller）、贡德洛酒庄（Weingut Gunderloch）。

（四）巴登产区

　　巴登（Baden）是德国第三大葡萄酒产区，也是德国最南部的产区，河对岸就是法国的阿尔萨斯，气候温暖，是德国南部最温暖的葡萄种植区域。由于气候温暖，雷司令在这里的比例不高，红葡萄品种成了主角，这里出产德国最精彩的红葡萄酒，也是德国红酒价格较高的产区。巴登区内最知名的产区是凯撒斯图尔区，这里是一个死火山区域，土壤中的火山灰矿物质丰富，最适合黑皮诺和灰皮诺的生长。黑皮诺大多在小的新橡木桶中发酵，酒体饱满，水果香气丰富。灰皮诺则表现得香气浓郁，酒精度高。酿酒合作社在巴登区占有很重要的地位，曾经有一段时间，90%的葡萄酒都由酿酒合作社供应，随着新兴小型独立酒庄的不断加入和崛起，越来越多精彩的葡萄酒被生产出来。

　　巴登产区的代表酒庄有黑格酒庄（Weingut Dr. Heger）、拉尔市立酒庄（Weingut Stadt Lahr）、雨博酒庄（Weingut Bernhard Huber）。

教学互动

> **互动问题**：德国巴登产区与法国阿尔萨斯产区隔河相望，莱茵河两岸是各自国家的经典产区。根据已经掌握的德国葡萄酒产区知识，对比说明法国阿尔萨斯产区与德国巴登产区葡萄酒的风土特点。
>
> **要求**：
>
> 1. 教师不直接提供上述问题的答案，引导学生结合本节教学内容就此问题进行独立思考、自由发表见解，组织课堂讨论。
>
> 2. 教师把握好讨论节奏，对学生提出的典型见解进行点评。

（五）普法尔茨产区

普法尔茨（Pfalz）气候与阿尔萨斯南部类似，是德国葡萄酒产区中较温暖、光照较多、降水较少的产区，产区内光照充足，土壤类型主要由砂岩与富含矿物质的火山泥组成，此外，还有部分白垩土、黏土和砂石。法尔兹的葡萄园受到哈茨山上普法尔茨森林的庇护，避免了冷空气与霜冻的侵害。普法尔茨为德国第二大葡萄酒产区，是世界上栽培雷司令面积最广的区域。普法尔茨传统的雷司令葡萄酒为干型葡萄酒，口感细腻，酸度相较摩泽尔更为柔和，酒体饱满，口感较强劲，当地的甜型雷司令葡萄酒则酸度突出，口感圆润。此外，从 20 世纪 90 年代起，这里也开始使用雷司令生产德国著名的起泡酒——塞克特葡萄酒。普法尔茨产区的葡萄酒以果香丰富的白葡萄酒为主，雷司令和丽瓦娜等较为出众，琼瑶浆也有少量种植，表现优异。

普法尔茨产区的代表酒庄有卡托尔酒庄（Weingut Muller-Catoir）、富尔默酒庄（Weingut Heinrich Vollmer）、莱茵豪森城堡酒庄（Schloss Rheinhartshausen）等。

（六）那赫产区

那赫（Nahe）葡萄酒产区位于摩泽尔与莱茵黑森之间，这里出产的葡萄酒融合了两个产区的特色，既有摩泽尔的精巧，又有莱茵黑森的坚实，具有良好的复杂性。该产区气候温和平衡，鲜有霜冻。因 Soonwald 河和 Hunsruck 山的阻挡，产区少有寒风、强光和干旱。晚夏时，这里的葡萄拥有较长时间的生长期和干燥的环境。那赫地区出现了整个岩浆循环火山岩、沉淀土（砂岩、黏土、石灰岩）和变质岩（板岩）。因此，这里的土壤类型非常多样，包括板岩和斑岩、新红砂岩、黏土、陶土和泥灰土。较低的那赫产区地形平坦，土壤肥沃。该产区红葡萄品种以丹菲特和黑皮诺等为主。

那赫产区代表酒庄有杜荷夫酒庄（Weingut Donnhoff）、弗洛里奇酒庄（Weingut Schafer-Frohlich）、肖雷柏酒庄（Weingut Emrich-Schonleber）等。

（七）弗兰肯产区

弗兰肯（Franken）位于法兰克福的东部，以白葡萄酒为主。产区共有 6078 公顷葡萄园，46％种植米勒-图高、20％种植西万尼、11％种植巴图斯。本区自西向东，大陆性气候特征越发明显。冬季寒冷,降雨稀少,夏季炎热,晚霜危害很大。与德国其他地方不同的是,这里的酒多数为干白型酒,酒体较重,带有泥土的复合口感,高质量的酒装在独特的扁圆形瓶子里,这种瓶子叫作"大肚瓶"(见图7-33)。弗兰肯产区的酒在德国以外的地方很不好找,而且价格较贵,但的确独特,尤其是这里的西万尼和雷司令干白葡萄酒。

图 7-33　弗兰肯产区的"大肚瓶"

弗兰肯产区的代表酒庄有鲁道夫·福斯特酒庄(Weingut Rudolf Furst)、卡斯泰尔王子酒庄(Furstlich Castell'sches Domanenamt)等。

(八)阿尔产区

阿尔(Ahr)因阿尔河而得名,葡萄园位于河流两岸。这里纬度较高,却为地中海式微气候,土壤为板岩和黏土的混合。阿尔以红酒闻名,它被认为是德国的"红酒天堂",有87.5%的区域专门用于红葡萄酒生产,只有12.5%用于白葡萄酒生产。主要的葡萄品种是黑皮诺,占该地区面积的一半以上。该地区其他重要的葡萄品种包括雷司令、丹菲特和米勒-图高葡萄。

阿尔产区代表酒庄有美耀-奈克酒庄(Weingut Meyer-Nakel)、琼施托登酒庄(Rotweingut Jean Stodden)、克洛伊茨贝格酒庄(Weingut Kreuzberg)等。

(九)黑森林道产区

黑森林道(Hessische Bergstrasse)是德国13个优质葡萄酒产区中面积最小的一个产区,只有469公顷。它坐落于海德尔堡的北部,南临魏因海姆,西与莱茵河相邻,东部受到奥登森林的保护。黑森林道产区内的土壤丰富多样,自北向南,分别是斑岩-石英、风化花岗岩、沙石、黄土-亚黏土等,这些原生岩很容易升温。除了优越的地质条件之外,本区的气候也十分适合葡萄的生长,这里阳光充沛,雨量充足,葡萄藤和其他各种果树都长得郁郁葱葱,风景十分迷人。

由于气候的关系,黑森林道产区适合种植生长期较长的葡萄,白葡萄的数量远远多于红葡萄。单单是雷司令和米勒-图高就占据了当地2/3以上的种植面积,且雷司令的种植数量最多,约为56%。此外,还有少量的灰皮诺和西万尼。黑森林道产区所酿制的酒普遍比较馥郁芬芳,酒体更重,酸度更高,口感更细腻。黑森林道产区的葡萄酒产量十分稀少,且几乎毫无例外都是在本地销售。

(十) 中部莱茵产区

中部莱茵(Mittelrhein)是被列入《世界文化遗产名录》的葡萄酒产区。中部莱茵产区种植总面积为460公顷,以传统葡萄品种为主。其中,雷司令占70%以上。中部莱茵也种植白皮诺和灰皮诺,这两种葡萄酒是非常理想的佐餐酒。中部莱茵地区种植的红葡萄品种主要是黑皮诺和丹菲特。

页岩决定了中部莱茵的土壤特性,大多数陡峭的梯田式山坡葡萄园像燕巢一样依附在河谷岩壁上。多岩的土壤和陡峭的岩壁是葡萄园的"避风港",而且在日照条件下可以快速升温。山坡葡萄园的土壤多为钢青色或暗色页岩土壤,为雷司令葡萄的生长提供了理想条件。从南方涌入的温和空气为莱茵河谷内的葡萄生长提供了理想的气候条件。温暖的冬季、早到的春季以及一直持续到深秋季节的漫长生长期为葡萄种植提供了得天独厚的条件,尤为适宜雷司令品种的培育。莱茵河水面具有调节温度的作用,即使在极度严寒的冬季,狭窄的中部莱茵河谷地区也很少出现严重霜冻。

(十一) 符腾堡产区

符腾堡(Wurttemberg)是德国第四大葡萄酒产区,也是唯一一个产红葡萄酒多于白葡萄酒的产区。它位于德国西南部,产区内的葡萄园位于内卡河及其支流周围的山坡上。符腾堡是一个多山的乡村,葡萄园和果园散布在森林和田野中。过去的大部分梯田葡萄园已经重组,以提高效率。符腾堡半数以上的葡萄园种植着各种红葡萄品种,这里是德国首屈一指的红葡萄酒产区。这里的黑森林和斯瓦比亚尤拉的山丘是保护性的,河流有助于缓和气候。土壤是多种多样的,包括贝壳灰岩、火山碎屑、泥灰岩、黄土和黏土。

符腾堡产区的代表酒庄有斯奈门酒庄(Weingut Rainer Schnaitmann)、富尔默酒庄(Weingut Rolf Heinrich)。

(十二) 萨勒-温斯图特产区

萨勒-温斯图特(Saale-Unstrut)为大陆性气候,夏季温暖干燥,冬季寒冷,时有霜冻。此产区共有390公顷葡萄园,80%的种植面积为白葡萄品种,其中37%种植米勒-图高、28%种植西万尼,土壤为地壳石灰岩、有色砂岩、三叠纪岩石。此区肥沃的粗骨土吸热较快。葡萄酒以干型为主,通常带有活泼、清新的酸度,酒体适中,易于饮用。

(十三) 萨克森产区

萨克森(Sachsen)是德国最靠东的葡萄酒产区,也是德国最小的葡萄酒产区。据历史记载,萨克森产区自1161年就已经开始酿造葡萄酒了,这个时间跟其他产区的葡萄酒酿造起始时间差不多。当时,教会和贵族阶级是主要的葡萄园业主,对葡萄酒业的发展起到了重要作用。

　　萨克森产区的气候类型为温凉的大陆性气候,年平均气温为 10 ℃,但在冬天的时候,气温可能低至-28 ℃。易北河谷内随处可见的土壤包括石炭纪花岗岩和长石,并混合了一些云母、石英和砂岩。这些岩石上面往往覆盖了黄土、黏土和泥沙。萨克森产区内最主要的葡萄品种是米勒-图高,其次是雷司令。

四、小结

　　一直以来,德国葡萄酒都以其迷人优雅的风味而闻名。很多品酒家都认为,顶级的德国葡萄酒拥有极度均衡的糖分和酸度,两者的水乳交融,使德国葡萄酒宛如吸收了天地精华而诞生的优雅女神,风度迷人。此外,这些顶级的德国葡萄酒大多都没有经过苹果酸-乳酸发酵、橡木桶陈年等刻意雕琢,因此可以保留淳朴的个性,其清澈透明的原始特质受到很多人的喜爱。从整体来说,德国葡萄酒大多都有平易近人的气质,它们协调,清爽,酒精度低,散发着水果香气,即使是不擅饮酒的人也能在其中享受到品尝的乐趣。

　　德国人凭借他们惯有的严谨工作态度,不断创新酿酒技术以及多元化发展路线,因此德国葡萄酒以其独特的醇香享誉世界,其出产的优质白葡萄酒一直是深受世界各国消费者喜爱的葡萄酒。

知识活页
▼

第四节　葡　萄　牙

　　作为老牌的"旧世界"产酒国,葡萄牙酿酒历史悠久。葡萄牙是世界上唯一用"葡萄"命名的国家,葡萄酒业在该国也占据着非常重要的地位。在葡萄牙,大约25％的农业人口从事此行业,这足以显示葡萄酒业在"葡萄酒王国"之称的葡萄牙的重要地位。葡萄牙也是世界上软木塞产量第一的国家,更是第一个把葡萄酒传向世界各地的国家。欧洲人称:"没喝过葡萄牙葡萄酒不算喝过葡萄酒。"

一、自然环境及葡萄酒发展状况

　　葡萄牙位于欧洲大陆的西南尽头,东面和北面与唯一的邻国西班牙接壤,西面则是大西洋,一直以来有不少人来到葡萄牙西岸,欣赏临近大西洋壮观的景色。在地中海区域,葡萄牙属于边缘国家,但是在大西洋区域,葡萄牙则是前线国家。这个独特的地理位置极大地有利于大航海时代葡萄牙发挥出重要作用。

　　葡萄牙的地形北高南低,多为山地和丘陵。葡萄牙境内北部是山地,中部沿海地区有许多渔村和度假胜地,南部是丘陵地带。葡萄牙北部属于温带海洋性气候,南部属地中海气候,年降水量 800～1000 毫米。

　　葡萄牙的气候非常适合栽种葡萄,为温和的海洋性气候,夏季温暖、冬季凉爽潮湿,越往南部和东部,气候越极端。尽管葡萄牙的风土条件并不像法国和意大利那样复杂,但山区、河谷、多沙地区以及富含石灰岩的沿海山丘气候却十分多变。葡萄牙平原地区受大西洋盛行风的影响较大。

自 12 世纪起,葡萄牙西北部的米尼奥就开始向英国出口葡萄酒。17 世纪,当英国与法国打得不可开交的时候,葡萄牙取代法国成为英国主要的葡萄酒供应国,也就在这时,波特酒成为"英国男人的葡萄酒"。19 世纪后 30 年,葡萄牙同其他欧洲各国一样遭受到根瘤蚜虫的袭击,葡萄酒业从此萎靡不振。直到 1986 年,葡萄牙加入欧盟,对葡萄酒业做出了许多革新,葡萄酒业才开始勃兴。如今,葡萄牙的酒农更加注重栽培较为独特的葡萄品种,杜奥、绿酒和阿连特茹等产区也因此赢得了世界的关注。

葡萄牙也有关于葡萄酒分级的相关规定,且与法国相似。其日常餐酒,相当于法国的 VDT;地区餐酒相当于法国的 VDP;介于地区餐酒和法定产区酒之间的推荐产区酒,相当于法国的 VDQS;法定产区酒为最高等级,相当于法国的 AOC。

二、葡萄品种

葡萄牙葡萄品种繁多,而且多数本地品种在其他国家少有种植,这和品种的适应性有关,本地品种所需要的生长环境与产地有很强的关联性,在其他国家,比较难产生出色的表现。

常见的红葡萄品种包括国产多瑞加、罗丽红、卡斯特劳、巴加、特林加岱拉等。白葡萄品种有阿瓦雷罗、阿兰多、洛雷罗、安桃娃、华帝露、菲娜玛尔维萨、塔佳迪拉、费尔诺皮埃斯等。

(一) 红葡萄品种

1. 国产多瑞加

国产多瑞加(Touriga Nacional)是葡萄牙的国宝级葡萄品种,成熟的国产多瑞加所展现的深沉色泽、成熟的黑色水果香气、甜美的香料气息,以及高酸度和高单宁足以让它能够酿造出超长陈年潜力的红葡萄酒(见图 7-34)。在葡萄牙,该品种主要种植于杜罗河产区和杜奥产区。目前,在美国、澳大利亚、南非、西班牙和新西兰等地也有种植。

图 7-34　国产多瑞加葡萄

自 18 世纪以来,国产多瑞加就用来酿制波特酒。它是用来混合酿制波特酒的最佳选择,用其酿制的葡萄酒极其丰富稠密,结构繁复。在早期年份较轻的时候,它酿制的波特酒带有极其浓郁罕见的接骨木、樱桃蜜饯、黑醋栗和桑椹的香气;随着时间的推移,年份波特酒和茶色波特酒会出现浓郁的烤咖啡豆和可可豆的香气。

扫码看
彩图

Note

　　国产多瑞加果穗、果粒小,所以酿成的葡萄酒颜色深,单宁强劲,香气馥郁。该品种是一种早熟葡萄,长势强,适合各种生长环境。但由于坐果率太低导致很不受果农欢迎,甚至在 20 世纪中叶,该品种将近绝迹。后来,科学家们通过无性系选择育种,培育出了产量相对较高的国产多瑞加,这样才使该品种葡萄的种植保留下来。国产多瑞加种植面积小且产量低,由于稀少,所以昂贵。只有上等的波特酒才会采用该品种。

　　2. 罗丽红

　　罗丽红(Tinta Roriz)发源于西班牙,是西班牙红葡萄品种丹魄在葡萄牙的官方名字。这种叫法在葡萄牙的杜罗河谷尤为普遍。该品种主要用于酿制波特酒(见图7-35)。

扫码看
彩图

图 7-35　罗丽红葡萄

　　罗丽红在众多顶级葡萄品种当中是性情不稳定,相当容易变化的一种。其生长势头良好,产量中等,对高温和干旱有极强的耐受力,在南向缺水的片岩山坡种植和生长。这样的地理位置能够保持罗丽红的生长态势,同时避免该品种产生腐烂的病症。

　　罗丽红葡萄皮厚,酿出的葡萄酒颜色十分深浓。酒中的酸度不是很高,酒体雄壮有力,单宁十分强劲,复杂度良好,同时又具有出色的树脂类香气。

　　3. 卡斯特劳

　　卡斯特劳(Castelao)起源于葡萄牙,是当地一个十分古老的红葡萄品种。卡斯特劳的生命力十分顽强,对环境的适应性较强,既能在干旱的气候下开枝散叶,也能在凉爽潮湿的地方茁壮成长。该品种果串小且紧凑,果粒大小中等,果皮较厚(见图 7-36)。生长过程容易出现落果和坐果不均的现象,因此会导致葡萄成熟的时间不一致。干燥的气候与沙质的土壤是卡斯特劳的最爱,它是葡萄牙中部和南部最普遍的葡萄品种,如特茹和里斯本产区。卡斯特劳有着红色水果、蓝色花朵的典型香气,有着有质感的单宁、清爽的酸度,让酿酒师们对它格外喜爱。

　　卡斯特劳酿制的葡萄酒风格多样,在葡萄牙,该品种不仅可以酿制干红葡萄酒和桃红葡萄酒,还能酿制加强酒和起泡酒。

图 7-36　卡斯特劳葡萄

4. 巴加

巴加（Baga）主要种植在拜拉达产区，它个头很小，而且皮较厚，所以酿出的葡萄酒单宁含量较高。这个品种晚熟，如果成熟期天气较凉爽又潮湿多雨，容易造成葡萄的成熟度不够。如果 9 月多雨，巴加葡萄就极易腐烂。另外，这个品种的葡萄藤往往枝叶繁茂，如果想保证葡萄和葡萄酒品质，就需要大量的精力投入在枝叶的修剪上。

如果在气候干燥的年份生长成熟，巴加葡萄酿造出的葡萄酒酒色很深，酒体饱满，单宁和酸度含量都较高，有着明显的浆果、黑李子的香味，还带有咖啡、干草、烟叶和烟熏的香味。用巴加葡萄酿造出的葡萄酒在最初时口感苦涩，但是随着陈年会越来越柔和、优雅，并且有着香草、雪松和干果的复杂香味。

5. 特林加岱拉

特林加岱拉（Trincadeira）葡萄藤极易腐烂，所以适合生长在干燥、炎热的产区。它是阿连特茹产区最古老也最受欢迎的红葡萄品种，在杜罗河产区和国际上则叫作"红阿玛瑞拉"（见图 7-37）。

图 7-37　特林加岱拉葡萄

在成熟期，特林加岱拉会在极短的时间内达到理想的成熟度，所以要把握好采收的日期，留给人们采收的时间也很短。采摘得太早和太晚都会对酿出的葡萄酒风格和味道有影响。

特林加岱拉主要用于酿造干红葡萄酒和波特酒，用特林加岱拉酿造的葡萄酒颜色很深，酒体醇厚，香味浓郁，有着香草、黑莓和各种各样新鲜花朵的香味。

（二）白葡萄品种

1. 阿瓦雷罗

阿瓦雷罗（Alvarinho）果粒小而皮厚，每株的果实量不多，抗真菌疾病能力强，特别适合在潮湿气候的地区种植。阿瓦雷罗酸度较高，能酿造出清爽、有着芳香味的葡萄酒，很容易被辨识出来，在酿制初期就美味可口，复杂而精致的香味让人联想到桃子、柠檬、百香果、荔枝、橙皮、茉莉花、橙花和香峰叶等香味。其口感与维欧尼有些相似。经过橡木桶陈酿或酒渣陈酿后，酿造出的酒体更饱满、更丰富，通常可以存放 10 年或更久。

葡萄牙较著名的阿瓦雷罗产区是在绿酒产区，通常会在装瓶时加一点二氧化碳，所以阿瓦雷罗绿酒会微微起泡，为了跟绿酒产区其他的绿酒区分，酒标上会直接标注葡萄品种名称。

2. 阿兰多

阿兰多（Arinto）发芽较晚，属于晚熟品种，生命力十分旺盛。该品种果粒较小，果串大小中等，十分紧凑（见图 7-38）。它能适应多种环境，即使在炎热干旱的环境下，阿兰多也能生存并且还能保持良好的酸度。

扫码看
彩图

图 7-38　阿兰多葡萄

它是葡萄牙本土白葡萄品种，主要种植在布塞拉斯和里斯本周围气候较温暖的地区。另外，在绿酒、阿连特茹、拜拉达等产区也有种植。

布塞拉斯是优质阿兰多葡萄酒的生产地，这里出产的阿兰多葡萄酒风格优雅，不仅带有新鲜的柠檬、酸橙和青苹果的风味，还伴有金属和矿物味。此外，布塞拉斯的钙质土壤还为葡萄酒增添了更多的复杂性，使其能够更好地陈年。

3. 洛雷罗

洛雷罗（Loureiro）是起源于欧洲伊比利亚半岛的白葡萄品种。此品种是一种带月桂树香的优质白葡萄品种，常与塔佳迪拉葡萄混酿，但也可用于酿制芳香四溢的单品酒。在葡萄牙绿酒产区的北部，该品种的产量尤为可观，其中布拉加、蓬蒂-迪利马和沿海地区所出产的洛雷罗葡萄酒品质最突出。

洛雷罗所酿制的葡萄酒最典型的特征是具有月桂的香气,此外,它通常还会有柑橘、桃子、苹果的香气和清晰的矿物质口感。

4. 安桃娃

安桃娃(Antao Vaz)生命力强,有活力,能适应阿连特茹产区炎热干旱的气候环境。葡萄开花和成熟时间适中,拥有良好的抗病性。此外,安桃娃各枝蔓的葡萄果实成熟时间接近且产量大,能结出大串的类似鲜食葡萄的厚皮果实(见图 7-39)。

图 7-39 安桃娃葡萄

安桃娃是葡萄牙顶级白葡萄酒品种所用葡萄,通常用于生产各种葡萄酒,酿制的酒散发出成熟的热带水果风味,带有柑橘和蜂蜜的味道。安桃娃经常用于生产白色波特酒。像霞多丽一样,安桃娃是一个“多才多艺”的品种,提供了多种多样的葡萄酒风格。例如,收获时间就是一个重要的考虑因素:如果浆果采摘得早,它会带来酸度好的清淡的西瓜味葡萄酒,但是如果长时间留在葡萄藤上,它会带来更圆润、更饱满的葡萄酒,可以桶装陈酿。

5. 华帝露

华帝露(Verdelho)原产于葡萄牙,是马德拉岛当地的经典白葡萄品种。华帝露在葡萄牙主要种植在马德拉岛、亚速尔群岛和南部的阿连特茹产区。华帝露的果串紧凑密实,果实颗粒小且颗数少,果皮为黄绿色,早熟但产量较低(见图 7-40)。该品种容易落果,对灰霉病的抵抗力较弱,有时候也容易感染霜霉病和白粉病。华帝露适合种植在土层深厚且有些微潮湿的环境里,春季易受霜冻的侵害。在澳大利亚栽种的华帝露一般果串较小,且松散一些,果皮较厚,能适应干旱和潮湿的环境。

6. 菲娜玛尔维萨

菲娜玛尔维萨(Malvasia Fina)是一个非常古老的白葡萄品种,发芽晚,相对早熟,长势旺盛,易培育,但稍易感染霜霉病、灰霉病和白粉病。该品种有时会出现坐果不良的情况,如果水分供给过少,可能会影响该品种的成熟。成熟的叶片中等大小,五边形五裂叶,果串中等大小,圆锥形,果粒排列中等密实。果皮呈黄绿色,果肉柔软,果皮中等坚韧。它适合种植在排水良好的坡地土壤和干燥的气候里。

扫码看彩图

图 7-40　华帝露葡萄

　　菲娜玛尔维萨主要被用于酿造白葡萄酒和加强型葡萄酒。用其酿造的葡萄酒具有复杂的香气,有蜂蜡、蜂蜜、肉豆蔻和烟熏的香气,清新细腻的口感,酒体中等,酸度均衡,有一定陈年潜力。它是杜奥地区白葡萄酒的基础品种,与橡木桶十分合拍,用它生产的单一品种葡萄酒通常含有较高的酒精度和中等酸度,其中一些品质优异的代表性葡萄酒果味馥郁,优雅迷人,具有不俗的陈年潜力,可以在瓶中发展出更加复杂的香气。

　　7. 塔佳迪拉

　　塔佳迪拉(Trajadura)发芽早,成熟晚,产量高,果串紧实,果粒中等,必须提前采收以保留其美妙的酸度。用其酿造的葡萄酒香味丰富,有橙花、柑橘、柠檬、苹果、梨、杏桃的香气。该品种的特点是较低的酸度、较高的酒精度和新鲜芳香的香气。塔佳迪拉主要种植在葡萄牙东北部,它能为绿酒增加柑橘味。

　　8. 费尔诺皮埃斯

　　费尔诺皮埃斯(Fernao Pires)是葡萄牙种植较为广泛的白葡萄品种,尤其是在特茹河、里斯本和拜拉达等气候炎热干燥的产区。这个品种易受霜冻影响,所以不适合在气候凉爽的产区种植。因为它属于一种高产的品种,所以需要做相应的工作控制数量,以免产量过高而影响品质。费尔诺皮埃斯大部分都用于酿造干白葡萄酒,通常是单一品种葡萄酒或混酿葡萄酒,还能酿造起泡酒和甜酒。用费尔诺皮埃斯酿制的葡萄酒,最典型的香味是柠檬、酸橙和橘子的香味,陈酿后还会有蜂蜜的风味和矿物味。

三、葡萄酒产区

　　葡萄牙从南到北,都是葡萄的种植区。这些区域主要集中在中部以北的地方,葡萄牙是名副其实的葡萄之国。葡萄牙一共有 14 个葡萄酒产区(见图 7-41),以下主要介绍杜罗河、绿酒、杜奥、百拉达、里斯本、特茹、塞图巴尔半岛、阿连特茹、马德拉 9 个重要产区。

(一) 杜罗河产区

　　杜罗河(Douro)发源于西班牙,无论在西班牙或者葡萄牙,沿河的山谷都是葡萄庄园,它孕育了两国的众多顶级庄园。这里土壤多由黏板岩、花岗岩等构成,有的地方则

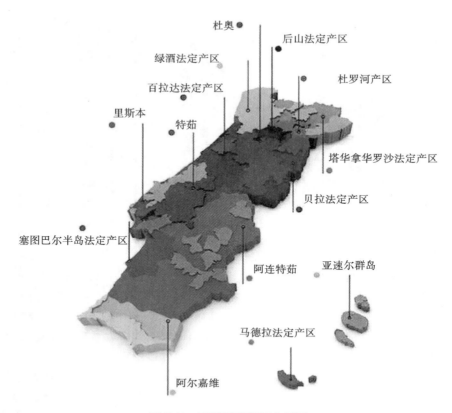

图 7-41　葡萄牙葡萄酒产区图

根本没有土壤,多为贫瘠地带。杜罗河产区在气候上呈现明显的地中海气候,夏季炎热干燥,冬季则温和多雨。

在杜罗河产区,用于酿酒的葡萄品种主要有国产多瑞加、丹魄、多瑞加弗兰卡和红巴罗卡等。其中,国产多瑞加是酿造波特酒最主要的葡萄品种,现在也越来越多地用于酿造优质的干红葡萄酒。该品种酿造的酒颜色深浓,风味集中,单宁充沛,带有丰富的黑色水果风味,有时候还会散发出优雅的佛手柑、迷迭香、岩蔷薇和紫罗兰的香气,酸度高,陈年潜力极佳。丹魄在葡萄牙的别名是罗丽红,是杜罗河产区的第二大红葡萄品种,也是用于酿造波特酒的重要红葡萄品种,可以为酒款增加颜色,有着黑胡椒粉和野花的香气,以及野生莓果和些许植物的风味。多瑞加弗兰卡则是杜罗河种植面积最广的葡萄品种,其种植面积占该地葡萄总种植面积的 1/5。该品种产量稳定,所酿制的葡萄酒香气宜人,果香持久,备受酿酒师们的青睐。

除了以上这几个人们较为熟知的葡萄品种以外,杜罗河产区还存在巴斯塔都、莫里缇托和红阿玛瑞拉等较为小众的酿酒葡萄品种。

(二)绿酒产区

绿酒(Vinho Verde)产区位于葡萄牙最北端,葡萄牙和西班牙的边界地带,向西延伸至大西洋,与盛产波特酒的波特城相邻。该地区受大西洋海风影响,全年气候温和,降水量丰沛,湿度较大。土壤以花岗岩为主,气候夏季凉爽,冬季温暖。在葡萄种植上使用棚架式新枝垂直分布（VSP）树形，以减少霉菌的侵害，同时也有利于葡萄藤接受充足的阳光。

很多绿酒都带有气泡，这会带给人清新提神的感觉。实际上，气泡的产生是因为葡萄酒在发酵过程中产生了二氧化碳，刚释放出的二氧化碳在装瓶的时候被留在瓶内没有排出，于是就产生了气泡。现今，酿酒师们会在葡萄酒的酿造过程中刻意添加一定量的二氧化碳，以迎合国外消费者喜欢气泡酒的口味。也因为如此，绿酒获得了"成年人的汽水"的殊名。

然而，绿酒产区也有完全没有气泡的葡萄酒。在品尝过绿酒产区没有气泡的葡萄酒之后，人们会发现这些葡萄酒的酸度和矿物质元素比有气泡的绿酒更加突出和迷人。大多数绿酒产区的葡萄酒都是由葡萄牙土生土长的白葡萄品种混酿而成的，然而最近，酿酒师们开始青睐阿尔巴利诺和洛雷罗单酿的葡萄酒。葡萄牙绿酒产区种植的阿尔巴利诺比西班牙北部种植的阿尔巴利诺口感更为圆润顺滑，带有热带水果风味和柠檬香气；洛雷罗则是酸度较高的芳香葡萄品种。

（三）杜奥产区

杜奥（Dao）产区是波特酒的主要原料——国产多瑞加的起源地。葡萄园土壤为花岗岩之上的沙土，排水良好。杜奥产区海拔较高，因四面环绕群山，免受恶劣气候的影响，但受大西洋影响较深，冬季寒冷多雨，夏季炎热干燥。西部较温暖，东部和北部温度较低。高海拔也使夜晚较为凉爽，葡萄成熟得慢，良好的酸度和清新的芳香就在此处孕育。国产多瑞加在这里表现得更为出色。红葡萄品种包括国产多瑞加、阿弗莱格、珍拿和罗丽红、巴加、巴斯塔都、鲁菲特。该产区葡萄酒的酿造80%为红葡萄酒，红葡萄酒果香浓郁，口感丰富。白葡萄品种包括依克加多、碧卡、赛西尔、菲娜玛尔维萨、华帝露。

（四）百拉达产区

百拉达（Bairrada）位于波尔图市南部，在杜奥产区的西南方向，属于温和的海洋性气候，雨量充沛。该产区属于丘陵地区，但大部分葡萄园都种植在平坦的土地上。这里的土壤主要是黏土（"Bairro"在葡萄牙语中是黏土的意思）和混合一些石灰质土壤的黏土。这里土壤肥沃，酿制出品质优秀的葡萄酒，口感成熟丰满，口味浓郁。该产区传统上是用巴加葡萄酿造红葡萄酒，任何百拉达酒必须用50%及以上的巴加葡萄，有时会用到80%。巴加葡萄酿造的红酒单宁高，强劲，好的红酒可以陈年5年以上。另外，该产区也出产大量用碧卡酿造的起泡酒，通常使用瓶内二次发酵的传统法酿制而成。

（五）里斯本产区

里斯本（Lisboa）是葡萄牙面积最大的葡萄酒产区，有6万多公顷。里斯本产区位于里斯本市西部和北部，位于大西洋沿岸地区，地形狭长，沿海的海风和内陆的山峦对这里的葡萄园产生重大影响。该地是葡萄牙主要日常餐酒的生产地，也有一些优质的酒款。科拉雷斯葡萄酒是该地区少有的DOC产区酒之一，使用拉米斯科红葡萄品种酿造而成，酸度清新，单宁强劲，二者之间能达到很好的平衡，并有着丰富的红色水果风味,极具陈年潜力。这里的白葡萄酒多用阿瑞图和费尔诺皮埃斯葡萄酿制而成,口感清脆、香气浓郁。

(六) 特茹产区

毫无疑问,特茹河对两岸的葡萄园影响重大。宽阔的特茹河使得这个位处葡萄牙中心位置的产区气候得到了调节,配合大西洋的制冷影响,特茹产区会比东南部的阿连特茹产区要温和得多。河流对产区的影响当然不仅限于气温,还有河流的冲刷,构成了流域内不同结构的土壤,虽然以冲积型土壤为主,但伴随河道走势不同,不同的区域结构各异,给不同的子气候提供了更多的多样性支持。

特茹河北岸是百若子产区,这里丘陵起伏,也有部分区域是平原,土壤由石灰岩和黏土构成,经常夹杂片岩,由于离岸较远,这里相对比较炎热,葡萄需要扎根更深,才能获得足够的养分。

特茹河南岸,被称为"查内卡子产区",这里由沙质土壤构成,土壤非常贫瘠,以至于葡萄产量极低,但能酿出饱满、凝重而酸度柔和的葡萄酒。

坎坡子产区是特茹河两岸靠着河岸的一个子产区,河流对其的调节最为明显,是3个子产区中相对凉爽的一个,这使得坎坡子产区的葡萄酒在浓重果香的前提下,还可同时拥有清爽的、更为平衡的酸度。这里的土壤冲积成分最多,但排水性也很好。

 教学互动

互动问题:葡萄牙以波特酒闻名,波特酒属于加强型葡萄酒,除了波特酒,还有哪些著名的加强型葡萄酒?

要求:1.教师不直接提供上述问题的答案,引导学生结合本节教学内容就此问题进行独立思考、自由发表见解,组织课堂讨论。

2.教师把握好讨论节奏,对学生提出的典型见解进行点评。

(七) 塞图巴尔半岛产区

塞图巴尔半岛(Peninsula de Setubal)是葡萄牙海拔较高的地区,位于阿连特茹和大西洋之间,紧靠大西洋,内陆地区气候炎热。该产区因生产一种用亚历山大麝香葡萄酿造的加强型甜酒而著称,该葡萄酒带有太妃糖、蜂蜜、果仁、玫瑰花等气息。该地包括两个知名的 DOC 产区,分别是帕尔梅拉产区(Palmela DOC)和塞图巴尔产区(Setubal DOC)。

(八) 阿连特茹产区

阿连特茹(Alentejo)位于葡萄牙南部,这里气候炎热干燥,降雨量少,高温下葡萄会较早成熟。这里葡萄种植历史悠久,最早可以追溯到古罗马统治时代,葡萄园面积广泛。这里还是著名的制作软木塞的橡树生产地。该产区的白葡萄品种包括胡佩里奥、安桃娃和阿瑞图;红葡萄品种包括特林加岱拉、阿拉哥斯、卡斯特劳和紫北塞。阿连特茹产区生产的白葡萄酒一般口感柔顺,略显尖酸,带有热带水果芳香;红葡萄酒酒体丰满,单宁丰沛,带有野生水果和红色水果的芳香。

(九) 马德拉产区

马德拉(Madeira)在葡萄牙语中是"树木"的意思,因为马德拉岛上森林密布,故得此名。马德拉岛是归属于大西洋的一座火山岛,位于葡萄牙陆地西南面 1100 千米处。马德拉岛为东西走向,长 55 千米,宽 22 千米,海拔最高处为 1861 米。岛上气候温热潮湿,年平均温度为 16~22 ℃,降雨主要集中在秋天和冬天。土壤则是以玄武岩为主的火山质土壤,土壤有黏性,偏酸性且富含矿物质,能赋予葡萄独特的风味。因为大部分葡萄园都位于岛屿北部地势陡峭的高海拔地区,果农们主要是采取梯田的耕种方式,从葡萄的种植到采摘几乎不用机械化设备,种植成本也相对较高。

马德拉产区以加强型葡萄酒——马德拉酒而著称。马德拉酒在 300 多年以前是无比辉煌的存在,虽然现在没落了很多,产量大大地减少,甚至被掩盖在波特酒的阴影之下,但它却是葡萄牙的另一样珍宝,依然跻身于高端葡萄酒市场。它最大的魅力在于可以保存几百年,甚至开瓶几个月或几年之后仍可保持"鲜美不坏之身"。

马德拉酒没有红、白之说,虽然它的酿酒葡萄既有白葡萄品种,也有红葡萄品种。马德拉酒的酿酒葡萄有官方推荐的"四大贵族"葡萄品种(均为白葡萄品种)——舍西亚尔、华帝露、菲娜玛尔维萨和马姆齐,以及两大次等葡萄——黑莫乐和科姆雷。

四、小结

葡萄牙在葡萄酒世界里很不起眼,因为葡萄牙葡萄酒的产量被意大利、法国、西班牙遮住了光芒,近几年"新世界"葡萄酒产国智利、阿根廷也大放光彩。无论如何,想到葡萄酒时,很难使人快速在头脑里出现葡萄牙的影子。但葡萄牙的确是闻名遐迩的"葡萄王国"。葡萄牙人也同葡萄酒有着不解之缘,按葡萄牙人的饮食习惯,用餐时应尽量喝葡萄酒,它是每一个家庭必不可少的饮料。葡萄牙因其南北地域的不同,气候多变,受山地、海拔、河流等影响,葡萄酒呈现风格多样的特点。葡萄牙的红酒酒体饱满,味道浓郁;葡萄牙的白葡萄酒酸度偏高,酒体较为轻盈,味道清新。葡萄牙有享誉世界的波特酒和马德拉酒。此外,这里也是世界名副其实的软木塞生产大国,约占全球 33% 的产量,是世界上不可忽视的葡萄酒产业力量。

 同步思考

知识活页

同步思考
答案

Note

雪莉酒也是一种加强型葡萄酒,主要生产于西班牙,被莎士比亚比喻为"装在瓶子里的西班牙阳光"。

问题:请对比说明波特酒和雪莉酒在原产地、酿造品种和酿造方法上的异同。

第五节　西　班　牙

西班牙有 4000 多年的葡萄酒酿造历史,是"旧世界"的老牌产酒国。西班牙拥有超过 290 万英亩的葡萄园,是全世界葡萄种植面积最大的国家,其葡萄酒的产量却只排世界第三,位于法国和意大利之后。作为"旧世界"葡萄酒的三巨头之一,西班牙近年来开始在国际市场崭露头角。2019 年,在顶级散装酒出口国中,西班牙的散装酒销售量占全球散装酒销售量的 1/3,占总价值的 21%。在 2018 年,中国从西班牙进口葡萄酒总金额达到 1.43 亿欧元,占整个中国葡萄酒进口总金额的 6%,并且西班牙葡萄酒的进口均价同比提升 20%。即使在行情低迷的 2019 年,西班牙葡萄酒的表现也是可圈可点的,其进口量位列进口国家第四位,进口额位列进口国家第五位,市场占比 6%。

随着葡萄酒市场的成熟和消费者品质意识的增强,那些在品质上传达出清晰信息的大品牌正在崛起,这对于以高品质著称、始终坚守工匠精神的西班牙葡萄酒来说,无疑是一个爆发的机会。

一、自然环境及葡萄酒发展状况

西班牙位于欧洲西南部的伊比利亚半岛,地势以高原为主,平均海拔 600～800 米。山脉逼近海岸,平原很少而且狭窄,比较宽广的只有东北部的埃布罗河谷地和西南部的安达卢西亚平原。西班牙农业发达,是欧洲最大和全球第三大果蔬出口国,有"欧洲菜篮子"之称,葡萄酒、橄榄油等在中国市场颇受欢迎。

西班牙的气候变化多样,遍布各个角落的产区涵盖了几乎所有类型的气候。西北部为大西洋气候,冬季凉爽而不寒冷,夏季温暖而不炎热,全年雨量充沛;而东南部是地中海气候,冬季温暖,夏季炎热且干燥,降雨量较少;中部则为大陆性气候,冬季寒冷,夏季炎热干燥,昼夜温差可达 20 ℃。

西班牙土壤也具有多样性的特点:里奥哈最好的土壤是石灰石质的黏土,杜罗河岸的土壤则是十分适合丹魄生长的白垩土和石灰石,地中海沿岸主要是以板岩为主,而西海岸则以花岗岩为主。

由于西班牙地区气候和土壤变化多样,各产区葡萄种植方法也略有不同。传统上,西班牙的葡萄园亩产量较低,本地气候干燥,种植密度小,葡萄树之间距离较大,通常每株葡萄树前后左右的间距为 1.5～2.5 米。这造就了西班牙成为葡萄种植面积最广阔的国家。但这种现象近来有所改变,因为欧盟法律中加入了允许灌溉一条,这就保证了即使葡萄树的间距不那么广阔,也仍然可以出产优质葡萄。

传统方法酿造的西班牙葡萄酒一般颜色较浅,带有浓烈的醇香和土壤的气息,传统酿造方法浸皮时间比较长,在美国橡木桶中熟成的时间也比较长,新鲜水果的香气几乎在这个过程中渐渐转化成了醇香。受国际葡萄酒行业的流行趋势影响,现代酿造方法被部分酿酒师采用。他们更加偏好种植国际市场流行的葡萄品种,使用可控制温度的不锈钢发酵罐,采用更加温和的法国橡木桶,喜欢更短暂的浸皮和熟成时间,以及更具浓郁的新鲜水果香气和口感的葡萄酒。

二、葡萄品种

西班牙的葡萄品种十分多样。根据西班牙官方的葡萄品种收集机构——艾西恩调查局的数据,目前西班牙用于酿酒和消费的葡萄品种约有 235 种,其中白葡萄和红葡萄均超过 100 种。不过,当中只有小部分脱颖而出,成为酿造西班牙葡萄酒的主力军。

(一)红葡萄品种

1. 丹魄

在西班牙,丹魄(Tempranillo)是种植面积最广的红葡萄品种,其之于西班牙,就好比雷司令之于德国、西拉子之于澳大利亚。在《牛津葡萄酒大辞典》中,葡萄酒大师杰西斯·罗宾逊形容其为"西班牙的赤霞珠"。

无论从种植面积还是生产的葡萄酒质量来看,丹魄都无疑是西班牙最重要的葡萄品种,堪称"西班牙葡萄品种之王"。它的外文名"Tempranillo"意为"小而早熟",清楚地说明了丹魄早熟且果实小的特点。丹魄的果皮较厚,酸度中等,可用于酿造优质单一品种酒,也可与歌海娜、格拉西亚诺以及一些国际品种进行混酿(见图 7-42)[1]。目前,西班牙绝大部分产区都种植着丹魄,其中最具代表性的要数里奥哈产区和杜罗河岸产区。

扫码看彩图

图 7-42 丹魄葡萄

① https://www.wine-world.com/culture/pz/20190930151209767

丹魄酿成的葡萄酒颜色深沉,酒体及酸度中等,单宁柔顺,既有赤霞珠的骨架,也不失佳丽酿的肉感。丹魄葡萄酒在初期主要以草莓、李子及樱桃等风味为主,果味充沛,口感清新,经过橡木桶陈酿后会展现出雪松、烟草及皮革等多样的迷人风味。

　　2. 歌海娜

　　歌海娜(Grenache)起源于西班牙北部的阿拉贡自治区,主要种植在法国南隆河地区、地中海沿岸及西班牙全境。歌海娜是西班牙种植最广泛的红葡萄品种,尤其在阿拉贡、纳瓦拉和里奥哈地区扮演重要的角色。歌海娜的产量高、成熟晚、含糖量高,所以需要在炎热和干旱的条件下才能完美地成熟。歌海娜皮薄色浅,粒大,果实圆润多汁且富含糖分,所酿造的葡萄酒通常酒精度也比较高,赋予了酒液出色的酒精度及明快的果味。在西班牙,常与丹魄、佳丽酿等品种混酿,也可用于酿造单一品种酒和桃红葡萄酒。歌海娜在法国通常作为红葡萄酒中的调配品种,主要用于和西拉以及慕合怀特调配。其带有红色水果香气如草莓、覆盆子以及一点点白胡椒和草药的香气,陈年后会出现皮革、焦油和太妃糖的香气。用歌海娜酿制的葡萄酒,口感圆润丰厚,酒精度高,单宁较低。

　　3. 慕合怀特

　　慕合怀特(Mourvedre)原产自西班牙,在当地被称为"莫纳斯特雷尔"(Monastrell),目前也常见于法国、美国等地。该品种果实小到中等,果皮厚实,糖分足,发芽和成熟都极其晚,据称比佳丽酿还要晚一周。它十分耐旱,在温暖或炎热的气候条件下才能成熟,其成酒颜色深邃,酒体饱满,单宁充沛,酒精度较高,常带有黑莓和黑李子等深色水果的芳香。目前,慕合怀特主要种植在西班牙的东南部,如胡米亚和耶克拉产区。

　　慕合怀特的产量低,易受旱灾、螨虫、叶蝉和酸腐病的影响,但能很好地抵抗灰霉病。由慕合怀特酿制出的葡萄酒口感丰富,单宁重,酒精度高,带有浓郁的黑莓的味道;初期,还常带有与动物味相似的猎物的风味,有较大的陈年潜力。慕合怀特是一个喜热的红葡萄品种,在成熟时期尤其需要高温天气,同时,对镁和钾的需求较大。慕合怀特尤其适合在石灰土中生长,需要定期、限量的水源灌溉。

　　4. 格拉西亚诺

　　格拉西亚诺(Graciano)原产于西班牙,萌芽晚,一般在 10 月底成熟,香气极为浓郁,但产量却极低,易感染霜霉病。格拉西亚诺曾在西班牙里奥哈地区流行,但由于其产量太低,所以现在已不受酒农的欢迎。但它是里奥哈地区品种组成不可缺少的一份子,为增加酒体的香气、构架酒体结构和增强陈酿潜力都做出了重要的贡献。用其酿制的葡萄酒一般色深,单宁中等,酸度高,口感集中,常带有甘草及辛香料的香气(见图7-43)。

　　5. 佳丽酿

　　佳丽酿(Carignan)原产于西班牙东北部的阿拉贡产区,先后被移植到意大利撒丁岛产区、意大利其他地区,以及法国、阿尔及利亚、地中海西岸地区,还有智利和南非等"新世界"国家。

扫码看
彩图

图 7-43　格拉西亚诺葡萄

佳丽酿拥有大而密实的果串,果实呈圆形,颗粒中等,果皮较厚且颜色深,果肉丰满而多汁。由于佳丽酿的果串枝茎较短且果粒密实,因此并不适合机械化采摘。用佳丽酿酿造的葡萄酒具有颜色深浓、酸度高、单宁强劲的特点,略带苦味。值得一提的是,老藤的佳丽酿葡萄能酿造出相当浓缩且卓越的葡萄酒。随着二氧化碳浸渍法的广泛应用,年轻的佳丽酿葡萄酒魅力不足的缺点也得到了改善。通常,佳丽酿可以赋予酒液深浓的颜色、脆爽的酸度和丰富的单宁,其常与歌海娜、西拉、神索和慕合怀特进行混酿。

佳丽酿的成熟较为迟缓,耐干旱,生长势头旺,发芽时间比较晚,结果早且有较强的结果能力,是一种高产的红葡萄品种。佳丽酿也有较强的抗病性,能够在各类土壤中生长,最喜欢酸性钙质土壤,一般需要在温暖干燥的气候下才能达到完全成熟。不过,佳丽酿的栽培比较困难,主要是因为它十分容易染上白粉病和霜霉病,易腐烂,还常受浆果蛾毛虫的侵害。

6. 门西亚

门西亚(Mencia)发芽较早,果实成熟时间适中。在西班牙生长的门西亚葡萄果粒中等,果串小且产量少;在葡萄牙生长的门西亚果粒较大,果串中等,产量也较高。该品种易遭受风害且容易感染白粉病、霜霉病以及贵腐霉。在西班牙,采用门西亚所酿造的单一品种红葡萄酒以及桃红葡萄酒香气馥郁,果味十足。近年来,门西亚在西班牙的发展势头良好,种植面积不断增加。门西亚适合在气候温和的地区生长,成酒通常拥有中等偏高的酸度,散发着新鲜宜人的果味和些许草本植物的气息。

7. 博巴尔

根据美国葡萄酒经济学家协会(AAWE)近年公布的调查数据,博巴尔(Bobal)是西班牙种植面积第二大的红葡萄品种,仅次于丹魄。这种葡萄中等大小,果肉无色多汁,皮厚。博巴尔是一种具有良好颜色特性的红葡萄品种,酿制的红葡萄酒色泽深红,带黑莓水果味,是西班牙优质粉红酒的主要酿造品种。博巴尔葡萄的果束呈锥形、结构紧密,果皮很硬,果实形状为圆形,中等大小,具有强烈而明亮的色泽。博巴尔果实的气味清新、原始而芬芳。博巴尔葡萄适合陈年老化,成酒时,其白藜芦醇高于一般葡萄酒。

它通常和其他种类的葡萄混合酿造,酿出的葡萄酒酸度适中,单宁柔和,香气馥郁,酒精度低。

8. 廷托雷拉歌海娜

廷托雷拉歌海娜(Garnacha Tintorera)又名"紫北塞"(Alicante Bouschet),是由歌海娜和小北塞(Petit Bouschet)杂交培育出来的葡萄品种(见图7-44)①。该品种是早熟高产品种,抗白粉病,但易感霜霉病、黄曲霉和黑斑病,对干旱也敏感。廷托雷拉歌海娜发芽早,春季霜冻晚,危害芽的发育。十分罕见的是,它的果肉呈红色,果皮颜色强烈,所以它能生产出颜色深沉、色彩极为丰富的红酒。用廷托雷拉歌海娜生产的葡萄酒非常浓密,酸度适中,口感粗糙,酒精度高,但不及红歌海娜。浓郁的红色水果香气和非常突出的颜色,使其成为一种非常适合混酿的品种。廷托雷拉歌海娜的单宁含量最高,富含抗氧化剂。

图 7-44　廷托雷拉歌海娜葡萄

9. 黑丽诗丹

黑丽诗丹(Listan Negro)原产于西班牙,主要扎根在西班牙的加那利群岛。加那利群岛的葡萄多是种植在未嫁接的砧木上的百年老藤蔓上,主要品种是特内里费岛上栽培的黑丽诗丹。黑丽诗丹不仅适应了不同的海拔高度和气候条件,而且适应了岛上的火山土壤。这些葡萄酒非常特别,带有野果、月桂花和白花的香气,以及矿物质和丰富的香料气息。

10. 莫利斯特尔

莫利斯特尔(Moristel)葡萄是原产于西班牙的红葡萄品种,主要生长在阿拉贡地区。莫利斯特尔葡萄的产量很小,果实大小中等,果穗排列紧密,呈锥形分布,果皮颜色为蓝色。西班牙人通常用它与其他葡萄混酿,以增加葡萄酒的结构和颜色。莫利斯特尔品种是西班牙北部索蒙塔诺产区内的一种特有的葡萄品种,并且是该产区DOC级葡萄酒的指定品种。莫利斯特尔品种的葡萄藤较脆弱,酿制出的红葡萄酒酒体轻盈,带有罗甘莓的风味且很容易发生氧化。莫利斯特尔品种也可用于酿制单品酒,但与其他品种搭配,它的表现通常会更出色。

(二)白葡萄品种

1. 阿依仑

凭借突出的抗旱与抵御病虫害能力,阿依仑(Airen)在西班牙繁茂生长,是西班牙种植面积最广的白葡萄品种(见图7-45)。阿依仑在西班牙的地位相当于白玉霓之与法国。在种植方面,该品种的葡萄树常保持较低矮的状态。在干旱的西班牙中部地区,贴近地面的种植方式有较为明显的抗旱效果。除了一些风格简单的白葡萄酒外,阿依仑主要用于酿造白兰地的基酒。如今,因西班牙对葡萄酒品质愈加重视,阿依仑的种植热度有所下降,越来越多的种植者选择拔除该品种,转而种植丹魄及一些国际品种。

扫码看
彩图

图7-45 阿依仑葡萄

2. 阿尔巴利诺

阿尔巴利诺(Albarino)原产于伊比利亚半岛的西北部,即葡萄牙东北部和西班牙西北部的加利西亚自治区一带。阿尔巴利诺是一种独特的白葡萄品种,它芳香四溢,品质出众。阿尔巴利诺属于西班牙上等的白葡萄品种;而在葡萄牙北部的绿酒产区,它是当地的主要酿酒葡萄品种。

阿尔巴利诺葡萄果串小,有着中等大小且皮厚的果实颗粒,甜度高,甘油含量也比较高,与德国的"白葡萄皇后"雷司令有着几乎完全相同的特色。用阿尔巴利诺酿制出的白葡萄酒酒精度高,酸度足,风味也比较浓郁,与维欧尼葡萄酒的口感相似。阿尔巴利诺天然高酸,既可酿造清新爽口、酒体轻盈的白葡萄酒,也可酿造口感醇厚、酒体更为饱满的白葡萄酒。

阿尔巴利诺能适应大风、寒冷和潮湿的海洋性气候,但干燥的土壤才是其最佳的种植环境。该品种每棵植株的果实产量居中,发芽期与成熟期也都比较适中,不会过早也不会推迟。阿尔巴利诺对霜霉病和白粉病十分敏感,尤其是螨虫。

3. 弗德乔

弗德乔(Verdejo)所开的花呈独特的蓝绿色,其果皮较薄,果串大小中等,十分紧凑。弗德乔品种成熟较早,产量低,极易感染霜霉病,适合种植在贫瘠的黏土中。采用弗德乔酿制的葡萄酒香气馥郁,同时还带有月桂和苦杏仁的风味,酒体饱满,口感丰富顺滑,余味中带有一丝苦杏仁的味道,随着陈酿时间的增加,还会展现出更多的坚果味。

弗德乔也是西班牙十分经典的白葡萄品种,主要种植在卢埃达产区。由它酿造的葡萄酒一般酸度较高,充盈着甜瓜和桃子的香气,风格与长相思葡萄颇为接近,而弗德乔也常与长相思葡萄一同混酿。

4. 马家婆

马家婆(Macabeo)是一种流行于西班牙北部和法国南部的葡萄品种。在西班牙里奥哈产区被称为"维奥娜"(Viura),在法国露喜龙产区被称为"马卡贝奥"(Maccabeu)。此品种能酿造出具有陈年潜力的白葡萄酒,却常被低估了其酿酒潜力。在加泰罗尼亚,马家婆常与沙雷洛和帕雷亚达一同混酿,以酿制著名的卡瓦起泡酒。

马家婆拥有大而紧密的果串,果实颗粒中等,果皮较厚,呈青白色泽。该品种抽芽和成熟时间较迟,长势旺盛,但嫩枝有时会被风吹折。马家婆葡萄不宜种植在凉爽潮湿的环境里,因为该品种很容易感染灰霉病和植株细菌性坏死,对霜霉病的抵抗力也不强。不过,马家婆具有较好的抗热和抗旱能力,在贫瘠的土地上生长良好,产出的葡萄果实也比较丰富。

通常,马家婆所酿制的葡萄酒散发着热带水果和香草的综合气息,口感清爽、典雅。而若酿造的方法不同,马家婆葡萄酒也被赋予了不同的风味。比如,用不锈钢罐发酵,酒液通常展现出新鲜的水果和花香气息,伴有白色山花的清新感和淡淡的苦杏仁风味;但如果是在橡木桶里陈年,酒液往往会衍生出甜美的坚果和奶油风味。

5. 白歌海娜

白歌海娜(Grenache Blanc)的萌芽和成熟期适中,产量较高,适合在酸性土壤、石灰岩土壤以及石灰质土壤中生长。虽然该品种在沙土上也可生长,但会降低产量。白歌海娜耐旱性较好,对病虫害具有很高的抵抗性,开花坐果也较稳定。白歌海娜的果实较大,在成熟之前容易氧化,特别适合与其他风味爽脆的葡萄品种混酿(见图7-46)。

图 7-46　白歌海娜葡萄

　　白歌海娜在西班牙也被称作"白加尔纳恰"，由歌海娜基因突变而成，继承了歌海娜果皮薄、耐干旱的特点，可赋予葡萄酒饱满的酒体和较高的酒精度。在西班牙，白加尔纳恰主要种植在东北部，如阿拉贡和加泰罗尼亚产区，常与维奥娜等白葡萄品种进行混酿。

　　6. 特浓情

　　提及特浓情（Torrontes），大家首先想到的可能是阿根廷的标志性白葡萄品种。但事实上，特浓情葡萄和麝香葡萄一样，不单单指一种葡萄，而是西班牙和南美一些独特葡萄品种的总称。西班牙的特浓情葡萄原产自加利西亚产区，成酒酸度宜人、风味浓郁且个性鲜明。

　　7. 帕洛米诺

　　帕洛米诺（Palomino）原产于西班牙，现主要种植于西班牙、澳大利亚、美国和南非等地。它是西班牙南部赫雷斯地区的基础葡萄品种，在产地之外，尤其是加利西亚地区，人们通常就将它称作"赫雷斯"。帕洛米诺是酿制西班牙雪莉酒最主要的葡萄品种。在发酵停止前，其葡萄浆果散发出令人惊讶的绿苹果和柠檬的浓郁香气。经过多年的勾兑熟成，散发出个性鲜明的核桃香气，还会展现出榛子的香气。采用帕洛米诺酿造的基酒酸度较低，香气淡雅，十分适合进行生物型熟化和氧化型熟化，从而造就风味独特的干型雪莉酒。

　　8. 佩德罗-希梅内斯

　　和帕洛米诺一样，佩德罗-希梅内斯（Pedro Ximenez）也几乎没有品种芳香，是酿造雪莉酒的理想品种。不过，它的果皮较薄，非常适合晒干，因此通常用于酿造甜型雪莉酒（见图 7-47）。这些甜型雪莉酒具有浓郁的干果、咖啡和甘草的芳香，陈年潜力非凡。其酿成的葡萄酒酒精度较低，带有太妃糖、无花果、枣椰子和糖浆的风味。

图 7-47　佩德罗-希梅内斯葡萄

　　与其他类型的雪莉酒一样，甜型雪莉酒佩德罗-希梅内斯的酿造也是基酒先完成发酵之后，再往其中添加酒精进行加强而产生的。并且，其酿造过程同样经过了颇负盛名的索莱拉系统的熟化。不同的是，佩德罗-希梅内斯雪莉酒的酿造采用的是葡萄干，而非饱含水分的新鲜葡萄。

　　9. 格德约

　　格德约（Godello）原产于加利西亚产区，是一种极具潜力的白葡萄品种。格德约适合种植在较干燥的地区，最好的格德约产自位有陡峭的花岗岩或片岩斜坡的葡萄

知识活页
▼

Note

园中。其萌芽时间较早,成熟时间也较早,结出的果串紧凑,果实颗粒较小,果皮中等偏厚,易受包括白粉病和灰霉病在内的霉菌侵扰。格德约果实糖分较高,酸度介于适中与较高之间。因为具有高活力和高酸度,格德约是西班牙具有陈年潜力的白葡萄品种。

由格德约酿造的葡萄酒一般带有明晰的矿物质风味,并具有令人口齿生津的酸度,风味十分独特迷人。最著名的格德约葡萄酒出自普里奥拉托的酿酒师——拉斐尔·帕拉西欧之手。拉斐尔·拉西欧热衷于采用 100% 的格德约葡萄酿酒,所酿的葡萄酒极具张力、架构精良,获得了杰西斯·罗宾逊等著名酒评家的好评。

10. 玛尔维萨

玛尔维萨(Malvasia)品种原产于希腊,是一个随着历史渐渐被人遗忘的地中海白葡萄品种。它在西班牙、意大利、希腊有着很广泛的种植却很少独立酿酒。这个品种有着芬芳的气味和温和低酸的口感,如果没有它的存在,不少西班牙和意大利的干白葡萄酒将黯然失色。该品种用来酿造浓郁醇厚的白葡萄酒,通常与轻酒体的维奥娜进行调配,以达到平衡,可以酿造出里奥哈地区最好的传统型白葡萄酒。玛尔维萨葡萄具有蜂蜜和梨的美妙芳香,并有很高的含糖量,单宁低,因此常作为甜白葡萄酒的原料。玛尔维萨葡萄风干后发酵,置于橡木桶中陈放,酿制成的甜白葡萄酒口感浓郁芬芳,高酒精浓度,残糖度高,别有风味。其中,最有名的玛尔维萨葡萄酒产自葡萄牙的马德拉岛。

三、葡萄酒产区

西班牙葡萄酒虽然没有法国葡萄酒有名,但也是世界著名的葡萄酒国家,西班牙葡萄种植面积大,有很多葡萄酒产区。由于种植面积大,各区气候与土壤结构有所不同,所以不同产区的葡萄酒类型和风格大有不同。尽管每个产区都有各自的特色,但总有那么几个产区更加出类拔萃,引领着西班牙葡萄酒界的风采(见图 7-48)。

(一) 里奥哈产区

里奥哈(Rioja)是西班牙古老的葡萄酒产区,其葡萄酒目前在国际市场上享有较高声誉。该地区位于西班牙北部,分布于埃布罗河两岸。里奥哈具有与众不同的葡萄种植和酿造葡萄酒的条件,很少有优质的葡萄酒产区分散于这么复杂多变的环境中,却又能缔造出具有强烈辨识度的葡萄酒风格。

里奥哈葡萄原产地拥有 63593 公顷的葡萄园,分为 3 个主要区域,即里奥哈阿拉维萨、上里奥哈和东里奥哈。里奥哈产区以北面的坎塔布里亚山脉为屏障,分布在埃布罗河两岸。里奥哈产区全境都得益于 3 种迥然不同的气候环境的交汇影响,即来自南部的大陆性气候以及来自北部的大西洋气候和来自东部的地中海气候,三种气候的交织,酝酿了这里复杂多变的自然环境。这里的温度适中,年均降水量 400 毫米。

里奥哈阿拉维萨和上里奥哈海拔较高(600 米左右),受到显著的大西洋气候和大陆性气候的影响,气候凉爽,非常适合种植早熟的丹魄。里奥哈阿拉维萨为富含白垩的黏土,种植条件多为梯田上的小片土地,葡萄成熟较慢,酒的风格很细腻。上里奥哈的

1. Rias Baixas 下海湾
2. Ribera 河岸区
3. Ribeira Sacra 萨克拉河岸地区
4. Valdeorras 瓦尔德奥拉斯
5. Mentrida 门特里达
6. Ribera del Guadiana 瓜迪亚纳河岸
7. Condado de Huelva 韦尔瓦伯爵领地
8. Jerez 赫雷斯（雪莉）
9. Malaga 马拉加
10. Montilla 蒙的亚
11. La Mancha 拉曼恰
12. Valdepenas 瓦尔德佩纳斯
13. Bullas 布亚斯
14. Jumilla 胡米利亚
15. Alicante 阿利坎特
16. Yecla 耶克拉
17. Almansa 阿尔曼萨
18. Valencia 瓦伦西亚
19. Manchuela 曼楚埃拉
20. Priorat 普里奥拉托
21. Tarragona 塔拉戈纳
22. Costers del Segre 塞格雷河岸
23. Alella 阿雷亚
24. Somontano 索蒙塔诺
25. Carinena 卡利涅纳
26. Calatayud 卡拉塔尤德
27. Ucles 乌克莱斯
28. Mondejar 蒙德哈尔
29. Madrid 马德里
30. Navarra 纳瓦拉
31. Rioja 里奥哈
32. Ribera del Duero 杜罗河岸
33. Cigales 希加雷斯
34. Rueda 卢埃达
35. Toro 托罗

图 7-48 西班牙葡萄酒产区

土壤多为富含白垩或铁质的黏土或冲积土。东里奥哈因为地势较低，气候受地中海气候的影响，更为温暖和干燥，多为冲积土和富含铁质的黏土，适合种植晚熟的歌海娜，酿造的红葡萄酒一般酒精度高，甜美易饮。多种土壤环境以及葡萄园的位置不同而带来的微气候环境等因素，再加上对不同葡萄品种的选用，让里奥哈产区内的酿造者们创造出多种个性鲜明的葡萄酒。

除了葡萄酒，近几年里奥哈有几家名庄因为酒庄建筑造型奇特而在国际上大受瞩目，如瑞格尔侯爵酒庄（Bodegas Maruqe de Riscal）、伊休斯酒庄（Bodegas Ysios）、唐多尼亚酒庄（Bodegas Vina Tondonia）、甘露莎酒庄（Bodegas Fernando Remirez de Ganuza）等。

教学互动

互动问题：里奥哈是西班牙最著名的葡萄酒产区，根据以上所学内容，概括里奥哈葡萄种植的风土条件和主要葡萄品种。

要求：1.教师不直接提供上述问题的答案，引导学生结合本节教学内容就此问题进行独立思考、自由发表见解，组织课堂讨论。

2.教师把握好讨论节奏，对学生提出的典型见解进行点评。

（二）杜罗河岸产区

杜罗河岸（Ribera del Duero）位于伊比利亚半岛北部的高地，是卡斯蒂利亚-莱昂自治区的著名子产区。该产区沿杜罗河及其支流分布，在行政区划上涉及索里亚、布尔戈斯、巴利亚多利德和塞哥维亚这4个省区。杜罗河岸产区葡萄园占地约22500公顷，多分布于海拔760～945米的高地，且集中在河岸朝北或朝南的山坡上。

受地中海气候和大陆性气候的双重影响，杜罗河岸夏季炎热干燥，冬季寒冷漫长。杜罗河岸产区内降水较少，且多集中于冬、春两季，昼夜温差大，有利于保证葡萄果实的完美成熟，葡萄酒中的单宁更加柔和顺滑。不过，秋冬两季的霜冻天气是影响葡萄树生长和葡萄园产量的重大威胁。杜罗河岸产区土壤类型丰富，以白垩土、黏土、泥灰土和石灰石为主。得益于这种风土的多样性，其生产的葡萄酒更为精致细腻且带有矿物质风味。

杜罗河岸产区的丹魄会比里奥哈的皮厚，酸度高。所酿的葡萄酒颜色深，具有更强劲的单宁，更多的黑色水果香气，如黑莓、黑醋栗、黑李子。最好的葡萄酒能够完美地和法国的新橡木桶结合，品质可以和波尔多的列级名庄所产的葡萄酒相媲美。

杜罗河岸产区孕育着贝加西西里亚酒庄（Bodegas Vega-Sicilia）和平古斯酒庄（Dominio de Pingus）两大西班牙酒庄。

贝加西西里亚酒庄生产的葡萄酒堪称西班牙葡萄酒界的"酒王"，是世界上受到推崇的葡萄酒。在过去一个多世纪的时间里，它已经成为西班牙最知名和最昂贵的葡萄酒。

从1864年创立开始，贝加西西里亚酒庄为了酿制出最不受人工干涉的葡萄酒，一直采用传统酿酒技术进行葡萄酒酿造，葡萄酒的发酵在橡木桶、不锈钢罐和环氧树脂内衬的混凝土大桶中进行，接下来的苹果酸-乳酸发酵也是在环氧树脂内衬的混凝土大桶中进行。该酒庄最著名的酒款要数"Unico"（唯一、特别之意），作为旗舰产品，该酒采用了相当大胆的陈酿方式："Unico"发酵结束之后会首先进入全新的法国橡木桶中吸收香气，然后换到旧的美国橡木桶软化酒体，之后再放入新桶中进行最后的陈酿。该酒至少要经过10年陈酿才能上市。

距离贝加西西里亚酒庄不足2千米处还有一座十分著名的酒庄，那就是平古斯酒庄。该酒庄由丹麦酿酒学家彼得·西谢克于1995年创立。西谢克充分利用丹魄口味浓郁的特点，在1995年酿制出第一个年份的酒，取名为"平古斯"，产量仅有4000瓶，它颜色深沉，口感浓郁复杂大气，有着水果味，以及胡椒、香料、烟草的味道，余味超长，陈年潜力可达 25 年以上。1997 年一经上市,立刻被美国酒评家罗伯特·帕克评为:这是我所品尝过的最棒的红葡萄酒。其分数达到了 98~100 分,西班牙葡萄酒此前从未得到过如此高分。

(三) 普里奥拉托产区

普里奥拉托(Priorat)产区和里奥哈产区一样,同属于西班牙葡萄酒产区分级制度里的最高级,然而其面积比里奥哈面积小,葡萄酒走精品化路线,产量低而质量优。这里的葡萄酒主要采用歌海娜和佳丽酿混酿而成,一般都风味浓郁,酒力强劲,有着较高的酒精度,充满土壤带来的独特矿物质气息。虽然当地也出产桃红葡萄酒和白葡萄酒,但数量十分稀少。

普里奥拉托有着悠久的葡萄栽培历史,仅仅在 30 多年前才在竞争激烈的国际葡萄酒市场上找到一席之地。普里奥拉托产区属于地中海气候,因地处内陆,所以也带有大陆性气候特征。这里的夏季漫长而炎热,最高温度达 35 ℃,夜晚温度低,昼夜温差为 15~20 ℃。冬季较冷,最低温度达 -5 ℃左右,降水稀少,年降雨量仅 450~560 毫米。

普里奥拉托产区的葡萄园位于梯田上以及非常陡峭的山坡上,土壤极具特色,土层较薄,为火山岩质,由小片的片岩构成。产区葡萄酒带有明显的矿物特征。土壤由降解的红黑相间的板岩和云母组成。这种土质贫瘠少土,保水性较好,富含岩石,渗透性好,排水性好,迫使葡萄树的树根必须向地下深扎(最深可达 25 米)进入基岩,才能够获得水和营养物质,而小颗粒的云母,可以反射阳光储存热量。生长在这种土壤上的葡萄可以赋予葡萄酒特殊香气,除了常见的成熟浆果和香料,也散发着如石墨般的矿物气息,酒精度高的酒中藏着厚实的酒体和非常紧致的单宁。

普里奥拉托产区歌海娜种植面积占了 40%,是该地区重要的葡萄品种。排名第二的是佳丽酿,丹魄则占比较小。一些国际品种,如品丽珠、赤霞珠、梅洛和西拉也占有一定的面积。种植的白葡萄品种包括白歌海娜、马卡贝奥、佩德罗-希梅内斯、白诗南、麝香和维欧尼等。

(四) 纳瓦拉产区

纳瓦拉(Navarra)产区位于纳瓦拉自治区南部,葡萄园分布在比利牛斯山的向南缓坡,直到埃布罗河盆地。产区本以桃红葡萄酒而出名,近年来,随着酿酒设备技术的革新,优质红葡萄酒和白葡萄酒也逐渐问世。

纳瓦拉西北紧邻比斯开湾。北部受到了比利牛斯山脉的部分影响,气候炎热,大陆性气候特征较为明显,而受到大西洋的影响,在葡萄成熟过程中的 8 月份,夜间冷凉,从中部向南气候变得愈加干燥。纳瓦拉产区平均降水量 625 毫米。在海拔高的葡萄园,偶尔有霜冻或者严重的暴雨。

传统上,纳瓦拉因为出产桃红葡萄酒而出名,在 30 多年前,歌海娜几乎占了本区 90% 的种植面积,干型桃红葡萄酒清爽而果味浓郁,特别适合搭配当地的食物。随着丹魄种植面积的增大,以丹魄为主进行混酿成为纳瓦拉葡萄酒的主流,葡萄酒风格也从酒精度较高、果味浓郁、年轻易饮型变成浓缩、果味浓郁、带有明显木桶陈酿。而赤霞珠和美乐等国际品种的大量栽培,让纳瓦拉的红葡萄酒风格越来越独特,多元的西班牙品种和国际品种混酿,加上法国橡木桶的使用,酿造的葡萄酒优雅成熟,具有个性。

该产区红葡萄品种有:丹魄(36%),歌海娜(32%),赤霞珠(13%),美乐(11%),格拉西亚诺和佳丽酿少量。白葡萄品种有:马卡贝奥(7%),霞多丽和少量白歌海娜。此外,还有一些酿造甜白葡萄酒的白麝香。

(五)佩内德斯产区

佩内德斯(Penedes)位于西班牙东部、地中海沿岸的最佳位置。根据其内部地势、土壤类型和气候特点的区别,可分为三大区域:上佩内德斯、中佩内德斯和下佩内德斯。上佩内德斯相较于其他两个区域,多以内陆为主导,且得益于山区地势,以其低产优质的葡萄而闻名;中佩内德斯位于上佩内德斯的西南方向,是卡瓦起泡酒产出量最大的区域;而下佩内德斯主要是地势低洼的沿海地区。这三大区域的风土虽条件截然不同,但总的来说,土壤排水性良好,多由沙子和黏土组成,以地中海气候为主,在某些大区域中也呈现出小量微气候。

毫无疑问,卡瓦起泡酒堪称佩内德斯的成名之作,这款美味的、香槟似的起泡酒是通过传统法酿造产生的。我们都知道,酿造香槟的"三巨头"为霞多丽、黑皮诺和莫尼耶皮诺,而卡瓦也拥有自己的"三员大将":沙雷洛、马家婆和帕雷亚达。除此之外,佩内德斯也种植了小面积的白葡萄品种,如雷司令、霞多丽和白诗南以及西班牙常见的红葡萄品种,如歌海娜和丹魄。

由于佩内德斯产区的一些葡萄园海拔高度超过了800米,该产区内的某些葡萄种植区成为欧洲以内海拔最高的种植区。极端的气候和清晰的山间空气有利于葡萄积聚风味,继而酿造出清脆爽口的起泡酒以及同样出色的静止酒。

 同步思考

> 说起起泡酒,绝大多数的人都会想起法国的香槟,无论是在F1赛场上,还是在庆功宴上、狂欢Party上,以及婚礼上,都少不了香槟的身影。毫无疑问,香槟是世界上最著名、最流行的起泡酒。
>
> 在距离法国不远的斗牛士之国——西班牙,有一种起泡酒虽然不如香槟知名,但是却具有如同香槟一样迷人的魅力,那就是西班牙的卡瓦起泡酒。
>
> **问题**:请对比说明香槟和卡瓦起泡酒在酿造品种和酿造方法上的异同。

(六)托罗产区

托罗(Toro)葡萄酒的品质关键在于这里的海拔高度。因为该产区位处600~750米的海拔高度,种植在红色黏土与沙质地中的葡萄在本地酷热的夏天成熟时,可以靠着夜间的低温保留幼葡萄的颜色和味道。托罗产区的葡萄园中,葡萄每株间隔达3米之远,因为托罗产区几乎如沙漠的超低降雨量,比一般认为可以成功种植葡萄的标准还低,这也迫使葡萄园必须采用超低的种植密度。

托罗地区的气候完全属于大陆性气候,夏季漫长而又炎热,冬季虽然短暂,但时常出现严寒天气。当地葡萄园的海拔高度使葡萄成熟期的夜晚较为凉爽,随杜罗河而来的西风偶尔也会带来降雨,一般说来,当地的气候对葡萄丰收较为有利。

当地主要的葡萄品种是托罗红葡萄,占葡萄种植面积的58％。托罗红葡萄最初曾是西班牙北方地区传统的早熟葡萄,但经过几个世纪的独立发展,这种葡萄的果皮变得很厚,葡萄成熟特征出现得也比原始品种更早,除托罗红葡萄外,托罗产区还种植了加尔纳恰红葡萄、香葡萄和青葡萄。

托罗一般出产红葡萄酒、白葡萄酒和玫瑰红葡萄酒。白葡萄酒通常是用香葡萄酿制的,玫瑰红葡萄酒则用加尔纳恰葡萄酿造,白葡萄酒与玫瑰红葡萄酒都属于口味清淡、新鲜爽口、适于即时饮用的低糖型果味葡萄酒。然而,托罗葡萄酒之所以能够取得今天的声望首先要归功于红葡萄酒。托罗红葡萄酒的原料中应至少含有75％的托罗红葡萄,经过自然发酵后,酒精含量可达到15％vol。托罗红葡萄酒都要经过非常精心的陈化处理,而且大约1/3的红葡萄酒都要在橡木桶中贮存。

(七) 卢埃达产区

卢埃达(Rueda)产区的葡萄园位于地势起伏不平的高原,平均海拔为650米,土壤成分复杂,有机物和营养物质十分匮乏,气候常年干旱。虽说没有肥沃的土地种不了稻谷,但可以种植葡萄(见图7-49)。虽然该地的气候比较干旱,但有杜罗河从其北部穿过,丰富的水源成了卢埃达产区最大的救星。

扫码看彩图

图7-49　卢埃达产区的葡萄园

该产区白葡萄酒主要用弗德乔酿造,带有品种特色。该种酒色呈青麦色,有细腻优雅的香气,果香味浓,并带有茴香、薄荷和苹果味的香气,口感清新,果香充盈,余味有一种典型的苦味,这与成熟葡萄甜润、清新的感觉形成鲜明的对照。该产区传统的白葡萄酒,被称之为"Dorado",用至少40％的弗德乔酿制,酒精含量不低于15％vol,呈金黄色,在木桶中的氧化过程时间长,会有少许烤面包的味道。红葡萄酒主要用丹魄酿造,有时还会加入赤霞珠等品种混酿。其酒色呈非常深厚的樱桃红色,果香浓郁,有肉质感,极具风味。

(八)下海湾产区

下海湾(Rias Baixas)位于西班牙西北部的加利西亚自治区,坐落在该省的西南边,正好毗邻葡萄牙北部的绿酒产区。下海湾由一个个深入内陆的海湾组成,海岸线十分蜿蜒曲折。下海湾地区在加利西亚语中是"低河口"的意思,意指下海湾地区的4个河流入海口。河流两岸的峡谷,是西班牙较为潮湿同时也是较为寒冷的葡萄种植区,出产的葡萄酒在整个西班牙都是独一无二的。

因靠近大西洋,下海岸地区的气候受海洋影响颇大,气候类型为显著的海洋性气候,凉爽而多雨。幸运的是当地年日照时间超过2200小时,在葡萄的生长和成熟季节里阳光明媚,保证了果实能够健康成熟。此区岩石主要为花岗岩,同时,多条河流为该地区带来混合了黏土、泥土、沙土和砾石的冲积土壤。这些土壤中有机质较少,矿物质含量高,适合葡萄生长。

下海湾是加利西亚较为知名的子产区,其中又包括了5个小产区:萨尔内斯峡谷、乌利亚河岸、索托迈奥尔、罗萨尔和特亚伯爵领地。这里属海洋性气候,凉爽潮湿而又光照充足,地表土壤为酸性较高的花岗岩,盛产口感脆爽、带有矿物风味的白葡萄酒。占到下海湾总种植面积90%的阿尔巴利诺是一个优秀的白葡萄品种,香气尤为独特。独特的矿物气息和令人兴奋的酸度容易让人联想起德国的雷司令,但是其丰腴的酒体和杏桃的香气又带有维欧尼的特征,甚至兼具灰皮诺迷人复杂的香气。当种植在酸性土壤中,它会呈现迷人的矿物气息,结构感尤为突出;而种植在沙质土壤中,则表现得柔软圆润。现在,不少酿酒师也在酿造阿尔巴利诺葡萄酒的过程中会尝试使用橡木桶陈酿或采用苹果酸-乳酸发酵的方法,以寻求阿尔巴利诺在酿造风格上的突破。

(九)比埃尔索产区

比埃尔索(Bierzo)位于西班牙西北部,位于靠近河流略斜梯田的葡萄园,出产高品质的葡萄,半梯田或者陡峭的斜坡海拔为450~1000米。比埃尔索产区的土壤由石英岩和板岩构成。总体来说,该法定产区的土壤湿润,呈棕灰色,略带酸性。门西亚葡萄是这里的"明星",占据了将近2/3的葡萄园。

比埃尔索产区的白葡萄酒颜色浅黄,酒体较轻,清新且果香味浓。用格德约酿制的白葡萄酒是比埃尔索产区最具特色的白葡萄酒。桃红葡萄酒,颜色从洋葱皮色到粉色不等,带有典型的门西亚葡萄特性以及草莓和覆盆子的浓郁香气。混酿的桃红酒中,门西亚葡萄比重达50%。总体来说,比埃尔索产区的桃红葡萄酒清淡柔顺。红葡萄酒是比埃尔索产区最具特色的葡萄酒,尤以用正常栽培的葡萄,采用二氧化碳加压法制成的年轻葡萄酒最为杰出。这些红葡萄酒的色泽呈浓厚的樱桃红,边缘泛明亮的罗兰紫色,果香浓郁(草莓味、黑莓味),口感属干型葡萄酒,酒体轻盈,果味充盈,并带有极好的品种特性。比埃尔索产区也出产用橡木桶熟成的红葡萄酒。

（十）拉曼恰产区

拉曼恰（La Mancha）葡萄酒产区地处西班牙梅塞塔高原，为极端的大陆性气候，降雨较少，夏季炎热干燥，冬季严寒，且寒风较为频繁，但干燥洁净的空气对葡萄生长十分有利。葡萄种植区的海拔介于北部 480 米的高度与南部略高于 600 米的高度之间，大部分地区地处平原。拉曼恰地区的表层土壤为棕红色沙土，大部分地区土地的底层为黏土，条件更好的地区土地底层为石灰岩。

拉曼恰产区大部分白葡萄酒都属于新鲜爽口、价格低廉的即饮型干白葡萄酒，用白葡萄和红葡萄混合酿制或用百分之百的莫拉维亚葡萄酿制的玫瑰红葡萄酒也是如此。

拉曼恰产区的红酒是用红葡萄与一定比例的白葡萄混合酿造的适于即时饮用的淡型果味酒，但当地的酒厂也开始生产年份更长的葡萄酒，其中用百分之百的森希贝尔葡萄制作的佳酿酒（在橡木桶中贮存 6 个月，总贮存期为 2 年）颇受欢迎。

（十一）赫雷斯产区

赫雷斯（Jerez）位于西班牙半岛的西南方，在安达卢西亚大区的加的斯地区。"Jerez"之名最初来源于英文单词"sherry"（雪莉酒），由此不难看出赫雷斯是酿制雪莉酒的中心地区。

当然，赫雷斯能成为西班牙最适合生产雪莉酒的产区，靠的还是其绝佳的风土条件。首先，这里有 3 种不同类型且各具特色的土壤。第一种是白垩成分较高、土质极佳的"Albariza"土壤，这种土壤在雨季可以吸收水分，雨季结束后则会逐渐变干，形成一个干燥的硬壳，为葡萄反射阳光，同时向葡萄树的根茎提供水分。第二种是含有丰富的黏土和少许白垩土的"Baros"土壤。第三种是主要为沙土的"Arenas"土壤。总的来说，这些土壤都非常适合佩德罗-希梅内斯和麝香等葡萄的生长。其次，与土壤同等重要的是这里的气候因素。该产区气候温暖，受大西洋影响，从海上吹来潮湿的风，不仅为产区提供了相应的湿度，而且帮助调和气候使产区的温度降下来——这不仅有利于酿造雪莉酒的葡萄品种保留较高的酸度，也为当地酒窖提供了一个"自然空调"。这个地区的年平均光照时间为 300 天，光照非常充足，使葡萄得以充分成熟。此外，该产区还受到东部平原的温暖气候影响。

作为酿制雪莉酒的中心地区，该产区的雪莉酒涵盖了众多不同的种类，从干爽清淡型，如菲诺（Finos），到深色厚重型，如欧罗索（Olorosos），无论哪种，都是采用帕洛米诺葡萄酿制。不过，有一些餐后甜酒也使用佩德罗-希梅内斯或麝香葡萄进行酿制。

同步案例

分析提示
▼

背景与情境： 雪莉酒是一种加强型葡萄酒，主要生产于西班牙，被莎士比亚比喻为"装在瓶子里的西班牙阳光"。波特酒是指在葡萄牙杜罗河地区生产的加强型酒精酒，像法国的香槟一样，波特酒是有专有权的，其他国家和地区不得使用。全世界很多国家都生产波特酒，但真正的波特酒是产于葡萄牙北部的杜罗河流域以及杜罗河区域。

问题： 请对比说明雪莉酒和波特酒在成酒风格上的异同。

Note

四、小结

西班牙作为头号的葡萄栽培大国,绝对不逊色于欧洲其他两大葡萄酒生产国,西班牙葡萄品种多样,葡萄酒类型也丰富多彩。作为一个气候相对温暖的国家,西班牙的葡萄酒更丰满,酸度更低,富含成熟的水果香气。随着葡萄栽培、酿酒技术的大量引进,以及工业化改革进程的加快,西班牙葡萄酒的质量得到稳步提升。加上西班牙国内众多国际知名酒庄的扩张与市场推进,西班牙葡萄酒在世界舞台上越来越大放光彩。

第六节 希 腊

希腊是欧洲葡萄酒发源地,法国、意大利、西班牙等"旧世界"的葡萄酒都是从希腊传播过去的,希腊堪称欧洲葡萄酒的"始祖"。希腊拥有300多种土生土长的葡萄品种,日照丰富,雨量低,土壤肥沃度适中,因此酿造的葡萄酒口味无与伦比。作为老牌的"旧世界"葡萄酒生产国,希腊葡萄酒出口到法国、意大利、德国、美国和中国等40多个国家。

一、自然环境及葡萄酒发展状况

知识活页
▼

希腊是陆地、海洋平分天下。希腊南部沿海的大部分地区都属于地中海气候,夏季炎热干燥,冬季温和多雨,非常适合酿酒葡萄的种植和生长。北部靠近内陆地区,这里的气候并不像意大利、西班牙等地中海国家,而是带有大陆性气候的特点,较为凉爽,冬天会下雪,气温降到0℃以下。东海岸的色萨利区全年的降水量可能不到40毫米,而相邻的、面向西海岸的伊庇鲁斯区降水量却非常充足。

希腊是古代最重要的葡萄酒生产大国之一,也是现代世界酿造优质葡萄酒国家之一。在中世纪时期,最好的葡萄酒由修道士们酿造而成。后来,拜占庭帝国的垮台以及随后奥斯曼土耳其军队对希腊的占领,终结了希腊在葡萄酒生产中的地位。奥斯曼在将近400年统治中对希腊进行的严重打压和沉重的赋税让希腊的葡萄酒产业发展迟滞。19世纪90年代末,侵入希腊的葡萄根瘤蚜病的毁灭性影响持续了几十年。两次世界大战和希腊内战的影响让希腊葡萄酒产业完全荒废。

20世纪60年代,希腊葡萄酒依然按散装的方式进行贩卖,卖家将葡萄酒从酒桶里直接舀出灌到买家自带的酒罐里。直至20世纪80年代中期,随着希腊加入欧盟,希腊的葡萄酒产业才开始从供当地消费的廉价佐餐酒转变为优质葡萄酒,这意味着希腊需要降低葡萄产量、改善葡萄园的葡萄栽培技术、采用现代化设备,并且需要使用昂贵的小橡木桶。

希腊共有6.15万公顷酿酒葡萄园,平均每公顷的葡萄酒产量约为4065升。2018年,希腊葡萄酒的产量约为2.5亿升,约占欧盟葡萄酒产量的1.58%,排名第九。希腊62.47%的葡萄酒具有原产地保护标签PDO,19.62%具有地理标志保护标签PGI。

2018 年,希腊出口了 3270 万升葡萄酒,约占希腊葡萄酒产量的 13％——希腊生产的大部分葡萄酒用来自产自销。希腊生产的葡萄酒中 38.30％出口到德国,14.85％出口到美国。

知识活页

▼

二、葡萄品种

希腊以生产各种不同风格的葡萄酒而闻名。有以阿斯提可和玫瑰妃酿制的白葡萄酒,也有以黑喜诺和阿吉提可酿造的强壮的红葡萄酒,还有分别以小粒白麝香和黑月桂酿制的甘美的甜型白葡萄酒和红葡萄酒。

(一) 白葡萄品种

1. 阿斯提可

阿斯提可(Assyrtiko)是希腊最出色、种植最广泛的白葡萄品种。最开始,它是种植在圣托里尼岛,凭借其独特的风格,酿制出非常优秀的 AOC 级别葡萄酒。阿斯提可葡萄果实颗粒大,品质高,果串紧凑,风味浓郁,是为数不多的可以在干燥炎热的气候条件下生长的白葡萄品种。即使气候炎热,阿斯提可仍可保持高酸度。其发芽和成熟较晚,相对高产,抗风、抗旱且不易感染霜霉病和白粉病。它可以酿成非常干的葡萄酒,散发出柑橘的香气,混合着一种泥土的风味,以及由圣托里尼岛火山土壤赋予的矿物质风味。阿斯提可被广泛种植于希腊各地,包括马其顿和阿提卡。在这两个地区,用它酿制的葡萄酒更温和、更圆润。阿斯提可也可以与芳香的艾达尼、阿斯瑞葡萄一起酿制出独特的自然甜型葡萄酒——圣酒。

2. 阿斯瑞

阿斯瑞(Athiri)是希腊古老的葡萄品种,属于果粒中等偏小、薄皮的白葡萄品种,酸度柔和,酒精度中等,不适宜陈年。阿斯瑞葡萄品种生命力强,十分耐旱但易染上白粉病,适宜栽种在轻钙质土和钙质黏土上。阿斯瑞的名称源自圣托里尼岛,它可以和艾达尼、阿斯提可一起酿制出圣托里尼岛 AOC 级别的葡萄酒。阿斯瑞葡萄在希腊其他地区也有种植,包括马其顿、阿提卡和罗得岛。阿斯瑞葡萄皮薄,其果汁甜美,果香浓郁。用阿斯瑞葡萄酿成的葡萄酒略有芳香,具有中等酒精含量及较低的酸度。

3. 艾达尼

艾达尼(Aidani)是希腊另一种古老的葡萄品种,主要种植在基克拉迪群岛。用它酿制的葡萄酒散发出愉悦的芳香,具有中等的酒精度和酸度。艾达尼葡萄皮厚、果小,具有耐干旱的特征,但却易受霜霉菌的侵害,艾达尼葡萄品种发芽期和成熟期都较晚,但是产量较高。艾达尼葡萄很少作为单一品种酿酒,多与阿斯提可葡萄混酿来生产白葡萄酒。与阿斯提可葡萄相比,艾达尼葡萄的糖分更少,酸度更低,赋予酒款更多的是香气,酿造的酒款芳香浓郁。艾达尼葡萄也可以与阿斯提可葡萄和阿瑞斯葡萄混酿,用于生产干型或半甜型葡萄酒。

4. 拉格斯

拉格斯(Lagorthi)原产于伯罗奔尼撒半岛的卡拉夫里塔地区,是一种非常有潜力的葡萄品种。在拉格斯葡萄复兴之后,Oenoforos 酒厂主要将其栽培在海拔 850 米的斜坡上。用拉格斯酿成的葡萄酒,酒精含量中等,由于葡萄果实中的苹果酸含量偏高,因此这种葡萄酒的酸度比较突出。其香气优雅,混合着桃子、甜瓜和罗勒的香气,伴随有柑橘和矿物质的味道(见图 7-50)。

图 7-50　阿斯瑞葡萄

5. 玛拉格西亚

玛拉格西亚(Malagousia)葡萄原产于希腊西部的托斯地区,主要分布在马其顿地区,现在在阿提卡和伯罗奔尼撒半岛的一些葡萄园中也有种植。这是一种特别芳香的品种,用它酿造出的葡萄酒优雅醇厚,酒体饱满,酸度中等,散发着令人兴奋的异域水果、柑橘、茉莉和薄荷的香气。

6. 玫瑰妃

玫瑰妃(Moschofilero)是一种来自 Mantinia 地区的独特的芳香葡萄。该名称并非单指单一品种,而是指代一系列的克隆品种。这些品种另有自己的具体名称,甚至形状各异,但它们都有共同的基因组。它们的表皮颜色有白有黄,有黑有红,但大部分为粉红色或灰色,因此将这类品种统称为"玫瑰妃",用不同的玫瑰妃克隆品种酿制得到的葡萄酒风格各异、品质不一(见图 7-51)。

图 7-51　玫瑰妃葡萄

用玫瑰妃酿制的葡萄酒酒体轻盈,口感清新,有较低酒精度(通常为 11％vol)。但通过混种取材、酒泥陈酿、部分经橡木桶等工艺,可以得到葡萄、花朵香气更为突出的葡萄酒。也可以通过延长浸皮、使用新橡木等工艺增加酒体,得到如奶油般圆润质地的葡萄酒。

玫瑰妃也用于酿制桃红起泡酒和甜酒,主要是增添香气与清新感。玫瑰妃在希腊西部的种植面积达 486 公顷,是当地种植面积最广的葡萄品种。

7. 罗柏拉

罗柏拉(Robola)葡萄在塞法罗尼亚岛山区的葡萄园中尤其突出。高贵的罗柏拉葡萄酒散发着柑橘和桃子的香气,混合着一丝烟熏和矿物的味道,回味悠长,带有柠檬的气息。

8. 荣迪思

荣迪思(Roditis)是一个古老的希腊葡萄品种,是希腊第二大白葡萄品种,主要分布在希腊内陆和伯罗奔尼撒半岛(见图 7-52)。荣迪思实际上是 3 个希腊本地品种的总称——粉荣迪思、白荣迪斯和红荣迪斯。荣迪思品种受生长环境,尤其是海拔的影响很大,抗旱能力强,但是易受白粉病侵袭。它还可能受到病毒,尤其是植物长线病毒的感染。在土壤更加肥沃和海拔较低的地方生长的荣迪思,通常会酿造出口感中性、缺少集中度的葡萄酒,也可以用来酿造本地松香葡萄酒。在凉爽气候环境下而且产量受到控制时,荣迪思酿造的酒款在酒体和集中度方面都更好,酒精度通常约为 13.5％vol。

扫码看
彩图

图 7-52　荣迪思葡萄

9. 小粒白麝香

小粒白麝香(Muscat Blanc a Petits Grains)是一种源自希腊的白葡萄品种,是麝香家族中最古老的成员,也是世界上古老的葡萄品种。这个品种是以它的小浆果和小颗粒种子命名的,用于酿造著名芬芳的甜型葡萄酒、干型葡萄酒和起泡酒。干型葡萄酒呈现出一系列柑橘类、花卉和香料的芳香,口感饱满、干爽;起泡酒和微起泡酒通常更甜,倾向于甜瓜口味,带有甜甜的葡萄味。

(二) 红葡萄品种

1. 阿吉提可

阿吉提可(Aghiorghitiko)是希腊种植范围最广的一个红葡萄品种,主要分布在伯罗奔尼撒产区(种植面积达 3204 公顷),有时也被用于酿制桃红葡萄酒。

　　阿吉提可的果皮较厚且颜色深邃,果实较小,所酿造出的葡萄酒酒体饱满,口感丰富、浓郁,单宁强劲并带有深色水果的风味(见图 7-53)。阿吉提可葡萄的花期较晚,成熟期长,产量较高,但极易受霜霉病、白粉病以及葡萄孢菌病害影响。

扫码看
彩图

图 7-53　阿吉提可葡萄

　　阿吉提可适合种植在贫瘠的土壤之中,种植区域的海拔最好在 500～900 米,在这种环境下生长的阿吉提可所酿造的葡萄酒酸度中等或较低,带有红色水果风味。如果种植区域的海拔高于 900 米,所酿造的葡萄酒会产生过酸的口感;但如果种植区域是海拔较低的温暖地带,所酿造的葡萄酒则会出现过多的果酱味。

　　2. 黑喜诺

　　黑喜诺(Xinomavro)是希腊种植面积第二大的葡萄品种,仅次于阿吉提可,它也是希腊北部重要的葡萄品种,黑喜诺与黑皮诺以及内比奥罗存在相似之处,但基因分析表明,黑喜诺与另外两种葡萄品种截然不同。黑喜诺在希腊语中指该葡萄品种色深且高酸。它主要分布在 4 个 PDO 产区。在纳乌萨和更北的阿曼特,黑喜诺葡萄酒必须由 100% 的黑喜诺酿造而成。在东边的古门尼萨,黑喜诺至少需要跟 20% 的尼格斯佳混酿。而在拉普萨尼,黑喜诺则多与当地品种,如卡拉萨托和斯塔弗洛托调配。

　　黑喜诺发芽不算早,当灌溉过多时,其生长会特别繁茂,成熟也会较晚,是一种富有活力、产量高的葡萄品种。它极易受到霜霉病和灰霉病的侵袭,有时还会感染白粉病。黑喜诺需要充足的光照,适宜生长于贫瘠的沙土中。为了使其充分成熟,栽培时最好使用树冠管理的剪枝方法。

　　使用黑喜诺酿造的葡萄酒风格多样,但普遍都具有高酸和陈年潜力极佳的特性。黑喜诺葡萄酒的色泽稳定性不强,因此酒液的颜色相对较浅,并会随着时间演变成砖红色。黑喜诺拥有较多的克隆品种,风格受不同的酿造方法影响,差别较大。年轻的黑喜

Note

诺葡萄酒以红色水果香气为主,如草莓和李子,其单宁可能会显得干涩,甚至带有棱角。但随着陈年,酒款会变得优雅且复杂,展现更多西红柿、橄榄和干果的气息,单宁也会更加柔软。为了获得更加丰富的口感,越来越多人选择用黑喜诺与国际知名品种,如西拉或梅洛混酿。除此以外,黑喜诺还可以用于酿造优质桃红葡萄酒或起泡酒。

3. 曼迪拉里亚

曼迪拉里亚(Mandelaria)的果皮较厚,色泽丰富。这种葡萄主要种植在罗兹和克里特岛上。它是希腊种植面积第三大的红葡萄品种,既可以用于酿制各要素都十分平衡的干红葡萄酒,如佩萨干红葡萄酒,也可以用于酿制甜红葡萄酒。该品种所酿制出的葡萄酒颜色深浓,酒力强劲,单宁含量高。

4. 黑月桂

黑月桂(Mavrodaphne)葡萄主要种植在伊奥尼亚群岛以及亚细亚和伊利亚的伯罗奔尼撒地区。它可以与科林斯艾奇(Korinthiaki)葡萄一起生产出美味的甜酒——帕特雷黑月桂葡萄酒,这种葡萄酒风格与波特葡萄酒相类似,十分适合橡木桶陈酿。黑月桂也可以与莱弗斯科、艾优依提可和赤霞珠葡萄调配出非常优秀的葡萄酒(见图 7-54)。

图 7-54　黑月桂葡萄

 教学互动

> **互动问题:**希腊葡萄藤为什么要卷成藤圈状?
> **答案解析:**第一,为了抵抗来自海洋的狂风侵袭;第二,为了避免强烈的阳光晒伤葡萄。

三、葡萄酒产区

希腊的葡萄种植遍布整个国家,从北部凉爽、植被丰富的色雷斯、马其顿,到南方干燥炎热的克里特岛,从西边的凯法利尼亚岛到东部的罗德岛有数十个葡萄种植区,而每个种植地的气候和风土条件都不尽相同。希腊主要有以下 8 个葡萄酒产区:爱琴海岛

Note

产区、希腊中部产区、克里特岛产区、伊庇鲁斯产区、伊奥尼亚群岛产区、马其顿产区、伯罗奔尼撒半岛产区和色萨利产区。

（一）爱琴海岛产区

爱琴海岛（Aegean Islands）葡萄酒产区位于希腊和土耳其之间的爱琴海上,爱琴海岛产区葡萄园面积约 9000 公顷,爱琴海岛的子产区还包括北爱琴海、基克拉泽斯、多德卡尼斯群岛和克里特岛。产区是爱琴海周围的一群岛屿,位于土耳其和希腊之间。这个产区的酿酒历史源远流长,对酿酒业的发展有着重要影响。这些岛屿的葡萄酿酒历史悠久,最著名的是圣托里尼岛充满矿物质的干白葡萄酒。

爱琴海岛诸多岛屿都具有温和、干燥的地中海气候,从北部和南部吹向各个岛屿的风对当地的风土有很大影响。葡萄园里的葡萄藤经常被裁剪成紧贴地面的低矮柱形,以抵挡猛烈海风的影响。由于海风的长期影响,这里的葡萄粒较小而果皮较厚。爱琴海岛上的大多数葡萄酒产区土壤贫瘠干燥,以火山岩土壤为主,葡萄园常常建在陡峭的平台上,这些梯田被称为"Pezoules",有助于减少土壤流失并保留葡萄园获得的少量雨水。

从古希腊时代开始,爱琴海岛就是全球领先的优质葡萄酒产区。产区东北部所产的麝香甜葡萄酒可以和国际顶级的甜葡萄酒相媲美。利姆诺斯岛的亚历山大麝香和萨默斯岛的小粒白麝香以酿制口感丰富、浓郁复杂的葡萄酒而闻名。用麝香葡萄酿制出来的酒寿命很长。罗兹岛是希腊气候适合生产葡萄酒的地方,岛上的曼迪拉里亚和阿斯瑞可以酿造出活力十足的葡萄酒,岛上的桃红葡萄酒是希腊优质的桃红葡萄酒。

（二）希腊中部产区

希腊中部（Central Greece）是希腊著名的葡萄酒——松香葡萄酒的发源地。希腊中部产区的葡萄酒产业规模很大,每年生产约 2 亿升的葡萄酒。该地区包括希腊大陆的南部、伯罗奔尼撒半岛的北部,以及色萨利和伊庇鲁斯的南部。

希腊中部产区气候炎热,来自爱琴海的海风对其气候起到一定的降温作用。爱琴海对希腊中部产区的气候有着非常重要的影响。产区西部多山,北部则与色萨利相邻。产区内的葡萄酒酿造业始发于东部的河段,那里的土壤更适合葡萄的生长,从爱琴海吹来的凉爽海风缓和了产区炎热的天气。

希腊中部产区大多数的葡萄酒都产自希腊中部的子产区阿提卡,那里的葡萄酒酿造历史至少已经有 3000 年了。另一个比较出名的产酒地是埃维亚岛,但它的产量比不上阿提卡。产区葡萄品种有阿斯提可、阿斯瑞、荣迪思、萨瓦蒂诺。

希腊中部产区可以生产出风格不同的干型静态酒,包括酒体轻盈或者经过橡木陈酿的霞多丽葡萄酒、口感强劲的赤霞珠葡萄酒和梅洛酒等。其中,著名的特产酒松香葡萄酒,主要是由萨瓦蒂诺酿造而成,是一款带有松脂香的白葡萄酒。制作此款酒的时候,会把松脂加入去梗后的葡萄中,并在葡萄榨汁之前,将松脂取出来。通过这样的方法,酿造出来的葡萄酒具有一种独特的风格,口感辛烈且多汁。

（三）克里特岛产区

克里特岛（Crete）是希腊最大也是最著名的岛屿,位于爱琴海的南部边缘。克里特岛最重要的葡萄种植历史是在中世纪时期,当时由威尼斯商人把著名的克里特甜葡萄酒贩运到全欧洲,这种贸易一直持续到克里特岛在 15 世纪被奥斯曼帝国统治为止。现代克里特岛酿酒起始于 20 世纪 70 年代,希腊旅游业的迅速崛起,带动了克里特岛葡萄酒产业的复苏和蓬勃发展。

在这里,葡萄园受到克里特岛山脉的影响,阻挡了北非炎热的气流,从北爱琴海吹来的凉爽的海风有助于葡萄的缓慢成熟,葡萄在克里特岛阳光明媚、炎热的夏天保持着一定的酸度。葡萄园海拔高达 900 米,也为优质葡萄种植提供了凉爽的环境。岛上的土壤通常富含石灰石,从轻的沙壤土到密度更大的黏土类土壤都含有石灰石。陡峭的葡萄园提供了良好的排水系统,而且葡萄藤通常扎根很深,以获得地下更深的水分和营养。这有助于降低活力,促进葡萄生产优质浆果,保持良好的味道浓度。

(四)伊庇鲁斯产区

伊庇鲁斯(Epirus)是希腊大陆西北部的一个地区,位于伊奥尼亚海岸,Zitsa 产区是伊庇鲁斯唯一一个 PDO 级别的葡萄酒产区,也是希腊唯一一个允许生产起泡白葡萄酒的产区(尽管马其顿的 Amyndaio 产区允许生产起泡酒)。

海拔是伊庇鲁斯重要区分因素,该地区的大多数葡萄园都在海拔 700 米以上。这里的气候属于大陆性气候,冬天经常下雪。在这些陡峭的山坡上,较冷的气候意味着葡萄成熟缓慢,从而保持了它的酸度。这为当地的德比娜葡萄起泡酒的生产创造了完美的条件。

平杜斯山脉有着一系列的石灰岩山脊,贯穿阿尔巴尼亚和希腊,对该地区的风土有着显著的影响。由于伊庇鲁斯岛的大部分地区都位于从伊奥尼亚海吹来的潮湿风所经过的山脉的上风一侧,该地区是希腊大陆降雨量最高的地区。在陡峭山坡上的葡萄园的自然排水有利于石灰石土壤只保留了雨水中少量的水,确保葡萄藤不会被淹没。

伊庇鲁斯产区葡萄种植主要集中在两个区域,即济察和迈措翁。济察是希腊官方承认的产区,位于伊欧亚尼纳的西北部。迈措翁则比较接近色萨利大区,更深入内陆。迈措翁普遍种植的葡萄品种包括德比娜、贝卡瑞和伏拉奇克。济察所生产的德比娜葡萄酒香气芬芳,果味浓郁,酒体轻盈,口感爽脆。迈措翁几乎只生产干型的赤霞珠和梅洛葡萄酒,非常值得人们关注。

(五)伊奥尼亚群岛产区

爱奥尼亚群岛(Ionian Islands)属于地中海气候,夏季炎热,冬季温和多雨。伊奥尼亚群岛位于平杜斯山脉的上风一侧,平杜斯山脉沿着希腊大陆的西海岸延伸,因此会比爱琴海的同类山脉得到更多的降雨,植物更绿,生物多样性更丰富。伊奥尼亚群岛产区葡萄园位于朝南的山坡上,白天阳光充足,夜晚凉爽,这有助于葡萄在成熟时保持酸度。在许多岛屿上,自由排水的石灰石土壤促进了葡萄藤的强度和结出的葡萄的浓度。

(六)马其顿产区

马其顿(Macedonia)是希腊北部的一片广阔地域,位于马其顿共和国、阿尔巴尼亚和保加利亚之间,通常被分为西部、中部和东部 3 个部分。马其顿产区与东侧的色雷斯产区一起构成了希腊的北部葡萄酒地区。

马其顿产区既有地中海气候,也有大陆性气候,夏季白天温暖,夜间凉爽。其葡萄的成熟期十分漫长,使得葡萄的糖分和酸度十分浓缩,酿出的葡萄酒酒色浓重,芳香馥郁。马其顿的山脉以西北走向为主,能够阻挡北方的寒冷空气,为葡萄种植提供了不同的地貌和土壤条件。马其顿地形多样,红葡萄来自低海拔葡萄园,那里土壤丰富、沉重且充满黏性。而白葡萄则种植在高海拔地区的葡萄园,那里较轻的土壤为葡萄的生长提供了清新凉爽与和谐的环境。

马其顿产区的葡萄品种丰富多样,长相思和赤霞珠拥有别具一格的特色,而西拉、维欧尼和霞多丽也发展得相当不错。马其顿产区可以用赤霞珠、西拉、梅洛或是琳慕诗品种酿制出强劲、集中的红葡萄酒,且具有陈年潜力;用阿斯提可、阿斯瑞和玛拉格西亚等白葡萄品种酿制的干白葡萄酒,具有典型而独特的地域特征。

知识活页
▼

(七)伯罗奔尼撒半岛产区

伯罗奔尼撒半岛(Peloponnese)位于爱琴海、伊奥尼亚海和地中海的交汇处。现代伯罗奔尼撒葡萄酒产业在 20 世纪二战结束后开始发展,今天的伯罗奔尼撒产区是希腊重要的葡萄酒产区。随着伯罗奔尼撒 7 个葡萄酒 PDO 等级的命名,本区已经有 17 个法定产区分散在整个伯罗奔尼撒地区。

伯罗奔尼撒半岛的东北部是希腊中部人口密集的地带,也是希腊的首都——雅典的所在之处。伯罗奔尼撒产区的气候类型为典型的地中海气候,由于产区内有很多高低不平的山脉,使得这里的气候受到了一定的调和。几个山脉穿越伯罗奔尼撒半岛,尽管这里离爱琴海很近,但这些地区的气候更像大陆性气候,冬天比希腊地势较低的地区更冷。在葡萄生长季节,白天炎热夜晚寒冷,这延长了葡萄的成熟期并保留了平衡口感所需要的酸度。伯罗奔尼撒的土壤以黏土、石灰石、砂岩、片岩冲积土为主。

在伯罗奔尼撒半岛产区内,有 3 个官方划分的子产区,它们都位于岛屿的北部。其中,最北部为佩特雷子产区,该产区以麝香和黑月桂甜葡萄酒闻名;东北部为尼米亚子产区,其酿酒历史源远流长,种植的本土葡萄为阿吉儿;中部为曼提尼亚子产区,种植多种多样的葡萄,酿出来的酒通常芳香四溢。

(八)色萨利产区

色萨利(Thessalia)是希腊古老的葡萄酒产区,位于品都斯山脉和爱琴海之间。这里的酿酒业主要集中在法定产区梅森尼科拉、拉普萨尼和安海罗斯。

位于色萨利产区中部的拉里萨市周围种植了多种多样的葡萄,包括当地土生土长的麝香族葡萄、萨瓦蒂诺、芭提姬、荣迪思以及新引进的法国和意大利葡萄品种。拉里萨市西北 16 千米处是蒂尔纳沃斯地区,这个地区以甜酒出名,其酒带有安舞谷麝香葡萄的特征。

四、小结

希腊是古代重要的葡萄酒产酒国,由于希腊广泛的贸易和殖民,葡萄酒从一开始就成为西欧文化的组成部分。希腊葡萄酒产区从地处内陆、气候寒冷且位于马其顿北部的山区延伸到美丽的爱琴海岛屿,而爱琴海岛上的葡萄藤距离海洋很近。希腊以生产各种不同风格的葡萄酒闻名。

教学互动

互动问题:希腊的国酒是什么酒?

互动问题

答案▼

**本章
小结**

□ 内容提要

本章讲述了欧洲国家葡萄酒的风土,包括法国、意大利、德国、葡萄牙、西班牙、希腊6个欧洲国家葡萄酒的风土现状(各自的气候特点、产区、主要及特色酿酒葡萄品种)、各自葡萄酒的特点等内容。

欧洲的国家都属于"旧世界"产酒国。法国红酒的优异之处得益于他们多年的酿酒经验、得天独厚的气候及追求平衡精细的酿酒技术,法国最好的酒商可以酿造出平滑、平衡良好的红葡萄酒,红酒中各种成分和谐地融合在一起。法国红酒分级制度严格,生产工艺复杂,储藏保存环境要求极高,世界知名酒庄多,几乎是"一支酒一个故事"。

意大利风土条件多样,全国各地都很适合葡萄的生长,也因此酿出了丰富多样的葡萄酒。红酒是意大利葡萄酒中最知名的,如巴罗洛、巴巴莱斯科、蒙塔奇诺-布鲁奈罗、阿玛罗尼-瓦尔波利切拉……即使这些如雷贯耳的名字都源于红葡萄酒,意大利出产的优质白葡萄酒也值得一提。虽然大部分不如法国白葡萄酒般拥有陈年潜力,但如今的意大利白葡萄酒清新爽口,是屈指可数的解渴佳品,这一点毋庸置疑。意大利还有甜葡萄酒和起泡酒,跟法国一样,可以说它们已经达到了全世界恒定高品质的巅峰。

德国葡萄酒大多都有平易近人的气质,它们协调、清爽、酒精浓度低、散发着水果香气,即使是不擅饮酒的人也能在其中得到品尝的乐趣。德国人凭借他们惯有的严谨工作态度,不断地创新酿酒技术以及开展多元化发展路线,使其葡萄酒以独特的醇香享誉世界,德国出产的优质白葡萄酒一直是受世界各国消费者喜欢的葡萄酒。

葡萄牙因其南北地域的不同,气候多变,受山地、海拔、河流等影响,葡萄酒呈现风格多样的特点。葡萄牙的红酒酒体饱满,味道浓郁;白葡萄酒酸度偏高,酒体较为轻盈,味道清新。葡萄牙有享誉世界的波特酒和马德拉酒。此外,这里也是世界名副其实的软木塞生产大国,约占全球33%的产量,是世界上不可忽视的葡萄酒产业力量。

Note

作为一个气候相对温暖的国家，与邻国法国或德国相比，西班牙的葡萄酒可能会更丰满，酸度更低，富含成熟的水果香气。随着葡萄栽培、酿酒技术的大量引进，以及工业化改革进程的加快，西班牙葡萄酒的质量得到稳步提升。加上西班牙国内众多国际知名酒庄的扩张与市场推进，西班牙葡萄酒在世界舞台上越来越大放光彩。

希腊的葡萄酒是古代重要的葡萄酒，由于希腊广泛的贸易和殖民，希腊的葡萄酒从一开始就成为西欧文化的组成部分。希腊葡萄酒产区从地处内陆、气候寒冷且位于马其顿北部的山区延伸到了美丽的爱琴海岛，而爱琴海岛上的葡萄藤距离海洋很近。希腊以生产各种不同风格的葡萄酒闻名。

☐ **核心概念**

香槟；雪莉酒；列级庄；二氧化碳浸渍法；枯藤法

☐ **重点实务**

在侍酒服务中，要注意葡萄种群的特点，以及"旧世界"葡萄酒的特点。

 本章训练

☐ **知识训练**

一、简答题

1. 法国葡萄酒的特点是什么？法国有哪些世界著名的葡萄酒产区？法国的特色葡萄品种是什么？

2. 德国最著名的葡萄酒是什么？它具有哪些特点？

3. 意大利葡萄酒有哪些特色？其特色的葡萄品种是什么？

4. 西班牙葡萄酒有哪些特点？

二、讨论题

1. 欧洲包括哪些主要的葡萄酒生产国？欧洲葡萄酒的世界地位是怎样的？

2. 除了 1855 分级制度，波尔多还有哪些分级制度？

☐ **能力训练**

一、理解与评价

单宁是葡萄酒的骨架，而酸度可以说是葡萄酒的灵魂，单宁和酸度使得每一款酒都展现出活力和旺盛的生命力。看到杨梅、柠檬和山楂这些酸度较高的水果时，相信很多人都会下意识地吞咽口水。而当我们看到"葡萄酒"这个词，其可口的酸度也会让不少饮酒者条件反射性地垂涎欲滴。为什么葡萄酒喝起来那么"酸"爽呢？葡萄酒的酸度受哪些因素影响呢？

二、案例分析

葡萄酒也"知冷知热"

背景与情境:俗话说,"橘生淮南则为橘,生于淮北则为枳",由此可见,同种水果在不同地区的表现差距之大,酿酒葡萄也不例外,而这些变化亦是体现在由它们酿成的葡萄酒中。从土壤类型到酿酒师的酿酒理念,影响葡萄酒风格的因素有很多,而气候便是其中不可忽略的一个重要元素。

气候是指一个地区大气的多年平均状况,包括光照、气温和降水等要素。气候不仅很大程度上决定了葡萄品种适宜生长的地区,而且在葡萄的产量和质量上也起着极大作用。

气候可以说是影响葡萄成熟度的关键因素,而葡萄成熟度则很大程度上影响着葡萄酒的风格。知名侍酒师特里·坎迪利斯曾说:"盲品时,葡萄酒的外观是第一条线索。颜色清浅剔透、蕴含绿色水果气息的白葡萄酒可能出自气候凉爽的产区。相反,色泽浓郁深邃、果味成熟馥郁的红葡萄酒则可能来自温暖或炎热气候的产区。"

温暖气候与葡萄酒

在温暖或者炎热气候的地区,光照充足、热量充沛,葡萄果实可以较好地达到理想的成熟度,因此其酸度更低,含糖量更高,颜色更深,由此葡萄酒酒精含量较高,酒体更饱满,果香也更浓郁。其中,白葡萄酒会带有核果和热带水果风味,红葡萄酒则散发着李子、蓝莓和黑莓等深色水果气息,有时还会发展出巧克力味。

在气候温暖或炎热的条件下,人们大多会选择种植果皮较厚的酿酒葡萄,以保证酿造出的酒款拥有结构良好的单宁。通常,这些酿酒葡萄都是红葡萄品种,如赤霞珠、仙粉黛、西拉、桑娇维塞等。气候炎热或温暖的葡萄酒产区或产酒国通常包括美国的加利福尼亚州、法国南部、意大利南部、澳大利亚、阿根廷等。

凉爽气候与葡萄酒

在凉爽气候中,葡萄的成熟周期较长,因此葡萄果实中的酸度较高,而含糖量较低,这就使得酿成的葡萄酒酒精含量相对更低,酒体更轻,品尝起来更为清新脆爽。从香气和风味上来说,白葡萄酒会带有青草、青苹果、柠檬和酸橙等风味;红葡萄酒则有蔓越莓、覆盆子或酸樱桃等酸果味,有时还会夹杂着草本植物、泥土和森林地表的气息。

在气候凉爽的地区,人们更倾向于种植长相思、琼瑶浆、雷司令、黑皮诺等葡萄品种。而在气候更为寒冷的地区,如中国辽宁、加拿大安大略省等,当地还会种植威代尔等抗寒性更强的葡萄品种,酒庄通常会让葡萄在藤蔓上自然结冰,由此酿造出风味和糖分高度浓缩的甜型葡萄酒——冰酒。典型的凉爽气候葡萄酒产区或产酒国有美国俄勒冈州、德国摩泽尔、法国北部、新西兰等。

不过,在一个较大地区的整体气候环境之下,还会存在一些微气候,这些微气候的变化也会对葡萄酒产生微妙的影响。此外,在一些不同年份天气变化较大的产区,天气的年份变化也会对葡萄酒产生不同程度的影响。

葡萄酒的一大美妙之处,在于它的变化,随着产地、年份、酒庄和酿造工艺等的不同,葡萄酒所呈现出的魅力也有所差异。而在这诸多变化的条件中,气候对葡萄酒的影响是不可忽视的,不同气候类型下出品的葡萄酒可以为品鉴者带来不同的感官体验。那么,你更喜欢哪一种气候条件下生产的葡萄酒呢?

资料来源　https://www.wine-world.com/culture/zt/20211112114604972

问题:

1. 本案例中,气候对葡萄酒的外观和口感是如何产生影响的?

2. 作为葡萄酒消费者,你更喜欢温暖气候条件下生产的葡萄酒,还是凉爽气候条件下生产的葡萄酒? 为什么?

第八章
美洲葡萄酒的风土

学习目标

职业知识目标:学习和掌握美洲主要国家的葡萄酒风土;从地理和人文角度了解美洲主要葡萄酒生产国的气候、土壤、葡萄酒口感特点及其成因;掌握各国主要葡萄酒产区及其特点;明确各国、各产区主要的葡萄品种及其风土特点;了解各产区知名酒庄。

职业能力目标:运用本章专业知识研究美洲主要国家葡萄酒的风土,归纳出美洲主要国家葡萄酒风土的特点,培养与葡萄酒风土相关的分析能力与判断能力;通过不同国家的葡萄酒的发展过程,分析判断不同国家葡萄酒的现状。

职业道德目标:结合美洲主要国家葡萄酒的风土教学内容,依照现在美洲主要国家葡萄酒发展现状,归纳出美洲主要葡萄酒生产国的葡萄种植、葡萄酒酿造、葡萄酒特点及其在世界葡萄酒市场的地位。

引例

高海拔葡萄酒真的比较好喝吗?

影响葡萄酒口味的因素有很多,从风土、品种到酿酒技术都是关键环节。还有一些酒庄喜欢宣扬他们的葡萄园位于高海拔地区,也有人认为来自高海拔的葡萄园葡萄酒品质更高,这种说法到底有没有依据呢?

在著名的高海拔产区,阿根廷的门多萨,许多酒庄都会在酒标上特别标注其葡萄采自高海拔葡萄园,甚至是具体的海拔高度。那么,到底海拔多高才算高呢?

海拔的高低是一个相对的概念。世界上大多数葡萄酒产区海拔都不高,在欧洲,以高海拔闻名的产区有两个:意大利西北部的瓦莱塔奥斯塔和西班牙的加那利群岛,这两个产区的海拔分别为 1300 米和 1600 米。真正以高海拔而著称的大型产区,要数阿根廷的门多萨了。门多萨产区不仅是阿根廷最重要的葡萄酒产区,其平均海拔也位于世界前列,大多数葡萄园都位于海拔 1000 米以上的地方。相比较,在欧洲,超过 500 米海拔的地区已经被认为是高海拔地区了。

位于阿根廷的卡尔查基山谷是世界上海拔最高的葡萄园产区,葡萄园位于海拔

2300～3100 米的高山之上。那么,海拔到底对葡萄种植会产生哪些影响呢?

一般来说,海拔的高低对葡萄的种植是有重要影响的。

首先,是对葡萄生长期的影响。高海拔地区往往气候更加寒冷,因此葡萄的生长期往往更长,对于不同的葡萄品种来说,这种影响有好有坏。当然,过高的海拔最终会导致葡萄的成熟度不足,酿出来的葡萄酒也会酸涩无比。不过通常来说,生长期的延长有利于风味物质的凝聚和糖分的积累,对于增加葡萄酒的风味是有益处的。

其次,是对光照的影响。相比起位于山脚或是盆地的葡萄园来说,位于山坡高海拔葡萄园往往会得到更加充足的光照。光照的充足是葡萄健康生长的重要因素。除此之外,高海拔地区紫外线强度更高,生长在这些地区的同一品种的葡萄也会长出更厚的葡萄皮来保护自己,这样也会导致葡萄的单宁含量更高,酚类物质更多(更健康),对于增强葡萄酒的陈年能力有积极作用。

除了气候条件,土壤类型也会随着海拔高低而有所不同。高海拔地区通常土壤更加贫瘠,砾石比例更高,这样的土壤条件使得葡萄藤在高压环境下生长,葡萄藤会更加深入土壤,最终导致产量较低、风味更紧致浓郁的葡萄。

综上所述,高海拔对于葡萄种植有很多好处,但实际上海拔太高也会造成许多困扰。

一是种植难度较大,在陡峭的山坡上种植葡萄显然比平原地区要困难得多。

二是侵扰更多,霜冻和其他疾病更容易侵害高海拔的葡萄园。

三是葡萄成熟度不足,过高的海拔由于温度太低,容易出现葡萄无法完全成熟的情况。

总而言之,高海拔的条件会对葡萄种植造成多方面的影响,但这些都称不上是葡萄酒品质的决定性因素。不过高海拔产区的葡萄酒往往拥有独特的风味,大家不妨买上几瓶尝一尝。

资料来源   https://www.putaojiu.com/zhishi/201906240126.html

第一节 美 国

有"新世界产酒国之王"美誉的美国,其葡萄酒历史始于 17 世纪前后,即随着新大陆的发现,由欧洲移民者及传教士带来了葡萄苗木。到了 18 世纪,葡萄的种植在美国已经得到很大的扩散,从墨西哥通往美国的近海公路旁已遍布葡萄园,而且迅速扩展。到了 1860 年,能收获的葡萄树已达 6 万株。美国葡萄酒的真正发展是始于 1933 年,随着"禁酒令"的废除和"淘金热"的兴起,加利福尼亚州吸引了大批的欧洲移民,正是他们带来了先进的葡萄栽培与酿酒技术,美国葡萄酒业重获生机。美国酿制的葡萄酒在欧洲国家的基础上又融合了美国人特有的性格,口味复杂、层次感强、酒体丰满厚重、酒精度偏高。美国的葡萄酒产量与消费量一直位列世界前五,据国际葡萄与葡萄酒组织(OIV)发布的 2017 年数据显示,美国以 22.3 亿升葡萄酒产量成为全球第四大产酒国,并因其强大的内需成为全球最大的葡萄酒消费国（2019 年数据），全年消费葡萄酒总量为 3.3 亿升。

一、自然环境及葡萄酒发展状况

美国本土大部分处在北温带和亚热带，热量充足，有利于发展农业和葡萄种植。只有阿拉斯加州大部分地区位于北寒带，夏威夷州位于热带。美国气候以温带大陆性气候为主，同时又有多样性的特点。美国年降水量从东南向西北递减，落基山以东地区降水量在 500 毫米以上，水分条件较好。美国葡萄酒中约有 90％产自加利福尼亚州（简称"加州"），这里自然条件非常优越。

首先，有利的地中海气候。地中海气候产区一般夏季炎热干燥，冬季温和多雨，加州正是属于这种气候。加州降雨主要集中在每年 10 月至次年 3 月，这 6 个月时间避开了夏季，这恰好能为葡萄提供一个漫长而干燥的生长季，加州的葡萄能够健康顺利成长。此外，加州的葡萄采收通常在 10 月前结束，恰好在雨季来临前完成，避免葡萄果实被雨水冲刷而导致风味寡淡。

其次，复杂的山脉地形。加州地区地形复杂，产区大多数群山环绕，谷地纵横。这些山脉能为葡萄树提供天然的屏障，保护葡萄园免受极端天气的侵袭。而在内陆地区，山脉融雪还能为葡萄种植提供丰富的水资源。此外，海拔较高的葡萄园昼夜温差大，这有助于减缓葡萄成熟的速度，使得葡萄在缓慢成熟的过程中积累足够的糖分，发展出复杂的风味。

再次，加州的土壤类型适合葡萄生长。复杂的地形赋予其多样的土壤类型。其中，一些山脉被火山岩浆包裹，因此土壤中含有大量的火山岩。这些土壤通常排水性较好，能吸收保留热量，且富含矿物质成分，能为加州葡萄酒带来独特的风味和个性。

最后，加州宽阔的海岸线能对周围环境起到调节作用。纳帕谷和索诺玛地区常见有海洋气流形成的晨雾。这些晨雾不仅可以提供一定的水分，还能减缓温度上升的速度，使得葡萄在较为温和的环境下生长。而在中央海岸和蒙特利等产区，海洋的气流和微风带来了凉爽天气，使得这些产区能够种植喜爱冷凉气候的葡萄品种，如黑皮诺和霞多丽。

美国葡萄酒历史始于 17 世纪，已有 300 多年历史。美国葡萄酒产业的快速发展除了得益于较长的历史积累外，与美国雄厚的资金、科技的应用、市场营销及强大的内需都有很大的关系。美国葡萄酒的真正发展是从 1933 年开始的，"禁酒令"废除后，加州的葡萄酒业迅速发展。

美国早期的产区体系是按照行政州、郡的地界划分的。1978 年 9 月，美国酒精、烟草、火器和爆炸物管理局制定条例：根据不同气候和地理条件建立美国法定葡萄种植区。这就是 AVA 制度。AVA 与法国 AOC、意大利 DOCG 产区制度相似，都是对葡萄酒品牌与质量的保障。如果酒标上标有某个 AVA 的名字，那么酿酒用的葡萄至少有 85％必须来自这个地区。

美国有 4 个主要的葡萄酒大产区：加州、俄勒冈州、华盛顿州和纽约州。其中，加州葡萄酒在美国的销售额占全美销售额的大部分。加州无疑是全美最重要的葡萄酒产地，加州北部沿海的纳帕谷被称为"红葡萄酒的国度"，赤霞珠是那里的主产品种，其次是梅洛。

从加州到俄勒冈州，以及途经的各个州县的酒庄在设备投资方面从不吝啬，它们会毫不犹豫地购置高科技和高性能的发酵设备，包括压榨机、可以进行温度调节的发酵桶，以及灌装线等。杂交方式的选择、砧木的挑选、适当的剪枝和灌溉方法、重新评估酒庄的种植密度、重力学原理的应用、葡萄分拣台、葡萄汁搅拌、橡木桶发酵，以及酒窖酒使用螺旋塞等，高科技的投入和使用参与了美国葡萄酒酿制工艺的各个方面。

重力学原理的应用目的在于最低限度地人工干预酿酒过程，也就是要求酿酒师尽可能少地干预酿酒过程，尤其是不能采取那些复杂而昂贵的设备来撞击葡萄汁原浆、葡萄汁和葡萄酒。而是像以前的罗马人那样，应用重力学原理来酿酒，这样一来，从葡萄进入酒窖一直到装瓶的整个过程中，葡萄果粒和葡萄酒始终保持以最自然、最简单的方式流动。

说到美国的葡萄酒行业，不得不提到橡木桶的使用。美国橡木桶是目前使用最广泛的酒桶之一，很多酿酒师更加喜欢选择美国橡木桶，根据葡萄酒的风格，若调配恰当，再选择美国橡木桶陈酿，可为葡萄酒增添迷人的个性，使其大放异彩，达到理想的风格与品质。

美国橡木比法国橡木便宜，但更容易影响葡萄酒的口感，是选择中度熏烤还是重度熏烤的橡木（这种橡木桶往往会带来清晰的烘焙香气，有时还会有巧克力香），是选择100%新橡木桶还是一年的橡木桶，是进行8个月还是15个月的陈酿，是选择匈牙利橡木还是克罗地亚橡木等，这些都是专业酿酒师要考虑的问题。

二、葡萄品种

美国的葡萄品种与其他"新世界"产酒国一样大部分为国际品种，红葡萄品种有赤霞珠、美乐、仙粉黛、黑皮诺、西拉、歌海娜、佳丽酿、品丽珠、桑娇维塞、巴贝拉等；白葡萄品种有霞多丽、长相思、白诗南、灰皮诺、密斯卡岱、琼瑶浆、赛美蓉等。其中，仙粉黛在美国有突出表现。

（一）红葡萄品种

1. 赤霞珠

在众多葡萄品种中，赤霞珠是最容易分辨的，以黑加仑、猕猴桃、青椒、桉树、摩卡咖啡和烟草香气为特点。赤霞珠葡萄酒单宁紧致、酒体明显、陈年能力强，最好的酒款可以窖藏长达20年之久。赤霞珠经常同梅洛、品丽珠和味而多等混合酿制波尔多式的梅里蒂奇葡萄酒。在美国，赤霞珠主要在加州和华盛顿州种植。

2. 梅洛

19世纪中叶，梅洛葡萄首次从法国传到了美国。如今，这个品种在美国各地都有种植，已经成为美国重要的葡萄品种。一款酿制成功的梅洛葡萄酒往往果香浓郁，单宁柔滑。该品种用于混酿是为了软化赤霞珠的刚硬特点，它也经常被用来酿制单一品种葡萄酒销售。在美国，梅洛的主要产区是加州、纽约和华盛顿。

3. 黑皮诺

最好的黑皮诺往往来自天气凉爽的地区，具有细腻的口感，酸度和甜度达到完美平衡，尤其注意不要过分强调橡木桶的使用。加州的黑皮诺正在经历惊人的改变并取得了巨大成功。俄勒冈州以及威拉梅特谷地区以其优雅的黑皮诺著称。黑皮诺葡萄主要产区在加州(索诺玛、蒙特雷)和俄勒冈州。

4．西拉

自 2000 年起,西拉葡萄开始在美国占有一席之地。现在,西拉葡萄已成为加州种植最多的罗讷河谷葡萄品种了。这一品种之所以流行,是因为它具有无可比拟的香料、烟草及水果香气,以及藏在深重而热烈的酒液下面的若隐若现的单宁。西拉葡萄主要产区是加州,在华盛顿州也有种植。

5．仙粉黛

仙粉黛在 19 世纪 50 年代中期被引入加州,这个品种来自克罗地亚,其与金粉黛葡萄有血缘关系。历史上,仙粉黛随着欧洲移民传入美国,在加州是继赤霞珠之后的第二大葡萄品种(见图 8-1),一般用来酿造日常餐酒(红、白、桃红葡萄酒等)、半甜型白葡萄酒或者起泡酒,基本上所有葡萄酒类型都可以用它酿造,无论酿制成红葡萄酒、白葡萄酒还是桃红葡萄酒,它的风格都是非常美国化的。仙粉黛桃红葡萄酒具有草莓的香气,也被称为"白仙粉黛"。其为加州葡萄酒的成功发挥了重要作用。仙粉黛红葡萄酒具有水果香气,如樱桃、桑葚和覆盆子等,有时还具有香料的辛香,入口醇厚、圆润而多汁。1991 年,以推广仙粉黛葡萄酒为使命的仙粉黛提倡者与生产者协会诞生。

图 8-1　仙粉黛葡萄

罗讷河谷经典葡萄品种,如歌海娜、慕合怀特(在加州也被称为"马塔罗")、神索、佳丽酿,以及古借瓦兹也在美国的很多产区都有所种植。这里还种植着品丽珠、马尔贝克、小西拉、还有一些意大利品种,如巴贝拉和桑娇维塞及西班牙品种普兰尼洛。

(二) 白葡萄品种

1．霞多丽

霞多丽葡萄是加州广泛种植的葡萄品种。它拥有强烈的热带水果、青苹果,以及黄油和熏烤的香气,经过橡木桶发酵后,特别能吸引那些喜欢口感华丽的白葡萄酒的人,但是霞多丽白葡萄酒有时酒体会很重,并含有过多的橡木味。霞多丽还可以用来酿制起泡酒。霞多丽主要产区有加州、华盛顿州和俄勒冈州。

2．灰皮诺

灰皮诺近年来才开始流行。这个品种具有花朵、柑橘的香气,有时还有白色水果的香气。一般酸度较低,灰皮诺葡萄最适合在凉爽的微气候下生长。俄勒冈州生产的灰

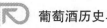

皮诺葡萄酒一般都适合在年轻时饮用。灰皮诺主要产区有加州（圣华金、蒙特雷、萨克拉门拉托和优洛）和俄勒冈州。

3. 雷司令（白雷司令）

雷司令是阿尔萨斯地区的贵族品种，可以用来酿制不同类型的葡萄酒，干型、甜型、利口酒都很合适。这是华盛顿州种植最多的白葡萄品种，这里还出产贵腐晚收葡萄酒以及冰酒。雷司令因能酿制出充分反映土壤特质的葡萄酒而闻名。它拥有充满活力的酸度、蜂蜜、香料、鲜花、矿物质和碳氢化合物的复杂香气。雷司令主要产区是加州（蒙特雷、圣巴巴拉和路易斯奥比斯波）和华盛顿。

4. 长相思

美国长相思是该国一大特色，在当地被称为"白富美"（Fume Blanc），它是在 19 世纪 60 年代由罗伯特·蒙大维首创。这一名称已成为长相思风格葡萄酒的代名词，专指那些使用了橡木桶发酵或陈酿的长相思葡萄酒。当然在美国也有很多不使用橡木桶酿造的长相思葡萄酒，厂家会在酒标标出长相思原有的名称"Sauvignon Blanc"，以做区分。长相思酿制的葡萄酒以柑橘类水果（尤其是柚子），以及草本和蔬菜，还有西番莲和菠萝的香气为主。因为香气非常浓郁，如果酿制过程中过度使用橡木桶，则会带走葡萄酒的细腻口感。长相思主要产区是加州（索诺玛、纳帕谷和圣金华）。

5. 维欧尼

维欧尼散发出时而旺盛时而复杂的香气，酒体丰满而华贵。经常会伴有桃子、杏、紫罗兰、香料还有橙子果皮的香气。维欧尼如果新鲜度得到保持，将是一款不可抗拒的葡萄酒，但如果其酒精度以及其滑腻的口感盖过其酸度，那么它的酒体将会变得偏重。该品种在美国多地都有所种植，总产量上低于霞多丽和长相思。维欧尼主要产区在加州、华盛顿州、俄勒冈州和纽约州（长岛）。

法国鸽笼白、白诗南以及亚历山大麝香等葡萄品种也是美国比较常见的白葡萄品种。同时，这里还种植着琼瑶浆、赛美蓉、白皮诺、小粒白麝香、玛珊以及瑚珊等。

三、葡萄酒产区

美国几乎每个州都种植葡萄，但最主要的产区是靠近太平洋沿岸的三个产区，由北向南分别是华盛顿州、俄勒冈州和加州。这三个产区生产的葡萄酒占美国葡萄酒生产量的 90% 以上。

（一）加州产区

加州（State of California）也称为"金州"。1976 年在法国巴黎举行了一场著名的盲品会"巴黎的判决"，正是在这场盲品会汇集了很多经验丰富的葡萄酒行家（主要来自法国）的白葡萄酒盲品会上，加州葡萄酒和顶级的勃艮第葡萄酒脱颖而出。评委们也不得不对一款来自纳帕谷产区蒙特雷纳酒庄的 1973 年霞多丽赞不绝口。纳帕谷和加州开始受到广泛关注。

该州是美国葡萄酒较有影响力的产区，这里生产的葡萄酒占美国葡萄酒总产量的 90%，占美国葡萄酒总销售量的 74%，共有 3000 多家葡萄酒酿酒厂，占美国葡萄酒酿酒厂的 51%，由这些数据可知加州在美国葡萄酒产业中的领头羊地位。加州位于美国的西南部海岸,濒临太平洋,这里气候温暖,天气晴朗,太平洋为沿海地区带来了凉爽的雾气。因为海岸地区气候凉爽,所以种植的葡萄品种为黑皮诺和霞多丽等;当然内陆地区则适宜种植赤霞珠这种晚熟品种,内陆地区到处分布的河湖会带来适量的温度调节作用。加州土壤类型丰富多样,沙土、黏土、火山灰、白垩、砂石或花岗岩土都有分布。即使是像纳帕谷这样一个面积相对较小的区域也拥有不同的风土。例如,卡内罗斯AVA以黏土质土壤为主,而与它毗邻的北维德山 AVA 则为沙质土壤。

在葡萄的成长和成熟阶段,大多数的葡萄园都会遇到一个相同的问题:由于缺乏水资源而造成的供水紧张,因此这里广泛实行灌溉。

酒标就像是葡萄酒的身份证。如果说酒标上出现"Californie"(加利福尼亚),则说明这款酒的酿酒葡萄 100% 来自加州。如果标注的是一个县的名字,那么则说明这款酒的酿酒葡萄中至少有 75% 的葡萄来自该县;而如果标注的是次级 AVA 的名字,那么这一比例上升到 85%。最后,如果一个葡萄园被标注在标签上,则保证了 95% 的葡萄产自这个葡萄园。

加州一共有 6 个不同的葡萄生产区域:北部海岸、中央海岸、雅拉丘陵、内陆峡谷、南加州和远北加州。

1. 北部海岸产区

北部海产幅员辽阔,横跨几个著名的县,囊括了加州超过一半的葡萄园。这里作为东部气候最凉爽的地区,因出产黑皮诺和霞多丽优质葡萄酒而闻名,最有名的是来自罗斯卡内罗斯地区的葡萄酒,当然还有纳帕和索诺玛的梅洛和赤霞珠葡萄酒。产区分布在纳帕县、索诺玛县、门多西诺县、湖县。

(1) 纳帕县。

纳帕县的名字正是来源于贯穿全县的纳帕河的名字,这里被美国土著瓦波人称为"鱼米之乡"。纳帕谷位于旧金山北部,长约 50 千米,位于两大山脉之间:东部巴卡山区为火山黏土质土壤,西部梅亚卡玛斯山脉的土壤则为淤泥和冲积层。纳帕谷占地18000 公顷,共有 16 个产区,有些地区海拔高达 800 米。从海拔高达 1450 米的圣赫勒拿山到接触海岸的旧金山湾,这里的气候和土壤类型丰富多样,得以出产各具特色的葡萄酒。40 种不同的土壤类型,造就了 160 多个不同的酒款。纳帕县主要的葡萄品种为赤霞珠、霞多丽、梅洛、黑皮诺、仙粉黛、长相思、西拉、桑娇维塞和维欧尼。

纳帕谷拥有自己的葡萄酒认证标志,确保了所用的酿酒葡萄全部来自纳帕谷产区,并且葡萄酒一定是在该区酿制和灌装的。然而,需要指出的是,这个认证标志只能说明其产地,并不说明其质量,与 AVA 的原则类似。

纳帕县虽然面积有限,却汇集了 300 多家酒庄,酒庄密度高,众多名庄云集于此。啸鹰酒庄(Screaming Eagle Winery)、哈兰酒庄(Harlan Estate)、作品一号酒庄(Opus One Winery)、罗伯特·蒙达维酒园(Robert Mondavi Winery)都坐落于该产区内。

(2) 索诺玛县。

索诺玛县位于太平洋和纳帕谷之间,其占地面积要比纳帕县大。这里的葡萄生长周期较长,有利于提取更丰富的香气、更细腻的口感以及更独特的特点。索诺玛县主要种植的是黑皮诺葡萄,同时这里也种植着霞多丽、长相思、赤霞珠、梅洛和仙粉黛。索诺玛县主要包括索诺玛谷、亚历山大谷、干溪谷、俄罗斯河谷等共计 13 个 AVA 产区,有

知识活页

接近 300 个大大小小的酒庄。该产区的索诺玛谷最为出名,因具有与纳帕谷平行的地理位置,所以有着非常适宜葡萄生长的土壤、地形及气候条件,是继纳帕谷后美国第二大葡萄酒著名产区;干溪谷是加州最著名的优质仙粉黛产区,用仙粉黛酿造的葡萄酒花香、果香丰富,深受人们喜爱。白垩山,因具有与勃艮第夏布利相似的土壤而著名,葡萄品种以霞多丽和长相思为主,用其酿造的葡萄酒香气上与夏布利的葡萄酒相比果味浓郁。当地著名的酒庄有金舞酒庄(Kenwood Vineyard)、宝林酒庄(Clos Du Bois)、维斯塔酒庄(Buena Vista Winery)等。

（3）门多西诺县。

门多西诺县位于索诺玛县以北,这里有 10 个特定产区。从 19 世纪中叶门多西诺县刚建成的时候起,人们就已经开始种植葡萄了。西拉和仙粉黛很适合在这里的内陆地区生长,而靠近海洋的地区则更适合种植黑皮诺和霞多丽,这样可以按照传统的酿制方法酿制起泡酒,安德森山谷就属于这种情况。该产区的有机葡萄酒一直在美国加州有相当大的名气。这里也种植着意大利的一些葡萄品种,如桑娇维塞和内比奥罗等。这里著名的酒庄有菲泽酒庄(Fetzer Estate)、玛利亚酒庄(Mariah Vineyard)、路易王妃酒庄(Roederer Estate)等。

（4）湖县。

加州最大的天然湖泊明湖就位于湖县。湖县部分地区海拔高达 900 米,以种植赤霞珠和长相思而出名。明湖的南岸,处于休眠期的康诺奇火山和众多酒庄享受着这里的红岩石质土壤。其他的葡萄园则位于山谷中相当深厚而肥沃的土壤之上。湖水以及梅亚卡玛斯山脉对这里的气候有着深远影响,这座大山成了葡萄园和大海之间的天然屏障。

2. 中央海岸产区

中央海岸北部以金门大桥和宏伟的旧金山市为界,被太平洋和旧金山湾环抱。这里白天光照充足,夜晚气温凉爽,葡萄生长期较长。中央海岸有 30 多个产区,以及面积超过 15000 公顷的葡萄园。旧金山湾、利弗莫尔谷、蒙特雷、帕索洛布尔斯、圣贝尼托、圣巴巴拉县、圣克拉拉谷和圣克鲁斯山是这里的标志性产区。中央海岸主要种植着赤霞珠、霞多丽、梅洛、金粉黛、长相思、黑皮诺、西拉、桑娇维塞和维欧尼。

3. 雅拉丘陵产区

19 世纪,许多意大利移民将这里打造成加州最重要的葡萄园,然而随着禁酒运动的到来,这里走向了衰落。这里有大量的斜坡,平均海拔为 600 米,气候干燥,葡萄产量低。这里种植的葡萄品种也很多样,最著名的还是老藤仙粉黛,以及巴贝拉、西拉、桑娇维塞和维欧尼。

1970 年,阿马多尔县凭借着其出产的仙粉黛葡萄酒成为美国第二批葡萄酒热潮的助推者。这里以地中海气候为主,花岗岩、页岩或沙质土壤与罗讷河谷的土地十分相似。

4. 内陆峡谷产区

内陆峡谷土壤肥沃,适合种植各种不同的作物,如棉花、水果、蔬菜和杏仁等都有种植。内陆峡谷葡萄产区随着时间的推移一直在增多,如马德拉县(马德拉 AVA,占地 15000 公顷)、萨克拉门托(5 个 AVA,占地 3200 公顷)、斯坦尼斯(2 个 AVA)、圣金华(6 个 AVA,包括洛迪在内,是该区最大的葡萄种植区),以及优洛(3 个 AVA)。洛迪主要生产仙粉黛葡萄酒,而马德拉县生产甜酒。

5. 南加州产区

南加州位于加州南部,共有 530 公顷的葡萄园、30 多家酒厂。南加州的赤霞珠种植在海平面 1300 米以上的葡萄园内。在洛杉矶东南部,霞多丽、仙粉黛和赤霞珠占主要地位,卡盟加谷产区以生产甜葡萄酒而著名。

6. 远北加州产区

远北加州的美景非比寻常,而洪堡县、锡斯基尤县和三一县的葡萄酒也值得体验。远北加州以推广其有机葡萄园为特色,大部分葡萄酒只在当地销售。这里的葡萄园面积较小,一般约为 3 公顷。远北加州北部气候多种多样,种植的葡萄品种也很多样。

(二) 俄勒冈州产区

俄勒冈州(State of Oregon)位于华盛顿州以南、加州以北,这里从 20 世纪 60 年代起便开始酿制葡萄酒了。1961 年,酿酒师理查德·索默在尤金城南部的安普瓜山谷种下了几株雷司令。他的成功使得一批酒商纷纷效仿。如今,这里有近 450 个酒庄,其中大部分酒庄的年产量都为 5000 箱左右。

俄勒冈州的气候环境多样。虽然这里以凉爽的气候著称,但是其南部较温暖,需要实施灌溉。另外,在瀑布链以西,可以明显感受到太平洋气候的影响,葡萄园无论海拔高低,都能享受这样的微气候。因此,大部分酒庄都选择在这里落户。火山岩质土壤位于高海拔地区,山谷中则为海洋沉积物和玄武岩石质。

统计数据显示,俄勒冈州 8050 公顷的土地上种植着 72 个葡萄品种,其中黑皮诺就大约占据了一半,约 5000 公顷。这个娇贵的品种特别适宜在俄勒冈州的凉爽气候下生长,更具体地说是在威拉麦狄谷中生长。俄勒冈州黑皮诺与加州的黑皮诺很像,都具有果香浓郁的特点,但这里的黑皮诺结构更加明显,具有极强的陈年潜力。总之,俄勒冈州黑皮诺自然清新,十分平衡。俄勒冈州第二大葡萄品种为灰皮诺(种植面积占地 1100 公顷),用其酿造的葡萄酒风格多样,从柔和新鲜到强劲生动皆有。排在第三位的是霞多丽(只有 360 公顷),这个品种在 20 世纪 90 年代初失去了第二的位置,当时由于身份问题,被大面积拔除了。然后是雷司令(占地 320 公顷)和赤霞珠(占地 260 公顷),以及产量有限的西拉和梅洛。它们完善了该区葡萄品种的多样性。

俄勒冈州分为四大地区,有 16 个美国法定葡萄种植区(AVA)。第一个 AVA 为威拉麦狄谷,创建于 1983 年,之后,哥伦比亚峡谷、安普瓜谷以及瓦拉瓦拉谷于次年陆续出现。俄勒冈州的杜鲁安酒庄(Domaine Drouhin)生产非常优质的黑皮诺葡萄酒。

(三) 华盛顿州产区

华盛顿州(State of Washing)位于美国西北部,北部紧靠加拿大,阳光充足,晚上气候凉爽,非常适宜葡萄种植。虽然华盛顿州的酒庄历史尚且年轻,但这里是位于加州之后,美国的第二大葡萄酒产区,葡萄园面积超过 16000 公顷,是俄勒冈州的两倍。这里有近 900 家酒庄。核心产区在哥伦比亚谷,该地是沙漠地貌,昼夜温差大,葡萄可以缓慢成熟。这里有 12 个 AVA 产区,4 个主要的产区分别是普吉特海湾、红山、亚基马谷、瓦拉瓦拉谷。

喀斯喀特山脉东部可以欣赏到雷尼尔山和贝克山壮观的雪景。山谷中的气候干旱,年降雨量不超过 508 毫米。普遍实行灌溉,几乎不存在葡萄真菌病害的威胁。这里巨大的温差保存了葡萄的天然酸度。葡萄成熟期内,根据海拔高度的不同,该区气温白天可以达 30 ℃左右,而夜里可以降到 15 ℃以下。

霞多丽和雷司令是华盛顿州最主要的葡萄品种,接下来依次是赤霞珠、梅洛和西拉。这五大葡萄品种的种植面积就占了华盛顿州葡萄种植总面积的 80% 以上。这里也种植着其他葡萄品种,如长相思、琼瑶浆、维欧尼、白诗南、赛美蓉、米勒-图高以及品丽珠、马尔贝克、黑皮诺、歌海娜。由于不存在根瘤蚜病的危害,绝大多数葡萄藤都直接种植在土地上,无须嫁接。

(四)纽约州产区

纽约州(State of New York)位于美国东北部,其葡萄产量紧随加州和华盛顿州,排在第三位。纽约州从东海岸的长岛到中西部的伊利湖之滨,分布着广泛的葡萄种植区。纽约州大多数酿酒厂都以家族模式经营且规模较小,生产的葡萄酒大多适合早期饮用。

纽约州种植的葡萄 80% 以上是本土的美洲葡萄品种,其中比例较高的是康科德葡萄。美洲本土葡萄品种更能适应严酷的气候。其中,雷司令葡萄酒最为著名,霞多丽和黑皮诺葡萄被用来酿造静止葡萄酒或起泡酒。

纽约州境内有 5 个主要的 AVA 产区,包括西部边境的伊利湖、中西部的尼亚加拉峡谷、五指湖、东部的哈德逊河区,以及最东长岛。

四、小结

美国境内,除以上主要葡萄酒产区外,目前在俄亥俄州、弗吉尼亚州和宾夕法尼亚州也有酿酒葡萄的种植,这些产区多以满足当地消费为主。美国作为"新世界"代表性产酒国,酿酒方式和理念上与"旧世界"形成鲜明对比,在充分关注地域风土的同时,美国人把"人"和科技的作用推向极致。美国葡萄酒的风格多变,酿酒商不断创新,探索新的酿酒方法,比较专注于突出表达葡萄品种的特点。同时,重在品牌建设与市场营销,葡萄酒产业灵活多变,富有活力,敢于创新。

第二节 加 拿 大

加拿大位于北美洲北部,和美国接壤,其他地区大多都临海。由于纬度比较高,这里年平均气温比较低,不过 7 月和 8 月的白天平均气温很高,再加上多湖泊能对气候起到调节作用,葡萄可以很好地成熟。同时,除了西南沿海地区以外,加拿大大部分地区冬季的温度都很低,常远远低于零度,地面也经常被积雪覆盖,这就为冰酒的酿造提供了很好的自然条件。

在众多的知名产酒国中,加拿大似乎并不是那么亮眼,产酒量也不算多,年产量只有美国的 2%,但是在冰酒的酿造上,它可以说是全球的领头羊,平均年产量达到了 100 万升。

一、自然环境及葡萄酒发展状况

加拿大位于北纬 41°～83°。所处维度与意大利的托斯卡纳和法国的普罗旺斯接近。但由于受北极气候的影响,加拿大十分寒冷,而寒冷的气候使加拿大每年都能生产出上好的冰酒。

加拿大从大西洋延伸到太平洋,广袤的国土上分布着丰富的北方针叶林、阔叶林资源,动物种类繁多,农业多样化发展。加拿大有丰富的历史文化遗产,然而工业化角度的葡萄酒历史却十分短暂,如此广阔的国土上,葡萄种植面积仅占 11000 公顷。

维京人在大约公元 1000 年从东海岸征战到这里的时候,就已经把这个国家命名为"葡萄酒之国"。斯堪的纳维亚人发现了这片盛产着野生葡萄的美好土地,随后,雅克·卡地亚(Jacques Cartier)于 1535 年发现了奥尔良岛,并将其命名为"酒神岛"。之后,教士们在那里定居,并开始生产用于祭祀的葡萄酒。1811 年,在安大略省祈德河畔出现了第一批酿酒葡萄品种。这些葡萄品种酿出的葡萄酒糖分很高,香气浓郁。1866 年,在安大略省皮利岛上,出现了第一个葡萄园。19 世纪末 20 世纪初,倡导关闭酒精饮品零售店的运动此起彼伏。虽然当时葡萄酒仅作为宗教祭祀品和医药用品使用,但其产量却受到重要影响,因为政府鼓励人们拔出葡萄藤转而种植粮食。一直到了 1920 年,酒类销售首先在不列颠哥伦比亚省重新合法化,爱德华王子岛省在 1948 年才允许销售酒类。

加拿大葡萄酒的主要产区有安大略省、不列颠哥伦比亚省、魁北克省和新斯科舍省,这几个省并没有统一的立法。在安大略省和不列颠哥伦比亚省,由 VQA 管理葡萄酒产业。VQA 作为经政府批准成立的权力机构,建立了一套原产地命名系统。VQA负责提出和监管涉及原产地的质量标准,以及划分葡萄种植区域,这些种植区域在安大略省命名为法定葡萄栽培区(Designated Viticultural Areas,DVA),在不列颠哥伦比亚省命名为产地标志(Geographical Indication,GI)。贴在瓶子上的商标标明了葡萄酒的质量、含量、葡萄种类及百分比、产区、葡萄年份、酿酒技术符合标准等信息。VQA 同时可以证明晚收葡萄、冰葡萄酒及梅里蒂奇的身份。在魁北克省,由魁北克酒农协会牵头,于 2009 年出台了一套魁北克葡萄酒认证系统。

在加拿大,如果一个葡萄品种被印在正标上,则说明该款葡萄酒由 85% 的这一葡萄品种酿造,因此可以充分体现这一葡萄品种的特点。如果有 2～3 种葡萄被标注于标签上,则说明该款葡萄酒 95% 是由这几种葡萄混酿而成。只有天然形成的各个葡萄品种,以及维达尔和黑巴柯等杂交品种有权获得产区命名。

在加拿大,梅里蒂奇并不是一个完全法定的概念,它代表一种波尔多式的混酿方式,即红葡萄酒由赤霞珠、品丽珠、梅洛、马尔贝克、味而多混酿而成,白葡萄酒则由长相思、赛美蓉及密斯卡岱酿制而成。加拿大葡萄酒生产商需要签署一项契约才能有权利在标签上使用这一标志。

关于冰葡萄酒,加拿大法规要求这种类似甜烧酒的葡萄酒要由酒商质量联盟批准认可的酒农及生产商生产。葡萄通常需要等到 11 月 15 日之后才可以开始采摘,所酿葡萄酒的白利糖度值较高。其秘诀在于持续不断交替地冷冻及解冻过程中充分保留了葡萄的香气,同时减少了每一粒葡萄所含的水分。冰葡萄酒可谓是真正的琼浆玉露,产

Note

量极小,夜晚采摘以确保葡萄在压榨时始终处于冰冻状态。

二、葡萄品种

今天,加拿大的安大略省和不列颠哥伦比亚省的葡萄品种十分相似,主要以通过各种克隆技术产生的、世界流行的几大葡萄品种为主。

(一)红葡萄品种

1. 品丽珠

品丽珠如今在尼亚加拉地区发展良好,近年来取得了很大的进步。它给葡萄酒带来了青椒、李子、覆盆子的香气,比赤霞珠带来的单宁少,酒体也没有那么活泼。它也可以用来酿制浓型酒,可散发出成熟水果的香气,具有一定的深度。品丽珠一般种植在卢瓦尔河谷和波尔多地区,该葡萄品种在加拿大还用来酿制冰酒,同时还可以用来混酿梅里蒂奇葡萄酒。如果"解百纳"(Cabernet)这个词出现在标签上,则说明这款酒来自两个葡萄品种的混酿(品丽珠和赤霞珠)。

2. 赤霞珠

赤霞珠这一葡萄品种享誉世界,成为波尔多葡萄酒的代表。赤霞珠通常和梅洛、马尔贝克、品丽珠及味而多共同混酿,用于酿制最好的葡萄酒,也就是在北美洲所谓的梅里蒂奇葡萄酒。用赤霞珠酿制的葡萄酒颜色呈深紫色,散发出黑色水果的香气,尤其是黑加仑、香料等,有时随着酒精的逐渐扩散,还会伴有雪松的味道。赤霞珠葡萄酒具有丰富的单宁,造就了其公认的陈年能力。

赤霞珠经得起橡木桶的陈酿发酵,但是要求必须达到全面的成熟,否则将会散发出比桉树更加难闻的气味。

3. 梅洛

梅洛的特点在于其散发的红色水果香气,所酿葡萄酒口感往往柔顺、圆润。这一早熟的葡萄品种被广泛种植于世界各地。如果注意保留其水果香气,同时保证其在新橡木桶及使用一年的橡木桶中陈酿的特定比例,就能得到一款带有果酱香气、多汁并且伴有些许香料辛香的口感宜人的葡萄酒。

4. 黑皮诺

黑皮诺是勃艮第葡萄品种,适宜生长在气候凉爽的地方。黑皮诺酿制的葡萄酒口感细腻,往往可以达到柔顺的单宁和酸度的平衡。黑皮诺葡萄酒往往会散发出樱桃、草莓等水果的香气。电影《杯酒人生》使得黑皮诺葡萄品种达到了最辉煌时刻,在安大略省及不列颠哥伦比亚省黑皮诺也有越来越多的忠实粉丝。

5. 黑佳美

黑佳美葡萄产自博若莱地区,用其酿制的葡萄酒充满年轻的活力,富含水果香气。这一葡萄品种在某些地区主要用于酿制酒体清淡爽口的葡萄酒。当然,该葡萄品种也逐渐被用来酿制在橡木桶中发酵得更加优质的葡萄酒。

6. 黑巴科

黑巴科是由白福儿和河岸葡萄这两个葡萄品种杂交而成的。这一葡萄品种颜色偏浓,可以用来酿制桃红葡萄酒和红葡萄酒,它们赋予葡萄酒浓重的水果香气,如黑加仑、樱桃香气,有时也会伴有草本植物香气。用其酿造的葡萄酒单宁柔顺,有时稍显粗糙。黑巴科葡萄品种主要种植于安大略省黏土质土壤中,在魁北克地区也有少量种植。

近年来,西拉(多种植于罗讷河谷地区)也逐渐开始成功出现在加州、不列颠哥伦比亚等地区。这里也种植小味而多、马尔贝克、丹魄、仙粉黛及桑娇维塞等。

(二) 白葡萄品种

1. 霞多丽

霞多丽是功能非常多的葡萄品种,时而活泼,充满苹果、梨、桃子的香气及矿物质香气,霞多丽葡萄酒饱满、强劲,伴有黄油、奶油面包及杏仁的味道。后一种风格是在橡木桶发酵过程中,橡木带给葡萄酒的风味。霞多丽在奥肯那根谷这种半沙漠气候条件下生长,所酿的葡萄酒带有成熟的异域水果香气。有些生产商生产的葡萄酒标有"经橡木陈酿的"(Unoaked)字样,利用这种霞多丽葡萄所酿制的干型葡萄酒,常常伴有迷人的花香,口味清新而丰富。

2. 雷司令

雷司令这一葡萄品种在阿尔萨斯地区已经种植了几个世纪,它既能充分吸收当地土壤的特点,同时又能保留自身的特点。其味觉上最大的特点是,随着时间的变化,逐渐出现梨、桃子、柑橘、鲜花及著名的碳氢化合物的味道(常说的石油味)。雷司令这一纯种葡萄酿造的葡萄酒,强劲有力、回味悠长。然而,在安大略省及不列颠哥伦比亚省,同样的雷司令葡萄,通常作为晚收品种用来酿制著名的冰酒。

3. 长相思

长相思是果香浓郁的白葡萄品种,辨识度很高,长相思葡萄酒带有柑橘类水果(柚子,其他柑橘类)、黑加仑芽、番茄梗及百香果的味道。在加拿大,一般人们更注重葡萄酒的各种香气,避免在发酵过程中带入橡木味。

4. 琼瑶浆

琼瑶浆是葡萄皮呈玫瑰红色的葡萄品种,其名字意为"辛香的塔明那"葡萄。琼瑶浆葡萄品种香气非常浓郁,复杂而饱满,浓重的荔枝香味是其最突出的特点,同时还会散发出丁香和玫瑰花的香气,以及凤梨、芒果等热带水果的香气。琼瑶浆一般用于酿制干型葡萄酒及甜型烧酒,主要生长在不列颠哥伦比亚省。

5. 灰皮诺

灰皮诺为黑皮诺的灰色变种,这一葡萄品种的香气十分复杂,有梨、杏、蜂蜜、蜜蜡及白蘑菇的香气。灰皮诺入口柔滑,最好趁葡萄酒年轻时饮用。

6. 威代尔

威代尔葡萄品种的名字来自它的创始人让·路易·威代尔(Jean-Louis Vidal),该品种出现于 1930 年,是白玉霓和金拉咏的杂交后代。威代尔散发出的柑橘、杏及白色果肉水果如梨等的香气,给人带来喜悦感。这种晚熟的葡萄品种可以抵御寒冷且不易腐烂,尤其是厚厚的果皮使得这一葡萄品种适宜在冰冻期采摘。用威代尔酿制的葡萄酒,酒体入口强劲,口味活泼。

三、葡萄酒产区

加拿大有 4 个主要的葡萄酒产区:安大略省、不列颠哥伦比亚省、魁北克省和新斯

知识活页
▼

科舍省。其中,以安大略省最为重要,占全国葡萄酒生产总量的75%左右,而符合加拿大葡萄酒品种同盟会VQA标准的产区,只有安大略省和不列颠哥伦比亚省。

安大略省冰酒享誉全球,受到世人好评,安大略省也是加拿大最大的葡萄酒产区。

不列颠哥伦比亚省出产的葡萄酒所用葡萄都属于顶级又优雅的欧洲葡萄。

魁北克省气候十分寒冷,因为不适合种植欧洲葡萄品种,所以果农们致力于培养杂交品种威代尔。

新斯科舍省因为受到大西洋冷气的影响,葡萄酒具有很高的酸度。

(一)安大略省产区

安大略省随处可见连绵起伏的群山,奔流不息的河流仿佛消失在世界的尽头,这里的尼亚加拉瀑布以及陡峭的悬崖都被联合国教科文组织列入世界生物圈保护区。全省葡萄园总面积约7000公顷,主要位于北纬41°~44°,其风土环境尤为适合种植葡萄,酿制的葡萄酒种类丰富,静态葡萄酒、起泡酒、冰酒及晚收葡萄酒等应有尽有。

安大略省有5个法定葡萄栽培区(DVA),分别是尼亚加拉半岛、伊利湖北岸、皮利岛、爱德华王子郡以及安大略省级产区,这些产区都受到五大湖的气候影响。南部地区享受五大湖的温度调节作用,全年温差较小。春天,来自五大湖的凉爽微风延迟了葡萄的发芽期,因此有效预防了早春的霜冻危害。安大略省适宜种植生长期较长的葡萄品种,如雷司令等,也适宜生产高档的冰酒。

从葡萄产量上来说,尼亚加拉半岛及其子产区占了绝大部分。安大略省种植的主要葡萄品种中,以霞多丽居多,按顺序递减,依次为雷司令、品丽珠、梅洛、赤霞珠、长相思、黑皮诺、琼瑶浆等。

1. 尼亚加拉半岛产区

加拿大的酿酒历史,真正意义上来说是从安大略省的尼亚加拉地区开始的。相传,19世纪初期,一位名叫席勒的德国士兵开始在这里种植葡萄。1866年,第一家真正成规模的葡萄酒企业在伊利湖地区的皮利岛问世。

尼亚加拉半岛产区位于北纬43°,地处两大湖之间。半岛的东部是尼亚加拉河,地处加拿大和美国交界处。这片土地分隔了伊利湖和安大略湖,同时成为世界闻名的自然奇观尼亚加拉瀑布的发源地。如今,安大略省60%的葡萄酒企业均来自这里。

尼亚加拉半岛产区分为10个子产区和2个大区级产区。其中,需要特别注意的是,尼亚加拉悬崖独自形成地区级产区即尼亚加拉悬崖产区,因为这一地区的风土条件非常特殊,海拔高达300米,地势为斜坡,增加了太阳的照射面积,悬崖峭壁挡住大陆吹来的冷风以及安大略湖吹来的持续凉爽微风,不可否认,这些条件确保了葡萄果实的完美成熟。土壤大多具有良好的排水性,并且十分多样化:淤泥质、黏土质、片岩状以及砂质土壤。不同的风土条件以及来自国外进口葡萄酒的威胁,使得当地酒农不得不在质量上进行改革。从19世纪70年代开始,他们放弃美洲葡萄品种,转而种植欧亚属葡萄。

这里种植的葡萄品种为:霞多丽、雷司令、梅洛、赤霞珠以及品丽珠等,而这里生产的冰酒、晚熟雷司令、威代尔以及品丽珠等酒款,更是使得尼亚加拉产区在全世界闻名。

2. 伊利湖北岸产区

伊利湖北岸的地理环境独特,几乎可以算是一个独立的小岛,这里分布着12座酒庄,主要种植的葡萄品种为梅洛、品丽珠和雷司令。凉爽的气候使葡萄的生长期更长,而这里特殊的地势确保了充分的光照,尤其在一些浅水河岸地区。伊利湖北岸是安大略省单位热量涨幅最高的地区。深受冰河世纪末期残留物的影响,伊利湖北岸有着砂质、砾石质、片岩质、黏土质以及石灰质土壤,具有良好的排水性。伊利湖北岸也出产冰酒。

3. 皮利岛产区

皮利岛产区是加拿大最小的葡萄酒产区,但也是历史最悠久、地势最靠南的产区。利岛酒庄(Pelee Island Winery)是该产区内唯一的酒庄。这片土地犹如镶嵌在碧蓝色的首饰盒中的一块珍贵宝石一般。

1866年,第一家酿酒厂"葡萄酒公馆"(Vin Villa)在这里建成。伊利湖是五大湖中最浅的湖,因此,太阳能够蒸发出更多的水汽,全年缓和小岛上的气温,有利于葡萄的生长以及果实的成熟,所以到了8月份,人们便可以开始采摘葡萄了。这里主要的葡萄品种是霞多里和黑皮诺,但是这里同时也种植着其他品种,如西班牙葡萄丹魄。葡萄园主要分布在小岛的中心及西南部地区,淤泥质泥沙土壤覆盖在石灰石质土壤之上。

4. 爱德华王子郡产区

爱德华王子郡产区在2007年才正式成立,是安大略省最新的葡萄产区。这里气候凉爽,种植着霞多里、黑皮诺、品丽珠以及灰皮诺、琼瑶浆和佳美等葡萄。虽然这个产区的葡萄生长期基本同尼亚加拉产区的相同,但是爱德华王子郡的冬天更加寒冷,这里的酒农不得不在生长季不停地进行培土。

(二) 不列颠哥伦比亚省产区

不列颠哥伦比亚省的5个葡萄酒产区位于该省西南部,分别为奥肯那根河谷、西密卡米恩谷,以及菲沙河谷、温哥华岛、海湾群岛,距离海洋300千米远。前2个产区在莫纳西山与哥伦比亚山环抱的河谷中,出产了不列颠哥伦比亚省95%的葡萄酒。

不列颠哥伦比亚省开发了3700公顷葡萄园,这里的葡萄酒风格各异,从口感平衡恬静的葡萄酒到味道甜美的冰酒,种植的葡萄品种多达60多种,其中,最主要的葡萄品种为霞多里、琼瑶浆、白皮诺、维欧尼、长相思、灰皮诺、雷司令、梅洛、黑皮诺、赤霞珠、西拉及品丽珠。人们也能发现一些不是很常见的葡萄品种,如欧提玛,这是由雷司令和西万尼的后代与米勒-图高杂交而成的葡萄品种,这个品种通常带来水果及蜂蜜的香气,适宜生长在炎热的气候中。斯格瑞博是原产自德国的葡萄品种,给葡萄酒带来了麝香葡萄的香气。这一品种更适宜生长在凉爽的气候中,因为这个品种非常早熟。欧特佳是白葡萄品种,可以带来花香、桃子香气,天然糖分高,然而酸度不足。

1. 奥肯那根山谷产区

奥肯那根山谷是理想的葡萄种植地,同法国香槟地区位于同一纬度上,具有有利于葡萄生产的特质,其独特的微气候环境促使一些生产商要求宣布其土地的独特性。

在这里,那根湖深入镶嵌其中,延绵120千米,享受着炎热的气候环境,甚至有些干燥的半沙漠环境,降雨量很少,从海岸山脉吹来的风对葡萄起到风干作用。

奥肯那根山谷产区葡萄采摘期气温约为15 ℃,在该气温下采摘葡萄能提高葡萄的香气及果皮颜色的强度。果实的卫生情况也较好,而果农也能智能地跟随山谷独特的风土特点管理葡萄园。葡萄园土壤上都是铺满草的,在这个干旱的地区,果农们不得不用灌溉的方式浇灌葡萄藤,通常采用喷涂或滴注等方式。

黑皮诺、梅洛、西拉、赤霞珠、霞多丽和灰皮诺等葡萄品种充分利用了当地的土壤环境,该土壤来自火山,黏土含量极少,由板岩、玄武岩、闪岩及花岗岩组成。

在奥肯那根山谷100多家酒庄中,具有代表性的有蓝山酒庄、魁尔斯堡酿酒庄、云岭酒庄、美神希尔酒庄等。当然,还有加拿大当地人创立的第一家酒庄——NK'Mip酒庄。

2. 西密卡米恩山谷产区

在半沙漠气候下,葡萄园沿着西密卡米恩河种植。这片240公顷的葡萄园种植着梅洛、西拉、佳美、解百纳、黑皮诺、霞多丽、雷司令、白皮诺、灰皮诺。当地土壤主要是由冰河世纪的岩石构成。西密卡米恩谷被评为"加拿大生物农业之都",这里42%的种植业都转为种植葡萄。

3. 菲沙河谷产区

葡萄生长在富含有机物质的土壤上,这里的气候要比相邻产区奥肯那根山谷更加凉爽,主要种植巴克斯、霞多丽、奥特加、黑皮诺及梅洛等葡萄品种。

4. 温哥华岛产区

温哥华岛是北美洲西海岸最大的岛屿,这里的葡萄园主要沿着东海岸分布,大约有12个。温哥华岛产区葡萄园主要种植黑皮诺、灰皮诺、霞多丽、米勒-图高及一些不太著名的葡萄品种,如丹菲特和奥特加。温哥华岛气候特点的独特之处在于冬天非常温暖,气温水平达不到VQA规定的冰酒标准。温哥华岛地区生产的葡萄酒酒体丰富、香气浓郁,然而酸度不足。

5. 海湾群岛产区

海湾群岛这一产区成立的时间不长,葡萄园主要分布在乔治海峡的几个小岛上,海洋性气候是本区的主要特点。这个年轻的产区种植着黑皮诺、琼瑶浆、雷司令、霞多丽及灰皮诺等。这里历史最久的是赛特拿岛家族酒庄(Saturna Island Family Vineyards),其历史能追溯到1998年。

(三)魁北克省产区

在魁北克地区种植葡萄和酿酒简直是对大自然提出的挑战。本区冬天严寒,春天又有霜冻的风险,在这样的环境下想要酿制葡萄酒,酒农们需要把葡萄藤修剪得特别短,并且每株藤脚都要被很好地覆盖,这样即使下雪也可以起到保护层的作用。春天的第一股暖流激发了葡萄短暂的复苏,短暂到人们可能根本都不会留意到。这里的夏天很短,光照非常有限,而世界上任何一种葡萄的生长都需要充足的光照。魁北克地区的冬天非常寒冷,基本上只允许种植那些杂交而成的,具有极强耐寒性的葡萄品种生长。

魁北克省大部分酒庄都位于南部地区,65%的产量都来自东方小镇,因为这里的气候比其他地方更加温和。

1. 魁北克认证葡萄酒

魁北克认证葡萄酒认证产品规格表是由魁北克酒商联盟成员组成的管理委员会根据魁北克地区现状拟定的,其目的在于满足消费者及葡萄酒专业人士的需求。他们拥有一个独立的办公室,是法国国际生态认证中心(ECOCERT)的加拿大分部,确保人们遵守相关规范。想要获得贴上官方认证标签的权利,则该款酒必须达到委员会制定的相关品鉴要求。这个认证系统的要求十分全面:首先不能含有任何美洲葡萄品种,葡萄酒必须要在魁北克本土酿制及发酵,葡萄品种具有可追踪性,传统采摘方式酿制的葡萄酒必须严格控制加糖量,以及对葡萄品种的产地、标签上的信息,或是可持续发展的葡萄种植方式等都有要求。

2. 葡萄的来源

对于一款经过认证的葡萄酒来说,要求其酿酒所用葡萄至少85%都来自魁北克地区的葡萄园。而利口酒则可以用来自魁北克地区之外的其他地区的葡萄酿制。2014年起,经过认证的葡萄酒必须100%由魁北克本地种植的葡萄酿制而成,不可以使用从加拿大其他地区购买的葡萄。这样,就真正突出了"魁北克"特色产品的意义。

3. 利口酒

利口酒可以分为三类:晚收葡萄酒、冬收葡萄酒以及冰酒。这些葡萄酒相同的特点是它们都由过度成熟的葡萄酿制而成,按照残糖比例(未发酵的)可以分成很多等级。

冰酒的残糖量最高,要求最低为每升125克,另外两种利口酒要求每升含糖量最少为30克。所有的利口酒中的糖分只能是来自葡萄中的天然糖分。

(1)晚收葡萄酒。

晚收葡萄酒都是由人工采摘而得到的过度成熟的葡萄酿制而成,它们比传统方式采摘的葡萄酿出的葡萄酒具有更高的果汁浓度。而且,这些酒使用的酿酒葡萄必须全部来自魁北克地区。

(2)冬收葡萄酒。

冬收葡萄酒是由魁北克地区寒冷气候下经过手工方法采摘而得的葡萄酿制而成的。就像欧洲采用的自然干缩酿制法一样,根据国际葡萄园与葡萄酒组织的规定,采摘而得的葡萄接下来被晾晒在通风的地方,自然干缩至少4个星期。在此期间,香气以及糖分的高度浓缩(白利度至少是25°)使得葡萄酒呈现柔和的酒体。

(3)冰酒。

魁北克地区酿制冰酒所用的葡萄必须全部手工采摘,采摘温度不低于-8 ℃,而且,所得的冰酒的糖分浓度至少达到32°(白利度)。葡萄必须全部产自魁北克地区,葡萄成熟后不采摘,保留在葡萄藤上经历冰雪严寒,直至压榨。魁北克地区还设计了冰酒的专用标志。

 同步思考

同步思考
答案
▼

> 　加拿大是世界上著名的冰酒产酒国。加拿大位于北纬41°~83°,大部分地区属于温带大陆性气候。其葡萄种植区域集中在东南部和中部地区。地理位置和独特的气候条件赋予了其生产冰酒的绝佳条件。
>
> 　**问题:**同样位于北半球的中国,在纬度上,与加拿大有很多重叠之地,位于北纬23°~66°。那么,我国是否有冰酒产区呢? 我国的冰酒生产现状如何?

Note

4. 葡萄的品种

魁北克省种植的主要葡萄品种多为耐寒以及半耐寒的北美及欧洲杂交品种。总的来说,适宜在魁北克省生长的葡萄品种具有如下特点:春天发芽较晚,从熟成期到采摘期之间的时间短。

(1) 主要的白葡萄品种。

①榭瓦尔。

榭瓦尔(Seyval)属法国杂交葡萄品种,于 1920 年由杂交大师贝尔·赛弗·维耶尔培育而成,该品种在魁北克地区种植,可以酿制香气浓郁的白葡萄酒。这个品种带来的果香以及矿物质香气多少让人想起麝香葡萄以及凉爽气候下生产的霞多丽葡萄。

②维达尔。

维达尔(Vidal)的用途十分广泛,特别是在魁北克地区,除了用于酿制冰酒和晚收葡萄酒外,它还可以用来酿制干型葡萄酒以及半干型葡萄酒。

③万达尔·克雷西。

万达尔·克雷西(Vandal-cliche)葡萄品种主要用来酿制起泡酒、晚收葡萄酒、冰酒以及干型静态葡萄酒。这种葡萄生产力极强。它也有超强的抗寒能力,在不采取任何防寒保护措施的情况下,它们可以在-36 ℃的环境下生存。它在完全成熟时会散发出苹果、梨子以及香瓜的香气,酸度适中,略带一点苦涩。

④盖森海姆。

盖森海姆(Geisenheim)是德国杂交葡萄品种,更精确地说,它来自盖森海姆地区,"双亲"为雷司令和琼斯乐。用该葡萄品种酿制的葡萄酒香气馥郁,主要呈现鲜花及柑橘的香气。如果用它酿造冰酒或是晚收葡萄酒,那么必须加强对葡萄的监测,因为该品种过度成熟后很容易感染贵腐霉。

⑤圣核。

圣核(Saint-pepin)是源自美国的杂交葡萄品种,抗寒能力强。圣核葡萄主要用于酿制干白葡萄酒以及晚收葡萄酒。酿出的酒往往具有细腻的口感、宽广的酒体,并伴有少许柑橘的香气。如果将它用于混酿,则会给葡萄酒带来酒体,在经过橡木桶发酵后口感会更好。

⑥卡尤加。

卡尤加(Cayuga)是源于美国的杂交葡萄品种,由白榭瓦尔和斯凯勒嫁接而成,主要种植在纽约州的手指湖地区,在魁北克的许多酒庄中也有种植。用此品种酿出的葡萄酒具有鲜花以及麝香的香气,酸度略低。

(2) 主要的红葡萄品种。

①黑巴可。

黑巴可(Baco Noir)是源自法国的杂交葡萄品种,1902 年,由弗朗索瓦·巴可先生用白福尔和河岸葡萄嫁接培育而成。此品种生命力强,产量高,需要认真地修剪枝叶来阻止其过快生长。用黑巴可酿制出的葡萄酒颜色深,酸度高,需要在酒桶里陈酿一段时间才可以装瓶。但是这种葡萄酒往往单宁柔顺,具有黑色水果的香气,黑加仑、桑椹以及焦糖的香气突出,有时也会有草本植物的香气。它不适宜种植在肥沃的土地上。

②马雷夏尔福煦。

马雷夏尔福煦(Mare Chal Foch)是一种杂交红葡萄品种,有时很容易同露西·库勒曼相混淆,这个早熟的葡萄品种如果没有完全成熟就被采摘的话,会散发出草本植物及乡野的气息。酒庄之所以种植这一品种,主要是因为它具有较高的酒精度以及较强的着色能力。一般来说,此品种酿制出的葡萄酒具有黑色樱桃的香气以及优雅的酒体。

③露西·库勒曼。

露西·库勒曼(Lucie-kuhlmann)是尤根·库勒曼在20纪初期培育而成的,他在科尔马创建了柏林葡萄酒学院。此品种与马雷夏尔福煦很像,同样也可以用来酿制桃红葡萄酒。这个葡萄品种酿制的葡萄酒具有草莓、樱桃以及香料的香气,同时有深重的颜色和稍显细腻的单宁。

④琼斯乐。

琼斯乐(Chancellor)区别于其他品种的最大特点就是它那极强的着色能力。此品种的耐寒能力强,可以用来酿造红葡萄酒、桃红葡萄酒以及加强型葡萄酒。用琼斯乐酿制出的葡萄酒通常具有醇厚的口感以及水果的香气,在瓶中陈放1~2年口感更佳。在橡木桶中发酵有利于葡萄酒的酿制,虽然有时会造成酒体不够细腻。琼斯乐由阿尔伯特·西北尔在20世纪初培育成功。

⑤圣克罗伊。

圣克罗伊(Sainte-Croix)在20世纪80年代中期开始出现在魁北克地区。此品种源自美国,是由白榭瓦尔和塞内卡杂交而成的。它更适宜酿制期酒以及桃红葡萄酒,这样可以更加体现它的果香、酸度以及柔软的单宁。香气进一步发展后会转变成烘焙香,有时还会有甘草及动物皮草的香气。

⑥芳堤娜。

芳堤娜(Frontenac)葡萄品种自从2000年引进魁北克地区后迅速发展。在明尼苏达大学培育成功,芳堤娜是由兰多和河岸葡萄杂交而得的。很多酒庄都更愿意用这个品种来酿造酒体丰腴的红葡萄酒,但是必须严格控制使用量,因为这个品种非常强劲。这个晚收品种在完全成熟后具有较高的糖分及酸度。用芳堤娜酿制的葡萄酒具有黑色樱桃、咖啡及巧克力的香气。

⑦萨拉多。

萨拉多(Sabrevois)是明尼苏达大学培育成功的杂交品种,名字源于魁北克地区的萨拉多村庄。这个品种不畏严寒,在-38 ℃也可以生长。萨拉多颜色深,单宁强劲,酿酒时最好缩短其浸泡时间,以避免散发出它的"双亲"之一美洲葡萄的香气。这个品种适合种植在熟成期慢的土地上。它同圣克罗伊葡萄属于同一血统。

⑧德索娜。

德索娜(De Chaunac)果实颗粒小,颜色深,刚酿成的酒往往具有不稳定的颜色。这个品种于1970年开始在魁北克地区种植,但是由于其生产成本高,而且有可能出现不同的草本植物香气,所以不是很受大众喜爱。德索娜主要用于混合其他品种酿制桃红葡萄酒。

（四）新斯科舍省产区

新斯科舍省产区是加拿大最古老的葡萄酒产区,四面环海,气候温暖湿润。新斯科舍省产区拥有温暖的冬季和炎热的夏季,葡萄可以在漫长而凉爽的秋天,逐渐成熟。新斯科舍葡萄园土壤丰富,包括砂质土壤、黏土等。这里栽种的葡萄品种多样,以杂交品种居多,如白葡萄品种 Acadie Blanc,它是目前该产区种植最广泛的葡萄品种,用其酿造的葡萄酒风格清新自然。这里也种植着少量的霞多丽、黑皮诺和雷司令。

四、小结

加拿大不是葡萄酒生产国中耀眼的国家,但其葡萄园能够保证葡萄酒的质量和数量。甜美的冰酒毫无疑问是加拿大的主要葡萄酒。加拿大冰酒生产商充分利用冬季寒冷的气候特点,使加拿大成为冰酒生产的世界领先者。

第三节　阿　根　廷

阿根廷,既是"探戈之乡""足球之乡",也是"葡萄酒之乡"。世人常用"舌尖上的探戈"来形容阿根廷葡萄酒的独特风味。属于"新世界"葡萄酒产国的阿根廷,有着悠久的葡萄种植和酿造历史。阿根廷是南美洲第一大葡萄酒生产国,同时也是世界上第五大葡萄酒生产国,其葡萄酒产量是智利的 4 倍之多,甚至可以与整个美国的产量匹敌。拥有如此地位的阿根廷,必定在葡萄酒种植和酿造方面有着得天独厚的优势。

一、自然环境及葡萄酒发展状况

阿根廷国土面积辽阔,北部为热带气候(靠近玻利维亚),而南部则为火地岛极地气候。阿根廷长达 3700 千米的国土线上拥有各种各样的风土、环境和民俗风情。安第斯山脉阻挡了来自西部大西洋的潮湿季风,使得圣胡安、门多萨一带荒漠贫瘠,气候炎热,干燥少雨(年降雨量为 150～220 毫米),造就了这里天然有机的大环境,阿根廷葡萄园病虫害非常少。这里的葡萄大多种植在 300～2400 米海拔的山上,昼夜温差大,很好地调节了葡萄的糖分、酸度的平衡和酚类物质的含量。

阿根廷葡萄园多依赖灌溉,安第斯山脉上常年融化的冰雪为靠近山脉的葡萄园提供了天然的水源。

阿根廷的葡萄园分布于十几个不同的省份,其中门多萨的葡萄种植面积位居榜首,占总种植面积的 70%。门多萨当之无愧地成为阿根廷葡萄酒业的"绿洲",这个气候干旱的区域逐渐被人类文明所驯服,成为一个美丽而充满生机的城市,坐落在高山脚下。

在过去的 30 多年中,阿根廷国内葡萄酒消费量持续下降,加上 20 世纪 80 年代出现的经济危机,许多酒庄破产,阿根廷人终于开始重新审视其葡萄酒业现状。同时,面对激烈的国际竞争,阿根廷葡萄酒业进行了彻底的改变。一项改革是人们开始在适宜的土地上种植适宜的葡萄品种;另一项改革是葡萄的种植方法,阿根廷开始实行意大利人所熟悉的搭棚种植方法,虽然这种种植方式效果并不是很理想,但这种种植方式如今仍然存在。如圣胡安、里奥哈以及东部地区的门多萨,这些产区的生产商认为这种种植方式是高温环境下保护葡萄的最佳方式(见图 8-2)。今天,葡萄藤都呈排列式种植,以方便实施单边或对称葛优型剪枝法。伴随着其他国家新技术的到来,搭棚种植法在阿根廷的影响力正逐渐减退。

图 8-2　阿根廷搭棚种植法

同其邻国智利不同,阿根廷仍大面积实行灌溉,同时灌溉业逐渐扩大影响,尤其是那些新成立的产区,如乌克山谷等,这些地区由于尚未铺设管道,不能够引水灌溉。因此,阿根廷正在计划利用许多天然水库,通过水泵抽水,凭借铺设在葡萄田边的渠道实现滴灌。滴灌会增加根瘤蚜病虫害的影响。农民经常采用嫁接的方式保护葡萄藤蔓免受蚜虫突然入侵所带来的破坏,同时防御线虫灾害。当然还有其他自然灾害,如冰雹。为了防御冰雹,政府出资帮助葡萄种植者安装防冰雹网(见图 8-3)。

扫码看
彩图

图 8-3　阿根廷葡萄园防冰雹网

阿根廷十分重视"园圃"和"特殊地块"的理念,夏季施行的绿色采摘也赢得了很多追随者,人工采摘实行普遍,葡萄分拣台到处可见,而阿根廷相对于其他国家而言其较低的劳动力成本也不容忽视。酿酒设施方面也是如此,可以控制温度的不锈钢发酵桶取代了山毛榉木制成的古老木桶,酒窖内摆放着橡木桶,环氧树脂膜覆盖的水泥酿酒槽,遵循重力学原理酿酒,控制温度和湿度的酒窖以及专门利用酵母菌进行发酵,等等。阿根廷人喜欢将佳酿放在橡木桶内经过 8~18 个月的陈酿,阿根廷到处可见橡木桶生产商,橡木桶制造业似乎已成为这个国家较为发达的产业。

二、葡萄品种

阿根廷属于新兴葡萄酒国家,会在葡萄酒酒标上明确标注葡萄品种,这标志着一款葡萄酒的等级和身份,同时也能增强顾客的忠诚度。阿根廷种植的最主要葡萄品种,也是最古老的葡萄品种是克里奥拉,这是一款红葡萄品种,外观上很像美国的弥生。另一个品种是蕾莎,用于酿制普通餐酒,尤其是桃红葡萄酒,这种葡萄酒不用于出口。马尔贝克是阿根廷的旗舰葡萄品种,全国各地都有种植,特别是在门多萨地区。伯纳达也不甘示弱,逐渐开始取得一席之地,而极富表现力的特浓情葡萄则成为海拔极高的萨尔塔省的"明星葡萄"。下面,按照种植面积从大到小的顺序介绍阿根廷的主要葡萄品种。

(一) 红葡萄品种

1. 马尔贝克

马尔贝克无疑是使阿根廷葡萄酒走向世界的一个葡萄品种。它在波尔多十分常见,尤其是位于法国西南部的卡奥尔地区。在法国,马尔贝克还被称为"科特"或"欧赛瓦"。19 世纪中叶,一位法国人将其引入安第斯山脉地区(见图 8-4)。

图 8-4　马尔贝克葡萄

通常情况下,马尔贝克葡萄酒呈现浓重的紫色,散发出紫罗兰和成熟的黑色及红色水果香气,陈年后会有香料的口感,有时回味富含甘草味道。卡奥尔地区种植的葡萄酸度很高,而安第斯山脉的气候条件(海拔高,温差大)更加有利于葡萄的生长,特别是当葡萄藤有几十年的树龄时,这样的自然环境会给马尔贝克葡萄带来圆润的酒体,丝滑的口感,柔和的单宁以及矿物质口感。马尔贝克通常用于酿制单一品种葡萄酒,这样可以突出其自身的特点,但如果葡萄树比较年轻的话,混酿是更好的选择。混合赤霞珠就是不错的选择,这个品种可以为葡萄酒带来良好的结构、细腻的酒体以及复杂的口感。

2. 伯纳达

伯纳达在阿根廷的种植面积非常大,关于它的起源说法不一。意大利移民浪潮在阿根廷的出现,带来了皮埃蒙特伯纳达,它是阿根廷伯纳达的前身,是阿根廷发展比较成功的葡萄之一。伯纳达酿制出的葡萄酒颜色深重,香气和口感都极富表现力。

3. 赤霞珠

赤霞珠这个著名的波尔多葡萄品种在阿根廷也是众所周知的。它可以给葡萄酒带来果香、风味物质、酒体结构以及优雅的口感。赤霞珠通常和马尔贝克、梅洛和品丽珠混酿,有时也可以单独酿酒。赤霞珠在门多萨地区最为著名,同时在萨尔塔、拉里奥哈、卡塔马卡和圣胡安等地区也发展得越来越好。

4. 西拉

西拉酿制出的葡萄酒颜色浓郁、富含果香,经常带有甜香料的味道,又不乏优雅与个性。西拉葡萄只用了很短的时间便在阿根廷获得了很大的种植面积。西拉主要种植于门多萨地区,同时在圣胡安、卡塔马卡和拉里奥哈也有种植。

5. 梅洛

梅洛葡萄酒以其圆润的酒体、柔和的口感以及陈年后复杂的香气而在波尔多地区闻名。梅洛葡萄品种通常单独酿酒,有时也可与伯纳达、马尔贝克和西拉进行混酿。近年来,梅洛葡萄酒一直在蓬勃发展,特别是在里奥内格罗,它的销量已超过了马尔贝克葡萄酒。

阿根廷也小面积种植黑皮诺(巴塔哥尼亚地区)、味而多、品丽珠、丹魄、桑娇维赛、巴贝拉、佳丽酿和丹娜葡萄。

(二)白葡萄品种

1. 特浓情

特浓情可以算得上阿根廷特有的葡萄品种,虽然人们都说它源自西班牙西北部的加利西亚地区。阿根廷大部分的葡萄园都种植着此葡萄品种,但它在北部的卡法亚特地区最为出色,拉里奥哈和卡塔马卡等地区也广泛种植着此葡萄品种。特浓情酿制出的葡萄酒口味清淡,果味宜人,有时具有微妙细腻的香气,偶尔含有残留糖分,散发出的浓郁香气很像麝香葡萄。特浓情葡萄酒可以作为开胃酒,而搭配酱汁白芦笋和亚洲美食饮用也是一个不错的选择。

2. 霞多丽

这个来自勃艮第的葡萄品种在阿根廷也占有十分重要的地位,而且此品种在过去的十几年中一直在发展进步。酿制精良的霞多丽葡萄酒口感干裂略带肥腻,酒体饱满,而如果单位产量比较低,又合理地使用橡木桶的话,那么酿制出的葡萄酒则可以达到酸甜度的平衡。霞多丽更多地采取传统酿造方法,用于单独酿酒或同黑皮诺混酿,它在南部内乌肯地区十分受欢迎。

3. 长相思

长相思葡萄品种在阿根廷的种植面积不如在智利那样大,近些年,此品种逐渐崭露头角，酿制出的葡萄酒为干型葡萄酒，酒体活泼，具有宜人的柑橘口感，是搭配酸橘汁腌鱼的理想之选。

4. 赛美蓉

作为波尔多和苏玳产区的卓越葡萄品种，赛美蓉酿制出的干白葡萄酒效果很不错，不乏风味物质。此品种不像霞多丽那样著名，多用于混酿，赛美蓉葡萄酒很少出口。

阿根廷还种植着亚历山大麝香（非常芳香，用于酿制餐后甜酒）、白诗南、雷司令、琼瑶浆、灰皮诺、帕洛米诺、佩德罗-希梅内思以及小面积种植的小满胜和青长相思葡萄品种。

 同步思考

在葡萄酒的世界里，提及某个产酒国，饮酒者会迅速想到该国的标志性葡萄品种。富饶的土地培育出了带有浓郁本土气息的果实，这些果实摇身一变化为玉液琼浆，将自己打造成为本土名片，飞向世界舞台。德国有雷司令、西班牙有丹魄、美国有仙粉黛、澳大利亚有西拉子、智利有佳美娜、阿根廷有马尔贝克。

问题：那么，中国常见的葡萄品种有哪些？中国的特色葡萄品种是什么？要打造一个品牌，必须有"故事"可讲，阿根廷的葡萄酒业在这方面无疑做得很好，其故事一个是"高海拔"，另一个是"马尔贝克"。中国要打造葡萄酒品牌，应该如何讲好自己的"葡萄酒故事"呢？

三、葡萄酒产区

阿根廷西部地区享受安第斯山脉庇佑的葡萄成熟得很好。自然环境干燥而干旱的地区已经大面积实行灌溉，这要感谢山上每年春天积蓄的大量自然水源。同智利的地中海气候相反，阿根廷为沙漠气候，山脉则起到至关重要的调节作用。山脉可以阻止源自太平洋的湿风，阻止雨水和雾气前行，这样可以防止真菌疾病的入侵。但这个地区很奇怪，葡萄种植者有时会在夏天面临毁灭性的冰雹侵袭。因此，该产区的葡萄园大部分都会覆盖防冰雹网。一般情况下，葡萄园所处的海拔很高，因此夜晚十分凉爽，葡萄可以缓慢地成熟，有利于形成果香、风味物质和香气；而白天葡萄享受到足够的阳光照射，有利于去除草本植物香气。如果达不到这些条件，炎热的天气将会导致葡萄酸度不够，迫使酿酒师人工酸化酒业。一般来说，冲积河道附近的土地相当贫瘠，而山脉附近的土地则布满石块和鹅卵石，阿根廷葡萄酒产区见图8-5。

从数量上讲，背靠安第斯山脉的门多萨和圣胡安是阿根廷两个最大的葡萄酒产区，而拉里奥哈、卡塔马卡、萨尔塔地区以及往南的巴塔哥尼亚北部内乌肯周边地区也种植着葡萄。阿根廷有自己的一套 GI（Geographical Indications，地理标识）系统，整个阿根廷分成了3个大区，从北到南分别是北部地区、库约地区和巴塔哥尼亚与大西洋地区（见图8-6），3个大区下面又分了10个省份，以下具体介绍其中的7个葡萄酒产区。

图 8-5　阿根廷葡萄酒产区

1.Jujuy 胡胡伊　　　　6.San Juan 圣胡安
2.Salta 萨尔塔　　　　7.Mendoza 门多萨
3.Tucuman 库塔马卡　　8.Neuquen 内马肯
4.Catamarca 卡塔马卡　9.La Pampa 拉潘帕
5.La Rioja 拉里奥哈　　10.Rio Negro 里奥内格罗

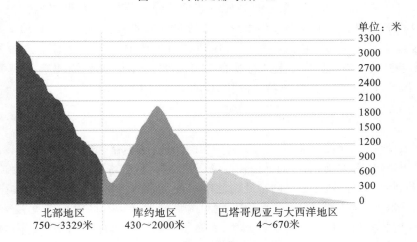

图 8-6　阿根廷葡萄园的海拔

（一）萨尔塔产区

萨尔塔（Salta）地处阿根廷最西北部位，位于门多萨北部 1000 千米处，此产区只占阿根廷葡萄园总面积的 1%。萨尔塔葡萄产区主要有卡法亚特与莫利诺斯两个子产区。这里是阿根廷纬度最高的葡萄酒产区，葡萄园海拔为 1700～2400 米。这里也是阿根廷葡萄酒历史非常悠久的产区，许多酿酒厂保留了传统的酿酒方法。美丽的萨尔查奇斯山谷拥有迷人的景色，理想的微气候环境特别适宜种植葡萄，这里一年四季阳光充分，有利于葡萄皮颜色的萃取和形成细腻的单宁，9 月至次年 5 月降雨稀少，一年基本上有 300 天以上的晴朗天气，昼夜温差极大，有利于未来酿制出的葡萄酒保持芬芳。本区的土壤由沙子和小卵石构成，具有良好的排水性，周围的河流和地下水可以保证葡萄园的灌溉。

本区的白葡萄酒以特浓情为主，口感圆润，果香饱满，酒质出众，此外，这里还种植着霞多丽、长相思等；红葡萄酒中以赤霞珠表现最好，这里还种植着马尔贝克、美乐、丹娜等。本区主要酒庄包括圣佩德罗酒庄（Bodega San Pedro De Yacochuya）、艾斯德科酒庄（Bodega Ei Esteco）、佳乐美酒庄（Bodega Colome）等。

（二）卡塔马卡产区

卡塔马卡（Catamarca）产区位于菲安巴拉小镇周围，葡萄园位于高海拔处，有利于种植赤霞珠和特浓情。本区还种植着西拉、马尔贝克和伯纳达。鲜食葡萄和酿制蒸馏葡萄酒的葡萄品种在本区也有种植。

卡塔马卡产区主要有安第斯解百纳、唐迭戈酒厂、洛萨葡萄酒公司、拉萨拉庄园等。

（三）拉里奥哈产区

拉里奥哈（La Rioja）的位置更加靠南，其美丽的名字让人联想到西班牙的一些酒庄。这里酿酒历史非常悠久，1995 年被指定为 DOC 法定产区，葡萄酒酿酒厂都是法人公司，遵循着严格的酿造及品质管理制度。为了克服炎热的天气，更确切地说是法马蒂纳谷地区的炎热天气，人们主要通过搭棚方式种植葡萄，茂密的枝叶可以保护葡萄果实免受强烈的阳光侵袭。本区葡萄种植以赤霞珠和特浓情为主，辅以西拉、伯纳达和马尔贝克。这里是阿根廷最成功的特浓情白葡萄酒的主产地。本区还有一个著名的子产区——法玛提纳山谷，这里有更加优质的风土条件。本区著名酒庄包括神猎者酒庄（Bodega San Huberto）、拉里奥哈娜酒庄（Bodega La Riojana）。

（四）圣胡安产区

圣胡安（San Juan）是阿根廷的第二大葡萄酒产区，这里有 50000 公顷的葡萄园。本区气候炎热干燥，伴有大风，生产的干白葡萄酒质量中等，当然这里也生产鲜食葡萄、葡萄汁以及浓缩酒浆。此外，这里还是阿根廷白兰地和苦艾酒的主要原产地。本区位于门多萨北部 170 千米处，涵盖松达谷地、乌伦谷地和图卢姆地区。本区海拔高度在 600～1350 米，主要种植的葡萄品种为亚历山大麝香、特浓情、西拉、赤霞珠和伯纳达。同时，这里还种植着大量的蕾莎葡萄，此品种用于酿制桃红葡萄酒。圣胡安河沿岸分布着很多酒庄，其中包括奔富旗下的高丽雅酒庄（Bodega Callia）和黑莓酒庄（Finca Las Moras）。

（五）门多萨产区

门多萨（Mendoza）为阿根廷最具代表性的葡萄酒产区，约有 85 万居民，是阿根廷第四大城市，葡萄栽培面积高达 14 万公顷，以绝对优势成为世界上最大的葡萄酒产区。此产区葡萄酒产量占阿根廷总产量的 70% 左右，其中 90% 用于出口，可以说门多萨区是阿根廷葡萄酒产业的领头羊，也是国家重要的 DOC 产区。作为阿根廷的"葡萄酒之都"，门多萨产区葡萄园主要分布在高海拔地区，这里微气候环境凉爽，温度适宜，种植出的葡萄富含果香，十分平衡。

此地大部分知名和历史久远的酒庄都分布在门多萨市的东部和南部地区，如翠帝酒庄（Bodega Trapiche）、拉加德酒庄（Bodega Lagarde）、露拉尔酒庄（Bodega La Rural）、卡氏家族酒庄（Bodega Catena Zapata）、菲卡酒庄（Finca Flichman）或诺顿酒庄（Bodega Norton）等。

门多萨可以分为 3 个不同的葡萄栽培区域。

1. 北部的绿洲区

北部的绿洲区包括门多萨市、卢汉德库约、迈普、普里奥、阿格雷洛以及圣马丁。风土环境最好的是迈普（海拔高度达 900 米）地区以及分布在安第斯山麓上海拔高达 1000 米的卢汉德库约地区，这两个地区十分著名，酿制的葡萄酒多以马尔贝克、赤霞珠、伯纳达混酿而成。这里风景秀丽，旅游潜力非凡，生产的葡萄酒也吸引越来越多的人。

2. 南部的乌克山谷

南部的乌克山谷同智利的圣地亚哥位于同一纬度上，距离门多萨 100 多千米，许多外国投资者都对这个位于安第斯山脉上的地区十分感兴趣，这里有些葡萄园海拔甚至高达 1400 米，昼夜温差极大，理想的气候条件有利于葡萄的完美成熟，同时能够保持葡萄的良好酸度，酿制出的葡萄酒富含果香，口感清新。

3. 南部绿洲区

门多萨还有一个区域是距离门多萨南部约 250 千米处，分布在圣拉斐尔（San Rafael）和阿图尔村（Villa Atuel）附近的南部绿洲地区，此区葡萄园海拔高度为 450～800 米。

门多萨名庄云集，包括诺顿酒庄（Bodega Norton）、卡氏家族酒庄（Bodega Catena Zapata）、风之语酒庄（Bodega Trivento）、凯洛酒庄（Bodega Caro）、安第斯白马酒庄（Bodega Cheval des Andes）等。

（六）内乌肯产区

内乌肯（Neuquen）距离门多萨 1100 多千米，葡萄园面积约 1400 多公顷，气候温和（年平均气温 18 ℃，最高气温 26 ℃，最低气温 6 ℃），卫生条件优良，适宜酿制细腻而平衡的葡萄酒，是投资者十分喜爱的地区。这里种植着赤霞珠、霞多丽和维欧尼。红葡萄品种除了黑皮诺外，西拉、梅洛、赤霞珠和马尔贝克也是标志性的葡萄品种。这里的酒庄有着超现代化的酿酒桶，带有法国橡木桶的酒窖，最新的装瓶设备，接待访客的高档餐厅。本产区有芬蒙多酒庄、史诺德酒庄、NQN 酒庄。

（七）里奥内格罗产区

里奥内格罗（Rio Negro）是阿根廷最南部的葡萄酒产区，南纬 39°。内格罗河位于巴塔哥尼亚北部的高原之上,途经一片长 120 千米、宽 8 千米的绿洲,这片绿洲位于内乌肯省东部。里奥内格罗海拔达 370 米,属大陆性气候,相对潮湿,光照很少,气候凉爽,多风且干燥,这样减少了腐烂霉菌的威胁,自然环境适合生产高质量葡萄酒。这里的自然条件适合种植梅洛、特浓情、赤霞珠、黑皮诺和霞多丽,这里以生产酸甜平衡的白葡萄酒出名,同时也是酿造气泡酒的优质产区。夏克拉酒庄是当地的代表性酒庄。此外,还有阳光农场、伊斯巴葡萄酒庄、贝托纳酒庄等。

 教学互动

"葡萄美酒夜光杯,欲饮琵琶马上催。醉卧沙场君莫笑,古来征战几人回?"

这是唐朝诗人王翰著名的《凉州词》中的诗句,凉州今甘肃武威市,说明在唐朝时期凉州已经是葡萄酒的著名产区,品牌效益已成。那么,如今中国有哪些重要的葡萄酒产区呢?甘肃产区的风土条件是怎样的呢?

要求:

1. 教师不直接提供上述问题的答案,引导学生结合本节教学内容就这些问题进行独立思考、自由发表见解,组织课堂讨论。

2. 教师把握好讨论节奏,对学生提出的典型见解进行点评。

四、小结

世界知名葡萄酒评论家 Robert Parker 把阿根廷称为"世界上令人兴奋的新兴葡萄酒地区"。阿根廷从 20 世纪 90 年代开始走国际化路线,那时已经有几个飞行酿酒师为阿根廷酒庄提供咨询,著名的有保罗·霍布斯和米歇尔·罗兰等。自 2000 年以来,随着阿根廷葡萄酒名气越来越大,葡萄酒旅游业也发展起来,如今门多萨已经成为世界上流行的葡萄酒旅游胜地。2018 年,门多萨的酒庄总共接待了 110 万游客,其中 36% 都是外国人,商业化做得非常成功。

要打造一个品牌,必须有"故事"可讲,阿根廷的葡萄酒业在这方面无疑做得很好,它们的故事一个是"高海拔",另一个是"马尔贝克"。阿根廷葡萄酒的崛起是酒庄、酿酒师和酒商在过去几十年间不断突破自我的结果,目前展现在国外消费者眼中的还只是一小部分,我们期待未来阿根廷这股风暴可以更加迅猛地席卷全球。

第四节　智　利

智利是南美重要的葡萄酒出口国,每年出口 6600 万箱葡萄酒到全世界一百多个国家。智利葡萄种植面积 118000 公顷(相当于法国波尔多或者整个南非的葡萄种植面积),75% 为红葡萄品种。近 20 年,智利葡萄种植和葡萄酒酿造量几乎翻倍,智利的葡萄酒开始受到世界市场的认可，尤其是美国和英国。智利独特的地理和气候条件，被人称为"酿酒师的天堂"。

一、自然环境及葡萄酒发展状况

　　智利气候可分为北、中、南三个明显不同的地段：北段主要是沙漠气候，中段冬季多雨、夏季是干燥的亚热带地中海气候，正是葡萄所爱，南为多雨的温带阔叶林气候。智利是一个非常狭长的国家，东靠安第斯山脉，西邻太平洋。智利的葡萄主要产区地处南纬 32°～38°，这一区间的气候非常适宜葡萄种植：四季分明，冬季寒冷，夏季光照充足。流经智利的洪堡寒流（秘鲁寒流）对气候有很大的调节作用。它可为陆地冷却降温，同时持续而匀速的凉爽微风阻止了霉菌生长，以及灰腐烂病和其他真菌疾病的发生。当洪堡寒流撞击智利北部海岸线时，会产生云雾天气，但却极少有降水（阿塔卡马沙漠是世界上最干燥的地方之一）。在临近葡萄收获期以及之前的一段时间，经常性的缺少降雨也保证了葡萄的顺利收获。在葡萄生长的季节，白天阳光明媚，晚上气温又大幅度地下降，巨大的昼夜温差正好让葡萄产出新鲜的口味和清爽的酸度。深深的颜色，成熟的单宁酸和高酚类物质正是红葡萄酒所需。

　　智利独特的地理环境形成天然屏障，北部的阿塔卡马沙漠、东部的安第斯山脉、南部的巴塔哥尼亚和南极冰川，以及西部的太平洋和海岸山脉，保障了智利的葡萄园远离有害物质，并为葡萄生长提供了多样的土壤类型，酿出品种及价位多元的美酒。智利的葡萄酒产区主要位于智利首都圣地亚哥附近，气候和土壤条件非常适合酿酒葡萄生长。降水主要在冬季，而且安第斯山融化的雪水为智利提供了纯净的水源。智利是世界上少有的没有根瘤蚜虫害困扰而不需要嫁接种植的葡萄酒产区，温和的气候和较大的昼夜温差，让葡萄可以比其他产区有更长的成熟期。

　　由于智利的葡萄种植园不进行嫁接种植，因此这些葡萄的生长状态比嫁接品种要好，葡萄植株的内部液体循环状态良好，寿命也更长。从某种程度上讲，这些都归功于葡萄品种的纯正。

二、葡萄品种

　　在智利所有的葡萄品种中，赤霞珠这个品种占据着最重要的位置，梅洛位居第二，而长相思和霞多丽这两个品种并列第三。近年来，现存的葡萄酒庄开始越来越多地在适当的地方种植适当的葡萄品种。如智利迈坡谷、卡恰布谷、科尔查瓜谷和库里科谷这些地方种植着赤霞珠，在库里科谷和莫莱河谷地区，则种植着梅洛和长相思。而在卡萨布兰卡的葡萄园中，霞多丽则找到了适合它的白垩土，在距离太平洋不远的圣安东尼奥，霞多丽也被广泛应用。近几年，西拉（特别是在科尔查瓜谷的）和黑皮诺（主要种植在卡萨布兰卡）也获得了很大成功。

（一）红葡萄品种

1. 赤霞珠

赤霞珠这一著名的波尔多葡萄品种，常与梅洛、品丽珠或者佳美娜混合酿造。赤霞珠是在智利种植面积最大的红葡萄品种,非常适合智利大部分温暖的山谷,如迈坡谷和科尔查瓜山谷。在橡木桶中良好的发酵情况下,其酿造出的葡萄酒会散发出果香,通常是桑椹或者黑加仑的味道,酒中单宁含量高,酒的颜色十分漂亮。

2. 梅洛

梅洛是另外一个波尔多葡萄品种,在波尔多梅多克产区、圣埃美隆产区和波美侯产区都被用于混酿。梅洛葡萄在酿造过程中会给酒带来圆润、柔和的感觉,同时还会带有一种果香。然而在智利,人们喜欢用梅洛单独酿造葡萄酒。梅洛分布在莫莱谷和库里科谷等地,在拉佩尔谷附近,具体来说是在卡恰布谷和科尔查瓜山谷,梅洛是种植面积最广的一种葡萄。

3. 佳美娜

佳美娜葡萄会给予葡萄酒一种深沉的胭脂红,色泽丰满而浓重,智利人很早就开始种植这种葡萄了,但却并不是很了解它。佳美娜大约在170年前被引进到拉丁美洲,那时它被称为"大维督尔"(La Grand Vidure)。后来,智利人将其误认作了梅洛。直到20世纪90年代,一位名叫让·米歇尔·布尔斯柯的葡萄酒专家在参观一些智利葡萄园时发现了这一错误,之后,人们进行了DNA鉴定,才知道,它并不是梅洛。

佳美娜曾经差点在波尔多地区消失,因为它对落果很敏感,产量不高,而且由于砧木的使用,这个品种存在的问题被放大了。另外,佳美娜还有一个不足,就是酸度不够,因此判断这种葡萄的收获时机就成了一个难题,因为人们既要保证它在收获时依然具有良好的自然酸度,又要保证它的果实足够成熟以脱去本身带有的一种类似青椒的味道,让葡萄酒不会受到这种味道的影响。虽然佳美娜让人有些进退两难,但如果当一系列条件被适当组合时,这种葡萄会给葡萄酒带来一些巧克力香气。

4. 西拉

著名的西拉源于法国的罗讷河谷,在法国南部和澳大利亚表现出色,用它酿造出来的酒外观出众、颜色优美,同时又不失个性。在智利,这种葡萄分布在北部阿空加瓜至科尔查瓜产区的一些种植园,这片地区气温更高,更适合西拉的生长。令人惊讶的是,西拉似乎也喜欢圣安东尼奥清爽的空气。在澳大利亚,类似的葡萄品种通常被称为"西拉子"。

5. 黑皮诺

多年来,生长在智利最凉爽地区的这个源自勃艮第的葡萄品种黑皮诺一直在给人们带来惊喜。在卡萨布兰卡和圣安东尼奥,它经常与霞多丽相搭配酿造出美妙的葡萄酒。

除了以上品种外,智利还种植帕伊斯、神索、马尔贝克、桑娇维塞、丹魄、仙粉黛和佳丽酿。

（二）白葡萄品种

1. 长相思

在卡萨布兰卡和圣安东尼奥等地,长相思葡萄品种的种植取得了成功;另外,在高纬度地区,如迈坡谷和卡恰布谷,这一品种也茁壮成长。不过,莫莱河谷以及库里科谷附近的环境才最适宜此品种的生长。用这里的葡萄酿造而成的干型酒口感丰富而又充满果香。在智利，人们有时所称的"绿长相思"（Sauvignonasse），实际上是与长相思同属一个大类的另外一个品种，与长相思的亲缘关系很近，但是品质略逊，而且更容易腐败变质。

2. 霞多丽

霞多丽这个品种让智利人酿造出了高品质的葡萄酒，是因为在酿酒的过程中人们恰当地使用了橡木桶。不过近年来，很多酿酒师开始减少橡木桶的使用，甚至不用橡木桶酿成带有浓郁热带水果风味和矿物气息的霞多丽葡萄酒。这些葡萄酒就像美国或者澳大利亚生产的酒一样，干型，口感丰富，略微黏稠厚重，而且当葡萄产自相对凉爽的地区时，酒会有柔和适中的酸度。卡萨布兰卡山谷、科尔查瓜谷、库里科谷和莫莱河谷，这些地区为霞多丽提供了理想的气候条件。

3. 雷司令

圣安东尼奥地区，这里在海风的吹拂下气候凉爽，曾经种植在莱茵河沿岸的葡萄品种也在安第斯山脉的山脚下找到了自己的位置。另外，迈坡谷以及更靠近南方的比奥比奥谷也同样是雷司令理想的种植地。但气候条件并不是唯一的标准，为了能充分体现出雷司令这一品种优雅、细腻以及纯洁的表现力，人们还需要找到适合种植这类葡萄的富含板岩的土壤。

4. 亚历山大麝香

人们不可能对这种在智利种植面积已经超过 5000 公顷的葡萄品种——亚历山大麝香视而不见，虽然用这种葡萄酿造出来的葡萄酒很少被出口，但这种晚收的品种是值得欣赏的，它芬芳怡人，口感丰富而细腻。另外，在智利人们也种植赛美蓉、琼瑶浆、白皮诺和维欧尼。

三、葡萄酒产区

智利的地形像一支又瘦又长的毛笔，从北到南长达 4270 千米。如果把它放在中国地图上，就要从黑龙江省最北部一直延伸到西沙群岛。智利国土东、西之间的宽度平均只有 180 千米，仅为其国土长度的 1/24，堪称世界上最狭长的国家。这样特殊的地理条件，使其葡萄酒产地主要分布在以首都圣安东尼奥为中心的南北走向的山谷地带。从北到南，智利可分为 4 个葡萄酒大产区。4 个葡萄酒大产区分为十几个子产区（见图8-7）。

（一）科金博产区

科金博（Coquimbo Region）为智利的"腰部"，是智利最北的葡萄酒产区，也是智利最狭窄的地区，这里靠近太平洋清凉的海水和顶部覆盖着雪的安第斯山。科金博产区北邻沙漠，年均降雨量只有 100 毫米，经常发生旱灾，当地的葡萄园严重依赖人工灌溉。这里主要生产霞多丽、品丽珠和西拉葡萄酒。另外，这里还出产智利的代表性烈酒皮斯科葡萄酒。科金博产区有 3 个子产区：艾尔基谷、利马里谷和峭帕谷。

1. 艾尔基谷产区

艾尔基谷（Elqui Valley）以科金博的港口、鲜食葡萄和皮斯科酒闻名。这里的环境条件极佳，鳄梨树像蘑菇一样疯狂生长，葡萄藤和仙人掌在澄澈的天空下相互交错。艾

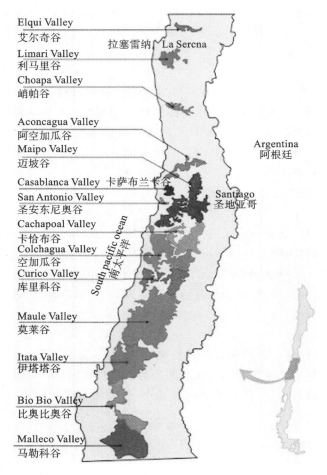

图 8-7　智利葡萄酒产区

尔基谷是世界闻名的天文观测圣地,旅馆的房间都配有玻璃天花板,以便人们能够观测到宇宙的壮丽,并在星空中安然入睡。艾尔基谷是智利最北端的葡萄酒产区,也是地势最高的产区,接近沙漠,干燥少雨,此产区大量种植麝香葡萄,用于酿造智利著名的传统蒸馏酒皮斯科葡萄酒。这里也种植着西拉、佳美娜、长相思等葡萄品种。

2. 利马里谷产区

利马里谷(Limari Valley)近乎为沙漠地带,但这里种植的葡萄却受到强烈的海洋影响,因为从葡萄园到太平洋的距离在20~45千米。多亏有了清爽的晨雾和充足的光照,赤霞珠、佳美娜、西拉、梅洛和霞多丽长势良好,酿制的葡萄酒浓郁饱满。

3. 峭帕谷产区

峭帕谷(Choapa Valley)位于利马里谷南部,以种植酿造皮斯科酒的白葡萄为主,当地的风土非常适应赤霞珠、西拉等品种。近年来,西拉的种植面积不断扩大,葡萄园位于800米的海拔之上,高海拔有利于维持葡萄较高的酸度,也有利于酚类物质的成熟,峭帕谷地区葡萄酒黑色浆果风味足。

（二）阿空加瓜产区

阿空加瓜产区（Aconcagua Region）因阿空加瓜山而得名，智利和阿根廷分享着阿空加瓜山脉。这条山脉拥有美洲最高的山峰，地处阿根廷，最高海拔达到 6960 米。阿空加瓜产区属于地中海气候，阳光充足，以生产色泽较深、单宁丰富的红葡萄酒而著称，主要品种为赤霞珠。阿空加瓜产区白葡萄主要种植在山谷或凉爽的海岸线边。阿空加瓜产区有 3 个子产区：阿空加瓜谷、卡萨布兰卡谷、圣安东尼奥谷。

1. 阿空加瓜谷产区

阿空加瓜谷（Aconcagua Valley）长约 60 千米，宽 3～4 千米。气候属于地中海气候，炎热干旱，光照十分充足，有着十分有利于高质量葡萄生产的自然条件。在夏天，受到太平洋上吹来的微风影响，本区白天凉爽，有助于延长葡萄的生长成熟期，葡萄收获期也比其他地方延后了 2～3 周。这种良好的气候条件有助于葡萄气味的积累和果实内各种物质的聚集。阿空加瓜谷降水稀少，雨水常常在冬天突然降临，由于湿度不大，这里的葡萄较少受到真菌病的影响。在这里，对葡萄的灌溉很重要，春季来自安第斯山脉的冰雪融水为本区提供了充足的灌溉水源。从地理角度上来说，阿空加瓜地区十分适宜葡萄种植，这里有些地方的土壤属于花岗岩质，包含很多小石块，这些石块都是由冰川带来的。阿空加瓜谷是智利非常优质的红酒产区，主要以赤霞珠与卡曼纳最为突出，所产的葡萄酒有成熟的果味，单宁含量高，智利著名的酒庄伊拉苏（Errazuriz）位于阿空加瓜谷产区内。

2. 卡萨布兰卡谷产区

卡萨布兰卡谷（Casablanca Valley）地处圣地亚哥以西 80 千米处，这个山谷长度不到 30 千米，但却非常著名，因为它一直是智利著名的葡萄酒产区之一，尤其以白葡萄酒著称。卡萨布兰卡谷的气候条件以及贫瘠的沙质土壤很适合霞多丽的生长，智利顶级霞多丽和长相思葡萄酒大都出自此地。卡萨布兰卡谷受海洋的影响十分巨大，寒冷的洪堡洋流带来不间断的凉爽海风，使得夏季气温显著下降，特别是在 1 月和 2 月。卡萨布兰卡谷的葡萄收获期因此比智利中央山谷大约晚一个月，也因此使得葡萄果实内酸度更高，榨出的葡萄汁更浓厚。黑皮诺、梅洛、西拉等红葡萄品种在卡萨布兰卡谷也有很好的表现，果香浓郁、精致的结构、酸度活泼是卡萨布兰卡谷产区红葡萄酒的特点。

3. 圣安东尼奥谷产区

圣安东尼奥谷（San Antonio Valley）位于卡萨布兰卡谷以南约 20 千米处，面积较小，是智利一个新兴产区。圣安东尼奥谷靠近海洋，受秘鲁寒流的影响，气候凉爽，贫瘠的土壤使得霞多丽、长相思和黑皮诺得以大显身手。圣安东尼奥谷产区的白葡萄酒高酸，有矿物质风味。

（三）中央山谷产区

中央山谷（Valle Central Region）是智利最重要的葡萄酒产区，也是智利最大的葡萄酒产区，面积大，产量高，智利出口的葡萄酒 90% 来自这里。中央山谷属于地中海气候，主要生产红葡萄酒，如赤霞珠、佳美娜葡萄酒。中央山谷产区历史悠久，聚集了智利大批顶尖酿酒厂。沿南纬 35°向南北延伸,中央山谷从迈坡谷一直延伸到莫莱谷的南端,长度 400 千米,宽度只有 100 千米,分出 4 个子产区,分别是迈坡谷、兰佩谷、库里科谷和莫莱谷。

1. 迈坡谷产区

迈坡谷(Maipo Valley)这个美丽的山谷是智利葡萄种植历史最悠久的地方,这里的葡萄种植业也秉承着质量第一的原则。迈坡谷产区名称是人们在购买智利葡萄酒时最常见的,智利的历史名庄大多汇集于此,如安杜拉加酒庄、桑塔丽塔酒庄、库奇诺酒庄、干露酒庄等都是智利历史悠久的名庄。受地中海气候的影响,这里夏季干燥少雨,光照充足,昼夜温差大,晚上葡萄可获得充分的休息。迈坡谷土地丰饶,以黏土质、排水能力良好的冲积土为主,砾石多。这些都为葡萄生长提供了良好条件。迈坡谷的霞多丽葡萄酿制出的干型葡萄酒纯净柔和,带有特殊的奶油、香草和熏烤的香气。赤霞珠在此处表现绝佳,也是迈坡谷产区当之无愧的王者(占迈坡谷葡萄种植总量的 60%),迈坡谷的赤霞珠颜色深红,有彩椒、黑加仑、香料甚至桉树叶等多种风味。总体来说,迈坡谷生产的葡萄酒单宁成熟,也不缺乏果香。梅洛、西拉、佳美娜在迈坡谷也都有大量种植,红葡萄约占葡萄总种植面积 85%的比例。

2. 兰佩谷产区

兰佩谷(Rapel Valley)产区包含两个次产区,卡恰布谷和空加瓜谷。

(1)卡恰布谷。

卡恰布谷(Cachapoal Valley)位于北边山谷,葡萄园分布在兰卡瓜以南的安第斯山脚下,这片地区有些地方海拔高度超过了 1000 米,主要种植赤霞珠、梅洛和佳美娜。

(2)空加瓜谷。

空加瓜谷(Colchagua Valley),位于南边山谷,这里的葡萄园大多处在安第斯山脉和太平洋之间海拔 600 米以上的地方,昼夜温差很大,微气候多,在陡峭的山坡上,土壤多岩石沙砾,西拉品种最为出色,佳美娜与赤霞珠也都有种植。此外,这里还是马尔贝克葡萄酒产区,汇集了很多名庄,如埃德华兹酒庄、蒙特斯酒庄等。

3. 库里科谷产区

库里科谷(Curico Valley)种植的葡萄主要集中在特诺河和隆图河沿岸的 3 个不同地区:中部平原地区、安第斯山脉脚下和滨海山地地区。这里的气候条件有利于长相思和赤霞珠两个葡萄品种的种植。20 世纪 90 年代初,位于莫利纳的圣派德罗酒厂以其产品商标上的两只小猫(白猫和黑猫),令智利出口的葡萄酒声名远扬。

4. 莫莱谷产区

莫莱谷(Maule Valley)坐落在圣地亚哥以南 250 千米处的塔尔卡城,是莫莱河产区的首府,也是智利最大的葡萄产区。莫莱谷的土壤为肥沃的沉积层,属于地中海气候,比较干燥。这里夏天炎热,温度变化很大,因此生产的葡萄酒口感均衡、优雅而富于表现力。莫莱谷种植着帕伊斯、赤霞珠、梅洛、长相思和佳美娜等葡萄品种。

(四)南部产区

南部(South Region)产区海岸山脉的屏障效果较弱,气候寒冷潮湿,比较适合长相思、雷司令、霞多丽和黑皮诺的生长。本区降雨量比北部区域大,有一定病虫害风险。

葡萄品种以帕伊斯和亚历山大麝香为主导。南部产区分为 3 个子产区：伊塔塔谷、比奥比奥谷、马勒科谷。

1. 伊塔塔谷产区

伊塔塔谷(Itata Valley)就坐落在这里，是智利传统的葡萄酒产区，著名的康塞普西翁港也是西班牙殖民时期最早带入的葡萄品种帕伊斯和亚历山大麝香的主要栽培地。此地葡萄酒产量很大，多为日常餐酒。

2. 比奥比奥谷产区

比奥比奥谷(Bio Bio Valley)是智利靠近南端的葡萄酒产区，降雨量大，有时候葡萄采摘很受影响。这一产区与伊塔塔谷相似，以传统的帕伊斯和麝香葡萄为主。这里气候凉爽，葡萄生长期长，黑皮诺在此处得到成功种植，以其新鲜的酸度、饱满的果香受到消费者的喜爱。

3. 马勒科谷产区

马勒科谷(Malleco Valley)位于智利最南端，降雨量大，昼夜温差大，很多葡萄品种还在实验种植阶段，其中霞多丽、黑皮诺、长相思等有较好的表现。马勒科谷产区生产的高品质霞多丽葡萄酒，口感清新爽口、酸味突出，受到国际市场关注。

四、小结

智利是世界上优质葡萄酒生产国，葡萄种类繁多，风土多样，有着优越的自然环境，酿酒方法受法国影响较大。智利葡萄酒通常果香丰富，入口均衡柔顺，深受亚洲消费者喜爱。自从 2014 年，我国与智利签署自由贸易协定以来，智利葡萄酒对我国的进口额大幅度上升。

知识活页
▼

本章小结

□ **内容提要**

本章讲述了美洲国家葡萄酒的风土，包括美国、加拿大、阿根廷、智利 4 个美洲国家葡萄酒的风土现状（各自的气候特点、产区、主要及特色酿酒葡萄品种）、各自葡萄酒的特点等内容。

美洲的国家都属于"新世界"产酒国。

美国的葡萄酒风格多变，酿酒商不断创新，他们探索新的酿酒方法，专注于突出表达葡萄品种的特点。美国产酒区集中在加州和华盛顿州，其中加州的纳帕产区拥有众多世界顶级名庄。这里的酒庄已经成为北加州的观光重点，大小酒庄不下 200 家，几乎所有酒庄都提供试饮，旅馆、餐厅众多。纳帕谷每年有超过 500 万人前来观光，被称为"葡萄酒爱好者的迪士尼乐园"。美国加州是仙粉黛表现最出色的地区。在加州，仙粉黛多年来都是种植面积最大、最受欢迎的葡萄品种。仙粉黛果串密集，容易受到各种病虫害和真菌疾病的侵害。

加拿大多生产白葡萄酒,主要种植的葡萄品种包括雷司令、霞多丽和灰皮诺。加拿大利用寒冷的冬天成为冰酒的领导者,冰酒也成为加拿大的名片——口感冰爽甜蜜,有蜂蜜和焦糖的味道。酿造冰酒的主要葡萄品种有维达尔、雷司令和品丽珠。

阿根廷虽然属于"新世界"酿酒国,但其实有着悠久的葡萄种植和酿造历史。阿根廷葡萄园最显著的特点是高海拔,其最重要的优质葡萄酒产区门多萨,葡萄园的平均海拔高度为900米。世界海拔最高的葡萄园位于阿根廷卡法耶区,海拔为1750~3111米。阿根廷最重要的葡萄品种是马尔贝克,马尔贝克原产于法国西南部,但它在阿根廷国土上表现更优异。阿根廷作为最优质的马尔贝克葡萄酒生产地而闻名于世。

智利国土狭长,生产的葡萄酒风格跨度很大,智利的气候使得葡萄酒带有天然的高酸度,葡萄酒色泽鲜艳饱满,香气浓郁,有层次感。智利多采用单一葡萄品种酿制葡萄酒。传统的波尔多酿酒方法,使其酿制出的葡萄酒既有欧洲传统,又不失南美风味,给人一种新旧交叠的感觉。智利的葡萄酒由于低税、口味独特而深受大众喜爱。

□ **核心概念**

风土;微气候;葡萄酒风格;冰酒

□ **重点实务**

葡萄种群的特点在侍酒服务中的运用;"新世界"葡萄酒的特点在侍酒服务中的运用

 本章训练

□ **知识训练**

一、简答题

1. 美国葡萄酒的特点是什么? 美国有哪些葡萄酒产区? 美国的特色葡萄品种是什么?

2. 加拿大最著名的葡萄酒是什么? 它具有哪些特点?

3. 阿根廷葡萄酒有哪些特色? 其特色的葡萄品种是什么?

4. 智利葡萄酒有哪些特点?

二、讨论题

1. 风土包括哪些因素? 举例说明风土对葡萄生长和葡萄酒风味的影响。

2. 哪些因素影响葡萄酒的价格?

 Note

□ 能力训练

一、理解与评价

风土包括哪些因素？相同的葡萄品种，甚至是同一纬度，相同土壤类型的条件下，是否能酿造出风格一致的葡萄酒呢？为什么？

二、案例分析

风土对葡萄酒的影响究竟有多大？

背景与情境：风土对葡萄酒的影响究竟有多大？对于这个问题，大致有两派意见：大多数欧洲酿酒师非常重视风土对葡萄酒品质的直接影响，而美国、澳大利亚等"新世界"产区的酿酒师则认为除了风土之外还有更多其他因素（如种植技术等）影响葡萄酒的品质。

欧洲人对风土的重视，从法国人身上可见一斑。在1937年法国政府出台原产地命名控制之时，就强调了"产地"对葡萄酒品质的决定性影响。

法国人对风土的重视，也不仅限于在欧洲大陆。波尔多五级庄 Chateau Pontet-Canet 庄主收购已故喜剧演员罗宾·威廉姆斯在加州北部的葡萄庄园 Villa Sorriso。据酒庄技术总监透露，他们看上该葡萄园的原因就是"其土壤可以种植出他们想要的葡萄，酿出理想的葡萄酒"。而对于大多数"新世界"葡萄酒的消费者来说，风土则不过是一个非常抽象的概念。很多人认为，风土不过是葡萄酒爱好者口中的"装腔词汇"。不过，仍然有许多人认同葡萄种植环境因素对葡萄酒的影响。那么，风土对葡萄酒的影响究竟体现在什么地方呢？

风土三要素：土壤、地势和气候。

1. 土壤

土壤可以说是风土概念的核心要素。在全世界适合种植葡萄的土地上，就有数十种不同类型的土壤。单单在美国加州的纳帕谷，人们就发现有高达33种土系以及上百种土壤的差异。

不同的葡萄品种，对土壤自然有不同需求。例如，梅洛和霞多丽适合在黏土中生长，而赤霞珠等晚收品种则需要沙砾型土壤，因为后者的传热性和排水性更加良好。

2. 地势

葡萄园的地势决定了葡萄种植的温度、光照程度和排水性等。例如，葡萄园适合选在有一定坡度的地方，因为坡地可以改善排水性。地势较高的葡萄园温度适当，而朝向东方和南方的葡萄园光照条件较好。这也就是为什么在勃艮第的特级园都是在山坡地带，朝向东方或南方的坡地。而它的延伸地段，坡度较缓位置较低的葡萄园只能是一级园。

3. 气候

葡萄园的气候条件，囊括了从大气候到葡萄藤间距差异带来的微气候等，包括温度、湿度、降雨量等因素。气候决定葡萄成熟期的长短，以及成熟时含糖量多少和酒精度的高低。在温暖的产区，如美国加州，葡萄酒往往会含有较高的酒精度。

事实上，风土对葡萄酒的影响很难用确切的数据来估量。酿酒师追求的是根据产区特点种植出最佳葡萄，其实影响葡萄酒的因素还有很多很多。不过，许多酿酒师的理想，都是酿造出充分展现产地风土的葡萄酒。这也从另一个侧面说明"风土"二字在酿酒师心目中的地位。

　　当然也有对风土持怀疑态度的酿酒师。对于消费者来说,寻找能够充分表现风土特色的葡萄酒,有助于增进对产区和葡萄品种的了解。风土不仅仅是个抽象的名词,它需要每一个饮酒的人用心去体会。

资料来源　https://weibo.com/ttarticle/p/show? id=2313501000014426982854098975

问题:

　　1. 本案例中,"新世界"和"旧世界"产酒国对风土的理解和重视有什么区别?

　　2. 作为葡萄酒消费者,你和你周围的人在饮用一款葡萄酒时,品尝的到底是葡萄酒的什么呢?

第九章
大洋洲葡萄酒的风土

学习目标

职业知识目标:学习和掌握大洋洲主要国家的葡萄酒风土;从地理和人文角度了解大洋洲主要葡萄酒生产国的气候、土壤、葡萄酒口感特点及其成因;掌握各国主要葡萄酒产区及其特点;明确各国、各产区主要的葡萄品种及其风土特点。

职业能力目标:运用本章专业知识研究大洋洲主要国家葡萄酒的风土,归纳出大洋洲主要国家葡萄酒风土的特点,培养与葡萄酒风土相关的分析能力与判断能力;通过不同国家的葡萄酒的发展过程,能够分析判断不同国家葡萄酒的现状。

职业道德目标:结合大洋洲葡萄酒的风土教学内容,依照现在大洋洲主要国家葡萄酒发展现状,清楚大洋洲主要葡萄酒生产国的葡萄种植、葡萄酒酿造、葡萄酒特点及其在世界葡萄酒市场的地位。

引例

澳大利亚葡萄酒发展概述

1788年,新南威尔士州的首任管理者在悉尼港的农场湾种植了葡萄苗。到19世纪末,澳大利亚已经向英国出口了大量的加强型阳光熟成葡萄酒,在英国,这些葡萄酒被当作"补品"出售,然而却经常受到歧视。

当时,大部分的葡萄酒是加强型葡萄酒,被称为"波特"或"雪莉酒",几乎鲜有雄心勃勃的生产商酿造低酒精度的葡萄酒。不过,散布在维多利亚州、南澳大利亚州和新南威尔士州的小酒庄酿造的葡萄酒,因其独创的风格和惊人的陈年潜力而赢得了赞誉。

20世纪70年代,澳大利亚葡萄酒业出现了质的转变。加强型葡萄酒的风采不再,餐酒崛起,欧洲市场的需求剧增。像奔富酒庄就因酿造充满甜味、橡木味且浓厚的葡萄酒获得金牌荣誉和赞美。而数量不断增长却很脆弱的小果农因亏损而很快被大酒庄收购。

20世纪90年代到21世纪初期,澳大利亚葡萄酒的出口猛增,葡萄种植因此而狂热发展,有的甚至被减税优惠给误导,且新增的很大一部分葡萄园需要依靠默里-达令河的灌溉。随后,不可避免地出现了葡萄产量供过于求的情况,特别是国内市场的贴现及厄尔尼诺和拉尼娜造成的极端天气,澳大利亚葡萄酒业雪上加霜。2007—2010年,不少葡萄产区受干旱困扰,葡萄比往常都要提早几周采摘。从2011年开始,拉尼娜为澳大利亚东南部带来了史上最湿的葡萄生长季。与此同时,西澳大利亚州的葡萄园从2006年开始就保持稳定的年份,这彰显了澳大利亚是多么广袤无垠,要知道从珀斯到布里斯班的距离相当于从马德里到莫斯科的距离。

这个世界上最大的岛屿距离澳大利亚以外的消费者都非常遥远。本地消费者竭尽所能购买葡萄酒,人均饮酒量相比1960年增长了5倍以上。尽管如此,他们仅消耗了本国产出葡萄酒的40%,因此,澳大利亚葡萄酒产业必须依靠出口才能生存。澳大利亚国内市场受到澳元强势的影响,进口葡萄酒竞争也是极为激烈,其进口额的2/3来自新西兰。进入21世纪之后,新西兰著名的长相思葡萄酒供过于求,马尔堡的长相思葡萄酒如洪水般涌入澳大利亚,被称为"长相思雪崩"(Savalanche)。

就在同一时间,澳大利亚重要的两个海外市场动荡不安。充满变数的美国市场认为,常以廉价、甜味为代表的所谓"怪物品牌"的澳大利亚葡萄酒已经过时了。几乎同时,少数统治英国大众市场的超市零售商认为,澳大利亚瓶装葡萄酒过于昂贵,转而进口价格低廉的散装葡萄酒并定制自有品牌。

中国市场拯救了澳大利亚葡萄酒。中国消费者对澳大利亚葡萄酒的热情,让澳大利亚的葡萄酒生产商乐观了起来。对中国出口的激增,使澳大利亚葡萄酒在中国市场的价值已经超过英国和美国市场的总和。在中国,仅有法国葡萄酒的市场占有率超过澳大利亚葡萄酒。与目前澳大利亚年轻人所喜欢的那种新鲜的、清淡的、轻酒体的葡萄酒截然不同,中国消费者喜爱浓郁的红葡萄酒,并且偏爱昂贵的包装。而令人满意的是,澳大利亚葡萄酒两者都可以做到。

资料来源 休·约翰逊·杰西斯·罗宾逊著,积木文化译:《世界葡萄酒地图》,中信出版社,2010

第一节 澳大利亚

澳大利亚作为"新世界"葡萄酒的代表之一,其产出的葡萄酒在世界范围内有着较高的知名度和认可度。除了严格遵守传统酿酒方式、不断更新酿酒技艺,大自然所赋予的得天独厚的条件也使得澳大利亚葡萄酒有着不可比拟的优势。

一、自然环境及葡萄酒发展状况

澳大利亚的大部分地区还是太热或者太干旱,所以大多数葡萄酒产区都分布在沿海地区,主要是凉爽、人口稠密的东南沿海地区,以及塔斯马尼亚州和西南地区。

　　10月至次年4月的平均气温决定了葡萄的成熟潜力。葡萄种植的气温下限出现在塔斯马尼亚州、维多利亚州南部以及新南威尔士州东部的高海拔地区,这促使这些地区集中精力种植凉爽产区葡萄。因葡萄种植的气温上限大概在21℃,所以澳大利亚不少地方不适宜种植葡萄。

　　澳大利亚的大部分地区降水丰沛,特别是最北边的热带地区、东海岸和塔斯马尼亚州的西海岸都降水丰富,但是从整体而言,澳大利亚是缺水的。南澳大利亚的年平均降水量在500毫米以上,达到了通常认为是不需要为葡萄补充灌溉的最低降水量。

二、葡萄品种

　　澳大利亚共种植着40多个葡萄品种,但是其中主要的也就8～10个葡萄品种,西拉子、赤霞珠、霞多丽这3个品种就占葡萄总种植面积的60%左右。红葡萄品种有西拉子、赤霞珠、梅洛、黑皮诺、歌海娜、玛塔罗(慕合怀特)等。白葡萄品种有霞多丽、赛美蓉、雷司令等。

(一)红葡萄品种

1. 西拉子

　　西拉子是罗讷河谷地区著名的葡萄品种西拉的别名,是澳大利亚标志性的葡萄品种,也是澳大利亚种植面积最大的葡萄品种,它几乎在每个产区都有种植,除了少数气候较冷的产区,这些地区使葡萄很难成熟。西拉子葡萄酒几乎占澳大利亚葡萄酒总产量的1/4。

　　根据产区、气候、葡萄藤龄和酿酒技术的不同,西拉子生产中度至饱满的酒体,带有不同风味和结构的葡萄酒。许多葡萄酒爱好者喜欢传统的、来自温暖气候的西拉子葡萄酒,因其大胆前端的风味,多汁的果酱般味道,以及成熟的单宁和高酒精度的完美平衡。但许多饮酒人士也能接受种植在凉爽气候下的西拉子。这些用其酿造的更优雅的葡萄酒充分诠释了品种的特性,表现了不同产区的差别。最好的澳大利亚西拉子葡萄酒可以优雅地陈年多年,其成熟的一类水果特征可以发展为更复杂的香气,如辛香料、茶叶、焦油、甘草和泥土的香气。

2. 赤霞珠

　　赤霞珠这个来自波尔多地区的著名葡萄品种,在澳大利亚常常用来单独酿酒或者同西拉子、梅洛一起混酿。赤霞珠以其强烈的颜色、风味、酸度和单宁而闻名,能陈年数十年。因此,赤霞珠已经成为许多澳大利亚具有历史意义和较成功的葡萄酒中不可动摇的品种。尽管赤霞珠可以在各种气候下生长,但它是一种晚熟的葡萄品种,最适合生长在干燥的、温暖且凉爽的产区。澳大利亚以其酒体更丰满、香气更浓郁的赤霞珠葡萄酒而闻名,但赤霞珠也生产中度酒体风格、单宁突出的葡萄酒。赤霞珠既可以成功地作为单一葡萄品种进行酿造,也可以在混酿中起主导作用。风味饱满的赤霞珠与西拉子混酿,被酿酒师们赋予了澳大利亚独特的烙印。澳大利亚的赤霞珠葡萄酒比其他大多数葡萄酒更具有陈年潜力,有些风格需要陈年后才能展现其独特的风味。年轻的赤霞珠葡萄酒具有坚实的单宁、高酸度,以及黑醋栗、黑莓和草本植物的风味。随着葡萄酒的不断熟化,单宁软化,口感圆润顺滑,呈现出雪松、烟草、泥土、酱豆和可可的风味特点。

3. 梅洛

梅洛是波尔多葡萄品种,通常用来和其他品种混酿,可以给葡萄酒带来果香,具有圆润而灵活的口感。在澳大利亚,这一品种同西拉子和赤霞珠等主要葡萄品种比起来,还是相对低调很多。在西澳大利亚州,梅洛同赤霞珠非常受欢迎,尤其是在玛格丽特河地区。

4. 黑皮诺

黑皮诺在澳大利亚一些最凉爽的地区蓬勃发展,是进入商业葡萄酒界相对较晚的品种,但已成为一个不可或缺的品种。通过精心打造独特的澳大利亚风格,酿酒师们已经确定了黑皮诺葡萄酒在澳大利亚著名红葡萄酒中的地位。黑皮诺是较难种植的葡萄品种,但在合适的地点精心种植,并经过酿酒厂的技巧处理,它可以酿造出微妙、优雅而精致的优秀葡萄酒。起初,澳大利亚黑皮诺葡萄酒具有细腻的樱桃、红色浆果和草本植物的风味。它质地丝滑、细腻而柔软,常见的是轻度到中度酒体的风格。随着葡萄酒的成熟,一些澳大利亚黑皮诺葡萄酒将发展出经典的泥土气息或"森林地表"的咸鲜风味,为葡萄酒增加了额外的风味维度。除了生产单一品种的(静止)葡萄酒外,黑皮诺还是起泡酒传统方法中使用的 3 种葡萄品种之一。在澳大利亚种植的黑皮诺中,约有一半是用于起泡酒酿造。

5. 歌海娜

歌海娜是法国南部著名的葡萄品种,源自西班牙,在澳大利亚的葡萄酒标签上不是很常见,但是还是有少量种植,特别是在西澳大利亚州。由于这一品种的颜色比较清淡,同时易氧化,使得其只能用于混酿(通常与西拉子和慕合怀特一起混酿),有时可以给葡萄酒带来丰富的果汁以及水果香气。

6. 玛塔罗(慕合怀特)

慕合怀特是一种源于西班牙的红葡萄酒品种,在澳大利亚通常被称为"玛塔罗"(Mataro)。1832 年,詹姆士·布思比从法国朗格多克-露喜龙产区将慕合怀特带到澳大利亚,此后该品种在澳大利亚的种植范围越来越广。特别是南澳的克莱尔谷、迈拉仑维尔和巴罗萨谷,十分适合慕合怀特生长(见图 9-1)。

图 9-1 玛塔罗(慕合怀特)葡萄

慕合怀特一般用于与歌海娜、西拉子混酿。虽说慕合怀特单一品种葡萄酒并不常

Note

见,但绝对值得尝试,它口感无比丰富,极具个性。虽然多年来,赤霞珠和西拉子葡萄酒掩盖了它的光芒,但越来越多的年轻酿酒师都认为慕合怀特葡萄酒潜力无限,会成为澳大利亚葡萄酒界的一匹黑马。

(二)白葡萄品种

1. 霞多丽

澳大利亚的霞多丽没有典型风格的束缚。这个勃艮第的重要葡萄品种自 20 世纪 90 年代起,就已经发展成为澳大利亚的后起之秀,用其酿造的葡萄酒占澳大利亚白葡萄酒产量的一半以上。世界上一些最古老的霞多丽葡萄园与最新种植的用于酿造起泡酒的霞多丽品系共存。霞多丽以多种风格展现,由其生长的气候、土壤以及酿酒师的投入所决定。

澳大利亚生产 3 种风格的霞多丽葡萄酒:无橡木影响,酒体新鲜、花香、活力、清瘦的葡萄酒;有橡木影响,酒体饱满、顺滑,有烤面包风味、奶油感的葡萄酒;起泡酒,即干型、优雅、咸鲜的葡萄酒。

百变的霞多丽葡萄酒可以诠释其葡萄园的风土,但它也可以作为酿酒师试验的画布。澳大利亚的酿酒师们已经了解了这一品种的所有口味和特点,从清瘦、酒体轻盈的凉爽气候风格,到丰满、浓郁和成熟的温暖气候风格皆有。

2. 赛美蓉

赛美蓉在澳大利亚有着悠久的历史,生产多种不同风格的葡萄酒。这款标志性白葡萄酒之所以令人兴奋,是因为它具有超长的陈年潜力,同时也为酿酒师们提供了尝试酿造不同风格葡萄酒的机会。它也是为数不多的适合贵腐霉生长,可以用来酿造贵腐酒的葡萄品种之一,能酿造出澳大利亚著名的甜酒。

在澳大利亚,赛美蓉有 4 种独特的风格:无橡木影响,有橡木影响,混酿(未经或经过橡木桶熟化),甜酒。一般来说,赛美蓉是一种轻度到中度酒体的干型葡萄酒,年轻时饮用,既清新又爽口。它们通常具有柑橘、青苹果和草本植物的香气。许多赛美蓉能够很好地陈酿多年,发展出烤面包和蜂蜜的风味。橡木桶发酵和桶中熟化的葡萄酒往往口感更加饱满。赛美蓉甜酒浓郁、多汁,如蜂蜜一般。

3. 雷司令

澳大利亚雷司令是世界上纯净优雅的干白葡萄酒。雷司令葡萄能酿造出芳香、轻度到中度酒体、高酸的葡萄酒。这些清爽的葡萄酒未经橡木桶熟化,通常带有花香,以及浓郁的柑橘、苹果香气。澳大利亚雷司令葡萄酒年轻时活泼、新鲜、易饮。另外,最好的雷司令葡萄酒可以成熟几十年,其充满活力的柑橘类风味转化为蜂蜜、吐司和柠檬酱的味道,而酸度随着时间的推移而软化,使葡萄酒的口感结构更顺滑、更丰富。

三、葡萄酒产区

澳大利亚酿酒师酿造的葡萄酒是对地域风土的一种诠释。产区划分是澳大利亚葡萄酒业的基石:每个产区都有自己的特点和葡萄酒风格。澳大利亚的葡萄园按照地理标志划分,并被划分为大区、产区和子产区。最大的葡萄酒产区来自气候温暖炎热的地区,如新南威尔士州的滨海沿岸产区,以及南澳州的河地产区。一般来说,价值更高的优质葡萄酒通常来自更小、气候更温和的产区。

（一）阿德莱德产区

南澳州的阿德莱德产区的景色就像它的葡萄酒一样丰富多彩。阿德莱德是澳大利亚较为凉爽、海拔较高的葡萄产区，这里陡峭的地形，形成了一系列山谷的小气候。阿德莱德是澳大利亚现存古老的德国定居点所在地。20 世纪 30 年代，这里大部分葡萄藤被移除后，于 20 世纪 70 年代后期又重生为重要的葡萄酒产区。如今，阿德莱德产区生产优质葡萄酒，并在澳大利亚葡萄酒的演变中发挥着至关重要的作用。

阿德莱德产区以长相思、霞多丽、黑皮诺和西拉子而闻名，这些品种非常适应该地区凉爽的气候。此地也以有创新精神的酿酒师们而闻名，这些酿酒师们正在探索更多的小众品种，如绿斐特丽娜、桑乔维塞和内比奥罗葡萄酒。

（二）巴罗萨谷产区

巴罗萨谷是澳大利亚历史悠久的葡萄酒产区，以其优质的葡萄酒而闻名于世。它包括巴罗萨谷和伊顿谷地区，是世界上一些古老的且可持续生产西拉子、赤霞珠、马塔罗、歌海娜和雷司令老藤的家园，这些葡萄藤的历史可追溯到 19 世纪 40 年代。

巴罗萨谷产区温暖的气候有助于酿造酒体饱满的红葡萄酒、优质的加强型葡萄酒和强劲的白葡萄酒，尤其以西拉子、赤霞珠和歌海娜而闻名。伊顿谷——凉爽的气候生产优雅的葡萄酒，主要是雷司令、霞多丽、西拉子和赤霞珠葡萄。

巴罗萨谷产区知名酒庄有巴罗萨谷酒庄、奔富酒庄等。

（三）克莱尔谷产区

克莱尔谷是一个风景如画的葡萄酒产区，以其精致的白葡萄酒和浓郁的红葡萄酒而闻名于世。它也是一个有影响力的葡萄酒产区，这得益于它的基石——经典传统的生产商以及勇于实践的历史。这里有着温暖、温和的大陆性气候。然而，海拔高度、显著的昼夜温差、凉爽的午后和夜间微风，创造了不同的气候条件，这对种植雷司令尤为重要。

一些澳大利亚最好的雷司令在克莱尔谷种植，克莱尔谷产区的酿酒师们为经典的雷司令风味树立了标杆，生产国际知名、适于陈年的雷司令葡萄酒。克莱尔谷产区其他著名的葡萄品种还包括西拉子和赤霞珠。

（四）库纳瓦拉产区

库纳瓦拉位于南澳州的石灰岩海岸，以其宝贵的红土而闻名。库纳瓦拉也以生产优质、适合陈年的红葡萄酒而闻名。库纳瓦拉地处距离海岸只有 100 千米的内陆，因此该产区受海洋影响，气候温和，夏季干燥凉爽，许多葡萄品种拥有完美的成熟度。

这里生产各种各样的葡萄酒，赤霞珠葡萄酒是其中的王者，库纳瓦拉是澳大利亚重要的赤霞珠产区。其他的主要葡萄品种是西拉子和梅洛。

（五）麦克拉仑谷产区

麦克拉仑谷是南澳州葡萄酒的发源地，如今它是澳大利亚进步的、具有环保意识的葡萄酒产区。这里有着地中海气候,夏季温暖,冬季温和。但是邻近的洛夫特山岭和圣文森特湾在中和气候方面起着重要作用,它们在很大程度上造成了此地的许多中气候和小气候。

在麦克拉仑谷产区,红葡萄品种占据大约 90% 的葡萄种植面积,其中前三大种植葡萄品种为西拉子、赤霞珠和歌海娜。

(六) 玛格丽特河产区

位于西澳州的玛格丽特河产区是世界上较为年轻的葡萄酒产区。从 20 世纪 70 年代初开始,玛格丽特河产区就迅速拥有"优质葡萄酒之乡"的国际声誉。玛格丽特河产区也是世界上地理位置较为孤立的葡萄酒产区,为生产高品质的葡萄提供了一个纯净的环境。这里拥有地中海气候,由于三面环海,受到很强的海洋性季风气候影响。从降雨量方面来看,玛格丽特河地区有着整个澳大利亚显著的海洋性气候。

在玛格丽特河产区,红葡萄和白葡萄品种的种植比例分别为 60% 和 40%,其中最重要的葡萄酒是赛美蓉和长相思的混酿、霞多丽以及赤霞珠葡萄酒。这里以生产优雅和精致的葡萄酒而闻名。

玛格丽特河产区知名酒庄有魔鬼之穴酒庄、库伦酒庄等。

(七) 堪培拉产区

位于新南威尔士州和首都行政区的堪培拉地区景观多样,气候凉爽,是生产优质葡萄酒的理想之地。堪培拉这个相对年轻的葡萄酒产区,因其优质的葡萄酒,以及临近海洋的地理位置,日益成为一个受欢迎的旅游目的地。

堪培拉产区生产优雅的葡萄酒,最值得注意的品种是雷司令和西拉子,西拉子和维奥尼经常用来混酿。同时,人们也越来越关注小众的葡萄品种。

(八) 猎人谷产区

猎人谷是澳大利亚第一个商业葡萄酒产区,也是澳大利亚著名的和受欢迎的葡萄酒产区。它是世界上一些古老葡萄藤的家园,其中一些葡萄园可以追溯到 19 世纪 60 年代。这里有着受海洋影响的亚热带气候,特点是春夏季的白天温暖潮湿和秋冬季的夜晚较为寒冷。

猎人谷产区以酿造独特的赛美蓉葡萄酒而闻名。此外,这里还有出色的霞多丽、西拉子以及众多适合温暖气候条件的小众品种。

猎人谷产区知名酒庄有玛根酒庄、天瑞酒庄等。

(九) 奥兰治产区

奥兰治是一个迅速崛起的凉爽气候产区,拥有澳大利亚高海拔的葡萄园和越来越多的优质葡萄酒。其起伏的地貌主要由死火山——卡诺伯拉斯山构成。这里拥有大陆性气候——夏季温暖、夜晚凉爽且秋季干燥,是适宜葡萄生长的理想气候。

奥兰治产区能够生产各种各样风格的葡萄酒。霞多丽是最具标志性的品种,其葡萄酒风格从清爽优雅到浓郁丰富应有尽有。其他重要的品种还包括长相思、西拉子和赤霞珠。

（十）莫宁顿半岛产区

维多利亚州的莫宁顿半岛位于澳大利亚大陆南部，是一个小的海滨产区，气候凉爽。莫宁顿半岛产区200多个葡萄园大多规模较小，很多都是家族经营的。由于莫宁顿半岛产区靠近墨尔本，因而精品酒庄得以蓬勃发展。这里三面环水，是澳大利亚真正的海洋性气候产区。海拔、朝向和微风的吹袭对每个葡萄园都有显著的影响，形成了一系列中气候和小气候。

在莫宁顿半岛产区，黑皮诺是无可争议的明星，可以酿造出一系列令人印象深刻的葡萄酒。其他重要的葡萄品种有霞多丽和灰皮诺。对于所有生长在这里的品种，无论来自哪个地块，都能明显表现出清晰的品种特征。

（十一）路斯格兰产区

路斯格兰是澳大利亚加强型葡萄酒之都，其许多优质葡萄酒在全世界都广受认可。这是一个历史悠久的产区——第五代和第六代酿酒师们继续酿造屡获殊荣的白葡萄酒、红葡萄酒和加强型葡萄酒。这里具有典型的大陆性气候——夏季炎热、冬季凉爽且秋季漫长干燥。受到来自维多利亚阿尔卑斯山麓吹来的冷气流，这里的夜晚十分凉爽。

路斯格兰产区的加强型葡萄酒由麝香葡萄和密斯卡岱葡萄酿造，具有独特的澳大利亚特色，是世界上品质较好的葡萄酒。路斯格兰产区其他重要的品种还有西拉子和杜瑞夫，可以酿造出酒体饱满、适于陈年的葡萄酒。

（十二）雅拉谷产区

雅拉谷被誉为维多利亚州葡萄酒业的发源地，是澳大利亚主要的凉爽气候产区。这块广阔而多样的土地也是酿酒师们的家园，他们将传统与创新相结合，不断推陈出新，磨砺着自己的酿酒技术。雅拉谷产区有着受地中海影响的大陆性气候，因海拔和朝向的不同，造成了大量的中气候变化。气候变化使这里的许多葡萄品种得以脱颖而出。雅拉谷长期以来以霞多丽和黑皮诺而闻名，但它也生产世界级的赤霞珠和西拉子，以及一系列富有前景的小众品种。

（十三）塔斯马尼亚州产区

塔斯马尼亚州是澳大利亚较为凉爽的葡萄酒产区。其现代葡萄酒业始于20世纪70年代末，并迅速建立了全球的声誉。塔斯马尼亚州受到来自南大洋西风的影响，属温和的海洋性气候。

塔斯马尼亚州拥有理想的生长条件，可以酿造出自然优雅、风味浓郁、芳香四溢的葡萄酒。雷司令、霞多丽和黑皮诺葡萄酒是其中的佼佼者，霞多丽和黑皮诺在起泡酒中占据了相当大的比例。

教学互动

　　互动问题:根据已经掌握的澳大利亚葡萄酒产区知识,对比说明玛格丽特河产区与猎人谷产区的风土特点。

　　要求:

　　1. 教师不直接提供上述问题的答案,引导学生结合本节教学内容就此问题进行独立思考、自由发表见解,并组织课堂讨论。

　　2. 教师把握好讨论节奏,对学生提出的典型见解进行点评。

四、小结

　　在澳大利亚酿酒师们的词典里,革新也许更意味着一种看法和态度。新一代的酿酒师们不愿囿于传统的束缚,对所有新的事物都有着开放的态度。他们尝试新的科技和新的观念,如有机种植、生物动力法等。当然,传统并不意味着不好,而是大家把目光聚集在更多的可能性上。例如,在葡萄种植方面少用化学制剂除虫,在葡萄酒酿造中遵循"少即是多"的原则,少用甚至不用橡木桶,用质量好的橡木桶,保持更多新鲜的果味。他们也愿意尝试一些新的技术,如整串发酵,以及在白葡萄酒中使用果皮接触等。

同步思考

　　问题:澳大利亚葡萄酒橡木桶使用有何特点?

同步思考
答案
▼

第二节　新　西　兰

　　很少有哪个葡萄酒酿造国如新西兰这般形象鲜明。"鲜明"这个词贴切地描述了新西兰的葡萄酒,纯净的风味和丰满的酸度特征使它很难与其他国家相混淆。新西兰不仅是世界上较为偏远的国度(从其最近的邻国澳大利亚飞过去也要 3 个小时),也是葡萄酒王国里相对较新的一员。新西兰国土面积很小,葡萄酒产量仅占全世界总产量的 1%,但它却是重要的葡萄酒出口国,接近 90% 的葡萄酒销往海外。但凡品尝过新西兰葡萄酒的人,甚至澳大利亚人,都会疯狂爱上它那种异常强烈、直接的风味。

一、自然环境及葡萄酒发展状况

　　新西兰位于南半球,由南到北纬度相距约 6°,对照北半球相同的位置,大约等于巴黎到非洲北部。照理说,新西兰应是南半球最适合种植酿酒葡萄的国家,可是事实上由于海岛型多雨气候,使得新西兰温度较低,因而与北半球欧洲的大陆性气候有着极大的差异。新西兰距离澳大利亚有 1600 多千米,全岛几乎绿草如茵,主要以畜牧业为主。近 30 年间,葡萄耕种逐渐发展成为新西兰的重要农业。

影响新西兰葡萄酒业发展的主要问题是生产,往往存在供不应求的现象。大多数运营商证实,他们往往不能生产足够的葡萄酒,尤其是长相思葡萄酒,总是供不应求。因此,生产商形成了限制给客户产品份额的习惯。虽然葡萄种植面积增长了一倍,但是单位产量却显著下降了。2002 年是唯一的例外,这一年天气情况良好,葡萄品种同其风土得到了更好的融合。白葡萄酒约占葡萄酒总产量的 70%,占葡萄酒出口产量的比例则高于 80%,而新兴起来的优质红葡萄酒(占当前产量的 20%)的出现打破了"澳大利亚的红葡萄酒,新西兰的白葡萄酒"这一传统。在这方面,新西兰黑皮诺葡萄酒吸引了越来越多的追随者,其种植面积在 2006 年超过了霞多丽的种植面积。最后,所有新西兰生产商都毫无例外地必须依靠嫁接技术来避免根瘤蚜虫灾害的侵袭。这里的灾情不像澳大利亚那么令人震惊,数公顷的葡萄树过去都没有经过嫁接,但是臭名昭著的裂缝蚜虫似乎在北岛南部地区再次出现过。

二、葡萄品种

新西兰主要种植的是国际葡萄品种,这里很多地区偏向只种植某些葡萄品种。例如,吉斯本、霍克斯湾和内尔森产区主要种植霞多丽;奥克兰和霍克斯湾主要种植赤霞珠和梅洛;马尔堡则以长相思为主,而坎特伯雷以及中奥塔哥以黑皮诺为主。葡萄酒生产商们将更多精力投入一个葡萄品种上,这样可以酿制出更为适合其环境的酒款。

(一)红葡萄品种

1. 黑皮诺

黑皮诺主要种植在更凉爽的南部产区,不同地区多样性的气候与土壤造就了极其多样的黑皮诺葡萄酒风格。但它们的共同点是:这些葡萄酒具有"旧世界"葡萄酒的结构感和优雅性,伴随着"新世界"葡萄酒的强劲度和浓郁的果香。

新西兰黑皮诺葡萄酒兼具黑果与红果风味,入口丰厚饱满,果香甜美,并带有黑色李子和特有的巧克力风味。它结构精美,余韵悠长,单宁细腻。新西兰黑皮诺在全世界黑皮诺中颜色最深。

2. 梅洛

梅洛是著名的波尔多葡萄品种,以圆润、柔和以及随着年龄增长而逐渐变得复杂的香气而著称。梅洛可以单独酿制,也可以用于混酿,酿制出的葡萄酒也越来越有潜力。在北岛上,特别是在霍克斯湾地区,单一品种梅洛葡萄酒或是梅洛同赤霞珠的混酿葡萄酒都会带来一些不错的惊喜。

3. 赤霞珠

赤霞珠这个来自波尔多地区的葡萄品种,在新西兰酿制出了不错的葡萄酒,其颜色深重,散发出成熟水果、烟熏以及香料的香气。如果单位产量合理,则酿制出的葡萄酒可以达到期待中的单宁、风味物质以及回味。当然,除了极少数例外情况,赤霞珠还不能称得上新西兰的亮点葡萄品种。同梅洛、马尔贝克甚至品丽珠相反,赤霞珠富含过多的单宁,过于强劲,不能够单独酿酒。但是,赤霞珠如果经过精良的呵护,酿制的葡萄酒会有很大的潜力。

4. 西拉子

西拉子是法国罗讷河谷著名的葡萄品种,酿制出了众多埃米塔日及罗第丘产区的特级佳酿。20世纪90年代,西拉子被带到新西兰,并取得了一定的成功。但是,它的发展始终有限,2006年西拉子的种植面积为240公顷,主要分布在霍克斯湾地区,特别是吉布利特砾石产区,同澳大利亚40000公顷的西拉子相比,新西兰还差得很远。

(二) 白葡萄品种

1. 长相思

长相思是一种绿皮葡萄品种,原产于法国波尔多,被广泛种植于法国、智利、新西兰、澳大利亚等全球多个产区。长相思葡萄品种适宜温和凉爽的气候,尤其喜爱石灰质土壤。新西兰南北岛多地具备这样的气候与土壤条件。因此,在新西兰,长相思是拥有较大种植面积的葡萄品种,以其独特、丰沛、强烈的风味令世界为之倾倒。

长相思在新西兰南北岛都有较大面积的种植,主要产区是北岛的霍克斯湾和南岛的马尔堡。马尔堡产区位于新西兰南岛的东北角,土壤源自古老的冰川期,深层土壤多石,排水性良好,葡萄根系发达,酿造的葡萄酒香气芬芳,味道甘美。马尔堡晴朗干燥,拥有充沛的阳光、适中的气温,以及强烈的昼夜温差,葡萄生长周期长,能够凝聚风味物质。产自这里的长相思果味浓郁,具有强烈的品种表现力,且酸度较高。

2. 霞多丽

霞多丽被公认为是有着多面性的葡萄品种,意思是它适应性强,能和不同的气候和土壤协调而生长得很好。新西兰霞多丽是来自加州的克隆品种。霞多丽萌芽早,早发的花苞易受霜冻,所以种植地的选择非常重要。霞多丽是新西兰种植范围第二大的白葡萄品种。约九成的霞多丽种植集中于北岛的马尔堡、霍克新湾和吉斯本。霞多丽在新西兰这片净土充分吸收养分,它能够将新西兰独一无二的风土和各个产区的多样性展露无遗。总体来说,典型的新西兰霞多丽协调均衡,果味馥郁,风味集中。脆爽的酸度与风味形成平衡,有些会使用橡木桶陈年带来圆润的口感。

3. 灰皮诺

新西兰葡萄酒产量占全世界葡萄酒总产量的1%不到,而灰皮诺的产量仅占新西兰葡萄酒产量的6%,其产量不多,但很多新西兰酒庄都有酿造灰皮诺。灰皮诺已经成为继长相思和霞多丽之后的第三大白葡萄品种。在新西兰,冷凉的气候优势提供了生产优质灰皮诺绝佳的先天条件。

4. 雷司令

雷司令这个著名的莱茵葡萄品种获得了越来越多的关注,尤其是在内尔森和坎特伯雷地区,在那里,雷司令用来酿制干型和甜型葡萄酒。就像在南澳大利亚的伊顿和克莱尔谷地区一样,有些雷司令葡萄酒中可以感受到这个葡萄品种带给人们的细腻而纯净的口感。

知识活页

三、葡萄酒产区

新西兰主要由两大岛屿组成,有时这里就像是分隔的两个不同的世界,北部岛屿最北地区还处在亚热带气候下,而南部岛屿的最南端则正值寒冬。中部地区夏季凉爽,冬季相对温暖,葡萄种植条件优越。严格来说,新西兰没有法定产区,但是在立法方面,新西兰葡萄酒的标签上明确注明了酿酒葡萄来自哪个地区,某种程度上可以视为其法定产区。

(一)马尔堡产区

马尔堡是新西兰葡萄酒的旗舰产区,马尔堡产区的长相思将这个国家带到国际葡萄酒舞台。但马尔堡的葡萄品种远远不限于长相思,其他品种的表现也极为出色,风土条件也千变万化。

今天,葡萄种植已经成为马尔堡的主导产业,其葡萄种植面积占到了全国近2/3的比例,这里既有大型的跨国公司,也有小型精品葡萄酒生产商。

马尔堡气候凉爽、日照时间长、降雨量低、土壤排水性良好且肥沃适中,所有这些组合在一起,构成了绝佳的葡萄酿造环境,因此能够生产出一系列不同品种及风格独特鲜明的葡萄酒。

伴随着葡萄品种的不断增加,各个子产区的多样化土壤和小气候环境也在被不断发掘,正是因为这些珍贵的条件,使得马尔堡葡萄酒生产的未来一片光明。

马尔堡产区知名酒庄有云雾之湾酒庄、威瑟山丘酒庄等。

(二)霍克斯湾产区

霍克斯湾产区已形成了成熟的葡萄酒旅游线路,展现了一些小众精品葡萄酒生产商。1851年,天主教传教士在这里种下了第一株葡萄藤(他们的前身是位于内皮尔塔拉代尔区古老的明圣酒庄),其生产的红白葡萄酒都属于新西兰最好的葡萄酒,有着颇具影响力的国际声誉。

众多的酒庄和葡萄园中既有跨越多个产区的大型公司,也有家族经营的小型精品生产商,酿造优质葡萄酒是他们共同的承诺。其悠久的历史和郁郁葱葱且多产的土地,令霍克斯湾成为一个杰出的葡萄酒文化旅游胜地。

霍克斯湾产区知名酒庄包括威杜酒庄、德迈酒庄等。

(三)怀拉拉帕产区

怀拉拉帕的葡萄种植面积仅占新西兰的3%,产量也仅占新西兰的1%,但是它拥有一些新西兰最具代表性和最受追捧的生产商。

怀拉拉帕3个主要的子产区有类似的气候和土壤,但如果人们拥有敏锐的味觉,仍能探寻到细微的特征差别。这里有一系列各种风格和品种的葡萄酒,包括杰出的黑皮诺、长相思等芳香型葡萄酒,以及别致的霞多丽、西拉子葡萄酒和甜酒。

怀拉拉帕产区知名酒庄包括格拉斯顿酒庄等。

（四）中奥塔哥产区

中奥塔哥这片非凡的土地上有着白雪皑皑的山脉，还有闪闪发光的河流蜿蜒于峡谷深处，吸引来自四面八方的观光者，他们总是被这个产区精美的酒庄品酒室和葡萄酒主题旅行内容而深深吸引着。

中奥塔哥的各个子产区相距较近，但是地形各异的山脉使得每一个子产区都具有独特的气候、朝向和海拔。各个子产区的土壤更是各有不同，但是均有排水性良好的石质土壤作为基础。

中奥塔哥产区知名酒庄包括凯瑞克酒庄、飞腾酒庄等。

（五）吉斯本产区

吉斯本的地理位置相对偏远，使得它知名度不高，与其规模相比并不相衬，但它仍是新西兰的第五大产区。东行来到这里，人们将会体验到风格各异的多种美酒佳酿，既有香气迷人的入门款，也有生物动力法酿造的经典款。变化多端的美食美酒风情也是吉斯本产区的独特风景。

吉斯本的历史丰富多彩，传说它是库克船长在新西兰的首个登陆点，也是新西兰第一个看到日出的地方。这里的葡萄藤最早种植于 19 世纪 50 年代，现代葡萄酒业的建立是从 20 世纪 60 年代开始的，蒙塔纳（现在的新西兰保乐力加）、奔富和库本酒庄都曾在这里建厂。虽说吉斯本仍有大型的生产商，但吉斯本正努力摆脱它大批量生产的历史。这里也逐渐成为高质量、小规模生产商和创业型种植者们试验新品种与地块的乐土。

（六）内尔森产区

美丽、阳光充沛的内尔森是所有葡萄酒旅行者都必去的地方，繁荣的高品质葡萄酒行业规模虽小，却完美展示了内尔森产区种植业和艺术创作的悠久历史。

内尔森有着温和且充沛的阳光，其壮观的风景包括黄金沙滩以及崎岖且灌木丛生的山地。此区葡萄产量小，但总体质量都很令人印象深刻，其中有些葡萄酒是超一流佳酿。这个产区一直以来都以果树栽培和农作物耕种而闻名，19 世纪中期，德国移民开始在此地栽种葡萄。

内尔森生产杰出的黑皮诺、霞多丽、长相思和芳香型葡萄酒，也拥有其他多种令人印象深刻的品种。这里有着充满生气的艺术和咖啡文化。

（七）奥克兰产区

奥克兰是新西兰一个古老的葡萄酒产区，由一群满腔热情的克罗地亚、黎巴嫩或英国酿酒师建立于 19 世纪初期。

奥克兰产区地域广阔、地形多样，无论是规模宏大的酒厂还是精品精致的小酒厂，都选择在这里安了家。当地的子产区围绕新西兰最大的城市而建，统一都具有火山岩土壤，黏土含量高，享有温和的海洋性气候。西奥克兰的霞多丽风格优雅、梅洛独具个性，使得西奥克兰产区世界闻名。北奥克兰拥有出色的赤霞珠混酿葡萄酒，以及灰皮诺和西拉子葡萄酒，此外，还有越来越多的红色品种不断取得巨大成功。

（八）北地产区

新西兰北地产区温暖的春季、炎热干燥的夏季和平静晴朗的秋季使得果实成熟较早，酿出的葡萄酒酒体饱满、口感丰富。

在 19 世纪末，克罗地亚农民抵达这里，带来了欧洲的酿酒传统。带有热带水果特征的霞多丽、流行的灰皮诺和活泼的维欧尼是北地产区主要种植的白葡萄品种。红葡萄酒有辛香的西拉子、别致的赤霞珠和美乐混酿、胡椒味的皮诺塔基和复杂的香宝馨葡萄酒。从北部的卡里卡里延伸至南部的芒格怀海德，北部地区的每一处葡萄园的朝向、土壤和微气候都是独一无二的。

 教学互动

互动问题：根据已经掌握的新西兰葡萄酒产区知识，对比说明马尔堡产区与中奥塔哥产区的风土特点。

要求：

1. 教师不直接提供上述问题的答案，引导学生结合本节教学内容就此问题进行独立思考、自由发表见解，组织课堂讨论。

2. 教师把握好讨论节奏，对学生提出的典型见解进行点评。

四、小结

新西兰的葡萄酒产量不到全世界产量的 1%，却仍能够生产出不同品种和风格的高品质美酒，引人注目。从第一棵葡萄树在新西兰北岛种下开始，新西兰的葡萄酒至2020 年已经渐渐成长为出口创收额达 20.1 亿美元的优质产业，并因优质化、多样化与可持续化的葡萄酒而闻名国际。

同步思考
答案
▼

 同步思考

问题：新西兰酿造有机葡萄酒吗？喝有机葡萄酒有什么好处？

本章小结

□ 内容提要

本章讲述了大洋洲国家葡萄酒的风土，包括澳大利亚、新西兰两个大洋洲国家葡萄酒的风土现状（各自的气候特点、产区、主要及特色酿酒葡萄品种）、各自葡萄酒的特点等内容。

大洋洲的国家都属于"新世界"产酒国。澳大利亚的葡萄酒风格多变，澳大利亚酿酒商不断创新,探索新的酿酒方法,比较专注于突出表达葡萄品种的特点。澳大利亚产酒区集中在南澳大利亚、维多利亚州、新南威尔士州,其中新南威尔士州的猎人谷产区,是澳大利亚最古老的葡萄酒产区。澳大利亚标志性的葡萄品种是西拉子。

新西兰葡萄酒业作为以优质化、多样化与可持续化而闻名国际的产业,新西兰葡萄酒自进入中国市场以来受到了众多中国消费者的喜爱。除了独树一帜的长相思葡萄酒,近几十年,以黑皮诺占据主导地位的新西兰红葡萄酒同样在世界范围内声名鹊起。

□ **核心概念**

有机葡萄酒;地理标识 GI;西拉子;老藤;可持续发展

□ **重点实务**

葡萄种群的特点在侍酒服务中的运用;"新世界"葡萄酒的特点在侍酒服务中的运用。

本章训练

□ **知识训练**

一、简答题

1. 澳大利亚葡萄酒的特点是什么? 澳大利亚有哪些葡萄酒产区,澳大利亚的特色葡萄品种是什么?

2. 新西兰最著名的葡萄品种是什么? 它具有哪些特点?

二、讨论题

1. 澳大利亚葡萄酒混酿的特点是怎样的?

2. 新西兰产区的气候特点是怎样的?

□ **能力训练**

一、理解与评价

选购葡萄酒时会发现酒瓶标签上的标注,有时候只有一种葡萄,如西拉子、赤霞珠;有时候是好几种葡萄名字罗列在一起,如赤霞珠、西拉子、GSM(歌海娜、西拉子、马塔罗)。其实,这是在说明这款葡萄酒是单一品种葡萄酒或是不同葡萄品种的混酿葡萄酒。那么,什么是混酿呢?

二、案例分析

澳大利亚混酿

"The whole is greater than the sum of its parts",意思是"一加一大于二",它很好地诠释了混酿之道。澳大利亚葡萄酒业在发展初期就已经开始有了混酿。时至今日,混酿已经逐渐流行并开始扩大它们的印迹以及创造出各种新风格。即使加入少量的其他品种,每个单一葡萄品种都可以达到一个全新的高度,其颜色、香气、质感和风味,都因混酿品种的特性而得以提升。

混酿葡萄酒一般来自两种或更多种的葡萄品种。混酿的基础是整体大于各部分的总和,每种葡萄都能为最终的佳酿带来不同的特质。混酿用于增强葡萄酒的香气或改善其风味,它可以帮助平衡葡萄酒的酸度、单宁或酒精含量,还为葡萄酒增加了风味和质地的复杂性。

调配通常在装瓶前进行,以达到一个理想的风格和风味。酿酒师在调配的过程中,时常会通过混合不同的葡萄品种来实现更完整和一致的葡萄酒风格。澳大利亚酿酒师凭借自身的艺术创造力、表现力以及对每一种葡萄的风格和个性的深入了解,酿造出风味绝佳的混酿葡萄酒,如用 GSM 酿造的葡萄酒。这使澳大利亚能够持续不断地生产出既现代化又足够创新的葡萄酒,满足世界各地人们的口味。

资料来源 http://www.360doc.com/content/19/0828/17/39346825_857596387.shtml

问题:

1. 根据案例的介绍,请你描述一下单一品种与混酿的区别。

2. 通过对混酿的理解,试着列出经典的混酿搭配。

第十章
亚洲、非洲葡萄酒的风土

学习目标

职业知识目标：学习和掌握亚洲、非洲主要国家的葡萄酒风土；从地理和人文角度了解亚洲、非洲主要葡萄酒生产国的气候、土壤、葡萄酒口感特点及其成因；掌握各国主要葡萄酒产区及其特点；明确各国、各产区主要的葡萄品种及其风土特点；了解各产区知名酒庄。

职业能力目标：运用本章专业知识研究亚洲、非洲主要国家葡萄酒的风土，归纳出亚洲、非洲主要国家葡萄酒风土的特点，培养与葡萄酒风土相关的分析能力与判断能力；通过不同国家的葡萄酒的发展过程，分析判断不同国家葡萄酒的现状。

职业道德目标：结合亚洲、非洲主要国家葡萄酒的风土教学内容，依照现在亚洲、非洲主要国家葡萄酒发展现状，归纳出亚洲、非洲主要葡萄酒生产国的葡萄种植、葡萄酒酿造、葡萄酒特点及其在世界葡萄酒市场的地位。

引例

马瑟兰，中国葡萄酒的"明日之星"

都说新西兰的长相思、意大利的桑娇维塞、阿根廷的马尔贝克是其葡萄酒名片品种，而中国葡萄酒的名片品种是什么？马瑟兰便是中国葡萄酒"明日之星"。

2021 年 4 月 27 日是世界第四个马瑟兰日，让我们一起来走进马瑟兰的世界。

1. 世界马瑟兰日

"世界马瑟兰日"（World Marselan Day）是为了纪念保罗·特鲁尔于 1961 年培育的马瑟兰葡萄而设立，因为 1924 年 4 月 27 日是特鲁尔出生的日子。

2018 年，为了让更多的葡萄酒爱好者和行业人士了解这个品种，"葡萄围城"（Grape Wall of China）创始人 Jim Boyce 发起一年一度的"世界马瑟兰日"。

2. 马瑟兰

马瑟兰，中文别名玛瑟兰、马赛兰、马瑟蓝等，英文名为"Marselan"，其名字源于起始种植地——法国地中海沿岸小镇马尔赛阳（Marseillan）。

马瑟兰于 1961 年由法国国家农业研究院（French National Institute for

Agricultural Research，INRA）的专家经过长期筛选获得，是专门为朗格多克培植的葡萄品种。其母本是赤霞珠，父本为歌海娜，目的是希望将硬朗的赤霞珠与歌海娜的高产量和耐热性相融合。

1990 年，马瑟兰获得了品种审定，并在 1997 年被列为"建议推广品种"。尽管马瑟兰有"母亲"赤霞珠的细腻和馥郁，以及"父亲"歌海娜的热情而高产的特性，但由于这是一个人工杂交品种，所以不能成为 AOC 的法定品种。

2011 年，马瑟兰才被允许列入法国 AOP 品种名单，法国最先种植马瑟兰的产区是朗格多克、普罗旺斯，然后是罗讷河谷，但是马瑟兰在法国的种植面积不多，根据 2011 年数据，全法国马瑟兰的种植面积约 3500 公顷。2019 年，马瑟兰成为波尔多 AOP 品种。

3. 朗格多克-露喜龙产区

朗格多克-露喜龙产区的比利牛斯山脉狭长山谷中的地中海滨海平原，拥有独特的二元性气候，强烈的密史脱拉风和来自地中海沿岸潮湿温暖的季风交替，非常有利于葡萄的生长。在平原与沿海地区，气候温和，天气温暖舒适。

朗格多克-露喜龙地区是典型的地中海气候，全年平均日照在 2500 小时，在葡萄生长的旺季，这里的气候非常干旱炎热。在冬季，这里的气候温暖潮湿，葡萄能够免于受冻受伤，得天独厚的气候条件成就了朗格多克-露喜龙地区的葡萄种植以及葡萄酒的酿造。

马瑟兰是专门为朗格多克-露喜龙培植的葡萄品种。朗格多克夏季气候干旱炎热，冬季温暖潮湿，十分适合此品种的生长。这种气候能有效抗真菌性病害，不易出现开花后停止生长的情况。用马瑟兰品种酿制的葡萄酒通常具有深浓的颜色和丰富的风味。

第一款马瑟兰葡萄酒于 2002 年由法国卡尔卡松附近的德弗罗酒庄（Domaine Devereux）酿制出来。人们对它的评价是：酒颜色深，果香浓郁，具有薄荷、荔枝、青椒的香气，酒体轻盈，单宁细腻，口感柔和。

法国最昂贵的马瑟兰是来自朗格多克-露喜龙的 Domaine Anne Gros & Jean-Paul Tollot Les Combettes，酒体呈明亮紫红色，散发出诱人的黑樱桃和黑加仑香气，并带有野性的草本香气。入口有浓郁的果味，其高酸度使其非常多汁，很好地平衡了坚挺、年轻的单宁。

4. 马瑟兰在中国

1997 年，时任总理温家宝出访法国，开启两国在葡萄与葡萄酒领域的正式合作。马瑟兰于 2001 年被引入中国。同一年，中法庄园建成，中国向法国直接引进 16 个品种的嫁接苗，其中就包括马瑟兰，种植面积为 3 公顷，仅次于赤霞珠和霞多丽。

2004 年，中国第一瓶马瑟兰干红葡萄酒——珍藏马瑟兰干红葡萄酒在中法庄园诞生。有着典型的新鲜浆果风味，龙眼和甘草香气饱满诱人，酸度表现漂亮，成品的表现令所有品尝过的人兴奋不已。自此，马瑟兰成为中法庄园栽培和酿造的重点品种，研究和试验不断进行，期望真正实现葡萄品种和葡萄酒的中国本土表达。

目前，中国河北的怀来、北京的延庆、山东的蓬莱、新疆的和硕、甘肃的天水等地都已引种。中国也成了马瑟兰除法国以外，种植面积最广的国家。

资料来源　https://www.sohu.com/a/462062844_124450

第一节　中　国

作为中国人,我们能更好地感受到中国葡萄酒业发展的点滴。自汉代开始,欧洲葡萄苗木传入中原,葡萄便深深扎根在这里,经历了唐宋的兴盛繁荣,到了元代,葡萄酒与人们的生活更加贴近。《马可·波罗游记》记载,在山西太原府,有许多好葡萄园酿造很多葡萄酒,贩运到各地去销售。这样的场景历经波折一直延伸到了民国后期,1892 年,张裕酿酒公司在山东烟台建立,这是中国现代工业化葡萄酒业的开端。

一、自然环境及葡萄酒发展概况

中国领土南北跨越的纬度近 50°,大部分地区在温带,小部分地区在热带,没有寒带。中国南北纬度跨度大,有着广阔的适合生产酿酒葡萄的区域,葡萄园大多种植在北纬 25°~45°广阔的地域里,气候条件也较为合适,即使在新疆吐鲁番高至 45 ℃的气温,或通化低至 -40 ℃的气温,也能种植出绝佳的葡萄。同时,地形的多样性也有利于葡萄的种植,如云南高原上就有弥勒产区,还有坐落在沙漠边缘的甘肃武威产区,更有周边靠山的银川产区,以及四周环水的渤海湾产区。

中国内陆产区多是大陆性气候,需要秋季进行埋土来避免冬天低温带来的葡萄伤害,但是在埋土过程中会因为操作失误而损失很多的葡萄藤,因此这样的操作成本过高,人们一般难以负担。

中国东部的山东半岛属于海洋性气候,葡萄藤不需要特殊的保护措施过冬,并且此区有排水性能良好的、朝南的斜坡,适合欧洲葡萄的生长。虽然夏末和秋季葡萄容易感染真菌,在花期和收获季节间会遭到风暴的袭击,但是由于冬季气温暖和,很多酿酒厂在此落户。

中国其他大部分沿海产区,像中部、南部地区,因长期受季风影响,所以不利于种植葡萄。

根据国际葡萄与葡萄酒组织数据显示,2000—2011 年,中国葡萄种植总面积(包括生产鲜食葡萄和酿酒葡萄的种植园)几乎增长了一倍,达 560000 公顷。2016—2018 年,中国葡萄种植面积稳定在 1050 亩左右[①]。

近些年来,在葡萄酒的产业链上游,我国葡萄园种植面积、葡萄产量均呈稳定增长态势。2019 年,全国葡萄园种植面积达 72.62 万公顷,葡萄产量约 1419.54 万吨。

在葡萄酒产量方面,虽然我国葡萄产量不断增长,但我国葡萄酒产量的变化趋势恰恰相反。据国家统计局的统计数据显示,2010—2020 年,我国葡萄酒产量总体下降,2013 年以后呈负增长状态。2020 年,全国葡萄酒产量为 41.3 万千升,同比下降 8.4%。

从葡萄酒的进口情况来看,2015—2019 年,中国葡萄酒进口量由 3.96 亿升增长至

---

① 　数据来自《中国农业年鉴(2019)》。

4.56 亿升,进口金额从 18.78 亿美元增长至 21.92 亿美元。

2020 年,受新冠肺炎疫情的影响,我国葡萄酒进口量、进口金额有所下滑,分别为 3.12亿升、16.53 亿美元;同时,根据国际葡萄与葡萄酒组织的统计数据显示,2019 年,我国已是全球葡萄酒消费大国,但葡萄酒产量连年下滑,可以看出,国内葡萄酒的消费需求仍以进口来满足。

二、葡萄品种

国际葡萄与葡萄酒组织发布于 2018 年的《世界葡萄品种分布报告》显示,基于 2000—2015 年的数据,中国葡萄种植面积为 83 万公顷,仅次于 97.4 万公顷的西班牙,位列世界第二位。中国的葡萄种植面积自 2000 年以来增长了 177%,其中,种植面积最大的葡萄品种为鲜食葡萄巨峰,以 36.5 万公顷占到全国葡萄总种植面积的 44%;种植面积最大的酿酒葡萄品种为赤霞珠,以 6 万公顷占到全国葡萄总种植面积的 7.2%。

(一)红葡萄品种

1. 赤霞珠

赤霞珠是全世界种植最广泛的品种,也是中国第一大酿酒葡萄品种,占据中国超过 75%的酿酒葡萄种植面积。1892 年,赤霞珠首次引入中国山东烟台,在 20 世纪 90 年代更是大量引进。如今,在中国河北、宁夏、山西、山东和云南等多地都有分布。赤霞珠果实颗粒较小,表皮较厚,其酿造的红葡萄酒颜色较深,带有典型的黑色水果香气,常伴有植物性的气息,单宁含量较高,酸度较高。

1. 梅洛

梅洛在中国的葡萄种植面积仅次于赤霞珠,排在第二位,在山东、河北、山西、宁夏和云南都有种植。梅洛赋予葡萄酒较低的单宁和酸度,但带来更饱满的酒体和更高的酒精度。其带有红色和黑色浆果的香气,陈年过程中会产生灌木丛、雪松和香料的诱人气息。它通常与赤霞珠、品丽珠混酿。相对于"重口味"的赤霞珠而言,梅洛是初入红葡萄酒门槛的最佳选择。

2. 品丽珠

品丽珠的种植目前主要分布于中国的华北、西北和西南等地区。相比于赤霞珠,品丽珠果实颗粒较小,表皮较薄,酿造的葡萄酒颜色较浅,酒体较轻,且单宁含量和酸度较低,口感更为柔和,香气更显著,其常与赤霞珠和梅洛混酿,增添草本和植物的气息。除了用于酿造波尔多风格的混酿葡萄酒外,它还能酿造出品质不俗的冰红葡萄酒。

3. 蛇龙珠

蛇龙珠是中国特有的酿酒葡萄,对于中国葡萄酒意义非凡,它是迄今为止唯一在国际上被认可的中国培育的特色酿酒葡萄品种(见图 10-1)。1892 年,张裕从国外引进大量葡萄品种,成功嫁接后衍生出许多新品种,其中就包括了蛇龙珠。

在中国,蛇龙珠广泛分布于山东、东北南部、华北以及西北地区,其中以烟台和宁夏最为出名。其颗粒中等,果皮较厚,味甜多汁,带有青草的气息,酿造出来的红葡萄酒与赤霞珠的口感有些类似,同时带有蘑菇和香料的气息。

图 10-1　蛇龙珠葡萄

蛇龙珠既可以用于混酿,又可以酿造单一品种葡萄酒。酒款一般带有黑醋栗、覆盆子、胡椒和蘑菇的味道,通常会使用橡木桶陈酿。2016 年 5 月 25 日,"世界蛇龙珠日"在我国香港设立,标志着中国首次拥有自己的葡萄品种节日。

4. 山葡萄

山葡萄是中国独有的葡萄品种(见图 10-2),主要分布在辽宁、吉林、黑龙江三省的长白山山脉一带。用山葡萄酿造葡萄酒时通常要降低酸度,这种葡萄酒酒精度低,口感清新,酸度、甜度和单宁均衡,果香四溢。

图 10-2　山葡萄

5. 玫瑰蜜

玫瑰蜜属欧美杂交品种,18 世纪由法国传教士传入云南,是目前云南高原产区的主要栽种品种(见图 10-3)。目前,弥勒市栽培最多。玫瑰蜜是酿酒、鲜食兼用品种。玫瑰蜜植株长势强,产量高,抗病力中等,适应性较强,抗旱、耐瘠薄,容易感染褐斑病和炭疽病。

玫瑰蜜在云南弥勒地区于 7 月上旬开始成熟,是早熟品种。玫瑰蜜所酿葡萄酒呈宝石红色,具有特殊的玫瑰香气和蜂蜜香气,其独特的花蜜香沁人心脾。

图 10-3　玫瑰蜜葡萄

6. 北枚和北红

中国科学院植物研究所从 1954 年开始,对国产山葡萄及欧亚属葡萄进行抗寒、抗病酿造品种的选育杂交。1965 年,初步筛选出用玫瑰香(Muscat)与中国本土山葡萄杂交的新品种"北枚"和"北红",经过几十年的抗性鉴定、酿酒品质及综合性状研究,从 2006 年开始进行区域试验和品种对比试验。北枚和北红在北京地区栽培长势强,抗病能力强,叶片和果实病害很少,生长季可不用药,同时冬季不用埋土,可安全越冬。

北枚和北红除了具有高的抗寒、抗病性能外,尤为重要的是酿酒品质上乘,酿造的葡萄酒酸味低,酸涩恰当,酒体丰满,回味很长。

北红是一种晚熟的红葡萄品种,果穗呈圆锥形,果粒呈圆形,蓝黑色,果粒较紧实(见图 10-4)。北红种植后第二年即可结果,果汁为红色。北红可以用于酿制葡萄酒,也可以作为鲜食葡萄。

图 10-4　北红葡萄

扫码看
彩图

北枚和北红经常混酿,葡萄酒的香气以红色水果香味和花香味为主,并带有一些野味气息,酸度高,单宁略粗糙。

7. 马瑟兰

马瑟兰是由赤霞珠和歌海娜杂交产生的一种酿酒葡萄(见图 10-5),源于法国地中海沿岸小镇马尔赛阳。当初,法国农业研究所的研究人员希望培育出一种新的酿酒葡萄品种——既具有歌海娜的耐热性,又兼备赤霞珠的细致感。

图 10-5　马瑟兰葡萄

马瑟兰的培育和栽培历史相当短暂,至今不过 50 年的时间。第一款商品马瑟兰葡萄酒直到 2002 年才由法国南部卡尔卡松附近的德弗罗酒庄推出。经过近几年的推广,马瑟兰开始受到一些葡萄酒产区的重视,有望成为酿酒葡萄品种领域的一颗新星。

马瑟兰葡萄酒推出较晚。目前,法国仅在南部朗格多克-露喜龙产区有几家酒厂在生产马瑟兰葡萄酒。坐落于怀来产区的中法庄园于 2004 年推出马瑟兰单品种酒,几乎与世界同步。马瑟兰于 2001 年被引入中国。2001 年刚刚建成的中法庄园,向法国直接引进 16 个品种的嫁接苗,其中就包括马瑟兰,种植面积为 3 公顷。马瑟兰在中法庄园表现突出,可以说河北怀来成为世界上第二个推出马瑟兰葡萄酒的产区。现在,其已成为中国一个特色和招牌酿酒葡萄品种,在河北的怀来、北京的延庆、山东的蓬莱、新疆的和硕、甘肃的天水等地都已引进种植。

经过杂交选出的马瑟兰不但继承了歌海娜坚实有力的结构,也继承了赤霞珠的优雅,酿酒品质相当不错。马瑟兰在 2002 年第一次用于酿酒,而它的品质也较高。人们对它的评价是:酒颜色深,果香浓郁,具有薄荷、荔枝、青椒的香气,酒体轻盈,单宁细致,口感柔和。

怀来中法庄园推出的马瑟兰干红葡萄酒受到专业人士的好评,但没有引起普通消

Note

费者的关注,因为中国仍旧是一个赤霞珠占主导地位的市场。实际上,许多专家认为,马瑟兰非常适宜中国人的口味,是一个很有发展潜力的品种。在追求品质和差异化的今天,相信马瑟兰将得到迅速发展。

(二)白葡萄品种

1. 霞多丽

霞多丽原产于法国勃艮第,其在全世界各大产区都有种植。中国目前生产的干白葡萄酒大部分都是采用霞多丽酿造的,胶东半岛和宁夏地区生产的优质霞多丽干白葡萄酒与国外的高品质霞多丽葡萄酒相比毫不逊色。霞多丽葡萄皮薄,属于早熟品种,年轻时散发出浓郁迷人的果香和花香,常带有柑橘类水果、梨和桃子等典型香气,口感清新活跃。经橡木桶陈酿还会产生奶油和蜂蜜等气息。

2. 贵人香

贵人香是意大利雷司令在中国的美称,属欧亚种(见图10-6),但它实际上和雷司令并无关联。这是原产于意大利的白葡萄品种,在奥地利、匈牙利、罗马尼亚等地也有种植,最早于1892年引入我国山东烟台。现在在我国河北、天津、山西、河南、陕西等地也有栽培。

贵人香植株长势中等,适应性强,各地栽培均表现较好,抗白腐病能力较强,不裂果,无日烧。贵人香具有苹果、梨、柑橘类水果等的香味。贵人香是酿制优质白葡萄酒的良种葡萄,也是酿制香槟酒、白兰地和加工葡萄汁的好品种。采用贵人香酿造的白葡萄酒多为干型或半干型,色泽浅黄,酒液澄澈透亮,其果香浓郁,酒香醇厚,口感柔和,酸度适中。此外,此葡萄品种还可以用来酿造口感清爽的起泡酒。

扫码看
彩图

图 10-6　贵人香葡萄

3. 龙眼葡萄

龙眼葡萄在中国有着较长的栽培历史,早在清光绪年间,龙眼葡萄就因粒大饱满、多汁甜美而被确定为宫廷贡品。龙眼葡萄品种起源不详,关于其名字的由来也说法不一。其中有一种说法是,龙眼葡萄品种因颗粒状似桂圆(又名"龙眼")而得名(见图10-7)。

位于河北的怀涿盆地尤其盛产龙眼葡萄。龙眼葡萄果实呈紫红色或深玫瑰红色,

Note

皮薄且透明,味道极为甘美。采用龙眼葡萄酿造的干白葡萄酒,其风格与琼瑶浆葡萄酒颇为相似,散发着诱人的果香,口感柔顺,酸度怡人。

图 10-7　龙眼葡萄

4. 威代尔

威代尔是一种耐寒的白葡萄品种,成熟缓慢但稳定,皮厚,较易繁殖和果汁丰富,适合贵腐酒和冰酒的酿制。虽然源自法国,但在法国已经几乎绝迹,因其抗严寒能力较强,在加拿大广泛种植,已成为加拿大的标志性葡萄品种。相对于德国雷司令冰酒的优雅和耐久,年轻奔放的香气正是加拿大威代尔冰酒的特点。

从冰酒酿造来看,我国东北应该是全球种植威代尔面积最大的产区,目前的实际种植面积已经达到 1 万亩左右,葡萄园大多集中在辽宁本溪的桓仁产区桓龙湖畔山地,这里被称为"黄金冰谷",是著名的冰酒产地。这些冰酒散发出浓郁的热带水果和蜂蜜的香气,口感清新,酸甜平衡,适宜日常配餐饮用。

三、葡萄酒产区

经过数千年的发展,葡萄种植已经覆盖了中国除香港、澳门外的所有省级行政区域,中国各葡萄酒产区可谓差异巨大,从而不同风格、不同种类、不同风味的葡萄酒在中国都可以得到生产。我国葡萄酿酒业也已经形成了西北、华北、中原、东北、云南等规模型生产区域。2002 年,首个"葡萄酒国家地理标志产品"落户河北昌黎,这也是中国葡萄酒产区形成过程中的里程碑事件。此后,中国葡萄酒产区已经变得越来越清晰明了,并逐步形成了一定的产区风土特色,也有了"区域明星酒庄"。

目前,中国形成较大葡萄酒生产规模的省份主要有山东、河北、宁夏、新疆、甘肃,较大的葡萄酒产区共有 10 个:山东产区、东北产区、河北产区、北京产区、宁夏贺兰山东麓产区、山西产区、陕西产区、新疆产区、云南产区、甘肃河西走廊产区。

(一) 山东产区

山东作为近代葡萄酒的开源之地,也是中国现代化葡萄酒的摇篮,在国内葡萄酒产区中占据重要的地位。山东酿酒葡萄种植地集中在胶东半岛,约占总产区的 90% 以上,可以细分为烟台、蓬莱和青岛 3 个产区。

山东产区三面环海,仅西面连接大陆,气候相对温和,较为湿润,呈现明显的温带海洋性气候特征,全年降雨量达到 700 毫米以上。山东产区夏季多雨,光照时数偏低,葡萄病虫害相对严重,这成为困扰当地葡萄酒质量的一个问题。山东产区最主要的葡萄品种是赤霞珠、品丽珠、蛇龙珠。除此之外,梅洛、霞多丽、马瑟兰等品种也有较多种植。

山东产区知名葡萄酒品牌——张裕,至今仍是中国葡萄酒著名的品牌。此外,山东产区还有张裕·卡斯特酒庄、中粮集团旗下长城葡萄酒、中粮南王山谷君顶酒庄、威龙葡萄酒、青岛华东葡萄酒等知名生产品牌及产品。

(二)东北产区

东北产区主要包括辽宁桓仁、吉林通化、黑龙江东宁三地,包括北纬 45° 以南的长白山麓和东北平原。这里冬季严寒,气温在 −30 ～ −40 ℃,土壤为黑钙土,较肥沃,在冬季寒冷条件下,有些欧洲种葡萄无法生存,而野生的山葡萄因抗寒力极强,已成为这里栽培的主要品种。

吉林通化是我国东北地域的传统葡萄酒产区,早在 1937 年通化酒厂便已创立,历史悠久。这里有得天独厚的地理条件,地处长白山脉的老岭山脉与龙岗山脉之上,属于温带湿润、半湿润大陆性季风气候。葡萄品种以当地特色亚洲属山葡萄为主,这其中尤其以“北冰红”(1995 年由中国农科院特产研究所培育的酿造冰酒的山葡萄品种)为当地特色品种,非常优良。

黑龙江的东宁市地处北纬 44°,也是冰酒的重要子产区,其所产冰酒主要用威代尔品种酿造而成,品质出众。此产区除了以上品种外,还有一些国际品种,如赤霞珠、霞多丽、品丽珠等。

(三)河北产区

河北产区是产销量仅次于山东的葡萄酒产区。这里生产了中国最早的干型葡萄酒,也是当年葡萄酒产业链较为完整的产区。河北产区最主要的葡萄园分布在昌黎、沙城、怀来等地。

昌黎有 300 多年的葡萄酒栽培历史,临近大海,北依燕山,属于半湿润的大陆性气候,素有“花果之乡”之称的昌黎,特别适宜赤霞珠、梅洛等酿酒葡萄的栽培。早在 20 世纪 80 年代初,昌黎就被国家工业部定点为引种国际优质干红葡萄,并研制开发高档干红葡萄酒的基地,开发研制出中国第一瓶高档干红葡萄酒。

沙城地处长城以北,雨量偏少,土壤质地偏砂质,多丘陵山地,适合葡萄生长,龙眼和牛奶葡萄是这里的特产。

怀来位于延怀河谷地带,属于温带大陆性季风气候,四季分明。燕山和太行山的阻挡,使得这里常年盛行河谷风,在葡萄生产期形成独特的干热气流,促使葡萄生长。

怀来已有 800 多年的葡萄种植历史,所产白牛奶葡萄、龙眼葡萄闻名遐迩。1976 年,怀来被认定为国家葡萄酒原料基地,是改革开放以来我国高档葡萄酒的生产基地。由食品发酵工业研究所和中国长城葡萄酒有限公司(原沙城酒厂)进行的轻工业重点科研项目《干白葡萄酒新工艺的研究》，于 1983 年 12 月通过了国家科学技术委员会的鉴定，经过与国外同类高档酒进行对比品尝，人们一致认为，怀来的葡萄酒品质同样达到了国际水平。

河北产区聚集了一大批精品酒庄，如中法庄园、长城葡萄酒有限公司、迦南酒业、紫晶庄园、端云酒庄等。中国长城葡萄酒有限公司是我国依靠自己的技术建立起来的大型葡萄酒骨干企业，2002 年 12 月，"沙城产区葡萄酒"获得国家原产地域保护。

（四）北京产区

北京产区位于首都圈内，地处华北平原北部，属于温带大陆性季风气候。北京产区的葡萄园主要分布在房山区、延庆区及密云区。其中，房山区是新兴的葡萄酒地区，拥有最大的山前暖区资源，昼夜温差大，升温快，阳光照射充足，气候环境良好。目前，房山区主要种植赤霞珠、品丽珠、霞多丽等 20 多种酿酒葡萄。

北京产区涌现出很多精品酒庄，如莱恩堡酒庄、波龙堡酒庄等，这些酒庄积极参加各类葡萄酒大赛，屡次在国内外大赛中获奖，收获了良好的声誉。

（五）宁夏贺兰山东麓产区

宁夏是我国"丝绸之路"上的主要节点，有悠久的葡萄栽培历史。贺兰山东麓产区地处银川平原西部，是黄河冲积平原与贺兰山冲积扇之间的冲击平原地带，总面积为 362 万亩，其中 120 万亩适宜发展葡萄生产。2003 年，贺兰山东麓产区成为"葡萄酒国家地理标志产品"认证产区，并且确定了所谓"大产区、小酒庄"的发展路线图，分为金山产区、银北产区、青铜峡产区、红寺堡产区和永宁产区。

如今的贺兰山东麓产区是中国葡萄酒产区中国际知名奖项获奖酒款最为集中的产区。大量调查数据显示，在水热系数、温度、湿度等方面，这一地区比法国波尔多地区更胜一筹。这里种植的葡萄无病虫害，具有香气发育完全、色素形成良好、含糖量高、含酸量适中、产量高、无污染、品质优良的优势，是一个得天独厚的绿色食品基地。宁夏贺兰山东麓产区是当之无愧的"中国葡萄酒新型明星产区"。

（六）山西产区

山西位于我国内陆，地处黄土高原，气候干燥，日照充足，属于温带湿润半干旱大陆性季风气候。这里四季分明、寒暑悬殊、雨量集中、干湿期明显。山西产区的土壤多为褐土，含有丰富的矿物质，有利于根系生长，宜于葡萄糖分积累和芳香物质的合成。目前，山西葡萄酒产区主要分布在清徐县、太谷区和乡宁县，太谷区的山西怡园酒庄和乡宁县的山西戎子酒庄是此区非常有代表性的精品酒庄。山西产区主要种植的葡萄品种多为国际葡萄品种，如赤霞珠、美乐、品丽珠、霞多丽、白诗南以及马瑟兰等。

山西产区的葡萄酒历史由来已久，唐代时期，山西葡萄酒便成为当时太原府的贡品之一，元代时已经有大量葡萄酒在市场上出售。

（七）陕西产区

陕西产区葡萄种植有着悠久的历史，早在汉代张骞出使西域后，这里便引入了欧亚葡萄,唐朝时期葡萄的种植十分兴盛。陕西以秦岭为界,形成了陕北黄土高原、关中平原和陕南秦巴山地3个各具特色的自然区,3个区域由于南北横跨较大,气候也有很大差异。秦岭北麓,大部分属于暖湿气候,陕南一带属于亚热带气候。这里土壤资源丰富,土壤主要由黄河泛滥裹挟的泥沙堆积而成,有黄潮土、黄棕土、风沙土等土壤类型,土质疏松、透水性好,有利于葡萄扎深根系。

陕西产区的主要葡萄品种有黑皮诺、美乐、蛇龙珠、赤霞珠、霞多丽、雷司令、贵人香、白玉霓等,此外,还有冰葡萄品种威代尔、北冰红等。陕西产区的代表性酒庄有西安玉川酒庄、盛唐酒庄及丹凤葡萄酒厂等。

(八) 新疆产区

新疆地处我国最西端,深居内陆,以温带大陆性气候为主。新疆葡萄种植区主要集中在吐鲁番盆地、天山北麓、和硕等地。这里葡萄栽培与酿酒历史由来已久,史料中有文字记载的葡萄栽培已经超过2000年。新疆产区气候干燥少雨,全年平均降雨量在150毫米左右,属于干旱地区,土壤以灰漠土、沙质土、沙壤土为主。强大的光照条件及地质资源造就了我国少有的果香馥郁、甜美香醇的水果种植地。东西走向的天山是新疆产区的一道天然屏障,阻隔了北方吹来的寒冷空气,葡萄生长季气候炎热,病虫害较少。新疆产区日照时间非常长,葡萄可以积累更多酚类物质,酿出的葡萄酒色泽鲜艳,果香浓郁;另外,这里昼夜温差大,有利于维持葡萄的酸与果糖的平衡,是葡萄种植的理想家园。但新疆产区气候条件恶劣,葡萄藤越冬需要埋土。

新疆产区主要葡萄品种有佳美、白诗南、歌海娜、神索、霞多丽、西拉、赛美蓉、白羽等。

新疆知名葡萄酒企业包括天塞酒庄、丝路酒庄、国菲酒庄、蒲昌酒庄及新雅酒庄等。在品醇客2015世界葡萄酒品评赛中,新疆"军团"异军突起,中菲酒庄、天塞酒庄分别有两款葡萄酒获得银奖。在2018年北京海淀举办的布鲁塞尔国际葡萄酒大赛中,中菲酒庄珍藏马瑟兰葡萄酒获得大赛最高奖——大金奖,并被评为"中国最佳葡萄酒"。

(九) 云南产区

云南地处北纬20°~28°,属于亚热带高原季风气候。云南平均海拔2000米左右,地势较高,高山和河谷分布广泛,日照时间长。云南产区的土壤类型和气候类型差异巨大。这里适合葡萄生产的区域为干旱河谷或峡谷,干旱河谷分为干热河谷、干暖河谷、干冷河谷,降雨量集中在7—9月,日均温差在12.5~18℃,日均温度在9.2~19℃。

云南产区是生产优质高山风格葡萄酒的产区,高山环境成就了高品质葡萄酒。云南产区的葡萄具有浓郁醇厚、香气丰富、酸甜平衡的特点。不同葡萄的采收时间不一,葡萄酒的风格多变。云南产区的葡萄品种主要有赤霞珠、美乐、水晶、玫瑰蜜、霞多丽、黑皮诺等。

云南红酒业集团有限公司是云南产区最老牌的葡萄酒公司,也是云南知名的葡萄酒厂;香格里拉酒业股份有限公司也是云南产区酒庄的突出代表。

(十) 甘肃河西走廊产区

甘肃产区位于河西走廊东部,大部分酿酒葡萄集中于武威地区。武威古称"凉州",是中国"丝绸之路"上一个新兴的葡萄酒产地。甘肃河西走廊产区属于典型的大陆性气候，该产区位于冷凉性的干旱沙漠、半荒漠区域，昼夜温差大，葡萄酸度、糖分积累平衡，葡萄病虫害较少。土壤以沙质土为主，土壤结构疏松，孔隙度大，有利于葡萄根系生长。

甘肃河西走廊主要葡萄品种有黑皮诺、美乐、品丽珠、赤霞珠、霞多丽等，主要葡萄酒公司有紫轩酒业有限公司、莫高葡萄庄园、祁连葡萄酒业有限责任公司、威龙葡萄酒股份有限公司、旭源酒庄等。

四、小结

我国地域广阔，多样的气候及土壤类型为葡萄酒产业发展创造了条件。近年来，国内精品酒庄迅速崛起，这些精品酒庄在国际葡萄酒品评赛上获奖不断，为其赢得声誉的同时增长了我国葡萄酒业的信心；从消费市场上看，星级酒店、米其林餐厅及高端餐饮渠道葡萄酒消费量都在大幅度提升。与此同时，进口葡萄酒和国产葡萄酒越来越频繁地出现在各家各户的餐桌上，红酒早已不再像以前那样离普通老百姓那么遥远。这是我国经济水平发展的结果，也是中国人对葡萄酒消费观念和消费习惯的转变。

目前，中国已是全球葡萄酒消费大国，但离产量大国还有一定的距离。据国际葡萄与葡萄酒组织公布的统计数据显示，2019年，中国以7%的消费量份额排名全球第五大葡萄酒消费市场。

从表观消费量来看，2015—2020年，全国表观消费量总体走低，2019年跌破100万千升；2020年下降至72.37万千升。一部分原因是国外葡萄酒的减量，但更多的则是国产葡萄酒不景气，使得整个行业进入低迷期。

中国葡萄酒业的发展及国内年轻一代消费意识的改变，催生了国内葡萄酒消费市场的繁荣，我国已成为国际上公认的兼备葡萄酒生产与消费的大国。我国葡萄酒生产商正在致力于培育产品风格，提升栽培酿酒技术，积累品牌文化，发展酒庄旅游，补充销售短板；精品酒庄也在摸索更多适合本土的发展模式，我国迎来了葡萄酒业发展的崭新时代。

第二节　南　非

南非是"新世界"葡萄酒生产国，葡萄酒历史悠久，17世纪，荷兰东印度公司最先将葡萄苗带到南非，开启了南非葡萄酒的历史。南非葡萄种植和葡萄酒酿造的历史已有300多年。这段酿酒史蕴涵了来自荷兰、德国、意大利和法国的影响。南非不仅传承了"旧世界"所有最好的葡萄酒传统，其酿酒师也乐于探索"新世界"更为现代的酿酒风格。据2017年统计数据显示，南非在世界12个重要的葡萄酒产国里葡萄酒产量位居第8位，葡萄酒出口排名第10位。南非也是世界上六大有名的葡萄产区之一，它所产的葡萄酒产量占世界葡萄酒总产量的3%左右。

一、自然条件及葡萄酒发展概况

南非是非洲最优秀的葡萄酒生产国。葡萄栽培主要集中在南纬 34°的地中海气候区域,此区域夏季长,有充足的日照量。两洋交汇,海洋吹来的冷空气有效缓解了夏季的炎热,这里气候凉爽,有着理想的大规模种植优良葡萄品种的条件,形成了从海边向内陆不超过 50 千米沿海的葡萄酒种植和酿酒区域。在这里,一望无际的葡萄园一侧是牛羊在围栏里悠闲地散步,一侧是白云缭绕的群山,在这片几乎没有污染的大地上,葡萄藤采大地之气,纳日月之精华,结出甜美多汁的累累硕果,这也是为什么南非的葡萄酒屡屡在世界葡萄酒大赛中获奖的原因。这里降雨多集中在 5—8 月,雨量少,有时需要人工灌溉。在葡萄成熟季之前,风蝇的叮咬以及早上的露水是否让里面的葡萄怄烂,中午阳光的暴晒是否让表层的葡萄破裂,最终都会影响葡萄酒的品质。而南非强烈湿润的海风让这些问题迎刃而解。

在葡萄酒世界里,越来越多的酒庄为了可持续发展,在葡萄酒园以及酿酒室里引入各种动物,重新回归人、动物与自然的原始平衡。比如,南非的一个酒庄实行生物动力农业,将矮脚鸡放养在葡萄园里吃草。因为个子矮、腿短,它们为葡萄园除去了杂草,却吃不到较高处的葡萄。散养的鸡可以帮助吃掉葡萄园里的虫子,后来,又增添了猫、兔子、蜥蜴、蝴蝶等。葡萄园成了动物们的伊甸园和人类的生态园。对真正懂酒和爱酒之人来说,看到人与自然如此和谐的一幕,也就意味着传世美酒的酿成之日为期不远。

为保障葡萄酒的品质和葡萄酒的健康发展,1973 年,南非引进了原产地命名制度(Wine of Origin,WO)。WO 制度规定:葡萄酒必须 100% 来自酒标上所标的产地;85% 的葡萄酒属于该酒标所标记的年份;如果酒标上标记品种,则该葡萄品种含量必须达到 85% 以上。2010 年,南非开始推广的新标签是世界首创的,根据可检可测的标准,在葡萄酒生产时履行了环境与社会责任的背书。通过标签,也可以追溯到葡萄园的源头。新的诚信和可持续性标签进一步推进了优质葡萄酒的概念。

二、葡萄品种

南非主要的葡萄品种有白诗南、赤霞珠、鸽笼白、西拉、长相思、霞多丽、梅洛和皮诺塔吉。

(一)红葡萄品种

1. 皮诺塔吉

皮诺塔吉属红色葡萄品种,是黑皮诺与神索杂交培育出来的,因来自法国埃米塔日的神索,在南非常被称为“Hermitage”,故此杂交品种被取名为“Pinotage”。它是在 1925 年,由南非斯泰伦博斯大学的葡萄栽培教授亚伯拉罕·艾扎克·贝霍尔德培育出来的,所以可以说皮诺塔吉完全是南非自己的品种,它兼具黑皮诺的经典细腻和神索的强抗病性。不过,不管是在葡萄园里还是在酿制成葡萄酒后,皮诺塔吉所展现出的特征都很难判断出其“双亲”的身份。1961 年,皮诺塔吉第一次出现在南非葡萄酒的酒标上,第一瓶在酒标上标注皮诺塔吉的葡萄酒是 1959 年的朗泽拉克葡萄酒。

皮诺塔吉在南非的种植面积约有 6660 公顷,比例不高,约占6.5%,但被视为南非的旗舰品种并代表着这个国家。它的果实颜色深浓,很容易成熟,酸度适宜且稳定,能够酿出风格口味变化很大的葡萄酒。比如,它能够让葡萄酒鲜美容易入口,适合酿出浅嫩的红或粉红葡萄酒;也能够酿出适合陈酿的具有很大潜质的葡萄酒;还能酿出加强型波特类的葡萄酒,以及酿成起泡葡萄酒,所有的一切都取决于酿酒者的技术和酿酒风格。

现在,不光南非有皮诺塔吉,临近的津巴布韦和新西兰也开始大量种植皮诺塔吉。新西兰气候潮湿,葡萄很容易得传染病,皮诺塔吉葡萄的皮厚、抗病能力强,很适合当地的气候条件。美国加州也有皮诺塔吉葡萄,另外,加拿大和澳大利亚也能见到皮诺塔吉的身影。

皮诺塔吉葡萄果粒中等,皮厚,带蓝黑色果霜,肉汁多且清脆(见图 10-8)。皮诺塔吉酿造的葡萄酒有很好的深度和层次,是果香异常清爽的葡萄酒,味道像香蕉,带有乌梅和紫罗兰的香味。

图 10-8　皮诺塔吉葡萄

2. 赤霞珠

南非赤霞珠葡萄酒以结构复杂但又美味可口著称,果味极为浓郁,黑醋栗、黑莓和李子味中夹杂着黑胡椒、柿子椒等味道。总的来说,南非赤霞珠葡萄酒的风格介于新、旧世界之间,较为可口,但较超级波尔多更加圆润。南非赤霞珠葡萄的优质产区有帕尔、斯特兰德和弗兰谷(以浓郁草本植物味著称)。

3. 西拉

南非西拉葡萄酒以其浓郁的黑色水果味和巧克力味而名扬天下,而且不管是哪里生产的西拉葡萄酒,大多都有这种风味,不过也有细微差别。凉爽的地区,如帕尔和斯特兰德的西拉葡萄酒属于可口型;而干旱的地区,如罗贝尔森和黑地的西拉葡萄酒则属于浓郁型。

除了上述几种红葡萄品种,南非还种有梅洛、马尔贝克、味而多、黑皮诺和神索以及品丽珠等,这些葡萄大多用于混酿,而凉爽的地区如埃尔金和沃克湾等地也生产单酿的黑皮诺葡萄酒。稀有品种还有哈尼普特、科尼菲斯托、鲁本纳等。

(二)白葡萄品种

1. 白诗南

白诗南是一种用途广泛的酿酒白葡萄品种,在法国已经种植了近 1300 年。它最常与法国的卢瓦尔河谷联系在一起,其高酸度意味着它可以酿造多种不同风格的葡萄酒:香甜的葡萄酒,受贵腐霉影响的餐后甜酒,清淡的、带蜂蜜味的起泡酒,以及酒体饱满的白葡萄酒。

白诗南属于一种较为高产的白葡萄品种。它发芽较早,成熟晚,因此很可能遭受霜冻天气的威胁,而且非常容易受到灰霉病和白粉病的感染。白诗南花梗长度中等或较短;果串中等或偏大,呈较长的圆锥状;果实为黄绿色的椭圆状,颗粒小且集中。像新西兰的长相思和阿根廷的马尔贝克一样,白诗南也在"新世界"找到了自己的归宿。南非已经超过法国成为最大的白诗南种植国和生产国。白诗南于 17 世纪中期抵达南非,因其产量高,即使在高温条件下也能产生高酸度而立即受到欢迎。当时,白诗南被用来为白兰地行业制造一种基酒,此后在其栽培生涯的大部分时间里,它被委托用于批量生产,通常与其他白葡萄品种混酿。

很多南非的酿酒师一直致力于用白诗南酿造精致的干白葡萄酒。优质的白诗南干白葡萄酒有良好的集中度和丰富度,而且陈年潜力巨大。有时,白诗南也会和霞多丽、长相思或赛美蓉混酿,酿造出风格类似、带有橡木风味的霞多丽干白葡萄酒。

2. 鸽笼白

关于鸽笼白最早的记录出现在 1706—1716 年,当时人们称之为"Collomba"或"Coulombard"。其名称可能源于"Colombe"一词,在法语中意为"鸽子",可能是用来形容该品种的颜色。有时候,人们容易将其与赛美蓉混淆。DNA 鉴定显示,鸽笼白是白高维斯及白诗南自然杂交的后代(见图 10-9)。鸽笼白是一种高产的白葡萄品种,生命力旺盛。由于其枝干较硬,所以剪枝有一定难度。此品种的葡萄叶容易受白粉病侵袭,成熟的果实易受灰霉病感染。

鸽笼白产自法国中部,却在南非出名,在南非,此品种常与白诗南或霞多丽混酿,口感十分爽脆。不过,大多数鸽笼白都被用来酿造白兰地。

图 10-9　鸽笼白葡萄

3. 长相思

南非长相思葡萄酒的风格像极了新西兰的长相思葡萄酒,两者口感活泼,充满葡萄味和青草味,更重要的是其价格较新西兰的要便宜得多,大约每瓶仅售 10 美元。

Note

4. 霞多丽

霞多丽是一种喜欢凉爽气候的白葡萄品种,因此不太适合种植在南非的大多数地区。不过,南非沿海一些地区的气候较为凉爽,而且其微气候还为霞多丽增添了不少趣味。

除了以上 4 种白葡萄品种,南非还种植有赛美蓉、雷司令和维欧尼等,它们大多被用来混酿或调配,不过现在要找到这些单一葡萄品种的葡萄酒也并非难事。

三、葡萄酒产区

南非有着非凡的地理和气候,这里有世界上最古老的葡萄栽培土壤,它西濒大西洋、东濒印度洋,两者都带来了海风、水汽和雾。多样的山脉斜谷和山谷形成了各种微观、宏观气候,植物有不同程度的光照和遮掩。这些影响使得环境和风土极其多样,也提供了无穷无尽的酿酒机会,能让南非酿酒师们用令人难以置信的味蕾来表达自己。与多样性相呼应,南非种植的葡萄品种也有很多。

南非有着自己的地理标志体系,即葡萄酒原产地分级制度。这个体系根据葡萄酒产区的面积大小,将南非葡萄酒产区分为 4 个等级,由大到小分别是地理区域级(Geographical Unit)、大区级(Region)、次级产区(District)和小产区(Ward)。目前,南非分为 6 个地理区域、27 个地方葡萄酒产区和 78 个次产区(见图 10-10)。其中,西开普产区是南非葡萄酒最集中的区域,约占南非总产量的 90%。

(一)康斯坦提亚产区

康斯坦提亚(Constantia)位于开普半岛,属于小产区,这里是南非第一个开始种植葡萄的区域。历史上著名的康斯坦提亚山谷是康斯坦提亚甜葡萄酒的发源地,这种酒在 18 和 19 世纪闻名于世。这里有一些开普省最古老的葡萄园。葡萄园沿着康斯坦提亚山脉生长。这里受到大西洋的寒流影响,夏季凉爽,冬季温暖,但降雨稍多。土壤以砂岩构成的花岗岩为主,海风可以降低葡萄病虫害感染的风险。葡萄品种以长相思和赛美蓉为主。气候温暖的地区也种植一些红葡萄品种,如赤霞珠和西拉。这里还出产由晚收的白莫斯卡托酿造的康斯坦斯甜葡萄酒。

(二)北开普产区

开普敦毗邻非洲大陆最南端,被认为是世界上风景优美的城市,也是备受追捧的旅游胜地。开普敦也是著名的开普敦酒乡的门户,95% 以上的南非葡萄酒生产于此。南非葡萄酒很有故事,它可以酿造好的葡萄酒,以及知道如何使葡萄酒品质更佳。

开普的葡萄园主要集中在山谷两侧和山麓的丘陵地区,葡萄种植能够获益于多山地形和不同地质所带来的多样的区域性气候。

北开普(Northern Cape)产区,是南非葡萄种植第四大产区。它一直沿奥兰治河延伸,是气候温和的地区,葡萄种植面积超过 15000 公顷。这里是最重要的白葡萄酒产区,红葡萄尤其以美乐、皮诺塔吉以及西拉种植较多。

Note

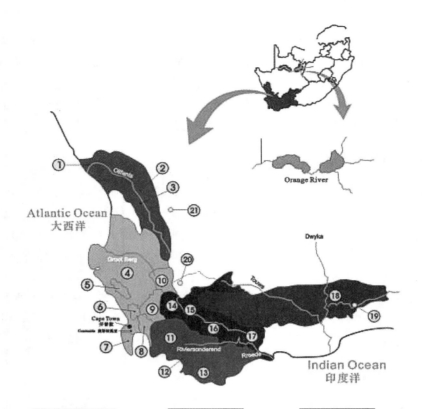

OLifants River Region
奥勒芬兹河产区

1.Lutzville Valley 路慧维尔谷
2.Citrusdal Valley 西绪达尔谷
3.Citrusdal Mountain 西绪达尔山

Coastal Region
海岸地区

4.Swartuand 斯瓦特兰
5.Darling 达令
6.Tygerbeng 泰格伯格
7.Cape Point 开普泼引
8.Stellenbosch 斯泰伦博斯
9.Paarl 帕尔
10.Tulbagh 图尔巴

Sub-Region
次产区

11.Overbenrg 奥弗贝格
12.Walker Bay 沃克湾
13.Cape Agulhas 开普范加勒斯

Breede Rvier Valley
布瑞德河谷产区

14.Breedekloof 布瑞德克鲁夫
15.Worcaster 伍斯特
16.Robertson 罗伯特森
17.Swellendam 史威兰登

Klein Karoo
克雷卡茹

18.Calitzdorp 卡利兹多普
Wards Region 沃兹产区
19. Ceres 色瑞斯
20.Cederbers 赛德贝
21.Langkloof 朗克鲁夫

图 10-10　南非葡萄酒产区

（三）帕尔产区

斯特兰德的北部是帕尔（Paarl）。和斯特兰德相比，帕尔产区面积更大，但是地理位置稍靠内陆一些，所以气候相对来说更热，夏季漫长炎热，有时候需要通过灌溉来给葡萄树降温，冬季则寒冷多雨。这里是开普敦西北部较有名气的葡萄酒产区，坐落着众多名酒厂，传统上这里是一个白葡萄酒产区，但由于它拥有地中海气候，现在生产的重点已经转移到红葡萄酒身上了。这里的气候比斯泰伦布什温暖，所有上好的葡萄酒全部产自海拔较高的葡萄园。赤霞珠、西拉和皮诺塔吉是帕尔最重要的红葡萄品种，酿成的葡萄酒大多结构坚实、果味浓郁。帕尔产区种植最多的白葡萄品种是白诗南和霞多丽，成酒以热带水果风味为主。

（四）罗贝尔森产区

靠布利德河灌溉的罗贝尔森（Robertson）被誉为"玫瑰谷"。罗贝尔森产区的炭岩土使它很适合放养赛马。当然，也一样适合优质葡萄酒的生产。罗贝尔森产区虽然夏季的气温比较高，但是，有凉爽的带着湿气的东南风吹拂山谷。这里多呈现石灰岩土质，适宜霞多丽的生长，是传统的白葡萄酒产区，以霞多丽葡萄酒而驰名。罗贝尔森也是开普地区令人瞩目的西拉产区。另外，这里还生产加强型甜葡萄酒。

（五）斯特兰德产区

斯特兰德（Stellenbosch）虽然面积不是很大，但是历史悠久，是南非优质葡萄酒的酿造中心，皮诺塔吉就诞生在这个产区。斯特兰德靠近海洋，从东南部福尔斯湾吹来的凉爽海风起到了降温作用，因此这里的气候较为温和，有利于葡萄种植。而斯特兰德产区真正成功的关键在于它的地形，这里地势起伏大，葡萄园朝向和土壤类型多样，孕育出了许多精品小产区。斯特兰德以生产优质红葡萄酒闻名，其中不乏世界顶级的红葡萄酒。赤霞珠是斯特兰德产区种植最多的葡萄品种，经常和梅洛一起酿制波尔多风格的混酿葡萄酒。此外，斯特兰德产区内相对凉爽的区域也生产了一些高品质的白葡萄酒，如长相思和霞多丽葡萄酒。

斯特兰德有大学城和研究机构，并以自己的传统酿酒历史可追溯到 17 世纪后叶而倍感自豪。这个地区有悠远历史的酒庄，也有当代的酿造厂，拥有几乎所有尊贵的葡萄品种。斯特兰德有南非著名的葡萄园区，也是世界各国名酒厂在南非设立的葡萄园的汇聚地。这里气温和波尔多相似，地址结构复杂，从东部的花岗岩的土质到西部的是砂岩，土壤类型各异。

（六）黑地产区

黑地（Swartland）位于帕尔的西北部，属沿海地区。在翻滚的金色麦浪与碧绿的葡萄园彼此掩映下的黑地产区，是浓郁醇厚的红葡萄酒及高品质加强型葡萄酒的传统产区。近年来，多种红、白葡萄酒令人振奋地获了大奖。黑地产区还生产顶级的波特酒，是南非酿造优质葡萄酒的中心地区之一。

黑地气候炎热干燥，产区内的生产商充分利用这一点，通常采用旱耕的方式来栽培西拉和老藤白诗南，所产的葡萄酒广受赞誉。这里的西拉还经常被用来和歌海娜以及慕合怀特混酿。除此之外，黑地也生产了很多优质的开普混酿葡萄酒。

四、小结

南非是古老的"新世界"酿酒国，酿造葡萄酒的历史已经有 300 多年了，最早的酒庄建立于 1685 年。目前，南非共有 560 多个酒庄和酒厂，年产葡萄酒 6 亿多升，约占世界葡萄酒总产量的 3％左右，和"旧世界"葡萄酒相比，南非葡萄酒口感更加柔和，具有更浓郁的水果香气，最出名的白葡萄品种是白诗南，而最有名的红葡萄品种要数皮诺塔吉。

南非人始终认为好的葡萄酒是历史和良好自然环境的产物，因此在种植葡萄和酿制葡萄酒的过程中，南非人更加注重自然环境的保护，努力做到人与自然、人与动物的

知识活页
▼

和谐相处。南非葡萄酒业很认真地在履行责任。由于保护动物多样性的行业规定,在葡萄园种植面积不变的情况下,越来越多的园地被规划为保护区,几乎所有的生产酒商都根据既定的指导方针去管理水资源,并保证用可持续发展的方法来经营。南非葡萄酒不仅品质上乘,而且较低的生产成本让其拥有极高的性价比,因此在国际市场上颇受欢迎。近年来,中国对南非的葡萄酒进口就始终保持着高速增长。

本章小结

□ **内容提要**

本章讲述了亚洲及非洲国家葡萄酒的风土,包括中国和南非两个国家葡萄酒的风土现状(各自的气候特点、产区、主要及特色酿酒葡萄品种)、各自葡萄酒的特点等内容。

中国葡萄酒产业的发展及国内年轻一代消费意识的改变,催生了国内葡萄酒消费市场的繁荣,中国已成为国际上公认的兼备葡萄酒生产与消费的大国。中国葡萄酒生产商正在致力于培育产品风格,提升栽培酿酒技术,积累品牌文化,发展酒庄旅游,补充销售短板;精品酒庄也在摸索更多适合本土的发展模式,中国迎来了葡萄酒业发展的崭新时代。

南非是古老的"新世界"酿酒国,酿造葡萄酒的历史已经有300多年了,最早的酒庄建立于1685年。目前,南非共有560多个酒庄和酒厂,年产葡萄酒6亿多升,约占世界总产量的3%左右,和"旧世界"葡萄酒相比,南非葡萄酒口感更加柔和,也具有更浓郁的水果香气,最出名的白葡萄品种是白诗南,而最有名的红葡萄品种要数皮诺塔吉。

□ **核心概念**

蛇龙珠;马瑟兰;皮诺塔吉;白诗南

□ **重点实务**

葡萄种群的特点在侍酒服务中的运用;"新世界"葡萄酒的特点在侍酒服务中的运用。

本章训练

□ **知识训练**

一、简答题

1. 中国葡萄酒的特点是什么?有哪些葡萄酒产区?中国有哪些特色葡萄品种?

2. 南非葡萄酒有哪些特色?其特色的葡萄品种是什么?

二、讨论题

1. 怎样评价一款葡萄酒?

2. 张裕酿酒公司的酿酒历史及发展历程是怎样的?

□ 能力训练

一、理解与评价

影响葡萄酒风味的因素有哪些？

二、案例分析

气候是如何影响葡萄酒风味的？

气候对葡萄酒风味有着重大的影响，葡萄生长所需的平均温度为 16～21 ℃，相应地，大部分的葡萄酒产区也都位于南北纬 30°～50°。因此，一般不存在生长季（北半球在 4—10 月，南半球在 10 月—次年 4 月）气候过于炎热或寒冷的产区。此外，产区所在的海拔高度也会影响当地的气候，其他气候因素还包括降雨量、湿度以及制冷制热的驱动力，如云层覆盖和风向等。同一葡萄品种，生长在温暖地区和冷凉地区，风味会有很大不同。例如，南非的白诗南会有桃子和柠檬的味道，而法国卢瓦尔河谷安茹产区的白诗南则有更多的酸橙和青苹果的果香。

世界经典温暖气候产区包括美国加州、澳大利亚东南部、南非（除最南部以外的大部分产区）、阿根廷、法国南部、意大利南部、西班牙（中、西部）、希腊群岛等。

世界经典凉爽气候产区有法国北部、意大利北部、德国（除最南端以外的大部分产区）、美国俄勒冈州、华盛顿州和纽约州等。

问题：

1. 温暖气候产区的四季不会特别分明，特点是夏季温度高，夏、秋季缓慢交替，生长季较长。温暖的气候会对葡萄的生长和葡萄酒的风味产生什么影响？

2. 凉爽产区一般会拥有分明的四季，夏季温度总体会比温暖气候产区要低，生长季也更短。这样的气候条件会对葡萄的生长和葡萄酒的风味产生哪些影响？

3. 常见的喜暖葡萄品种有哪些？常见的喜凉葡萄品种有哪些？

参考文献

References

[1] 奥兹·克拉克.葡萄酒史八千年:从酒神巴克斯到波尔多[M].李文良,译.北京:中国画报出版社,2017.

[2] 郭明浩.葡萄酒这点事儿[M].长沙:湖南文艺出版社,2017.

[3] 休·约翰逊.葡萄酒:陶醉 7000 年[M].卢嘉,译.北京:中国友谊出版社,2016.

[4] 雅克·奥洪.世界葡萄酒版图:南美(阿根廷、巴西、智利、乌拉圭)[M].王丽,何柳,译.北京:电子工业出版社,2015.

[5] 雅克·奥洪.世界葡萄酒版图:北美(加拿大、美国、墨西哥)[M].何柳,译.北京:电子工业出版社,2015.

[6] 李海英.葡萄酒的世界与侍酒服务[M].武汉:华中科技大学出版社,2021.

[7] 尼古拉斯·贝尔弗拉格.意大利顶级酒庄赏鉴[M].王丹,译.上海:上海科学技术出版社,2017.

[8] 休·约翰逊,杰西斯·罗宾逊.世界葡萄酒地图[M].8 版.王文佳,吕杨,朱简,等译.北京:中信出版集团,2013.

[9] 君岛哲智.品鉴宝典葡萄酒完全掌握手册[M].王美玲,译.福州:福建科学技术出版社,2013.

[10] 王胜寒.推开红酒的门[M].北京:中信出版集团,2021.

[11] 凯伦·麦克尼尔.葡萄酒圣经[M].职烨,英尔岛,陈泠坤,等译.上海三联书店出版社,2019.

教学支持说明

　　为了改善教学效果，提高教材的使用效率，满足高校授课教师的教学需求，本套教材备有与纸质教材配套的教学课件（PPT 电子教案）和拓展资源（案例库、习题库、视频等）。

　　为保证本教学课件及相关教学资料仅为教材使用者所得，我们将向使用本套教材的高校授课教师免费赠送教学课件或者相关教学资料，烦请授课教师通过电话、邮件或加入旅游专家俱乐部 QQ 群等方式与我们联系，获取"教学资源申请表"文档并认真准确填写后反馈给我们，我们的联系方式如下：

　　地址：湖北省武汉市东湖新技术开发区华工科技园华工园六路

　　邮编：430223

　　电话：027-81321911

　　传真：027-81321917

　　E-mail：lyzjjlb@163.com

　　葡萄酒文化与营销专家俱乐部 QQ 群号：561201218

　　葡萄酒文化与营销专家俱乐部 QQ 群二维码：

群名称:葡萄酒文化与营销专家俱乐部
群　号:561201218

华中科技大学出版社
http://www.hustp.com

教学资源申请表

填表时间：_____年____月____日

1. 以下内容请教师按实际情况填写，★为必填项。
2. 根据个人情况如实填写，可以酌情调整相关内容提交。

★姓名		★性别	□男 □女	出生年月		★职务	
						★职称	□教授 □副教授 □讲师 □助教
★学校				★院/系			
★教研室				★专业			
★办公电话		家庭电话			★移动电话		
★E-mail					★QQ号/微信号		
★联系地址					★邮编		

★现在主授课程情况	学生人数	教材所属出版社	教材满意度
课程一			□满意 □一般 □不满意
课程二			□满意 □一般 □不满意
课程三			□满意 □一般 □不满意
其 他			□满意 □一般 □不满意

教 材 出 版 信 息					
方向一		□准备写	□写作中	□已成稿	□已出版待修订 □有讲义
方向二		□准备写	□写作中	□已成稿	□已出版待修订 □有讲义
方向三		□准备写	□写作中	□已成稿	□已出版待修订 □有讲义

　　请教师认真填写下列表格内容，提供申请教材配套课件的相关信息，我社根据每位教师/学生填表信息的完整性、授课情况与申请课件的相关性，以及教材使用的情况赠送教材的配套课件及相关教学资源。

ISBN（书号）	书名	作者	申请课件简要说明	学生人数（如选作教材）
			□教学 □参考	
			□教学 □参考	

★您对与课件配套的纸质教材的意见和建议有哪些，希望我们提供哪些配套教学资源：